预测算法

具身智能如何应对不确定性

[英] 安迪·克拉克 著

刘林澍 译

物质如何产生感知、思维、梦境和创造力？我们的大脑如何理解思想、理论和概念？所有这些非物质的精神状态，包括意识本身到底植根于何处？在神经科学、心理学、人工智能和机器人学等各学科繁忙的交汇处，这些与人类生存息息相关的问题的答案正慢慢浮出水面。

在这部开创性的著作中，哲学家和认知科学家安迪·克拉克（Andy Clark）从几个领域入手，揭示了大脑作为预测引擎这一现实——高级生物已经演化成为善于预测传入感知刺激流的复杂装置，这些预测会引发行动，构建我们的世界，并改变我们需要参与和预测之物。克拉克带领我们踏上了一段前所未有的发现之旅，描绘了预测加工的循环因果流程和有机体—环境的自组织结构，展示了一种大胆的、全新的、最前沿的视角。

北京市版权局著作权合同登记 图字：01-2019-5826 号。

图书在版编目（CIP）数据

预测算法：具身智能如何应对不确定性 /（英）安迪·克拉克（Andy Clark）著；刘林澍译. —北京：机械工业出版社，2020.3（2024.8 重印）

书名原文：Surfing Uncertainty: Prediction, Action, and the Embodied Mind

ISBN 978-7-111-64813-0

Ⅰ.①预… Ⅱ.①安… ②刘… Ⅲ.①人工智能-关系-认知科学-研究 Ⅳ.①TP18②B842.1

中国版本图书馆 CIP 数据核字（2020）第 033771 号

机械工业出版社（北京市百万庄大街 22 号 邮政编码 100037）

策划编辑：坚喜斌　　责任编辑：坚喜斌 刘林澍

责任校对：李亚娟 陈 越　　责任印制：孙 炜

北京联兴盛业印刷股份有限公司

2024 年 8 月第 1 版第 7 次印刷

160mm×235mm · 30.5 印张 · 3 插页 · 434 千字

标准书号：ISBN 978-7-111-64813-0

定价：188.00 元

电话服务

客服电话：010-88361066

010-88379833

010-68326294

网络服务

机 工 官 网：www.cmpbook.com

机 工 官 博：weibo.com/cmp1952

金 书 网：www.golden-book.com

机工教育服务网：www.cmpedu.com

封底无防伪标均为盗版

献给 Christine Clark 和 Alexa Morcom

编码、解码以及它们之间的一切

前　言　会预测的肉

Surfing Uncertainty

"它们的成分是……肉。"

"肉?"

"对，它们是肉质的。"

"肉?!"

"毫无疑问。我们从不同地点采集了好几个样本，在侦察舰上对它们进行了彻底的研究。它们完完全全就是肉。"

以上对话发生在几位迷惑不解的非碳基外星人之间，它们是科幻作家 Terry Bissom 的著名短篇小说《外星国度》中的角色，这部作品刊载于 1991 年的《奥秘》（*Omni*）杂志。在发现这些肉质的怪诞物件儿并不是由某些非肉质的智能生命制造出来的，而且它们的碳基躯壳中甚至不存在一个非碳基的中央处理器之后，我们的外星朋友们就更加错愕莫名了。没错，这些物件儿"完完全全就是肉"，就连他们的大脑——外星人对此惊叹不已——也是肉质的。总而言之：

"是的，能思考的肉！有意识的肉！懂得爱的肉，会做梦的肉！——它们根本就是一坨坨肉！你明白了吗?"

出于一种本能的震惊和厌恶，外星人决定继续它们的星际旅行，将我们这些浮生易逝的可怜虫抛在脑后，只留下一句让人无法回避的嘲讽：“谁会在乎一坨肉？”

撇开其“碳基恐惧症”暂且不提，这些外星人会对我们的存在感到困惑，其实不无道理。能思考的肉，会做梦的肉，有意识的肉，会理解的肉！这些说法听上去多少有些荒诞。事实上，就算我们身为硅基而非碳基生物，问题也还悬而未决：区区物质，何德何能，竟然产生了思考、想象、梦境……凡此种种心智现象、情绪感受和智能行为反应！能思考的物质，会做梦的物质，有意识的物质……不论构成大脑的是哪一种物质，这些概念都令我们目眩神迷。

幸运的是，我们已经掌握了一条颇有价值的线索，它有望为我们提供一个精妙的范式，以梳理此前被用于理解类似问题的诸多脉络，并得到新的发现，虽说任何单一的思路都注定无法消除人们所有的疑惑。

这条线索可以被归纳为两个字：预测（prediction）。为高效而流畅地应对充满不确定性、混杂着信号与噪音的现实环境，我们的大脑必须精于预测，凭借恰到好处的提前判断，在一片嘈杂而意义含糊的传入刺激中自如穿行：就像一位技艺高超的冲浪选手始终在风急浪高处游走，巧妙地预判行将碎裂的浪头，如此一来，他就能最大限度地利用波涛提供的能量，同时又不致被卷入危险的白水激流。这正是大脑的日常工作——它不间断地预测汹涌而来的外部信号，让我们得以认识世界，并以思维和行动应对变动不居的周遭环境。要让预测衔接现实绝非易事，特别是，它取决于主体能否同步评估世界状态和自身感官的不确定性（uncertainty）。在理想的状况下，积极的行为主体将据此成功地认识和融入其生存环境，安然驾驭一波又一波的感知刺激。

当一团物质具备了特殊的构造与组织，就能敏锐地觉察其表层接受的刺激，并致力于对这些刺激的复杂模态进行有效预测。此时，它就会表现出一些有趣的特质。正如我们即将看到的，具有这种组织形式的物质理论上具备了知觉、理解、做梦、想象以及（最为重要的）行动的潜力。换言之，知觉、想象、理解和行动等各方面表现的背后，是一个由预测驱动、对不确定性保持高度敏感的底层机制。

然而，要充分表现出这些特质，还需要满足一些条件。首先，要预测敏感表层的时间相关和行为相关摄动，且该表层结构需要具备多元性。对人类来说，表层结构含眼、耳、鼻、舌，以及经常被忽视的巨型感官——皮肤。同时，人类还具备一系列更富内省色彩的感觉通道，如本体觉（proprioception，涉及身体各部位的相对位置及身体所施展的力量）和内感觉（interoception，关于身体的生理状况，如疼痛、饥饿和其他内脏状态）。与这些更富内省色彩的感觉通道相关联的预测在我们对行为、情感和有意识经验的解释中发挥着关键作用。

更为重要的或许是，预测机制本身就在一个多层级、多元化的复杂内环境中运行。在这个可重构的神经系统中，特定层级负责事件特定方面的概率预测，同时对与此相关的不确定性进行评估。彼此区隔但存在密集互动的神经元集群通过学习，致力于预见不同时空尺度的、与有机体利害攸关的规律性事件，并锁定不同外界刺激下的各种激活模式——从直线、边缘，到斑马的条纹，再到电影、内在意义、爆米花、停车位，以及你所支持的球队典型的攻防阵型。在这个意义上，世界被人们的需要、任务和行动所“定制”，由“可供性”（affordance）——即行动的机遇与施加干预的可能性——建构起来。与此同时，人们借助精明的操纵手段，为具身的、预测性的大脑变换问题空间，巧妙地利用世界本身降低神经加工过程的复杂性。

“但是，”你可能会问，“做出这些预测、评估不确定性有何依据呢？”

就算对感知刺激的期望塑造了世界在行动层面的意义（我将论证事实确实如此），这些期望所反映的规律性知识又源于何处？这里涉及一个极为精妙的扭转（twist）——我们将会看到，这坨始终致力于（以其多层内部组织）预测（部分系由其自身引发的）感知刺激的“肉”，其本身就能很好地学习相关规律。也就是说，支持学习和在线加工的基本认知机制是同一的：要感知身体和环境事件，个体就必须学习如何预测感知觉状态的变动，而反过来，预测感知觉状态变动的理想方式就是对造成这些变动的事件（既包括外部事件，也包括身体状况和行动）进行学习。因此，对感知刺激的持续预测也在不断完善预测主体的内部模型。正如我们将要看到的那样，预测加工过程本质上是一种“无上限自举”（bootstrap heaven）。

无论在现实还是在梦境中，“会预测的肉”都具备丰富的想象力：借助那些匹配刺激信号和结构化预测的知识和连接，它能够“自上而下”（top-down）地决定其内部状态，由此（至少）具备使用想象进行推理的可能性，即设想自己应该做什么、不该做什么。这条思路最终将导向极具说服力的“认知安装包”（cognitive package deal）隐喻：也就是说，只要大脑致力于预测与评估不确定性，知觉、想象、推理和行动等认知活动就将从这些预测和评估过程中共同涌现（co-emergent）出来。换言之，完善的内在预测机制将赋予生物绝大的主动性、丰富的知识储备和卓越的想象力，使其与结构化的、充满意义的世界保持着认知上的紧密联系。对这些生物来说，世界是由期望的模式（patterns of expectation）构成的，因此在它们眼中，意料之外的缺失在知觉显著性上堪比那些直接呈现的刺激。与此同时，所有心智过程都伴随着对自身不确定性的评估，并在其微妙影响下运行。

然而，在所谓“内在预测机制”得到明确定位之前，故事还不完整。前文所述的“冲浪类比”暗示：“内在预测机制”属于特定的具身行动主体，它们（他们）置身于物质性的、社会建构的多重赋能网络之中。如果我们要和与自己类似的、能够进行思考和推理的对象进行有效的互动，就必须将学习、思考与行动的背景——即物理与社会意义上的“设计者环境”（designer environment）——所施加的复杂影响纳入考量。脱离了这个背景，人类就不可能习得对现实世界的选择性反应，更不用说保持某种反应的模式了。一言以蔽之，在纯粹物质性的世界里，预测性的大脑在具身性、社会化、技术化的情境中运行，这是心智得以涌现的现实前提。而强调“预测”的特别意义在于，它将为我们提供强有力的工具，以研究流畅的、转瞬即逝的问题解决情境中神经系统、身体和环境等多重资源间有效的编排与整合逻辑。本书的最后部分将会揭示，预测性的大脑并非孤立的内部“推理引擎”，而是一台行动导向的对接机器（engagement machine）——作为一个效力超群的交流节点（尽管恰好是“肉质的”），大脑始终在各类密集的互动中与身体和世界缠绕在一起。

安迪·克拉克
爱丁堡，2015

致　谢

Surfing
Uncertainty

在本书的创作过程中，许多人提供了极有价值的帮助和建议。特别感谢 Karl Friston、Jakob Hohwy、Bill Phillips 和 Anil Seth，是你们的耐心和鼓励成就了这部作品。此外，感谢 Lars Muckli、Peggy Series、Andreas Roepstorff、Chris Thornton、Chris Williams、Liz Irvine、Matteo Colombo，以及“预测编码研讨会”（爱丁堡大学信息学院，2010 年 1 月）的所有成员；感谢 Phil Gerrans、Nick Shea、Mark Sprevak、Aaron Sloman，以及牛津大学哲学系于 2010 年 3 月组织的第一届不列颠心智网络（UK Mind Network）会议的各位与会者；感谢 Markus Werning、Albert Newen，以及于 2010 年 8 月在波鸿鲁尔大学召开的欧洲哲学和心理学学会 2010 年年会的主办者和与会者；感谢 Nihat Ay、Ray Guillery、Bruno Olshausen、Murray Sherman、Fritz Sommer 以及西墨西哥州圣菲研究所于 2010 年 9 月组织的“感知与行动工作坊”的所有与会人员；感谢 Daniel Dennett、Rosa Cao、Justin Junge 和 Amber Ross（我们于 2011 年拜飓风“艾琳”之赐有缘相聚，一起海阔天空）；感谢 Miguel Eckstein、Mike Gazzaniga、Michael Rescorla 和加州大学圣芭芭拉分校圣哲研究中心的学生们，我于 2011 年 9 月作为访问学者，有幸在彼对本书中的很多材料进行了“路考”；感谢在我 2013 年于《行为和脑科学》（*Behavioral and Brain*

Sciences）杂志发表论文后所有参与评论的相关人士，特别是 Takashi Ikegami、Mike Anderson、Tom Froese、Tony Chemero、Ned Block、Susanna Siegel、Don Ross、Peter König、Aaron Sloman、Mike Spratling、Mike Anderson、Howard Bowman、Tobias Egner、Chris Eliasmith、Dan Rasmussen、Paco Calvo、Michael Madary、Will Newsome、Giovanni Pezzulo 和 Erik Rietveld；感谢 Johan Kwisthout、Iris van Rooij、Andre Bastos、Harriet Feldman 以及 2014 年 5 月在荷兰莱顿举行的洛伦兹中心“人类概率推理视角”研讨会的所有与会者；感谢 Daniel Dennett、Susan Dennett、Patricia 和 Paul Churchland、Dave Chalmers、Nick Humphrey、Keith Frankish、Jesse Prinz、Derk Pereboom、Dmitry Volkov 以及莫斯科国立大学的学生，我们在 2014 年 6 月于格陵兰岛一次令人难忘的乘船游览中讨论了本书中的一系列（以及许多其他的）主题。我还要感谢 Rob Goldstone、Julian Kiverstein、Gary Lupyan、Jon Bird、Lee de—Wit、Chris Frith、Richard Hensen、Paul Fletcher、Robert Clowes、Robert Rupert、Zoe Drayson、Jan Lauwereyns、Karin Kukkonen 和 Martin Pickering，他们就本书中一些内容的讨论内涵丰富，令人备受启迪。感谢牛津大学出版社的编辑 Peter Ohlin 对本书的持续关注、帮助和支持，感谢 Emily Sacharin 在绘图方面的耐心工作，感谢 Molly Morrison 在最后阶段的编辑支持，感谢 Lynn Childress 出色的文字加工。衷心感谢我的好搭档 Alexa Morcom，我的母亲 Christine Clark，Clark 家族和 Morcom 家族的其他全体成员，Borat 和 Bruno（我的两只猫），以及我们在爱丁堡和别处的所有同事和朋友。最后，要纪念我的好兄弟 James Clark（“吉米”）。

本书大部分系原创，一些章节引用或借鉴了下列已发表的文章：

Whatever next? Predictive brains, situated agents, and the future of cognitive science. *Behavioral and Brain Sciences*, 36 (3), 2013, 181 -204.

The many faces of precision. *Frontiers in Psychology*, 4 (270), 2013. doi: 10.3389/fpsyg.2013.00270.

Perceiving as predicting. In D. Stokes, M. Mohan, & S. Biggs (Eds.), *Perception and its modalities*. New York: Oxford University Press, 2014.

Expecting the world: Perception, prediction, and the origins of human knowledge. *Journal of Philosophy*, 110 (9), 2013, 469 – 496.

Embodied prediction. Contribution to T. Metzinger and J. M. Windt (Ed s.), *Open MIND Project*. Frankfurt am Maine: MIND Group open access publication. 2015, online at: http://open-mind.net

感谢编辑和出版商允许我在书中使用这些材料。相关位置均标示了内容的出处。

目　录

2 调节音量：噪音、信号和注意 060

3 幻象之城 094

Surfing
Uncertainty

第2部分 具身的预测

Surfing Uncertainty

第 3 部分 搭建预测支架

Surfing
Uncertainty

引　言　猜谜游戏

Surfing
Uncertainty

本书致力于对我们（以及像我们一样的生物）认识世界并在其中行动的能力进行分析。此类认识与行动的核心是一个简单而有效的策略或技巧，也就是使用所拥有的关于世界的知识，在外界刺激传入以前，对其进行某种猜测。错误的猜测会导致“预测误差”（prediction error），这些误差能让我们对后续的预测行为进行调整，或提醒我们在学习时放慢步调，建构具有可塑性的知识体系。上述基于动态自组织过程的“预测加工模型”（predictive processing models）能够有力地解释知觉、行动和想象，为研究人类主观经验的性质和结构提供了新的视角。

根据预测加工模型，自我驱动的循环因果流程（self-fuelling cycle of circular causal commerce）位于认知舞台的中央，认知主体凭借行动，主动选择感知刺激进行加工，在此过程中不断内化环境结构和机遇。预测加工模型从计算神经科学的角度，为新近的具身心智（embodied mind）相关研究（强调认知主体通过感知运动循环与世界持续互动）提供了完美的补充。如果这个理论是正确的，那么预测性的大脑就不是一个孤立的推理引擎，而是一台行动导向的对接机器，这台对接机器的主要功能就是使用简单的、基于行动的例行程序即“路径”（routines）降低神经系统在认知加工任务中的负荷，让认知主体得以表现出高效而流畅的适应性行为。

2 “预测”在日常生活中表现为不同的形式，它们彼此间的差异又殊为微妙（尽管确实存在区别），这使得对其进行概念上的处理颇为棘手，即使在这短短几页文字里也展现无疑。人们最为熟悉的预测发生在个体层面，这种预测是前瞻性的主体对尚未发生的事件有意识的猜想，有助于计划的制订和项目的执行。但这种预测——这种有意识的猜想，并不是本书将要论述的核心。我们关注的预测是一种不同类型（当然并非毫无关联）的“猜谜游戏”，它从属于支持知觉与行为的复杂神经加工过程。这个过程是高度自动化的，具有浓厚的概率色彩，且通常在无意识的情况下进行。正是因为大脑能够实施这种预测，我们作为具身的、情景化的行动主体才能对不同的任务游刃有余。

实际上，对预测的强调在心智科学领域源远流长。[1]但直到大概十多年前，才有学者整合关键要素，致力于首次（或至少可能是首次）对知觉、认知和行动进行统一的解释。这些关键要素不仅包括关于预测驱动学习潜力和可行性的实用计算演示，还包括一整套新的神经科学框架，以补充现有的计算神经科学理论，更包括大量实验数据，以证实预测、误差以及对感知不确定性的评估具有人们未曾意识到的重大意义。认知科学此前被生硬地划分为两大派系，一派鼓吹内部过程和模型建构的关键意义，另一派则信奉大脑、身体和世界对认知工作的分布式处理，最新的研究成果已让这两派观点间不再泾渭分明。

我认为，Spratling（2013）对预测加工模型的定位是准确的——他将其描述为“中层理论”。换言之，该模型不关心神经系统实现特定功能的重要底层细节，而致力于“识别在不同结构中运作的通用计算原则（并）为与神经科学高度相关的经验资料提供功能性解释”。因此，它意味着一
3 套特别的工具与概念，描绘了神经架构中观水平的蓝图，有助于我们对知觉、认知、情感和行动进行整合与梳理。其最为独特的魅力在于，在预测

加工范式下，神经加工过程嵌套在一个宏大的、错综复杂的行动网络之中，这些行动是具身的，并且与现实世界紧密关联。在分析各类常态性与病理性现象时，预测加工模型能为我们理解人类经验的形式与结构提供更多启迪，并能与自组织、系统动力学和具身认知领域的相关研究建立起横向的联系。

预测加工模型主张，我们的大脑是一台预测引擎，它的日常工作就是针对即将传入的感知信号阵列，猜测其结构和形式特点。大脑的预测积极主动、连绵不绝，它兢兢业业地自行生成感知数据，而与传统观念相悖的是，多数情况下，真正的传入刺激只用于对自上而下的最佳猜测进行核实与修正。关键在于，我们会评估传入信号各方面的相对不确定性（即置信度），评估结果灵活地调节着一切内部猜测的形态与流动。最终，我们得到了一个动态的自组织系统，与其相关的一切内外部信息流都在根据不同任务的要求和内外部情境的细节差异持续地重构。

对认知过程的这种解释与人类经验的形式和结构间有着诱人的联系。这种联系显而易见，比如说，它能轻易地说明为什么一些意料之外的刺激知觉起来那么奇怪，比如说当你以为自己正要呷一口茶，喝到嘴里却发现端在手中的是一杯咖啡；它也能解释为什么一些刺激的缺失在感知上尤其明显，比如说一段熟悉的乐章中少了一个片段，在演奏进行到那部分时你会恍然觉得自己听到了那个片段，却又很快被一种强烈的缺失感占领。预测加工模型还能阐明一系列病理性现象和心理障碍，包括精神分裂症、自闭症以及“功能性运动综合征”，后者指期望和置信度（精度）的变更提供了不可靠的证据，导致患者错误地感知到疾病或伤痛。

概括地说，预测加工框架提供了一个令人信服的、关于人类经验的统一解释，有助于说明我们为什么能够产生心理意象、对未来可能的选择和行动进行“离线”推理，以及理解其他行动主体的意图和目的。我们将看到，所有这些能力都源于使用了自上而下的“生成模型”（generative model，稍后将详细介绍），它让人们能够跨越多时空尺度，对感知数据的呈现方式进行智能化的猜想或预测。与此同时，“生成模型”还能让我们确定而直观地理解意义（meaning）本身的性质及其存在的可能性，这是因为要想跨时空尺度预见感知刺激，认知主体就必须将世界视为意义所在之地（locus of meaning）。主体借助知觉、行动和想象与世界接触，而世界则倾向于以特定方式演变，它充斥着与认知主体利害攸关的远因，并为这些远因所形塑。如果预测加工理论是正确的，知觉、理解、行动和想象便是由我们预测感知信号的不懈努力所共同构建起来的。

简而言之，我们无论如何都不会夸大这种“猜谜游戏”的重要性——预测扮演了流通货币的角色，将知觉、行动、情绪感受和对环境结构的开发与利用统合为功能上的整体。套用当代认知科学术语，这种能力取决于认知主体能否获得和应用“多层概率生成模型”（multilayer probabilistic generative model）。

乍看上去，这个短语有些唬人，但它的基本理念还是简单直接的。借用我在科学哲学领域真正的偶像——Daniel Dennett 讲过的一个故事，我可以立刻对它进行一番解释——Dennett 与我曾在 2011 年拜飓风“艾琳”所赐，被困在他位于缅因州的农舍里。那番遭遇现在回想起来还是精彩至极。

故事的主人公是 Dennett 在 20 世纪 80 年代时的一位同事。作为一位知名的古生物学家，这位先生要求学生们理解一系列地层图并将它们绘制出来。但他十分担心学生们会在家庭作业中作弊，比如说，他们可能会照猫画虎，或干脆临摹一气。所谓地层图描绘了岩层结构的地质剖面，它们能够揭示复杂构造怎样随岁月流逝逐渐成型。单纯将这样一幅图临摹下来很容易，但这几乎不可能反映学生对相关地质学知识的掌握水平。

为了解决这个问题，Dennett 构想了一个装置——后来，还真有人造出了原型机，并将其称为 SLICE㊀。软件工程师 Steve Barney 建造并命名了 SLICE[2]，它能在一台 IBM 个人计算机上运行，本质上就是一个绘图软件，看上去和我们小时候玩过的“神奇画板”（Etch-a-Sketch）没有什么不同。但是，这个装置控制绘图过程的方式要更加复杂，也更为有趣：SLICE 的操作面板上有不少“虚拟”旋钮，每个旋钮都控制着一种特定地质学诱因的展开过程。比如说，其中一个旋钮让泥沙开始沉积，另一个会加速侵蚀，其他旋钮可能对应熔岩的渗入，或造成断裂和褶皱，凡此种种。

有了 SLICE，作业就可以这样布置下去：每个学生都会得到一张地层图（目标图），他们要在计算机上画出一模一样的，但不能临摹，也不能直接复制，相反，他们要转动某些旋钮，还要按特定的顺序操作。事实上，学生们只能这样做，因为 SLICE 和现在的绘图软件或“神奇画板”不一样：它不支持逐像素乃至逐行控制。要画出和作业要求一模一样的地层图，学生们就必须掌握正确的“地质诱因”（比如说先有泥沙沉积，后有熔岩侵入），并且在调度它们时确定合适的强度。在操作上，这意味着只要能以正确的先后顺序、用正确的幅度（量级）转动正确的旋钮，就能保证作品与原图“差不离”。Dennett 认为，如果一个学生能够做到这些，就说明他已经确凿无疑地掌握了那些隐秘的诱因（如沉积、侵蚀、熔岩流和断裂）将如何共同造就地层图所反映的不同地质结构特点——或借用我在本书中一再重复的那个术语，他掌握了“生成模型”。也就是说，他必须首先掌握哪些可能的诱因以何种方式相互作用，才能导致目标结构的出现，然后才能在此基础上自行按要求“生成”作品。在此过程

5

———

㊀ 意即“薄片”。——译者注

中，目标图扮演着“感知证据”的角色，学生们要在 SLICE 上对其进行重建（re-construct），就必须使用自己所拥有的最佳地质知识模型。

我们可以走得更远一些，让学生掌握“概率生成模型”。对一幅特定的目标图，通常有很多不同的绘制方式：学生们可以选择不同的“旋钮操作组合”来生成类似的作品。但这其中有些组合对应着实际上更有可能发生的地质事件序列。因此，我们可以规定：只有选择了那些更具现实性的“旋钮操作组合”，也就是说，发现了更具有代表性的地质事件序列，学生才能获得高分。再进一步，甚至可以给学生一幅目标图，同时明确排除那些可能性最大的地质事件，强迫他们构想能够造成图示地质结构的替代性诱因（次优方案，第三方案……以此类推）。

SLICE 让使用者调用自己关于地质学诱因（如沉积、侵蚀）及其交互作用的知识储备，自行生成匹配作业要求的地层图。这杜绝了作弊现象。毕竟，要以正确的方式操作旋钮，控制如侵蚀、沉积和断裂等隐藏诱因，在操作界面上以满足要求的方式排列像素点，这本身就反映了操作者的地质学知识水平。

这是一个对大脑在信息加工过程中所采用的基本策略的生动类比，即使它还不够详尽。这个模型（假设它没有错得太离谱）让我们能够理解来自现实世界的源源不绝的感知信号（说到底，它们只是感官接收到的能量）。以上论述表明，我们对现实世界的知觉取决于能否识别一系列彼此交互的现实诱因，这些现实诱因最有可能造成能量以特定模式冲击（外感觉、本体觉和内感觉）感受器，从而产生我们正在经历的刺激。在这个意义上，我们以猜测（如果你不介意这么称呼它的话）的方式感知世界，并在此过程中使用感知信号对这些猜测进行调整和改进。

值得注意的是，在现实生活中执行知觉匹配任务时，认知主体往往不会满足于生成单一的、静态的结果（正如SLICE所做的那样），而是要致力于适应不断变化的真实情境。一系列案例将表明，要对复杂的传入信号阵列进行匹配，我们就需要掌握相关情境因素在多时空尺度下如何演变和彼此缠结，这将在具备多层架构、擅长传播相关预测的神经系统中实现。在本书后面的章节中，我们还要详细讨论这种“多层架构”背后的逻辑。

现在，我们可以收尾了——只要从先前的故事里拿掉学生和知识结构，留下来的就是一个可称为SLICE*的装置，它是SLICE一个自给自足的版本，可以自行获得有关地质结构隐藏诱因的知识——至少在其所处的微观世界中，借助多层（深度）架构的预测驱动学习，我们就能指望SLICE*做到这些。这反映了一个在当代认知科学研究中正以不同形式得到日益重视的理念，即我们会使用为高度发达的生物大脑所特有的海量循环连接，尝试自上而下地自行生成感知数据，以满足认识世界所需。这是一个有效的策略，因为理想的模型能够做出更好的预测，而借助成熟的学习程序，我们能够逐渐调整自己所拥有的模型，以提升其对感知刺激流的预测力。

现在，针对传统上简单但缺乏现实性（见下文）的被动感知理论，我们可以对以上论述的核心思想进行一番总结：对现实世界的知觉，就是使用一连串合理的多层预测对感知信号进行匹配。这些预测旨在使用与彼此交互的远因相关的知识储备，自上而下地将感知信号建构出来。能够以这种策略应对外界刺激的认知主体需要对世界具备相当程度的了解，并学习如何精明地“消费”自行建构的感知刺激。它们对自己所处环境的认识逐渐加深，对其中的实体与事件也越来越熟悉。如此，只要听到草丛中传来细微的响动，它们就会猜测“可口的猎物”即将出现，并预见到猛扑上去以前那种肌肉紧绷的感觉。不论是动物还是机器，只要能够对周遭环境发展出这种程度的控制，就已经可以说能够在相当程度上理解世界了。本书的第 1 部分就将细致介绍感知与学习的基本机制。

但是，这幅有关被动知觉的详细蓝图缺少了一些关键性的东西，那就是行动。行动改变了一切。大脑中的神经集群不只在嗡嗡作响，试图预测感知刺激流，它们还通过引发身体运动及有选择性地获取相关刺激不断地生成感知信号。因此，知觉和行动在一个无止尽的循环中彼此缠绕在一起。这意味着我们必须对方才的描述作进一步的、在认知上至关重要的修正。我们的新系统是一个机器人——我们可以叫它“Robo-SLICE”，它的行动逻辑被设定为必须对其接收到的感知刺激做出反应。也就是说，它会对当下的感知信号进行评估，猜测哪些身体上和环境上的诱因最可能导致它们出现，以此作为自身行动的依据。如此，与环境交互的行动就具有了核心地位：Robo-SLICE 通过“恰当的”行动与世界对接，它会将感受器暴露在那些对其生存具有重要意义的能量输入中，积极地选择相关刺激，并逐渐形成自己的“追求”和“目的”。此外，Robo-SLICE 还能够利用在环境中的行动降低自身内部处理过程的复杂性，尽可能选择简单而高效的路径，用活动和环境结构取代昂贵的计算过程。

7

实际上，要构想 Robo-SLICE 是一个比较离谱的要求，因为这个小小的思想实验有一些先天不足。我们从一开始就没有为 SLICE 确定一套“生活方式”，也没有指定其生态位和基本关注，因此 SLICE 不可能知道对于特定的感知刺激而言哪些行动是“恰当”的。此外我们也没有展示为什么对刺激的持续预测能让一个认知主体做出恰当的行动，也就是说，能让它对世界进行取样，使特定预测与实际传入的感知信号间匹配得越来越好。从预测到自证预言（self-fulfilling prophecies）的转化是一个巧妙的把戏，这也是本书第 2 部分的主题。

这还没完。作为最后一块拼图，我们还要赋予 Robo-SLICE 一项伟大的能力，即改变自身所处的社会和物理环境的长期结构，以使世界更为

“宜居”。也就是说，居住在这样的一个世界里，如果 Robo-SLICE 渴望某种能量输入，周遭环境就能更加可靠地满足它的需求。这种对环境的塑造一次又一次、一代又一代地重复进行下去，最终，像我们这样的生物得以建造出一个更适于思考的世界——在这样的世界里，各种能量输入能够招致越来越复杂的行为，并引导思想和理智探索那些曾标注为“禁止入内”的领域。这样一来，我们就得到了 SLICE 的最终版本——情境化（Situated）Robo-SLICE。这是一个自主的、活跃的学习系统，能够对世界进行改造，以优化其思维，并满足（及调整）自身各项需求。我们将在本书第 3 部分对此进行详细说明。

在本文行将结束之时，我想为读者圈出以上描述中的一些关键特征和有趣之处。至少我希望这将有所帮助。 8

第一个关键特征是认知共现（cognitive co-emergence）。多层感知预测意味着许多：它既支持揭示世界本来面目的生动知觉，又是一种学习友好型策略，还让一些生物发展出想象，以及（我们将会看到）更具指导性的心理模拟能力。如果我们自上而下地生成传入感知信号，并利用自身存储的关于世界的知识重现这些刺激模式的显著方面，以此知觉环境，则这种知觉过程本身就包含了某种形式的理解：它关乎事物本身是什么样子，及其倾向于如何因时而变。这里面也有想象成分，因为如果一个系统能够自行生成（至少是近似于生成）感知信号，它就不仅能以这种方式知觉环境，还能独立地生成离线的（off-line）类知觉心理状态。拥有生成模型的认知主体会使用其知识储备在刺激与预测间进行匹配，所谓的“想象”只是它们对同一套知识储备的另一种使用方式。

以上解释与最近一大批实验结果存在密切关联，这些实验旨在支持所谓的“贝叶斯大脑假设”。也就是说，我们的大脑进行任务处理时所采用的手段，接近于对新近证据与旧有知识进行权衡的理想方法——为当下的感知信号寻找隐藏诱因的过程与贝叶斯推理（Bayesian inference）极为类似。

当然，在某些时候，关于某些事物，大脑还是难免会出岔子。最近，我就被Henry Worsley中校的一段描述震惊到了——Worsley是一支英国陆军北极探险队的队长：

持续几日的乳白天空（whiteout）给我们带来了不小的困扰。这种极地现象是由于云层降得太低，遮蔽了地平线而造成的。Amundsen称之为“白夜”——身处其中时，你对距离和高度都失去了感觉。有一个故事说他曾自以为看见了远方地平线上的一个人影，当他向那边走去时，恍然意识到那是前边三英尺处的一坨狗屎。[3]

总而言之，在我们所居住的世界里，以及当时的信息状态下，由于Amundsen相信自己正在眺望地平线，所以“人影”这一知觉就是所谓的贝叶斯全局最优解。也就是说，彼时Amundsen的大脑正在以最具可能性的方式糅合先前的知识储备和当下的感知证据，然而，他的知觉出了岔子。需要注意的是，不论在本书中的哪一处提到“最优”（optimal）这个令人疑虑的概念，我指的都是这个“狗屎最优”，仅此而已。

9

第二个关键特征是整合（integration）。本书将要探索这样一种观点，它不仅能将大量核心认知现象（如知觉、行动、推理、注意、情感、经验和学习）统一起来，还让我们有机会定性甚至定量地理解“具身认知科学”以及“情境认知科学”领域的许多主张。要实现后一种整合，就需要提取不同认知现象的“公分母”，其表现为“提升感知信号预测力的多种途径”。比如说，我们可以在生成模型中“转动旋钮”匹配感知刺激，也可以改变感知刺激本身，让我们“旋钮匹配”的过程更加容易一些。为此，我们可以采用直接的行动，也可以通过长期的环境结构调整实现目的。我相信，概率性的神经处理过程与具身和行动所发挥的作用在当前的语境中有望得到统一，这是本书描绘的新兴理论框架最具吸引力的特征。

同样的观点为思考人类经验的形式与本质开辟了新的空间。通过强调预测和对预测可靠性（信度）的评估，当前理论有望对某些心理疾病与障碍（含精神分裂症、自闭症和功能性感知运动症状）进行解释。[4]此外，它还能帮助我们理解神经典型性人群的复杂经验现象，并（特别是考虑到关于自身脏器状态的内感觉预测）为情感和有意识的经验在机制上的起源提供了暗示。

需要强调的是，大脑的“认知百宝箱”中还有许多其他的工具。至少在当下论述的具体意义上，“猜谜游戏”涉及在相当短的时间内利用在线生成的预测误差，对传入的感知信号进行自上而下的拟合，或寻求某种近似（approximation）。这是一个极为有效的技巧，在一系列认知和行为过程中都有体现，但大脑显然还有别的策略可供选择，更不用说整个有机体了。积极的认知—行动主体具有强大的适应性，它们会结合多种策略应对复杂的生存环境，这个环境有时是由它们自己创造出来的。

即便在这个更为宽泛的领域中，预测也发挥着关键的作用。它有助于我们时刻协调内外部资源，实现与世界的智慧对接，这种对接表现为一系列核心形式。我们将会看到，基于不同的“精度加权”（precision-weighting）机制，预测加工过程会选择临时性的神经元集群。这类神经元集群不断被身体动作所激发，同时激发其他身体动作，而身体动作又可能以各种方式利用环境中的结构和机遇。可见，有关预测性大脑的观点与情境化具身心智理论的碰撞将迸出夺目的火花。

10

最后值得注意的是，有如一枚硬币的两面，本书同时包含一个总括性的观念和一个具体化的假设。前者将大脑视为一台多层概率预测引擎，后者（多层预测编码假设或预测加工模型）则关注这台引擎的具体工作原理。即使细节出现错误或不够完善，大方向仍然正确也是完全可能的。当然，具体化的假设也有其价值：一方面，它们代表总括性观念最为前沿的研究进展；另一方面，它们能够说明一系列不同的现象，且其应用范围还在扩大。这强有力地证明了我们的理论多么适合解释人类经验——从知觉、行动、推理、情绪、经验，到理解其他行为主体，再到各种病理性现象和障碍的性质和原因。

这些进展都令人兴奋。我斗胆相信，它们的最终结果不会是又一种“关于心智的新科学”——而是可能比那好得多。因为我们正在接近一个汇聚点——它将现有最好的一些思路结合起来了。这些思路包括联结主义和人工神经网络的工作要素、当代认知神经科学和计算神经科学、处理证据和不确定性的贝叶斯方法、机器人学、自组织，以及情境化的具身心智研究。活跃的大脑不知疲惫地预测或引发感知刺激，这种视角让我们得以一窥这团重约 3 磅的肉质器官最为核心的功能——它沉浸在人类社会与环境的旋涡中，致力于了解世界并与其紧密衔接。

预测算法

Surfing Uncertainty 具身智能如何应对不确定性

第1部分

预测的力量

Surfing
Uncertainty

—

预测算法

具身智能
如何应对不确定性

—

1 预测机器

Surfing
Uncertainty

1.1 觉知一杯咖啡的两种方式

13

当我和一位同事闲聊片刻后重新进入办公室，觉知到放在桌上的那杯热咖啡时，发生了些什么事？一种可能是：我的大脑接收到一系列视觉信号（为了简单起见，想象一个被激活的像素阵列），这些信号快速地确定外界事物的一些基本特征，如线条、边缘和色块。然后，这些基本特征得到前馈、逐步积累并（在适当的情况下）结合在一起，产生层级越来越高的信息类型，最终被编码为形状和关系。这些形状与关系在某一时刻激活了我们的知识储备，感觉由此被转化为知觉，于是我们看见了一只造型复古而不失时髦的绿色马克杯，里面盛满了热气腾腾的美味咖啡。尽管对这个模型的描述极为简练，它还是准确地反映了某种传统的认知科学取向，这种取向将知觉描述为“自下而上”（bottom-up）的、累积式的特征检测过程。[1]

这里有一个备选方案。在我重新走进房间时，我的大脑已经提前形成了一套包含“咖啡—办公室关联”的复杂预期。当我瞥向桌面，几条经过快速处理的线索引发了一系列视觉加工，传入感知信号（它们被称为

14

“驱动信号”或“自下而上的信号”）与一连串自上而下，以及横向传递[2]的预测相遇，后者对应这个小小的世界最大概率的状态。预测的流动反映了嗡嗡作响、持续进行的积极神经处理过程，其下行方向则有助于抢先确定相关视觉加工（及其他）路径上不同的神经元集群可能的激活模式。伴随着我们在现实环境中不同类型的活动，下行及横向预测将涉及宽广的范围，而非仅限于形状和颜色等简单的视觉特征——正如我们即将在后续章节中谈到的，它将涵盖大量多模态联想，并将与运动和情感相关的复杂预测糅合进来。多重双向信号快速交互、热情共舞，一旦下行“猜测”发生错误，由此产生的误差信号将横向或向上传播，以提高后续预测的质量。当预测流对传入信号的解释足够合理之时，关于视觉对象的知觉就产生了。这一过程在多重时空尺度上不断展开，系统自行生成传入感知信号，并将其与现实刺激进行匹配，在匹配成功时，我们就经验到了结构化的视觉场景。

这就是我们觉知那杯咖啡的方式。随着论述的继续，我们将为这个解释框架添砖加瓦，但其基本假设正应了那句老话：知觉是受控的幻觉。[3]这是个相当夺人眼球的说法，尽管它也有些曲解了事实真相（见第6章）。形象地说，我们的大脑致力于猜测“外头什么情况？”——而知觉就产生在这种猜测与实际传入的信号彼此相符之时。

1.2 采用动物的视角

不管是预测，还是（我们将要谈到的）行动都需要基于某些知识，这些知识一开始又是从哪儿来的？要获得这些知识并据此进行预测，我们是否需要首先对环境进行直观的经验（看来确实如此）？毕竟获取知觉经验不需要预测加工过程的参与，不是吗？

要解决这个问题，我们就要将能量模式经由感觉通道的传递，和系统产生知觉经验的过程清楚地区分开来。唯有基于能量模式的传递与自上而下的合理预期，我们才能获得对真实世界的生动知觉。这样一来，问题就变成了：我们能否基于单纯的能量传递生成并运用合理的预期？故事的动人之处在于，学习和在线反应或许基于同一类过程（试图预测当前的感知输入）。

15

一些学者（Rieke et al.，1997；Eliasmith，2005）主张，将动物自身的视角与某个系统作为外部观察者的视角进行对比会是一个良好的开端。外部观察者可能会发现，唯有当视网膜上出现某些刺激模式，且这些刺激模式往往意味着在舌头所及范围内有一只可口的猎物（比如说，一只苍蝇）时，青蛙大脑中的一些神经元才会被激发。我们可以说，这种神经活动模式对猎物的存在进行了“表征”，但尽管这种描述往往是有用的，它却在一个更为重要的问题上蒙蔽了我们——青蛙（或任何一个我们关注的系统）到底通过何种途径获得对世界的理解？更好地看待这个问题需要我们采用（这个“采用”是什么意思，我们很快就会讲到）青蛙本身的，而非外部观察者的视角，即只考虑青蛙所能获得的证据。这种说法其实也有误导性——它似乎是在鼓励我们透过青蛙的双眼看世界，但实际上，它是在说我们只应该去考虑那些会被青蛙的感受器所接收到的刺激。其中某些刺激在我们看来就是苍蝇，但对青蛙的大脑来说，它只是对感觉系统的某种扰动，该扰动是由于诸感受器接收到某些外部能量所导致的。正如 Eliasmith（2005，p. 102）所指出的那样，“可能的刺激处于未知状态，动物必须根据不同的感知线索推断出呈现的是什么”。我要补充一点（后面将详细讨论）：“推断出呈现的是什么”与选择合适的行动间存在深刻的关联。因此，决定动物的视角的，是它们的大脑能够通过感受器状态的变化获取什么信息。而加工这些信息的全部意义就在于，它能够基于外界环境（表现为感受器接收到的能量）和动物自身的状态（比如说它有多饿），让动物通过选择合适的行动做出反应。

我们还要强调一点："信息"这一概念在此仅指"能量的传递"（Eliasmith，2005；Fair，1979）。也就是说，任何与信息有关的论述，都必须最终还原为感受器如何接收刺激。这是因为我们想知道一个明智的认知系统最开始是如何自然形成的，如果要避免引入无益的外部观察者视角，如何看待"信息"就非常重要。因此，谈论信息和谈论信息所指涉的东西是两码事。这一点非常关键，因为如果大脑要对环境做出合适的行为反应，它就必须解决信息的指涉问题。将能量刺激转化为指导行动的信息正是具身的、情境化的大脑的使命。

Eliasmith 指出，Fitzhugh（1958）的研究提供了一个"采用动物视角"的早期案例，该研究尝试仅从动物神经纤维的反应推断相应的环境诱因。Fitzhugh 在研究中刻意避免使用自己关于反应诱因的知识（观察者视角），具体做法如下：

> 正如大脑（或其不同部分）从感知信号推断现实世界的状态一样，Fitzhugh 想要用神经纤维的反应确定未知的刺激。他刻意保证自己只使用动物能够获取的信息，而任何源自"观察者视角"的信息只能用于检查答案，而非确定动物的表征。（Eliasmith，2005，p. 100）

Fitzhugh 的任务很是艰巨，但这正是动物大脑的日常工作。大脑必须在无法直接接触其源头的前提下发现刺激信号的可能诱因。它所"知道"的——在"知道"这个词的字面意义上——只有其自身状态（如神经脉冲序列）流动与变化的方式。一个外部观察者会注意到，大脑的自身状态会对具身的有机体产生影响，如导致感受器本身的运动。积极的认知主体由此对感知刺激流进行组织，影响能量刺激的波动起伏。我们稍后将会看到，这是一个重要的额外信息来源，但并不会改变感知的基本原理：任何系统都能直接访问其自身的感知状态，即各感受器之间刺激分布的模式。

这种刺激分布的模式如何让具身的、情境化的大脑成为一个具有重大价值的节点（同时也是一个消耗大量新陈代谢能量的器官），以辅助有机体灵活的适应性反应？请注意，这个问题已经与本章开始时不同了：我们不再关心有机体如何在外界环境与自身内部状态间建立起“映射”（mapping），而是要借助多变的传入信号本身推断出信号源（世界）的性质。

1.3 自举式学习

这看似无望，但预测驱动的学习提供了一个非常强大的方法，让事情有望柳暗花明。要理解这种方法，我们需要首先回顾一下另一种学习策略：人们会为参与学习的系统安排一个“老师”，但这个“老师”通常不是人类，而是一个自动化信号，其任务是根据当前输入准确地告诉系统应该做些什么，或不该再做些什么。这被称为“监督式学习”。一些最为著名的监督式学习系统依赖所谓的“误差反向传播”（如 Rumelhart, Hinton, & Williams, 1986a, b; Clark, 1989, 1993）。这类“联结主义”学习系统会将当前的输出（典型的输出是对输入刺激的某种范畴化）与正确的输出（体现为一些贴有标签的，或预先分类的“练习数据”）进行对比，调整反映系统实际经验（即 know-how）的连接权重，以提升其未来表现。这种缓慢的自动调整过程（人们称之为梯度下降学习）适用于这样的系统：其内部的连接权重最初是被随机设置的，而借助训练（如果一切顺利[4]），它们的学习有望逐渐加速。

这类联结主义系统是一个漫长演化过程的关键一步，这个过程最终导向我们很快就要描绘的“预测加工模型”（PP 模型）。实际上，有学者主张预测加工模型（更宽泛地说，多层贝叶斯模型）就是从联结主义系统的庞大家族谱系中演化而来的（具体讨论见 McClelland, 2013 及 Zorzi et al., 2013）。在这以前，我们很容易[5]否认仅凭对感知证据的精细挑拣就能够支持有效的基础学习。相反，人类的大部分知识看起来更像是天生的——在漫长的演化过程中，它们作为神经回路的形态与功能被逐渐固定下来。

联结主义系统的出现让人们对以上观点产生了怀疑，这很重要，因为它表明我们实际上有可能从实际接触的丰富感知信号中学到许多（见 Clark, 1993）。但标准的联结主义方法（反向传播的训练）在两个方面碰了钉子：一是它需要提供足够数量的、已预先分类的训练数据，以支持监督式学习；二是训练难以在多层网络架构中展开，[6]因为对误差信号的反应需要在各层级间进行分配，而分配方式往往难以确定下来。适用于多层架构的预测驱动学习恰好同时解决了这两个难题。

我们先考察训练数据。预测驱动的学习可以被视为监督式学习的一种干净的（即生态上可行的）实现形式，更准确地说，它就是一种自我监督式学习。在此过程中，环境本身能够以滚动的形式持续提供“正确的”反应。因此，假如你就是一个大脑（或多层神经网络），日常工作就是不断地转化环境刺激，你就一定能够侦测自己的感觉登记器是怎样持续变化的。如此，你就能尝试预测这些感觉登记器的下一个状态（虽然很多动物也能做到这一点）。

故事其实比它看上去的样子要复杂得多。虽然将预测加工过程理解为在时间上彼此离散的一系列步骤或许是最简单的，但我们将要考察的模型主张大脑在一个连续不断的过程中对滚动的现实进行预测。知觉是一个预测驱动的建构过程，它永远植根于过往（系统性知识），在多个时空尺度上对未来提前做出考量。[7]一旦我们认识到这一点，在预测当下和预测临近未来之间的界限就不再分明了。

对预测加工过程来说，一个好消息是，该过程所需要的大量训练数据就来源于环境本身。因为只要周围的环境发生改变，感觉登记器的状态就将受传入信号的系统性驱动而发生变化，进而为大脑的自我监督式学习提供训练数据。因此：

> 预测性学习尤为引人瞩目，因为它的信号源几乎无处不在。如果你想预见接下来发生的一切，那么每一个当下都是学习的机会。这种无时不在进行中的学习可以解释（比如说）婴儿是怎样神奇地获得了对世界的复杂理解的，尽管它们的行为貌似十分迟钝（Elman，Bates，Johnson，Karmiloff-Smith，Parisi，& Plunkett，1996）——婴儿对自己将会看到什么的预见会越来越准确，它们由此为环境建构起日益复杂的内部模型。（O'Reilly et al. 已提交 p. 3）

19

以此观之，预测加工过程是一种典型的“无上限自举”。举个例子，要想预测句子中的下一个单词，熟练掌握英语语法是很有好处的。而熟练掌握英语语法的一条有效途径，就是寻找最好的办法预判句子中的下一个单词。这正是世界本身自然地提供给我们的训练方式，因为对应句子中下一个单词的声音或形状会紧随着预测呈现出来。由此，你可以一步步地引导自己建构起关于英语语法的知识，这些知识又会在后续的预测任务中派上用场。如果处理得当，这种自举（即某种形式的“经验贝叶斯方法”，见 Robbins，1956）能够成为一种非常强大的训练机制。

预测驱动学习将变动不居的感知信号视为丰富的、持续可得的、“自举友好”的免费资源加以利用。世界慷慨而可靠地为我们提供着海量的训练信号，以资匹配当下做出的预测和实际感知的传入刺激，无论预测任务在生态意义上是相对基础的（如预测不断变化的视觉影像以识别捕食者或猎物）还是相对先进的（如“看见”桌上的咖啡，或预见句子中的下一个单词）。一些广为人知的学习算法（learning algorithms）能够利用这种机制，揭示实际上塑造了传入信号的、彼此交互的外部原因（即“潜在变量”）。但在实践中，这需要引入预测加工模型的另一个关键成分，即使用多层架构进行学习。

1.4 多层架构的学习

多层架构的预测驱动学习可能是以我们的方式理解世界的关键所在——在我们眼中，世界是高度结构化的，它表现为对应不同时空尺度的一系列规律和模式，同时充斥着各类彼此交互的、复杂嵌套的远因。感知预测机制与多层架构学习的结合对我们而言意味着计算上的突破。对这种突破的认识最初可见于 Helmholtz（1860），他将知觉描述为概率性的、知识驱动的推理过程。Helmholtz 提出了一个重要的主张，即系统要从身体的感知效应推断其现实诱因，这是一项棘手的工作。也就是说，感知主体要对外部诱因押注，它们会询问：“什么样的外部刺激才能以当下的方式激活感受器?”这项任务之所以棘手，部分是由于有时感受器的某种激活模式对应着好几套可能的外部诱因，而这些外因的彼此差异仅限于其（情境相关的）发生概率。

受 Helmholtz 的洞见启迪，MacKay（1956）、Neisser（1967）和 Gregory（1980）的工作对当代认识心理学产生了重要影响，并形成了一个传统，我们今天称之为“综合分析”（analysis-by-synthesis，见 Yuille & Kersten，2006）。[8]在机器学习领域，这些洞见引领了一连串重要的创新，它们源于与（名副其实的）“Helmholtz 机器”（Dayan et al.，1995；Dayan &

Hinton, 1996; Hinton & Zemel, 1994）相关的研究工作。“Helmholtz 机器”是一个多层架构的早期范例，研究者可以在不对相关数据进行预先分类的前提下训练它。系统能够利用其下行或横向内部连接自行生成训练数据，以此实现“自组织”。也就是说，它一开始不是在对数据进行分类（或“习得识别模型”），而是在学习如何使用多层架构自行生成传入刺激。

这看似一项不可能完成的任务，因为系统需要一些知识才能自行生成传入刺激，而它当下正在努力尝试去获取这些知识。比如说，如果对诸音节彼此连接和组合的方式不具备相当程度的了解，系统就不可能凭空生成一门语言的语音结构。[9]同理，只有掌握了一个与语音结构相关的生成模型，一个系统才能去学习如何进行归类任务（也就是说，输入一连串声音信号，它能够输出其语音分析结果）。但如果既没有这样的模型，也没有支持模型建构的知识，我们又该从何处着手呢？这种情况下，答案似乎是“逐步地，从两处同时着手”——至少在理论上，通过发展新的学习路径以迭代地实施“无上限自举”，这一难题就能够得到解决。

人们为此设计了一系列算法，其中以“睡眠—觉醒法”（wake-sleep algorithm，见 Hinton et al., 1995）最为典型，该算法[10]让识别（recognition）与生成（generation）任务彼此引导，允许系统在迭代评估（iterative estimation）中轮替地训练两组权重，以习得识别与生成模型。“睡眠—觉醒法”会使用其下行连接指定隐藏单元的理想（目标）状态，由此对识别模型的建构进行事实上的自我监督，这是借助生成模型实现的，该生成模型致力于自行激活或——如有些资料所描述的——“凭空生成”特定感觉模式。更重要的是，即便系统一开始只含有随机分布的一系列低值权重，以上过程仍然可以有效地进行下去（见 Hinton, 2007a）。

在这个相当具体的意义上，一个生成模型[11]会通过推想一个诱因矩阵，努力捕捉某些传入信号的统计结构——只要在上述矩阵与信号结构间存在对应关系。在引言中，我们提到过一个被称为 SLICE* 的软件，它习得的生成模型整合了一系列隐藏地质诱因，以（通过自上而下的生成）最好地解释目标地质图像（地层图）中的像素排列模式。同理，一个对应视知觉的概率生成模型也会通过推想一个远因的交互网络，努力捕捉较低层级上的对应刺激模式（最终是视网膜刺激）。因此，特定情境中视网膜刺激的特定模式能够通过使用生成模型得到最理想的解释。简而言之，生成模型能够将高层表征（如彼此交互的主体、客体、动机和运动）与多个中间层级（对应颜色、形状、质地和边缘组合及变化）结合在一起。当这些隐藏诱因的组合（在多个时空尺度上）形成一个连贯的整体，系统就使用其知识储备自行生成了感知数据，借此知觉到一个有意义的、结构化的场景。

我们必须再次强调，要获得对这种结构化场景的理解，动物只能使用取其自身视角时能够获得的信息。这种理解植根于动物的演化过程对其大脑和身体的预结构化（pre-structuring）——不论它呈现出何种面貌——以及由感受器所登记的能量刺激。利用多层架构持续自行生成感知数据的尝试为动物提供了一种实现以上理解的系统化方法。在实践中，这意味着一个多层系统中的下行和横向连接能够对应多重时空尺度，为彼此交互的诱因编码概率模型。如果以上逻辑是正确的，那么我们识别客体、状态和事件，其实就是寻找那些最有可能的因素（即远因）：它们的彼此交互能够生成（亦即预测，并最好地解释）传入的感知刺激（见 Dayan，1997；Dayan et al.，1995；Hinton et al.，1995；Hinton & Ghahramani，1997；Hinton & Zemel，1994；Kawato et al.，1993；Mumford，1994；Olshausen & Field，1996）。

1.5 数字解码

辨识手写数字是很多人每天都要努力解决的问题，尽管他们通常并没有意识到。即便手机已经如此普及，人们时不时还是会匆匆留下便条，有时候上面的数字（比如电话号码）还挺重要。但我们是如何对这些鬼画桃符的痕迹进行破译的？

机器学习理论学者 Geoffrey Hinton 开发了一个标志性的手写数字识别系统（见 Hinton, 2007a, b; Hinton & Nair, 2006; Hinton & Salakhutdinov, 2006）。简单地说，该系统的工作就是对手写数字的图像（各种笔迹的 1、2、3……等等）进行区分。换言之，研究者输入形态风格变化多端的手写数字，系统则输出对它们的正确归类（将刺激识别为 1、2、3……等数字的实例）。该系统含三层特征检测器，其训练材料是一组无标签（unlabelled）手写数字图像集。但是，研究者并未直接训练这一多层神经网络以辨识相关刺激，而是让它首先习得并部署一个如前文所述的概率生成模型，该模型能够使用下行连接自行生成手写数字图像，并进行一些额外的微调。可见，这一学习过程的目标是逐步“调整下行连接的权重，使网络生成训练数据的可能性最大化”（Hinton, 2007a, p. 428）。这样一来，系统要想成功地感知（识别手写数字），就必须借助学习策略，该策略更接近于借助计算机图形技术主动生成数字图像。

结果令人备受鼓舞。经过训练后，这个神经网络准确地识别出了图 1－1的所有范例（它们大都十分潦草），尽管训练数据并不含其中任何一个。研究者使用含 60,000 个训练图像和 10,000 个测试图像的基准数据库对该系统[12]进行了扩展测试，它的表现超出了所有更为标准化的（以“反向传播”方式训练的）竞争模型，仅逊于一些为这项任务“量身定制”的人工神经网络。事实上，它的表现和一些计算上“更为昂贵”的方法——如所谓“支持向量机”——几乎一样出色。最重要的是，这个神经网络所使用的学习策略确实反映了大脑功能组织的一个关键方面：系统会使用自上而下的连接生成数据的某些版本，以期对同样形式的数据做出反应。

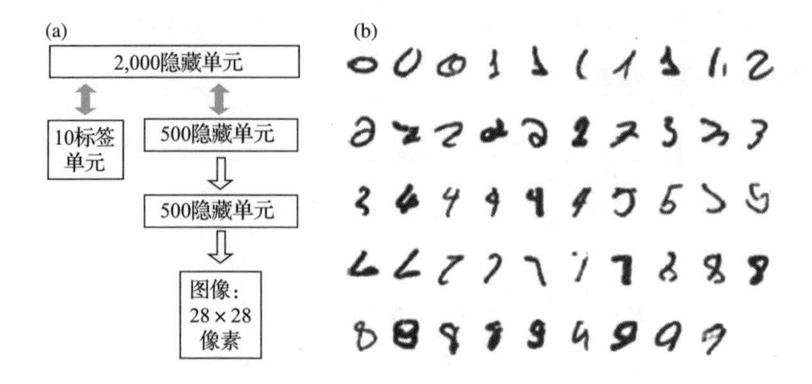

图1-1 学习辨识手写数字㊀
来源: Hinton, 2007a。

这种方法可以应用于任何结构化领域。Hinton 的模式（需要强调的是，它在一些非常重要的方面不同于我们即将论述的预测加工模型[13]）已在各种各样的任务中得到应用，如文档检索、预测句子中的下一个单词，以及预测人们会喜欢哪几部电影（见 Hinton & Salakhutdinov, 2006; Mnih & Hinton, 2007; Salakhutdinov et al., 2007）。Hinton 指出，这一整套数字识别网络所含有的参数“只相当于一只老鼠大脑皮质中 0.002 立方毫米的容量”，而且“高分辨率 fMRI 扫描结果中的一个体素就能包含数百个具备同样复杂度的系统”，当我们意识到以上两点，这种方法的潜在力量就展露无疑了（Hinton, 2005, p. 10）。Hinton 的表述十分谦虚，他相信自己的系统只是对“机器学习前路漫漫”的一种戏剧化演示。但从另一个角度审视他的研究，如果一个复杂如人类大脑的系统能够使用如此强大的学习策略，它对环境形成这么深刻的理解也就不足为奇了。

㊀ (a) 用于学习数字图像和数字标签联合分布的生成模型。
(b) 一些测试图像：系统能够正确地对它们进行分类，尽管它从未见过这些图像。

1.6 结构处理

多层架构的预测驱动学习还弥补了早期联结主义方案（基于误差的反向传播）的另一个短板——缺乏结构处理的原则性方法。所谓结构处理，指的是对复杂的铰接式表达结构进行表征和加工（Hinton，1990，p. 47）。常见的“部分—整体层次结构”就是一种典型的结构，其中不同的元素构成整体，整体本身又可能作为元素构成一个或多个更大的整体。“经典的”人工智能研究为结构处理提供的方法十分直接——或许过于直接了：传统符号主义方案会使用“指针”系统，所谓“指针”是一个本质上任意的数字对象，它可用于访问另一个数字对象，后者又可用于再访问另一个……以此类推。在这类系统中，符号（通常具有任意性）是“对特定对象的‘微表征’，它提供了通向该对象更充分表征的‘远程访问路径’”。由此，“许多（更小的）符号可以汇聚在一起，为某个更大的结构创造表征，并确保该表征是‘表达完全的’（fully-articulated）”（以上引文均见 Hinton，1990，p. 47）。这样的系统确实能够表征结构化的（嵌套的，且通常是多层的）关系，且该表征方式下元素的共享和重组都十分容易。但事实证明，这类系统在其他方面既脆弱又缺乏灵活性，它们无法对特定情境进行流畅反应，也很难在有时间压力的现实环境中指导行为。[14]

24

现实要求认知系统有原则地应对结构化情境，正因如此，对联结主义理论能否替代“内部表征以语句形式存在”的古老主张，学术界一直不乏质疑的声音（如 Fodor & Pylyshyn，1988）。但致力于发展机器学习理论的 Geoffrey Hinton 于 2007 年毫不夸张地写道：“现在，我们已经能够克服反向传播学习的局限性，方法是使用含下行连接的多层神经网络，并训练它们生成感知数据，而非对这些数据进行归类。”（Hinton，2007a，p. 428）正如本书多次提及的那样，多层架构的预测驱动学习能够对应不同时空尺度分离出彼此交互的外部（或身体）诱因，这直接回应了人们对同类系统进行结构处理的忧虑。

这很重要，因为自然环境和人工环境在很大程度上就是结构化的。语言呈现密集嵌套的复合结构：单词组成短语，短语构成整句，整句又在更大的（言语性的或非言语性的）情境中得到理解。视觉场景——从喧嚣的街道、破败的厂房到平静的湖面——也包含多重嵌套的结构，如商店、商店的门廊、门廊中的购物者；树、枝丫、枝丫上的鸟、树叶和树叶的纹理。对任何一部音乐作品来说，每个乐章都包含片段的循环和重组，每个片段也自有其结构。我们有理由认为，对人类和大多数其他动物来说，世界是一个有意义的剧院，其中充斥着不同因素彼此铰接、嵌套形成的结构。对这种结构的认知是通过预测驱动的学习（我们将进一步讨论）实现的：学习者会使用对应不同时空尺度、有关现实诱因的知识，自行构建感知场景。

25

1.7 预测加工

这个扭转——凭借一个深度多层级联（deep multilevel cascade），通过使用关于现实世界的知识（world knowledge），尝试借助自上而下的连接，自行生成感知数据的虚拟版本——位于知觉“多层预测编码”（hierarchical predictive coding）方法的核心（Friston，2005；Lee & Mumford，2003；Rao & Ballard，1999）。多层预测编码或“预测加工”（Clark，2013）过程包含自上而下的概率生成模型以及如何使用、何时使用这些模型的具体方案。根据这些方案（它们借鉴了“线性预测编码”相关研究的理念），自上而下或横向流动的信号始终（而非仅在学习过程中）致力于预测当下传入的海量感知刺激（即所谓“感知弹幕”），只留下那些没有得到准确预测的因素（以“预测误差”的形式）在系统中前馈地传播信息（见 Brown et al.，2011；Friston，2005，2010；Hohwy，2013；

Huang & Rao, 2011; Jehee & Ballard, 2009; Lee & Mumford, 2003; Rao & Ballard, 1999)。

如果（以我们将很快论及的方式）将以上机制转置于神经系统，则预测误差代表着任何尚未得到解释的感知信息（Feldman & Friston, 2010)。也就是说，预测误差是由系统自行预测的刺激与其实际接收的信号间的失匹配（mismatch）所导致的“惊异”——或为区别于某种常见的、富含主观色彩的经验，我们可以更加正式地称其为“意外”（surprisal，见 Tribus, 1961)。如前所述，我将系统致力于从事的这项任务描述为“预测加工”——之所以引入该术语，而非沿用更为常见的“预测编码”，是因为要强调这种认知机制的突出之处并不在于它所采用的数据压缩策略（即预测编码，稍后将详细介绍)，而在于采用该策略的是一类特殊的、具有多层架构的系统，其部署了一系列概率生成模型。这类系统具有强大的学习能力，它们的加工形式丰富多样、对情境极为敏感（我们即将看到)，并能高度灵活地在多层级联中整合自下而上和自上而下的信息。

26

预测编码最初是一种为实施信号处理而开发的数据压缩策略（相关历史见 Shi & Sun, 1999)。以一类基本任务，如图像传输为例，在大多数图像中，一个像素点的值稳定地预测其邻近像素点的值，除却一些例外情况——这些例外情况反映了图像某些重要的特征，如对象之间的边界。这意味着：通过仅对意料之外的变动（即真实值与预测值发生偏离之处）进行编码，一幅图像的代码可以由一个“充分知情”的接收装置进行有效的压缩。一个最为简单的预测原则是相邻的像素点都具有相同的值（如相同的灰度值)，当然更为复杂的预测也是完全可能的。只要存在可检测的规律性，就可以实施预测（进而可以实施特定类型的数据压缩)。我们感兴趣的是真实值与预测值的偏离，它们被量化为实际信号和预测信号之间的差异（即“预测误差”)。这种数据压缩策略大大节约了带宽，而节约带宽正是20世纪50年代James Flanagan和贝尔实验室的其他工作人员努力开发新技术背后的动力。

通过“知情的”数据压缩，人们可以从相当简练的编码中重现丰富多彩的原始声像。这项技术对诸如影像资料的运动压缩编码意义相当重大。在构成影像的图像序列中，重建当前帧图像所需要的大量数据已经呈现在前一帧图像之中了。如果一段影像记录了某物体在一个稳定背景下的移动，我们可以假定当前帧图像中绝大多数背景信息与前一帧图像中的完全相同，除却被遮挡部分的变化和镜头平移导致的差异。在预测编码较为复杂的应用中，只要物体运动的速度（甚至加速度）保持不变，我们就能够使用所谓运动补偿的预测误差掌握其可预测的运动信息。换言之，只要对运动进行了适当的补偿，重建当前帧图像所需的全部信息就都包含在前一帧图像里了。要得到当前帧图像，你只需要发送一条简单的讯息（例如，不那么正式地说，它大概可以表示为“和之前一样，只是将所有内容向右移动两个像素”）。原则上，任何系统性、规律性的变化都能被预测，残余下来的只有那些真正意想不到的误差（例如，一个先前被遮挡的物体突然意外地出现）。

27

这里面的诀窍是使用智能和知识降低当前编码和传输过程的成本。注意，我们并不需要接收装置进行“有意识的”预测或期望。重要的是，预测装置需要能够充分利用其检测到的规律，或基于其他有效的预设重建传入信号。通过这种方式，像我们这样的动物就能通过使用自己已经具备的知识，尽可能多地预测当前的感知刺激，以节约宝贵的神经带宽。当窗帘以某种方式轻轻摇晃，你立刻意识到是心爱的小猫、小狗在后头捣乱（尽管也可能只是一阵风）——在每一个这样的时刻，你都在利用训练有素的预测机制完成感知任务。这节约了你的带宽，并且通常能让你更好地认识世界。

因此，预测加工机制将“自上而下”的概率生成模型与保证编码及传输过程高效性的核心预测编码策略相结合，在多层双向级联中使用。如果预测加工的逻辑是正确的，那么知觉就是一个我们（或我们的大脑不同的部分）对内外部事件进行猜测的过程，输入信号更多地被用于对猜测进行微调，而非详细地编码目标事件的状态（后者太占用带宽）。当然，这并不是说只有在所有前馈误差信号都被消除后，我们才能感知到什么。虽说只有当下行预测和传入刺激在多个层级上实现了匹配，完整而丰富的感知才能形成，但这种匹配（我们稍后将看到）本来就是逐步完成的。动物拥有一套训练有素的前馈扫描机制，对一些简单的（如低空间频率的[15]）线索高度敏感。通过使用这一机制，它们能够快速地感知到场景的一般性质或“主旨”（gist）。而后，随着一波波自上而下的预测持续展开，残余的误差信号逐渐减弱，同时更为丰富的细节也涌现出来。以此观之，持续不断的感知过程是大脑利用其存储的知识，以一种循序渐进、逐步细化的方式，对由当前感知刺激引发的多层神经反应模式进行预测。这反过来也强调了期望结构（不论它们是有意识的还是无意识的）能够在多大程度上决定我们的所见、所闻和所感。

本书的剩余部分涉及两个彼此不同但相互重叠的主题。其一是将大脑（特别是新皮质）视作概率预测引擎基本的神经对应物，这一观点正得到越来越多的支持（见 Bubic et al., 2010；Downing, 2007；Engel, Fires, et al., 2001；Kvergaga et al., 2007）。其二是一个具体的方案（多层预测编码或“预测加工”），它确定了预测加工核心过程可能具有的形式和性质。该方案在概念上有优雅的表述，在计算上有充分的依据，公正地说，它很有可能描绘了神经系统正在做的那些事情。正因如此，这个方案得到了广泛的应用，并以令人吃惊的（有时甚至是令人惊恐的）速度对越来越多的现象进行了说明。它为我们提供了一个极具综合性的视角，尽管我们不应该忘记还有很多与之类似的模型。[16]

28

1.8 标示新异刺激

为了让以上论述更加有血有肉，我们首先对视网膜的基本预测编码策略进行一番演示（Hosoya et al.，2005）。演示的出发点是一个广为人知的结论，即视神经节细胞参与了某种形式的预测编码，且其感受野呈现出中央—外周的空间拮抗和某种时间拮抗性质。也就是说，视神经回路使用局部图像特征对其时空上各邻近点的图像特征进行预测（基本假设是各临近点具有类似的图像强度），并从真实的信号中减去预测值。因此，最终得到编码的不是原始值，而是原始值与预测值的差异。以这种方式，“视神经节细胞信号对真实刺激与可预测结构在时空一致性假设下的偏离（而非原始图像）进行标示”（Hosoya et al.，2005，p. 71）。借用 Hosoya 等人的说法，这不仅节约了带宽，也突出了传入信号中哪些具有“报道价值”。

视觉系统或许仅凭图像的平均统计学事实，就能计算其中需要预测的显著特点。但在很多现实环境中，这样做都会遇到一些问题。看看“墨西哥行走鱼”的例子——这是一种蝾螈，它们频繁往来于水生环境和旱地之间。对这些小家伙来说，由于典型场景的统计学特征有所不同，“邻近位点图像强度相似”这一原则在两种环境中所对应的时空尺度差异很大。这在一些不那么富于戏剧性的场合下也同样适用——比如说当我们从建筑物内部走到花园里或湖边。Hosoya 等人因此猜想，为了进行有效的、富于适应性的编码，视神经节细胞的行为（特别是它们对应的感受野的特性）会随着对当前场合或情境的适应而发生改变——用他们的话来说，这表现为某种“动态预测编码”。

29

Hosoya 等人将蝾螈和兔子置于不同的环境中，并对其视神经节细胞的激活模式进行记录。结果证实了他们的假设：50% 的视神经节细胞在数秒内就改变了自身的行为，以便与不同环境中不断变动的图像统计学特征保持同步。而后，他们提出了一种机制，并使用一个简单的、执行“反赫布式（anti-Hebbian）学习”的前馈神经网络进行测试。在反赫布式前馈学习中，不同单元的相关活动会导致连接的抑制而非强化（见 Kohonen, 1989），这让我们能够创建所谓的“新异过滤器”，针对传入刺激中彼此关联度最高的（即最为“熟悉的”）特征，降低系统的敏感性——为有效忽视传入信号中统计上可预见性最强的因素（正如动态编码机制所要求的），这正是系统需要的机制。更妙的是，神经系统或许有能力实现这种机制。这包括使用无长突细胞的突触创建可塑的抑制性连接，后者改变视神经节细胞的感受野（细节见 Hosoya et al., 2005, p. 74），以抑制刺激中彼此最为相关的成分。总而言之，视神经节细胞似乎正以一种在计算机制和神经生理机制上都具有可行性的方式对原始视觉信号进行动态预测编码[17]，其效果是“从视觉流中剥除可预测的，因此不具‘报道价值’的刺激”（Hosoya et al., 2005, p. 76）。

1.9 预测自然场景

预测加工理论不仅突出了新异刺激的生物学意义，更为研究大脑皮质的组织形式提供了新的视角。预测加工机制以一连串“猜测”匹配传入感知信号，这些猜测在多层下行及横向架构中产生，而残余的失匹配则以预测误差的形式被系统前馈（及横向传递）。这一主张的核心在于前馈与反馈路径功能上的高度不对称性，这种不对称性存在于寻求解释的原始数据（自下而上）和寻求确认的高层假设（自上而下）之间（Shipp, 2005, p. 805）。多层级联系统中的各层都视较低一级的活动为感知输入，并试图以自上而下的合理预测与其实现匹配（基本范式见图 1-2）。我们可以从现有文献资料中找到一些实例（相关综述见 Huang & Rao, 2011）。

30

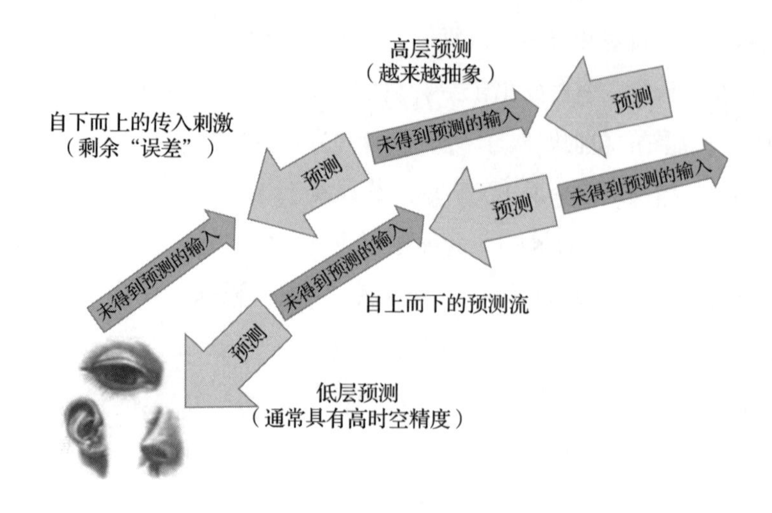

图1-2　预测加工基本范式[㊀]

来源：Lupyan & Clark，尚未出版（有改动）。

Rao和Ballard（1999）进行了开创性的概念验证工作。在这项工作中，他们使用多层人工神经网络对取自自然场景的图块进行预测驱动学习。该网络没有任何预设任务，只需使用下行和横向连接对传入刺激的样本和成功的预测进行匹配。最终，它发展出了一个嵌套的结构，其中一些单元具有了单细胞式的感受野，能够捕捉到一些符合经验观察的重要现象。最低层级对模式化的能量信号进行编码，这些模式（我们假设）是由感受器将周遭视觉场景中的光学刺激转换而来的。信号经多层级联进行加工，其中每一层级都在尝试通过反向连接预测较低层单元的活动，反向连接允许加工过程中某一阶段的活动作为输入反馈至上一阶段。成功的下行预测意味着一切尽在掌握，此时不发生后续活动。然而一旦发生失匹

31

㊀ 有关大脑信息传递之预测加工过程的高度形象化展示。自下而上的传入刺激在一系列先验（信念或假设）的情境中得到处理，这些先验来自架构的高层。传入信号与预测间的失匹配（误差）在级联中上行传播以调整后续预测，如此循环进行。

配，就会产生预测误差，（反映误差的）后续活动就将横向或向高层传播。由此，新的概率表征在高层被自动激活，使得下行预测能够更好地消除低层预测误差（即快速地实施知觉推理）。与此同时，系统会使用预测误差调整生成模型的长期结构，以降低后续预测加工任务可能产生的差异（即在一个较长的时间尺度上进行感知学习）。因此，各层级间的前向连接只用于传播预测与低层实际活动间的“残差”（Rao & Ballard，1999，p. 79），而反向（及横向）连接用于传播预测（它们传递的其实就是生成模型）。当系统改变预测时，它实际上是在改变或调整其对低层活动隐藏诱因的假设。对具身的、积极的认知主体（如动物）来说，这意味着在当前感知刺激背景下改变或调整其关于“如何应对世界”的理解。在各皮质区域的双向多层架构内同时运行此类预测误差计算有助于在不同时空尺度上与特定规律相关的信息结合为一个有机的整体，其中每个假设都与其余部分协调一致。正如作者所言，“预测与纠错的循环在整个架构中同时进行，低层与高层对传入信号的评估分别受下行与上行信息的影响”（Rao & Ballard，1999，p. 80）。对应视觉回路，这种机制暗示从视皮质 V2 区域到 V1 区域的反向连接可能携带了对 V1 区域活动的预测，而 V1 到 V2 的前向连接则传播残差信号，反映了与预测不匹配的活动。这种前向和反向连接的功能不对称性是预测加工理论的核心。

为验证这些观点，Rao 和 Ballard 用这种“预测评估单元”搭建了一个简单的双向多层网络，并使用取自五个自然场景的一系列图块对它进行训练（见图 1-3）。网络借助学习算法逐步减少其级联中的预测误差，在“观看”了数千个图块后，系统学会了使用网络第一层的响应来提取特征（如定向的边缘和条状物），而以网络第二层捕获与模式对应的特征组合（如斑马身上的相间纹理）——这些模式包含在更大空间结构之中。以这种方式，多层预测编码架构仅利用由自然图像导出的信号的统计学特性，就能“诱导出”有关传入刺激数据结构的简单生成模型。这个网络能够逐渐“学到”刺激中呈现的特征（如线条、边缘和条状物）及其重要性，

32

并以一种有助于（在空间与时间维度上的）后续预测的方式理解特征组合（如纹理）。用贝叶斯理论的术语来说（见附录1），该网络能够最大化其观察到的状态（即感知输入）的后验概率，并在此过程中“诱导出”一个关于信源结构的内部模型。

图1-3　五个被用于训练文中所描述的三层神经网络的自然场景图块

来源：Rao & Ballard, 1999。

Rao 和 Ballard 的模型还表现出许多有趣的“非经典感受野效应”，如“末端终止”（end-stopping）。“末端终止”（见 Rao & Sejnowski, 2002）是这样一种现象：当一条很短的线段落在某个神经元的感受野之中，这个神经元会产生强烈的反应，但（令人惊讶的是）随着线段的延长，反应会逐渐减弱。这一效应（及与其相关的一整套“情境效应”，正如我们后面将要看到的）会很自然地在多层预测机制中产生。反应会随线条延长而减弱，是因为在我们用来对系统进行训练的自然场景中，较长的线段和边缘在统计学上更为普遍。因此，随着训练的不断进行，网络的第二层会首先预测较长的线段，并作为假设进行反馈。网络第一层对短线的强烈反应并不意味着神经元成功地进行了特征检测，而是反映了一个更早产生的误差或失匹配：高层网络最初并未预测到这条短线。

33

这个例子巧妙地说明了将感知等同于特征检测的累积流程会导致什么风险，以及将加工视作期望与误差校正的双向混合能带来哪些优势。它还强调了同类学习机制理解世界结构的方法——因为世界的结构是由训练数据所规定的。“末端终止”单元的反应只针对训练所使用的自然场景图块的统计学特征，其反映这些自然场景中线条和边缘的典型长度。在一个迥然不同的世界中（如某些海洋生物所居住的水下王国），这些单元将可能习得一些迥然不同的反应。

预测加工模型假设环境中嵌套的、彼此交互的诱因生成了刺激信号，而感知主体的任务是反转这一结构，即习得并使用多层概率生成模型以预测传入刺激。这种广义的学习机制已被用于多个领域，如语言感知、阅读，以及识别自身或其他主体的行为（见 Friston, Mattout, & Kilner, 2011; Poeppel & Monahan, 2011; Price & Devlin, 2011）。这并不奇怪，因为基本原理非常普遍。如果你想要预测一些感知信号随时间演变的方式，最好对诸外部诱因如何决定这些信号进行学习。反之亦然——如果你想了解外部诱因如何彼此交互，不妨试试预测感知刺激将如何随时间而改变。

1.10 双目竞争

至此，本书的论证仅涉及一些低层感知现象，然而，作为开场白的最后部分，我们将考察 Hohwy 等人（2008）就双目竞争现象提出的多层预测编码模型，其中包含了先前介绍过的诸多关键因素。

双目竞争[18]（见图 1-4）是一种令人吃惊的视觉体验。使用特殊的实验装置，向被试的两只眼睛（同时）呈现彼此不同的刺激，就能产生这种体验。一种方法是，将分别使用青色和红色进行渲染的两幅图像重叠在一起，被试佩戴装有青红双色镜片的特殊眼镜进行查看（这种眼镜与从前用来观看 3D 电影或漫画的 anaglyph 3D 设备类似）。使用这种滤镜时，（根据实验材料）被试的右眼会看到一座房子，而左眼会看到一张人脸。

34

在这种人为创造（这很重要）的条件下，主观体验以令人惊讶的“双稳态”方式呈现出来：被试不会看到（视觉感知到）房子和人脸彼此重叠的持续的混合图像，而是会报告说他们以一种彼此交替的方式时而看到房子，时而看到人脸。在两种知觉状态间的过渡并不总是尖锐的：被试常常声称另一幅图像中的元素逐渐“渗入”（见 Lee et al.，2005），最终彻底替代当前图像，如此循环往复。

35

图 1-4　双目竞争实验材料㊀

来源：Schwartz et al.，2012（经皇家学会授权）。

㊀ 不同的图像（刺激）分别呈现给左右眼，被试体验到图像（“房子”和“人脸”）间的切换。值得注意的是他们也会偶尔经历“混合知觉”（源于“碎片竞争”，即视觉感知现象由两幅图片的某些部分拼凑而成）。

Hohwy 等人提醒我们，双目竞争现象被证明是研究有意识视觉体验之神经关联物的有力工具，因为在实验中，当知觉来回切换时，输入信号始终保持稳定（Frith et al.，1999）。尽管如此，人们对其中的确切机制仍不太了解。Hohwy 等人采取的策略是后退一步，试图从基本原理上进行解释，该基本原理适用于一系列看似不同的现象。特别是，他们追求一种所谓的“认识论”方法，该方法旨在揭示双目竞争的本质：这是一种对生态异常（ecologically unusual）的刺激条件做出的合理的（知识导向的）反应。

他们的出发点是（再一次）将大脑看作一个使用多层生成模型的预测引擎，这个新兴的理论具有某种统合性。回顾一下，在这个模型中，感知的大脑旨在使用某种与刺激相匹配的下行预测，对传入信号（驱动信号）进行说明，以适应该刺激或将其“解释消除”。匹配程度越高，系统中上行传播的预测误差就越少。因此，通过所谓的“经验贝叶斯”[19]方法（如前所述），高层假设（猜想）扮演了低层加工过程的先验知识。

在这个架构中，视知觉是由跨越多个（双向）加工层级的预测过程决定的——各层级对应知觉细节的不同“类型”（types）和尺度。所有彼此联系的区域整合在一个相互协调的预测编码机制中，在交互中实现均衡，最终针对视觉呈现的世界状态选择出一个最优的整体性（多尺度）假设。这个假设“考虑到先验知识，能够做出最优的预测，因此具有最高的后验概率”（Hohwy et al.，2008，p. 690）。在那一刻，其他整体假设并没有消失，只是被“挤了出去”：它们被有效地抑制住了，在对驱动信号进行最优解释的竞争中遗憾出局。

需要注意的是这在预测加工级联的情境中意味着什么。下行信号只会对驱动信号中那些符合当前优胜假设（即能够得到预测）的元素进行说明（预测）。但在双目竞争案例（见图 1－4）中，驱动（上行）信号包含的信息暗示：视觉呈现的世界同时处在两种彼此互不兼容的状态——比如说，在时间 t 位置 x 处有一座房子，同时在时间 t 位置 x 处有一张人脸。当系统选择其中之一（如房子）作为最佳整体假设时，驱动信号中那些与该假设相对应的要素会得到很好的解释，其结果是这一假设的预测误差将会减少，但与此同时，驱动信号中的另外一些要素指向替代假设（如人脸），其预测误差无法得到抑制，它们因此会在架构中向上传播至高层。如果系统不对假设做出转换，就无法消除这些误差。但只要它采取了行动（将当前假设切换至替代假设），则又会产生一大串预测误差，它们来自那些切换后的假设所无法解释的信号。用贝叶斯理论的术语来说（见附录 1），在这种情况下，不存在单一的、稳定的且能够同时具备高先验和高似然的假设。由于没有一个假设能够对所有的数据进行解释，系统只能在两个“半稳态”之间来回摇摆。由此，我们得到了一个双稳态系统：参照 Hohwy 等人的描述，其能量景观（energy landscape）中包含一个双阱（double well），且始终致力于将预测误差最小化。

这个模型与其竞争性理论（如 Lee et al.，2005）之间的区别在于，后者假定在输入信号间存在以注意为中介的直接竞争，这是一种前馈过程间的竞争，而预测加工模型认为各关联假设间的竞争本质上是在下行连接中进行的。与刺激信号中匹配当前优胜假设（人脸）的元素相对应的预测误差会被选择性地压制，但这种自上而下的压制并不涉及刺激信号中剩余的元素（房子）。于是，对应这些剩余元素的误差会在系统中向上传播，要将它们解释消除，就要对假设进行切换。这一过程的循环产生了特殊的、在不相容知觉间反复轮替的经验。

但是，在这种情况下，我们为什么没有干脆经验到一幅组合或交织的图像：比如说，某种房子与人脸的“混搭”？虽说某种知觉组合确实会发生，而且确实会持续一小段时间，但如此知觉到的图像既不完整（各元素都丢失了某些部分)，也谈不上稳定。我们具有关于世界更一般性的知识，这使得以上“混搭”并不会成为多么强大的假设——因为这些更一般性的知识告诉我们（比如说)，房子和人脸不会在同一时间以同一大小出现在同一个地方。此类知识本身可以被视作系统性先验（systemic prior)，尽管这种先验的抽象程度相对更高（我们有时称其为 hyperpriors 即“超先验”，更多论述见后续章节)。回到当前案例，双目竞争的系统掌握了以下知识：一座房子和一张人脸存在于同时同地的先验概率极低（Hohwy et al.，2008，p. 691)。事实上，这可能证明了更高层解释间首先就存在竞争关系，正因为系统从这些竞争中学到了一条原则，即“在同一时间和同一地点只能存在同一客体”，稍低一级的假设（“房子”与“人脸”）间才非得分个上下高低。

37

尽管很吸引人，但以上“双目竞争”场景仍不完整。特别是，它显然涉及大量的注意成分，而注意需要额外的认知资源（详见第2章)。此外，对所呈现的对象进行积极探索——特别是我们很难同时“读取”一个以上的场景这一事实——可能在对我们经验的塑造中发挥了主要作用。[20]要增强基本理论的说服力，我们需要将其升级为本书即将论述的“行动导向的预测加工模型”（见第2部分)。

1.11 抑制与选择性增强

如果这些见解是正确的，那么要想在知觉中很好地表征世界，关键就在于能否抑制预测误差。因此，知觉过程包含对驱动信号（传入刺激）进行适应，将其与一连串对应不同时空尺度的预测相匹配。在匹配良好时，驱动信号中那些已得到成功预测的部分就会被削弱——或者说，它们会被系统“解释消除”。[21]

这种“解释消除”极为关键，但处理起来需要特别小心。之所以关键，是因为它反映了预测加工模型的一大特质，即其编码过程的高效性。这是因为一旦在预测和传入刺激间进行了匹配，系统就只需要前馈残差信号（它们反映了尚未得到解释的感知信息）。[22]但加工过程的后续系统性展开不仅止于对残差信号进行削弱和抑制，在此之外，预测加工机制也会实施锐化与选择性增强。

从根本上讲，这是因为预测加工模型假设，系统各层都具有一种复式结构：每一层均包含对输入的表征以及对误差和（见第 2 章）感知不确定性的评估。根据这一设定，真正被抑制的是误差信号，它们是由特定层级上的“误差单元”计算出来的。这些“误差单元”与同级所谓“表征单元”既存在联系，又彼此有别：后者主要负责（根据现存假设）编码感知输入的诱因。对某些“误差单元”的抑制使与其横向交互的一些“表征单元”（它们横向或向低层传播信号）的活动得以凸显，换言之，这些活动最终会被系统选中，因而得到“锐化”。

38

正是通过这种方式，预测加工理论避免了与其他类似理论（如偏向竞争模型，见 Desimone & Duncan，1995）的直接冲突，这些理论认为，存在某种自上而下的机制，能对感知信号中的特定成分进行增强。我们之所以说“避免了冲突”，是因为：

高层预测解释消除了预测误差，让误差单元“闭嘴”，（同时）对传入刺激背后的诱因进行编码的单元得到了选择。编码单元与误差单元间的横向交互实施了以上选择，这类交互是产生经验先验（empirical priors）的中介。对编码单元的选择锐化了彼此竞争的表征中的某些反应。（Friston，2005，p. 829）

我们将在第2章论述的注意（“精度加权”）机制进一步促成了以上结果。当下要记住的是，预测加工模型对感知过程的解释与对早期皮质反应中不同成分的抑制和选择性增强是一致的。[23]

预测加工理论最为显著的特点（也是它对传统见解最大的突破）在于，按照该模型，前馈信息只包含误差，而反馈信息只传递预测。因此，预测加工架构在熟悉与新颖间实现了相当微妙的平衡。系统依然是在对一系列特征进行检测，这些特征可能被选择性增强，而且越是复杂的特征，其对应的神经处理单元距离外围感受器越远。但这一模型以前馈的误差信号代替了前馈的感知信息。这意味着，所谓的感知信息，其实是传入刺激中尚未得到解释的部分。用更富行动导向色彩的方式（见第2、3部分）来说，它们尚未能引导感知主体以合理的方式与世界彼此交互。

在抑制与选择性增强之间的这种平衡对系统的架构提出了很高的要求。其标准实现形式需设定为“存在两个功能上彼此不同的子集群，分别对感知诱因的条件期望（即表征或预测）及预测误差进行编码”（Friston，2005，p. 829）。当然，功能性存在差异与物理上完全隔离是两回事。但相关文献中一个常见的推测是，浅层锥体细胞（前馈神经连接的基本发源地）扮演误差神经元的角色，横向或自下而上地传播残差，而深层椎体细胞则扮演表征神经元，（基于复杂的生成模型）横向或自上而下地传播预测（见Friston，2005，2009；Mumford，1992）。

关键是要记住，尽管贴上了“误差神经元”这个标签，但误差神经元完全也可视作一类表征神经元——只不过它们表征的是那些未被解释的（更泛泛地说，与当前假设不相匹配的）感知信息。因此，它们的编码内容与系统当下的预测息息相关。举个例子：

在早期视皮质中，预测神经元对视野中某一点的预测方向和对比度信息进行编码，而误差神经元就感知到的方向和对比度与预测值之间的失匹配做出反应。在颞下（inferior temporal，IT）皮质中，预测神经元编码客体范畴的信息，而误差神经元则标示预测的范畴与实际感知的范畴间的失匹配（den Ouden et al.，2012；Peelen and Kastner，2011）。（Koster-Hale & Saxe，2013，p. 838）

不管这一切将以何种方式实现（或不可能以何种方式实现）——Koster-Hale 和 Saxe（2013）对一些重要的可能性进行了有价值的总结——预测加工过程都需要预测编码和误差编码能够以某种方式在功能上彼此分离。[24]这种分离构成了当前架构的核心特征，使其能够将预测编码对特定元素的抑制与多种形式的自上而下的信号增强结合在一起。

1.12 编码、推理和贝叶斯大脑

如果多层预测加工理论被证明是正确的，那么神经表征就以概率生成模型的形式编码了一系列“概率密度函数”，且推理的过程符合贝叶斯定理（见附录1），该定理旨在说明系统如何权衡先验预期和新的感知证据。这一观点（Eliasmith，2007）与对内部表征的传统理解背道而驰，其全部含义尚未得到充分认识。这意味着神经系统在根本上适于处理不确定的、含噪的、模棱两可的情境，它需要以某种（或某些）具体的方式在内部表征不确定性。一些可行的方案包括依靠不同的神经元集群、各种“概率性群体编码”（Pouget et al.，2003），以及相对时序效应（Deneve，2008）（相关综述见 Vilares & Körding，2011）。

因此，预测加工模型有一个基本前提，如 Knill 和 Pouget（2004，

p. 713）所说，其“决定了皮质信息加工过程是否适用贝叶斯定理”。这个前提就是“大脑用概率密度函数或类似方法进行编码和计算，以此概率性地表征信息”（P. 713）。以上表征理论暗示：我们通常不会使用单一的计算结果知觉环境事件的状态或特征（比如可见对象的深度），而是使用条件概率密度函数，对“当前感知输入条件下该对象不同深度值的相对概率”进行编码（p. 712）。

这个系统“有多贝叶斯”？根据 Knill 和 Pouget 的说法，“要测试贝叶斯编码假设，我们就要判断神经计算机制是否已将信息加工过程中每一步的不确定性纳入了考量，以指导感知判断或行为反应”（2004，p. 713）。也就是说，合理的验证需要关注系统应对不确定性的能力有多强，以及（我想补充一点）它会使用哪些形式的应对策略。因为系统日常编码和加工的信息恰好具有这种不确定性。

越来越多的证据（尽管主要是间接的，见下文）表明，生物系统在多个领域中确实具有类似的“贝叶斯性”。仅举一个例子：Weiss 等人于 2002 年发表了一篇论文，其标题极具启发意义——《作为最佳感知的运动错觉》。他们构建的贝叶斯优化评估模型（即“贝叶斯理想观测装置”）显示，人类的运动知觉使用贝叶斯评估机制的假设能够很好地解释含多种运动“错觉”在内的一系列身心现象（见下文 6.9）。

类似的例子还有许多（综述见 Knill & Pouget，2004）。至少在足以左右其基本适应性的低层计算领域，生物系统的信息加工非常接近贝叶斯优化过程。但研究者们普遍指出，人类（令人震惊地）无法在绝对意义上实现“贝叶斯最优”（针对刺激本身之绝对不确定性做出正确反应），而是基于其实际掌握的（来自各种感知加工过程的）信息之不确定性寻求“经常最优”或“近似最优”（见 Knill & Pouget，2004，p. 713）。也就是说，人们要考虑自身感知和运动信号的不确定性，并在此基础上对（通

41

常十分微妙的）环境线索的相对权值做出调整。一些新近的研究证实并发展了这一假设，认为人类能够使用感知和行动，在多个领域进行理性的贝叶斯评估（Berniker & Körding，2008；Körding et al.，2007；Yu，2007）。

当然，一个系统的反应模式恰好具备贝叶斯优化的特点，不等于说它确实在进行某种形式的贝叶斯推理。在某些特定的领域，即使是一个简单地关联了提示与反应的查询表格（Maloney & Mamassian，2009），也能产生与一个贝叶斯最优的系统相似的行为套系。然而，如果预测加工模式是正确的，“神经加工接近现实版本的贝叶斯推理”这一主张就能得到直接支持。[25]近年来，一些电生理学研究声援了这种可能性，揭示了与贝叶斯更新和预测意外相对应的特殊皮质反应信号，并进一步表明大脑能够编码和计算加权概率。作者就这些研究总结道：

> 我们的电生理学研究证明，大脑是一个贝叶斯观测装置，也就是说，它可能使用感知数据的概率生成模型，调整自己的内部状态，这些内部状态可以产生与环境事件相关的信念。（Kolossa，Kopp，& Fingscheidt，2015，p. 233）

1.13 把握主旨

贝叶斯大脑不会简单地表征“有只猫卧在地毯上”，而是编码一个条件概率密度函数，以反映当前可用信息条件下上述事态（及任何有证据支持的替代方案）发生的可能性。这一评估既反映了沿多感觉通道上行传播的信息，也体现出多种先验知识的影响。这种双向信息流之间的精妙博弈有很多方面值得我们停下来细细分析。

在加工过程的早期，预测加工系统会避免给出单一的假设，因此通常会产生一系列初始误差信号。这些误差信号或许能够解释早期诱发反应的主要成分（呈现为头皮电极记录的脑电即 EEG 数据），而彼此竞争的“信念”也开始在系统中上下传播。通常，它们将很快汇聚为一个主题（如“自然场景中的动物”），随后，一系列细节也会被确定下来（“几只老虎惬意地趴在树荫里”）。这套机制倾向于采用某种反复协调的“一眼主旨”（gist-at-a-glance）模型，也就是说，我们会首先识别出整体，再确认其中细节，即采用“先林后树”的方法（Friston，2005；Hochstein & Ahissar，2002）。Bar 与 Kassam 等人（2006）认为，在早期涌现的主旨中，各元素的识别可能有赖于对（低空间频率的）线索进行快速加工。这些粗略的线索能够提示我们：当前面对的是（例如）城市街道、自然景观，还是水下世界。此外，一些早期的情感主旨（我们喜欢自己看见的东西吗？）可能也会在对线索的加工过程中涌现出来（见 Barrett & Bar，2009 以及本书 5.10 中的论述）。

42

想象你被绑架了，绑匪蒙住你的眼睛，把你带到一个陌生的地方，然后解开眼罩。你的大脑会立刻尝试预测周遭场景——虽然这种预测肯定不会成功。但对低空间频率线索进行的快速加工很快就能让预测性的大脑回归正轨。随着早期涌现的主旨元素（一个训练有素的系统甚至能够使用超快速纯前馈扫描识别这些元素，见 Potter et al.，2014[26]）搭建起框架，后续加工在此基础上展开，受信号与早期假设间失匹配的指引，致力于将场景中的细节填充饱满。这使系统能够逐渐调整其下行预测，最终确定一个连贯的整体解释，它包含了多时空尺度的细节信息。

然而，这并不是说情境效应的涌现和下行传播总是需要时间。因为在很多（事实上，是在大多数）现实场合，当新的感知刺激涌入时，大量情境信息已经就位了。一套合适的先验知识常常处于活跃状态，时刻准备影响加工过程，而不会有进一步的延迟。

这很重要。在现实情况下，大脑不会突然“开启”以对随机的、意外的输入进行处理！因此，即使在刺激呈现以前，大量的下行影响（积极预测）通常已经存在了。[27]虽然如此，在各时间尺度上，结果都是一致的（假设我们形成了丰富的视知觉）。从总体主题，到（时空上更为精确的）部分、颜色、质地和方向，系统会将场景中彼此交织的、不同方面的信息作为一系列状态确定下来。

43

1.14 大脑中的预测加工

我们在1.9中展示了大脑以计算模拟的方式实施预测加工的一些间接证据，这种模拟再现并解释了研究观察到的“非经典感受野效应”，如末端终止。此类效应的另一个例子（见Rao & Sejnowski，2002）是，呈现一个定向刺激（如线段），将导致一个皮质细胞的激烈反应，但当原始刺激的周围区域充满了同向刺激时，该皮质细胞的反应就被抑制住了——反之，当周围刺激与原始刺激在方向上正交时，该皮质细胞的反应则显著增强。Rao和Sejnowski（2002）为此给出的解释很有说服力，他们同样认为，观测到的神经活动标示着误差信号，而不是系统“猜中”的那些内容。也就是说，当感受野中央区域的刺激方向能被周围刺激有效预测时，对应的皮质细胞反应程度最低，而当中央刺激与基于周围刺激作出的预测明显相抵触时，反应程度最高。与此类似，Jehee和Ballard（2009）也基于预测加工理论对所谓“双相反应动力学”（biphasic response dynamics）现象进行了探索。这种现象指的是，单个神经细胞，如“外侧膝状体”（Lateral Geniculate Nucleus，LGN）中的神经元，其反应的“最佳驱动刺激”可以在很短的时间（20毫秒）内发生逆转（比如说，该神经元从嗜光转为嗜暗）。理想的解释是，它反映了特定单元的功能在于检测误差或差异（而非特征）。此类案例包含预测编码策略的充分证据，因为：

> 低层视觉输入（应该）被输入与高层结构的预测之间的差异代替……高层感受野……表征对视觉世界的预测，而低层区域……标示了这些预测与实际视觉刺激之间的误差。(Jehee & Ballard, 2009, p. 1)

所谓“重复抑制”效应更具普遍性。多项研究（综述见 Grill-Spector et al., 2006）均表明，由刺激诱发的神经活动在重复刺激条件下会被抑制。[28] Summerfield 等人（2008）对重复刺激的局部可能性进行了操控，证实小概率或意外的重复刺激反而会降低重复抑制效应。再一次，对此合理的推测是，重复刺激通常会抑制反应，这是因为它提高了刺激的可预测性（所谓“举一反三”），因此降低了预测误差。也就是说，重复抑制效应也是由大脑的预测加工机制直接造成的。可以据此断定，这一效应的强度取决于我们的局部感知预期。总而言之，预测编码机制能为各种各样的低层情境效应提供明确而统一的解释。

44

从 Murray 等人（2002）开创性的功能性核磁共振（fMRI）研究开始，fMRI 和 EEG 领域越来越多的成果都支持预测加工模型所设想的各种关系，显示在高层区域理解视觉形状的同时，V1 区域的活动会被抑制，这与成功的预测被用于解释消除（抵消）感知信号的假设是一致的。新近研究进一步证实了这一点。Alink 等人（2010）使用一个典型运动错觉材料的变体，发现刺激的可预测性越高，被试对其的反应强度越小。Ouden 等人（2010）在一系列实验中快速操纵任意或有事项，也发现了类似的结果。[29]另一个有趣的例子是，Kok 与 Brouwer 等人（2013）在实验情境下操纵被试对简单视觉刺激可能运动方向的期望。研究使用的听觉提示与刺激的实际运动方向间存在预测关系，证实了被试的内隐期望（受听觉提示操纵时）在感知加工的早期就对神经活动产生了影响。更重要的是，这种影响不仅加速或“锐化”了反应，更改变了被试实际产生的主观感知。研究者得出的结论（正如他们所指出的）与预测加工理论的假设完全一致，即“我们的结果支持以下解释：感知是一个概率推理的过程……在相关皮质架构的每一个层级上，都发生着下行信息与上行信息间的整合”（Kok，Brouwer，et al.，2013，p. 16283）。

接下来，我们要谈谈P300，这是一种电生理反应，往往与意外刺激的出现联系在一起。近期，有学者详细对比了一系列相关模型，他们发现对P300的变化幅度最好的理解（Kolossa et al.，2013）是：其表达了自上而下的预期和传入感知证据间的残差。与此相关的是，预测加工机制有力地解释了“失匹配负波”（mismatch negativity，MMN）——这是大脑一种典型的电生理反应，同样，这种现象常常由意外刺激（即oddball）的出现引起，在一个习得的刺激序列中某些预期刺激的缺失也是其形成的原因。因此（引自Hughes et al.，2001；Joutsiniemi & Hari，1989；Raij et al.，1997；Todorovic et al.，2011；Wacongne et al.，2011；Yabe et al.，1997），近来有研究者评论称“听觉系统最为显著的特性之一，是其能够针对实际缺失的预期刺激产生诱发反应”（Wacongne et al.，2012，p. 3671）。此类因刺激的缺失而产生的反应（统称oddball反应）为预测加工范式提供了进一步的证据，即“听觉系统‘需要’一个听觉输入相关规律（包括那些抽象听觉规则）的内部模型，用于生成关于传入刺激的不同权重的预测”（Wacongne et al.，2012，p. 3671）。一旦我们将这些反应认定为预测误差信号标示的瞬时爆发（这种标示是标准刺激识别过程的一部分），对它们的解释也就水到渠成了（见Friston，2005；Wacongne et al.，2012）：预测加工模型直接关联于人类正常经验的一系列显著特征，在经验的影响下，刺激的意外缺失（如一段熟悉的旋律丢失了一个曲调）与意外多出一个调子的情况在感知上同样明显。我们现在能够很好地理解这种原本令人疑惑的现象，只要假设感知经验的建构包含某些预期，做出这些预期的基础是关于当前可能事件的最佳模型。往后，我们将在3.5中重新探讨这个话题。

45

在架构级别上，基于生成模型的预测居于加工过程的核心，这一事实既有助于解释反向神经连接的普遍性，也有助于理解正向和反向连接的不同功能——即误差标示与概率预测所扮演的不同角色（对这些功能不对称性的详细论述见 Friston, 2002, 2003；相关实验见 Chen et al., 2009）。

1.15 沉默是金?

预测加工模型的适用范围很广，其中一些早期研究（我们曾提及 Rao 和 Ballard 的开创性工作）曾令人困惑，这其实并不意外，因为它们所宣扬的基本认知原理与标准观点间存在根本性的不同——后者将感知过程视为从简单到复杂的特征检测的前馈级联（即使受注意调节）。Christoph Koch 和 Tomaso Poggio 的评论文章《沉默是金》让这种困惑广为人知。这篇文章非常完美地表达了一些极为常见的第一印象，值得长篇引用，此番冒昧之举，恳请读者谅解：

46

以预测编码的视角观之，凡俗的观点，也就是那些主张感觉神经元的工作是检测特定“触发特征”或“偏好特征”的论调，完全是在颠倒事实。相反，大脑是通过激发活动的缺失来表征对象的。但这似乎与（观测数据）不一致，因为（这些数据表明）对象越复杂，从 V1 区延伸至颞下皮质的神经元的反应活动也越强烈。所谓复杂对象包括人脸，以及扭曲成某种形状，从某个角度观察的曲别针。

此外，对人脑进行的功能性成像研究表明，在个体感知特定范畴的图像（如人脸或三维空间布局）时，特定部位的脑区会做出反应，这又当如何解释呢？细胞的激活有无可能是误差信号的表达，即表征了大脑这一区域对传入刺激的预期与实际图像间的差异，而正是这些激活构成了我们所观测到的反应？（皆引自 Koch & Poggio, 1999, p. 10）

以上引文表达了两种担忧，其一是，预测加工模型正在抛弃表征，转而支持“沉默”，因为根据这一理论，信号中那些得到了很好的预测的成分会遭到抑制或被“解释消除”；其二是，这一理论看似与当前认知神经科学研究所取得的强大证据相冲突，即神经系统的层级越高，其活动所标记的表征也越复杂。

两种担忧都是缺乏依据的，要证明这一点，只需回顾前文有关该架构的内容。我们已经看到，在预测编码过程中，系统的每一层级都必须支持两种不同类型的加工。为求简练，我们按照 Friston（2005）的方法，想象系统每一层级都包含两种功能不同的神经细胞或处理单元[30]：

“表征单元”，编码该层级当前的最佳假设（针对其偏好的描述层次），并将这些假设作为预测下行馈送（反馈）至较低一层。

“误差单元”，在该层级局部活动没有得到下行预测（来自较高一层）的理想解释时，将活动上行馈送（前馈）至较高一层。

这意味着：架构中位置越高的层级确实会生成越复杂的表征用于信息加工，只不过这些表征信息（预测）——至少在模型最纯粹的版本中——完全是向下（或横向）传播流动的。然而，上行传播的预期误差本身是一套非常灵敏的工具，它承载着与非常具体的失匹配相关的细粒度信息。因此，误差能够在高层诱发复杂的假设（与之相匹配的表征），而系统又能够使用低层状态检验这些假设。可见，Koch 和 Poggio 文中反映的两种担忧都不足虑。表征单元确实存在于系统的每一层，高层细胞也确实对更加复杂的对象和特征做出反应，但它们的活动（即高层的状态）取决于前馈（及横向传播）的误差信号流。

47

然而，Koch 和 Poggio 可能暗示了一种不同类型的担忧，那就是“预测编码”的基本机制似乎在将大脑的目标描述为“追求沉默状态”（实现对感知输入的完美预测），这与我们对动物生活状态的剖绘并不相符。根据我们的理解，生命意味着移动和探索，动物们始终追逐新的感知输入，并以此激发新的神经活动。一个不太恰当的类比是，这种担忧是在说根据预测编码策略，动物应该找一个幽暗的角落待着，这样它们就能正确地预测静止和黑暗，直到所有身体机能停止运行。

幸运的是（我们将在第 8、9 章中更加细致地探讨），这对预测加工理论不构成威胁。因为我们即将谈到，感知的任务只是驱动有适应价值的行动。我们的实时预测有很多都是针对永不停歇的感知运动轨迹进行的（详见第 6 章），它们的使命是让个体以能够维持自身饱暖的方式在环境中活动，而这体现为我们的需要和计划。对于像我们这样的生物来说，随着所有活动终止，饥渴席卷而来，此时有机体的状态会诱发最为大量的预测误差信号。本书旨在揭示，对积极的、不断演化的、渴求信息的适应性个体而言，预测误差最小化这一基本认知策略如何驱动我们所了解并深深热爱的一切活跃的、嬉戏的、探索性的行为。

1.16 期望看见一张脸

但是，我们现在先回过头来，讨论一下 Koch 和 Poggio 文章中的第二种担忧：感知加工过程中神经活动的主要成分似乎并不是表达误差信号的神经元反应。再一次考虑标准感知理论，其主张系统通过一系列愈发复杂的特征检测产生了感知，因此高层活动能够反映诸如房屋、面孔等复杂的、稳定的客体。我们现在要澄清的是，预测加工模型并没有抛弃标准理论，而是让它更为丰富了：这一模型向架构的每一层级中添加了专司编码和传递预测误差的神经元。因此，各个层级中均存在一些细胞对身体和环境的状态做出反应，形成横向或下行传播的预测，而另一些细胞则负责登

48

记相对于这些预测的误差。这是正确的吗？

相关证据正在累积，但已有的研究似乎支持“预测处理”模型。Kanwisher 等人（1997）广受认可的神经科学研究发现，当呈现给被试的刺激是一张面孔而不是（比如说）一座房子时，大脑的“纺锤状脸部区域”（Fusiform Face Area，FFA）会被显著激活。“显而易见，”一个批评者可能会说，“这一现象的最好解释是，纺锤状脸部区域的神经元通过学习，成为了某种复杂刺激，也就是人脸的积极感受器，不是吗？”事情其实没有这么“显而易见”，因为预测加工机制允许纺锤状脸部区域同时包含两种神经元，分别表征面孔和检测误差（抵达纺锤状脸部区域的下行预测与上行信号间的失匹配）。也就是说，预测编码机制允许纺锤状脸部区域包含误差单元，对实际信号和（横向及）下行传播的预期之间的失匹配做出反应。一些极具说服力的研究成果验证了纺锤状脸部区域中同时存在表征单元和误差单元的可能性。

Egner 等人（2010）就纺锤状脸部区域记录的反应，对简单特征检测模型（有/无注意条件下）和预测加工模型进行了对比。正如 Koch 和 Poggio 所提出的，简单特征检测模型假设：纺锤状脸部区域的反应强度应与视觉图像中呈现的面孔刺激强度呈比例关系，而预测加工模型的假设更为复杂，其主张纺锤状脸部区域的反应标记了“预测关联活动（预期中的面孔）和误差关联活动（预期外的面孔）的加总”（Egner et al，2010，p. 1601）。也就是说，预测加工模型认为记录纺锤状脸部区域活动的（低时间分辨率）fMRI 信号同时反映了（模型设定的）两类神经元的活动：一类专司预测（对预期之中的面孔做出反应），一类检测误差（对预期之外的面孔做出反应）。研究者随后搜集了纺锤状脸部区域的 fMRI 数据以验证该假设，他们在实验中向被试呈现两类刺激（面孔 vs. 房子），同时分低、中、高三个水平（独立地）操纵被试对面孔刺激的（无意识）期望水平（等同于操纵刺激的意外程度），并确保刺激类型与期望水平间彼此独立。他们的做法是在显示面孔/房子图片前提供时长为250毫秒的色框线索，特定色框线索后呈现面孔刺激的概率分别为25%（低）、50%（中）和75%（高）。

49

实验结果很明确：纺锤状脸部区域的反应强度在刺激类型和期望水平间存在显著交互作用：面孔期望水平较低时，纺锤状脸部区域对不同类型的刺激（面孔或房子）的反应强度差异达到最大值；而令人惊讶的是，面孔期望水平较高时，纺锤状脸部区域对两种刺激的反应强度不存在显著差异。因此，若采用预测加工范式，一开始就将纺锤状脸部区域定义为"面孔期望区域"，会显得十分合理。

研究者据此总结，与简单的特征检测模型不同，"纺锤状脸部区域的反应似乎取决于特征的期望水平和意外程度，而非仅取决于特征本身"(Egner et al.，2010，p. 16601)。通过进一步的模型对比，研究者还试图控制注意效应的作用。但在任何情况下，这种控制都没有产生明显的效果——因为面孔刺激的意外程度而非期望水平在更大程度上决定了(fMRI的）BOLD（血氧水平）信号强度[31]。事实上，根据基于预测加工范式的最优拟合模型，误差单元（对预期之外的面孔做出反应）对BOLD信号贡献了两倍于表征单元（对预期之中的面孔做出反应）的权重[32]，这意味着fMRI记录的纺锤状脸部区域活动通常更多地对应于误差，而非其检测的特征。这一结论非常重要，用研究者自己的话来说：

> 据我们所知，视觉皮质的神经元集群活动应最好视为对预期中特征和预期外特征的反应的加和，而非单一的自下而上的特征检测（不论是否伴随注意）。对这一观点，当前研究首次给出了正式和明确的证明。(Egner et al.，2010，p. 16607)

1.17 被预测引入歧途

当然，高效的、基于预测的反应机制也有其缺点。一系列视错觉现象，如凹脸错觉（Hollow Face illusion）对此给出了很好的证明。在特定条件下，3D 面罩凹陷的内表面看上去像是一张正常的脸，鼻子也似乎向外凸起。要对此形成直观理解，请访问以下网址观看视频剪辑：http://www.michaelbach.de/ot/fcs_hollow-face/。

50

更妙的是，你可以使用一个真正的立体面罩体验这种错觉，比如说用一个万圣节面具。端起面罩，将它转过来，凝视凹面而非凸面（正脸）。如果面罩与眼睛间的距离合适（别太靠近，至少需要 1 米左右），且有柔和的亮光从面罩背后透过，面罩看起来就不是凹陷的。你会“看到”鼻子向上凸起，而事实上它下陷最深。图 1-5 演示了这种条件下面罩旋转的不同角度。

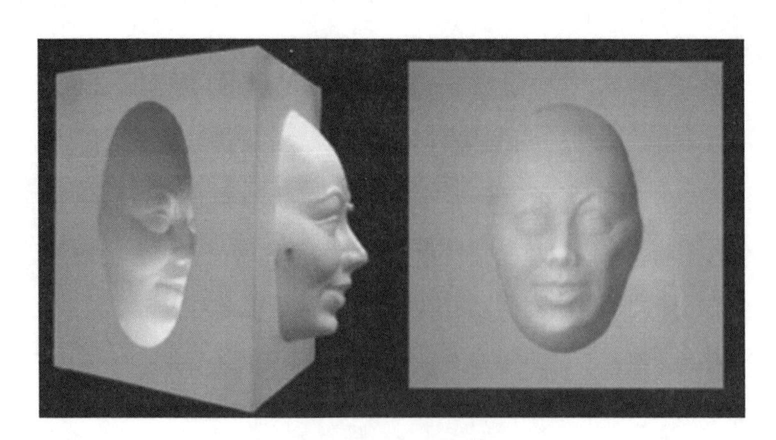

图 1-5 凹脸错觉[㊀]

来源：Gregory, 2001（经皇家学会授权）。

㊀ 最左边和最右边的图像显示了一个旋转中的面罩的凹面。当面罩从背面被照亮时，我们从合适的距离观察它，会觉得凹面看上去是凸起的。这反映了自上而下的预测（我们“预期”面孔是凸起的）对感知经验的影响。

对神经典型性被试而言，凹脸错觉是强大而持久的，但对精神分裂症患者来说，这一现象被极大地削弱了。这种差别也能用对预测加工机制的干扰（见第 7 章）来解释。神经科学家 Richard Gregory（见 Gregory，1980）最早以凹脸错觉为例，阐述了作用于感知过程的“自上而下”的、知识驱动的强大影响。应用前述基于预测的学习和加工原则，就能直接产生这种效应。日常生活中的大量经验为我们“安装”了关于面部“凸起”这一特征的深层神经“期望”，这些经验是由占据绝对统计优势的凸起的面孔赋予我们的。正是由于有了这种深层期望，我们才能克服其他视觉线索的影响，尽管所有这些线索都在提示：我们看到的是一个凹面。

你可能合理地猜测，虽然凹脸错觉让人吃惊，但它在我们的心理生活中只是一个偶发事件——仅仅是由于我们关于人类面孔“凸起”特征的预测具有尤其强大的生命力罢了。但如果预测加工理论是正确的，那么这种一般性策略在人类感知机制中实际上比比皆是。我们的大脑一直在使用已有知识预测当前传入信号，再使用传入信号选择和控制这些预测，有时还使用先验知识“压制”传入信号某些方面的影响。这种压制在适应上具有积极的意义，特别是当感知刺激一片嘈杂、模棱两可或残缺不全时——这正是现实生活的常态。

一个有趣的结果是，正如 1.12 中曾提及的，我们应该将很多视错觉现象理解为某种“最优感知”。换言之，我们所栖居的世界具有特定的统计结构，对其状态的最优评估（表征了利用现有知识对传入信号最可能诱因的认识）在某些情况下可能令我们误入歧途。在一个充斥着歧义和噪音的世界里，一些局部性的错误正是我们在大多数情况下将事情做好所必须付出的代价。

1.18 心智的倒置

预测加工模型倒置了传统的感知理论。根据过去的标准化观点(Marr, 1982)，感知加工过程的主要成分是信息的前馈，这些信息由各感受器自环境中转换而来。传统认知神经科学紧随其后，将视皮质（这也是我们对大脑研究得最为深入的区域）视作自下而上实施特征检测的神经架构。这些观点认为，大脑是一个被动的、刺激驱动的装置，它从感官中获取能量的输入，通过一个逐步建构的、累积式的复杂结构，以类似于拼装乐高积木的方式将其转化为连贯的感知经验。以上主张与过去几十年间计算神经科学日益“积极”的风格形成了鲜明的对比。[33]近期大量研究指向内在神经活动，这些自发的、彼此相关的激活即使在缺乏持续的任务刺激时也永不停歇地进行。[34]这些发现表明，大脑的大部分活动都是持续性、内源性的。

随着被动的、刺激驱动的神经加工理论节节败退，作为新生力量的预测加工模型或许代表了这场易帜的最后一步。这类模型主张，自然的智能系统不会被动地等待感知刺激，相反，它们始终致力于积极预测（及主动引发，见第2部分）相关输入。在刺激到达感官前，主动的认知系统已经对其最可能具备的形态和内涵形成了假设。如此，系统已经为行动做好了准备（且几乎无时无刻不在伺机而动)，而它们需要加工的仅仅是实际感知与预测状态间的偏差而已。对这些偏差（预测误差）的计算在信息加工过程中占据大部分，我们因此关注密集感知信号中显著的、有“报道价值”的刺激。[35]

正如我们将在第2部分看到的那样，对行动本身需重新加以考量：与其将行动视为系统对当前输入的反应，不如将其看作系统对未来刺激的主动甄选。这种整洁而高效的甄选不断滚动循环。主动的认知系统始终致力于预测自身未来一系列可能状态，并积极活动以促成其中的某些状态。因此，行动是为了产生不断变化的感知信息，这些信息维系我们的生存，并服务于我们日益深奥而抽象的目的。将行动引入预测加工模型，让我们最终实现了对传统（自下而上的，前馈的）范式的逆袭。持续进行的神经反应大都源于系统永不停歇的下行预测，在居于认知舞台中心的循环因果流程中，这些预测引导着感知和行动。对这片始终动荡不安的水域，传入刺激不过是又一个干涉因素。

作为预测引擎的大脑始终保持活跃，根本上，其所从事的业务也并非“加工”。事实上，它们的使命是“预测”：这种积极的认知策略让具身的行动主体始终伺机而动，正如我们即将看到的，它们有能力干预环境，以引发特定输入，让自己获得满足。

如果预测加工模型反映了真实的大脑工作机制，我们就能对被动的、前馈的传统感知理论的每个方面都提出反驳。不同于窝在沙发里、无所事事地等待下一帧画面的电视迷们，我们是积极主动、贪得无厌的“嗜预测动物”，是大自然孕育的“猜谜机器”，永远致力于孜孜不倦地驾驭传入刺激，在生存竞争中占据先机。

2 调节音量：噪音、信号和注意

Surfing
Uncertainty

53

2.1 信号识别

如果我们有意寻找，经常能在变化万千的云卷云舒间看见各种各样的“人脸”。我们能从墙纸斑驳的花纹中看出昆虫的轮廓，能在地毯彩色的旋涡中看出蛇的曲线。事实上，我们不需要摄入任何致幻药物就能产生这些体验——心智擅长自行做出调整，向来如此。如果想从乱糟糟的桌子上找到车钥匙，我们会以某种方式调整自己的刺激加工方式，将目标从背景中分离出来。事实上，对（确实存在的）车钥匙和（确实不存在的）人脸、昆虫和蛇的识别（至少就底层加工机制而言）或许没有本质的不同。这种识别不仅反映了我们改变行动路径（如视觉扫描轨迹）的能力，更意味着我们能够修改自身感知加工过程的细节，以便更好地将信号从噪音中提取出来。这种修改在对概率预测机制的（短期或长期）调节中发挥了重要的作用，而后者是我们与世界彼此关联的基础。本章旨在论述这种在线调节过程的定位和性质，探讨其与我们更为熟悉的概念（如注意和期望）间的联系，并展示一系列信号增强效应背后的可能机制（预测误差的“精度加权”）。

54

2.2 白色圣诞节

Tom Stafford 和 Matt Webb 所著的《心灵黑客》（*Mind Hacks*）堪称杰作，书中的“黑客 48 号”（“在确定性边缘聆听”）十分夺人眼球。基于先前 Merckelbach 和 van de Ven（2001）的实验，黑客 48 号首先邀请读者聆听一段 30 秒的音频文件，并告知读者其中隐藏有 Bing Crosby 的曲目《白色圣诞节》中的片段，但该片段模糊不清，并可能出现在音频播放的任意时点。无畏的读者可能已经跃跃欲试了——欢迎在继续阅读前访问以下网址，收听这段音频：http://mindhacks.com/book/links/。

Merckelbach 和 van de Ven 的实验选用本科生被试进行，他们发现，差不多 1/3 的被试报告说他们听见了混杂在噪声中的音乐。当然，你可能已经猜到，音频中并没有什么《白色圣诞节》。一些被试之所以“检测”到熟悉的旋律，是因为他们运用了（在这个例子中，是过度延伸了）一项能力，即削弱刺激的某些方面，将其视同“噪音”，同时增强其他方面（视其为“信号”）。这项能力居于知觉搜索乃至普遍意义上的感知过程的核心，加之人们对一段“难以察觉”的熟悉旋律抱有很高的期望，于是，这些相当正常的被试实际上产生了一种幻听。研究显示，时间压力和咖啡因的结合使用能够有效地增强这种幻听（Crowe et al.，2011）。

我们来看看第二个例子：正弦波语音（Sine-Wave Speech，SWS）。所谓正弦波语音，是一段正常语音录音的“减配”复本，去掉了原版本大部分正常的语音属性和声学特征。正弦波语音只保留了语音的轮廓或“骨架”，其中语音信号动态变化的（相当粗糙的）核心模式被编码为一组纯音，它们组合起来仿佛杂乱无章的口哨。读者可以访问以下网址，点击第一个小喇叭图标，试听一段正弦波语音：http://www.mrc-cbu.cam.ac.uk/people/matt.davis/sine-wave-speech/。

你很有可能听不出什么名堂：在我看来，这一串“语音”听上去就像20世纪60年代BBC无线电发声工作坊首创的那种科幻小说式的“哔哔”声，也有人说它听起来就像英国儿童剧《针织鼠一家》（*The Clangers*）中月球鼠们的吱吱喳喳——虽富于曲折变化，却毫无意义可寻。但现在试试点击第二个小喇叭图标，听听原句，然后将正弦波语音文件重听一遍。突然间，你的经验世界豁然开朗：无意义的口哨声变得有意义了（我们将在后续章节更详细地论述其中的原理）：它成为了一句完全清楚明白的句子。其他演示请访问以下网址：http://www.lifesci.sussex.ac.uk/home/Chris_Darwin/SWS/。

要记住，你必须先听正弦波语音，再听原句。一旦听过了原句，再想以最纯粹直接的方式“重听”正弦波语音就难上加难了。一个恰当的类比是用你懂得的语言听一句话，再用一种你不懂的语言听一遍：在前一种情况下，你几乎不可能将这句话听作“单纯的声音”。同理，如果你先听原句，就会建立起一种类似的“准备状态”。久而久之，你甚至可能会成为一个正弦波语音的“专家”——即使没有正常表述的原句，也能听出一个正弦波语音片段在说些什么。到那时，我们就说你具有了一种更为普遍的能力，成为了正弦波语音的“母语倾听者”（native listener）。

Davis和Johnsrude（2007）认为，对感知加工过程而言，自上而下的影响十分普遍，我们对正弦波语音的体验只是这种影响的表现之一。如果第1章的描述是正确的，那么这种体验就来自概率生成模型的创建和部署，这些模型致力于预测传入感知刺激。自上而下的影响作用于所有感官模态，甚至能跨越不同模态。图2-1（a）展示了一个几乎有些陈腐的例子。对大多数人来说，乍一看，它似乎只是一些明暗交错的光影，但一旦你发现了画中那只斑点狗，往后再看这幅图，它就再也不会和从前一样了。相比之下，图2-1（b）则没有那么广为人知。在观赏这类作品时，[1] 我们关于世界的知识（即“先验信念”，取决于大脑实际部署的生成模型）在感知觉的建构过程中发挥了主要作用。（需再次强调，本书广泛使用了“信念”这一术语，其内涵囊括指导感知和行动的生成模型的广泛内容，不论内省的主体是否有意识地了解这些“信念”。实际上，“信念”通常包含多种“亚个体状态”（sub-personal states），其最佳表达形式是概率而非句子。[2]）

56

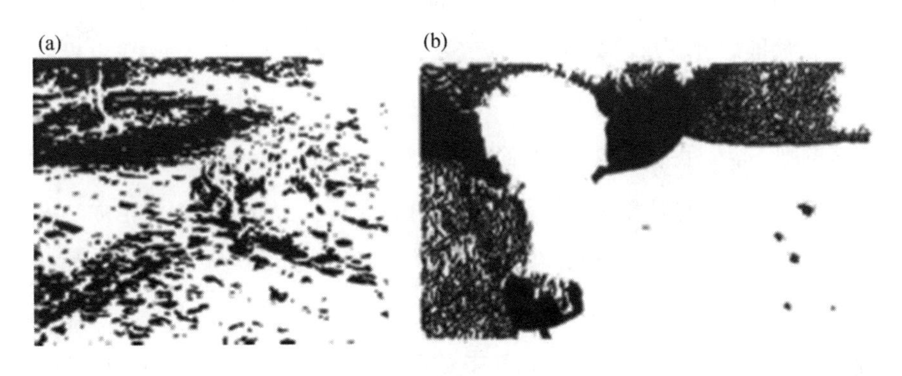

图 2-1 隐藏的形象㊀

来源：John McCrone《隐藏的奶牛》，CC-BY-SA-3.0。http://creativecommons.org/licenses/by-sa/3.0，来自 Wikimedia Commons。

先验知识的跨模态影响在文献资料中出现的频率越来越高，有些例子的确不如画中的斑点狗那么典型，但也有一些着实引人注目。有研究发现，一杯酒的颜色会在很大程度上影响人们对其味道的描述，这相当惊人，因为受其影响者不乏专业品酒人士（见 Morrot et al.，2001；Parr et al.，2003；Shankar et al.，2010）。实验中，白葡萄酒被人为染成红色供被试品尝，而被试（甚至包括专业品酒人士）真的会用形容红葡萄酒的品酒

㊀ (a) 在黑白相间的噪点中藏着一只斑点狗（十分清楚，只要你能发现它）。线索：头部靠近画面中央，似乎正在地上嗅来嗅去。
(b) 一个反映同样现象但不那么出名的例子。这一次，隐藏的形象是一只奶牛。线索：奶牛的大脑袋正冲着你，它的鼻子位于底部，两只黑耳朵占据画面的左上部区域。

词汇来描述“赝品”的味道，如李子味（prune）、巧克力味（chocolate）和烟草香（tobacco）。先验预期的影响不止于此。甚至在远离大海的内陆饭店，伴随着波涛声进餐的被试也会认为生蚝的味道变得更好了（Spence & Shankar，2010）。

预测加工模型提供了一个强有力的框架，有助于我们理解基于先验知识的知觉推理过程及相关情境效应。这一模型将我们所拥有的关于世界的知识置于感知经验建构过程的核心，这些知识中有些能被有意识地提取，更多的则不能。我们将在第7章回到有意识经验的建构上来，现在要谈的东西更加抽象，但对感知经验的预测加工解释而言又十分重要：无论成功的（如看见画面中的斑点狗和听出正弦波语音的语义）、（某些）失败的（如从噪声中听出《白色圣诞节》）还是游戏式的（如看见云中的人脸）感知过程，都离不开它的影响——这是基于对自身感知不确定性专注而细致的评估，从噪音中灵活提取信号的能力。[3]正是这项能力决定了我们如何以预测加工机制实现注意，支持认知主体与现实世界正常或非正常的互动与关联。

57

2.3 双向信息的精妙博弈

日常生活中的知觉任务对我们提出了多种多样的要求。对许多任务而言，最好的策略是调用大量先验知识，以驾驭主动注视（proactive gaze fixation），后者有着非常复杂的模式。执行另一些任务时，则最好将方向盘交给世界本身——尽可能地利用环境刺激的驱动力。我们该选择哪种策略——是更偏重预期，还是更仰仗刺激？这取决于当前的任务要求和具体情境。在大雾中沿一条熟悉的道路行驶，聪明的做法或许是充分信赖自上而下的细节知识；而在一条陌生的山道上疾驰，或许就需要慎重对待感知输入了。那么，预测加工机器又该如何应对这一难题？

一台预测加工机器的应对方式，是不断评估和重新评估自身的感知不确定性。根据预测加工理论框架，这种对感知不确定性的评估影响了预测误差的效力。而这实际上就是注意的预测加工模型。根据这一模型，注意是借助双向信息的“精度”，在彼此有效交互的上行和下行影响间维持可变平衡的手段。所谓“精度”，就是对信息确定性或可靠性（信度）的评估（其统计学对应指标为 inverse variance，即“逆方差”）。具体实现机制是调节相应误差单元的权值，或使用一个常见的类比——调节其“增益”（gain）或“音量”（volume）。其结果是“控制不同层级先验期望的相对影响”（Friston，2009，p. 299）。精度越高，不确定性就越小，相关误差单元的增益也就越大（见 Friston，2005，2010；Friston et al.，2009）。果真如此，则注意仅仅是一种增强特定误差单元权值的方法，能使这些单元的激活更容易引发特定的响应、学习和（我们稍后要谈到的）行动。通常来说，这意味着上行和下行影响并不会以一种静态或固定的方式精确地混合在一起——相反，分配给感知预测误差的权值大小取决于系统认定信号的可靠性有多高（是否清晰，确定或不确定）。

我们可以用前面举过的例子来进行说明。大雾中的视觉信号在辅助驾驶者判断前方路况方面是模糊而缺乏确定性的。若其他因素保持不变，则晴朗天气里的视觉信号显然更加可靠，因此任何残差也更值得重视起来。 58
但以上策略只是一个大概，它需要进行一番微调。假设视野中一小块区域里的浓雾短暂地消散了（这种情况常常发生），我们的注意力就会首先被那块区域所吸引，因为来自那儿的预测误差具有更高的精度。这其实比看起来的要复杂，毕竟那一小块“清楚区域”的存在证据（它就在那儿！）也仅仅来自我们的感知输入，而这些输入原本的权值很低。这不是什么很致命的问题，但确实值得仔细分析：首先，现在的情况是，相对于我有关当前视觉情境的最佳假设（类似于“一片均匀的浓雾”），突然出现了一个低权值的意外——某些视觉输入（源自“清楚区域”的那些）与当前假设（“浓雾”模型）的预测不一致。然而，当前假设中原本就包含“临时性清楚区域”的期望，因此，我只需将当前假设切换至“浓雾+清楚区域”模型，整体预测误差就会进一步降低。新的模型包含一套新的精度预测（precision prediction），允许我信赖（仅）对应“清楚区域”的细粒度预测误差。于是，源于这个小区域的预测误差具有了更高的精度，而视觉系统也相信基于这些误差能够形成清晰可靠的知觉。之后，来自“清楚区域”的高精度预测误差能够保证驾驶者迅速调用新的模型，以更好地描述该局部环境的一些显著方面（当心那辆卡车！）。

微观地看，这就是预测加工机制为感知注意分配的角色：“我们可以将注意看作一种对感知信号的选择性取样，相对于系统的预测，那些被选择的信号所具有的精度（信噪比）更高”（Feldman & Friston，2010，p. 17）。这意味着我们一直致力于预测精度，也就是说，评估自己的感知预测误差在不同情境下的可靠性，据此探索世界的真相。这种“基于预测精度”的探索和取样也是使用预测加工模型对普遍意义上的行动做出解释的前提（见第2部分）。当下需要注意的是，在这个嘈杂而模棱两可的世界中，我们需要知道何时何地应严肃对待感知预测误差，以及（概括地说）如何最好地平衡上行信号和下行期望。也就是说，我们需要明确何时、何地以及在何种程度上信赖特定的误差信号，以选择或调整那些对行动具有指导性意义的内部模型。

一个重要的结论是，使人类知觉成其为可能的知识不仅包括世界的多层因果架构（后续我们将详细探讨世界与行动的显著关联），还包括我们自身与世界之间感知关联的类型，以及这种关联在不同情境下的可靠程度。这类知识必然隶属于“总的”概率生成模型，因为该模型需要同时预测感知信号的形态和多尺度动力学，以及这些信号在不同情境下的可靠性（见图2-2）。我们所熟知的概念“注意”如今意指精度预测机制调整和影响信

59

号取样的多种方式，这也是我们能够受信号驱动，同时有效过滤掉噪音的原因。通过对预期信噪比最佳的刺激源进行积极取样，我们能够保证自己的感知和行动受特定信息的指引，而这些信息首先必须符合我们的目的。

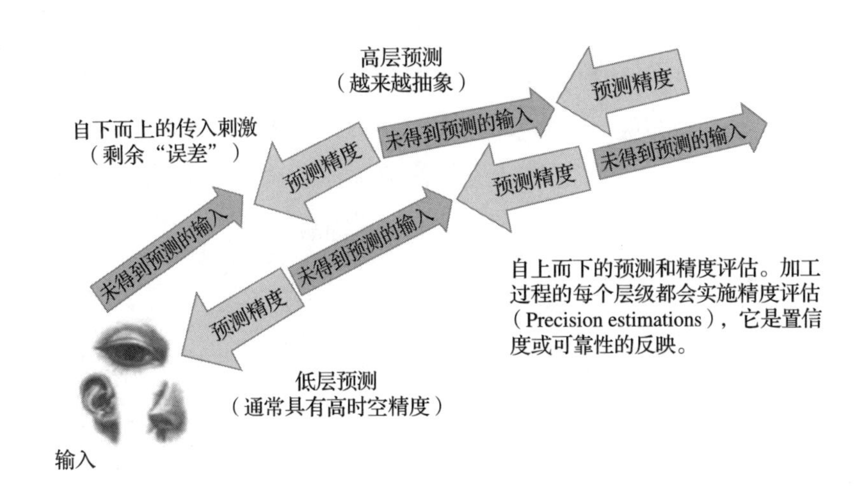

图 2－2　添加了精度加权的预测加工基本范式[㊀]

来源：改编自 Lupyan & Clark，2014。

2.4　注意、偏向竞争和信号增强

果真如此的话，所谓“注意”，指的就是这样一些过程或方式：有机体以此提高某些预测误差单元的权值（即放大其前馈影响），因为根据评估，这些预测误差单元能为当前任务提供与威胁或机遇相关的、最为可靠的感知信息。更为正式的说法是，“注意是在多层推理过程中优化突触增益（synaptic gain）以表征感觉信息（预测误差）精度的过程”（Feldman & Friston，2010，p. 2）。大意是，（“表征单元”的）神经激活模式编码

60

㊀ 与第 1 章中预测加工架构的形象化展示相同，但添加了精度加权机制。图中预测误差信号的影响受制于对其可靠性和显著性的不同评估。

（与任务相关的）现实世界的状态，它们是大脑的系统性猜测，而相关误差单元[4]的增益变动（权值或“音量”的变化）则反映大脑对下行“猜测”及上行感知信息相对精度的最佳评估。因此，精度加权传达了系统对感知信息本身可信程度的估测，这意味着“自上而下的预测所涉及的并不仅限于低层表征的内容，还包括我们（的大脑）对这些表征的置信程度”（Friston，2012，p. 238）。有研究者认为，这些自上而下的精度评估改变了预测误差单元（通常认为是浅层锥体细胞，见 Mumford，1992；Friston，2008）的突触后增益（post-synaptic gain）：

> 在生理上，精度对应于报告预测误差的神经元的突触后增益或敏感性，当前普遍认为这些神经元就是传递前馈性外源信号的大型主细胞，如皮质的浅层锥体细胞。（Friston，Bastos，et al.，2015，p. 1）

总而言之，增益的变动[5]反映了对相应预测误差可靠性的评估（统计指标为逆方差）。这些误差编码了所有有待解释（或尚未用于控制行动）的感知信息。因此，借用第 1 章中现成的隐喻，精度是对“有报道价值”的信号可靠性的估量。

精度评估，以及对应的预测误差增益变动能带来直接的优势和重要的好处：这将允许预测加工机制流畅地整合表面上彼此矛盾的信号抑制和信号增强（见 1. 11）。信号抑制是以预测编码的方法压缩数据的常见效果，如果某些底层活动被当前的高层模型成功地预测到了，它们就会被抑制或“解释消除”（因为它们没有“报道价值”），因此不会在系统中前馈传播。基于显著性的信号增强看似与此相反，其能够观察到的影响包括促进效应（facilitation，即加剧诱发反应，见 Henson，2003）和锐化效应（sharpening，即某些单元停止活动，允许其他单元主导反应，见 Desimone，1996）。精度加权使得预测加工架构能够以一种非常灵活的方式将信号抑制与信号增强结合起来，因为突触后增益的提高产生了促进效应，“增强了某些预测误差单元的影响力，从而提示高层修正关于感知输入诱因的最佳假设，因此**锐化相关神经元的表征**”（见 Friston，2012a，p. 238，加粗部分依原文）。Kok、Jehee，和 de Lange（2012）发现了这种锐化效应，他们的研究揭示，正如 PP 模型所主张的那样，随着期望水平的变化，某些早期感知反应增强时，神经活动的整体水平会相对下降。这种由期望导致的锐化对行为的影响很大：在识别刺激方向细微差异的简单任务中，它能够显著地提升被试的表现。

这种锐化效应是“偏向竞争”模型（Desimone & Duncan，1995）的主要依据。这类模型（顾名思义）主张，（具有较小感受野的）低层神经元会围绕上游神经表征资源展开激烈竞争，只有竞争中的“胜者”才能对（具有较大感受野的）高层神经元施加影响。根据偏向竞争模型，注意等同于竞争的过程：决定竞争结果的因素既包含任务的类型，也包含争夺表征资源的刺激物的特性。有研究者观察到，许多现象（如 Reynolds et al.，1999；Beck & Kastner，2005，2008）明显符合偏向竞争模型。比如说（见 Bowman et al.，2013），当目标刺激反复出现在相同位置时，一些电生理成分（特定 ERP，即事件相关电位）会相应增强。此外（同见 Bowman et al.，2013），一些视觉搜索实验证实，分心物（尽管偶尔出现）几乎不产生诱发反应，而预先描述的、经常出现的目标刺激导致的诱发反应却很强烈。注意调节的预测误差精度加权机制是否能直接用于解释这些现象？

Kok 等人使用 fMRI 技术进行的一项研究对此做出了肯定的回答。研究显示，这些现象只是预测和注意间的某种交互，预测加工模型借由预测误差的精度加权实现这种交互。特别是，Kok 等人的研究显示不受注意的、与任务无关的刺激物会导致早期视皮质的反应强度降低，正如简单预测编码机制所假设的“噤声效应”（silencing effect，即高层假设会让低层误差单元“闭嘴”），但“当刺激与任务相关，且得到被试注意时，情况就反过来了”（Kok et al.，2012，p. 2）。实验使用独立预测流程和空间线索提示来操纵对特定区域的注意和预测（更多细节见原作），发现正如精
62
度加权机制所主张的那样，注意逆转了预测对感知信号的“噤声效应”。因此，当注意和预测一致时（线索提示预计刺激将要出现在一侧，而刺激也确实出现在该侧时），注意增强了 V1、V2 和 V3 区域对预计刺激（而非未预计刺激）的反应；而当它们彼此不一致时（也就是说，预计刺激未出现在线索提示的一侧），则并未引发增强，同时 V1 区域对预计刺激的反应强度降低。此外，未预计刺激不论出现在注意一侧还是非注意一侧，对其的反应都没有差异。最后，当注意一侧的刺激意外缺失时，V1、V2 和 V3 区域都会产生强烈的反应。作者论证道，以上实验结果的最好解释就是注意调节的预测误差精度加权机制，即注意会增强下游特定预测误差单元的影响。因此，正如预测加工模型所主张的，注意和预期在推理级联中似乎扮演着不同的角色：注意增强特定误差单元的活动（提高其突触增益），而预期则抑制那些预测良好的神经反应。

有研究者使用基于 Posner 范式（Posner，1980）的计算机模拟证实：预测加工机制能够解释各类注意增强现象。Posner 范式（见图 2－3）要求被试凝视一个中心点（因此相关实验研究的是所谓“内隐注意”），并向其呈现一个视觉线索，该线索通常（但不总是）提示着即将到来的目标刺激的位置。比如说，某个线索可能在 80% 的试验（trials）中有效。呈现有效线索的试验称作“一致试验”，而其他试验（线索无效，即无法正确预测刺激）称作“不一致试验”。用这种方法，Posner 范式能够操纵被试的情境期望，因为线索创造了一个情境，其中刺激出现在线索提示位置的可能性更大。不出所料，研究发现了一种促进效应：有效线索加速了对目标刺激的检测，而被试对不一致试验中呈现的目标刺激感知速度较慢，信心程度也较低。Feldman 和 Friston（2010）使用计算机模拟建构了一个细致的模型，该模型使用精度调节的预测误差优化知觉推理，以重现

63

人类被试的 ERP 和身心反应。通过提高有效线索指示的空间位置对应的预测误差单元的增益，系统建立了所谓的“注意集”。也就是说，系统预期来自该区域的信息具有高信噪比，因此一旦目标刺激出现，正确假设（类似“目标在这儿!”）的调用过程便将被加速，产生促进效应。而在不一致试验中，目标刺激触发的早期预测误差信号权值较低，因此调用正确假设（“目标在那儿!”）的速度明显更慢，被试对此信心程度也更低。

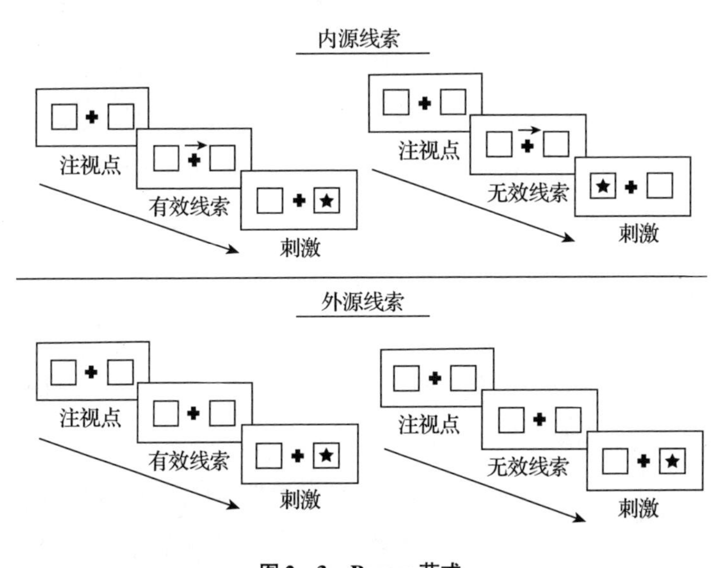

图 2－3　Posner 范式

来源：由 Creative Commons Attribution 3.0 授权。Licenseen. wikipedia. org/wiki/File：Posner_Paradigm_Figure. png。

对注意的这种解释在现象上很有说服力。如果你强迫自己持续且专注地盯着这页上的某个字，你会感觉（好吧，至少我会感觉）一开始这个字越来越清楚，但（虽然你竭力保持警醒）很快它就显得不太清晰，或看上去有些奇怪了。于是你会开始采取某些行动，比如说转移内隐注意，或以“微眼跳”（micro-saccades）的方式保持对这个字的专注。如果一直没有出现更新的或更明确的信息，你凝视得越久，保持专注就越难。[6]因此在经验中，注意始终与我们的期望以及对更新、更好的信息的搜索紧密相连。

2.5 整合与耦合

预测误差的精度加权是通用性很强的工具，随着论述的进行，它将发挥多种作用。就目前而言，我只提其中两种，并不做过多深入。

其一是整合。一般而言，在日常生活中，大脑会从多个来源接收刺激信号。比如说，我们能看到，也能听到一辆汽车驶近。要决定我们对显著的（在这种情况下，通常是性命攸关的）环境状态的知觉经验（如汽车所处的位置和它接近的速度），就需要巧妙地权衡两种不同来源的传入信号。对两类信号相对精度的自动评估将赋予大脑整合两类信息的能力，使其能够在特定情境下以最好的方式使用特定刺激。这种整合不仅取决于我们对一辆典型汽车视觉与听觉特征的特定（亚个体）期望，还取决于某些更具普遍性的假设（系统性的“超先验”），如“当对信源空间位置的视觉和听觉评估结果足够接近时，可假定刺激来自单一信源（如一辆快速行驶的汽车）”。这类超先验可能具有误导性，比如说，声音也有可能是一个口技演员发出来的。但在更普遍、更生态化的场合，它们确实能够以最优的方式整合不同来源的感知刺激。一言以蔽之，在假设的选择和不同输入的精度加权之间存在着明显的交互。

其二是耦合。精度评估有助于决定信号如何在不同脑区间实时流动（从而确定“有效连接”的变化模式，见 Friston，1995，2011c）。当我们后续考察不同情境和任务条件下各种神经资源（及外部资源，见第 3 部分）的混合调配时，这种作用就十分重要了。举一个非常简单的例子，为选择恰当的行为反应，有时候应该主要考虑视觉信息（比如说，当环境中存在很多已知的听觉分心物时），这很好实现：我们只要为听觉预测误差分配较低的权值，同时提高视觉误差单元的增益即可。[7]例如，den

Ouden 等人（2010）描述了皮质不同区域间耦合强度（即彼此影响程度）的变化，其中精度加权后的预测误差根据（情境化的）任务要求“动态”地控制此类耦合。这是一个具有广泛影响力的运作机制，能够就决定“在线”反应的不同系统（如前额叶皮质和背外侧纹状体）的具体作用进行裁决。按照这个思路，Daw、Niv 和 Dayan（2005，p. 1704）描述：这些系统依循“贝叶斯原则……根据不确定性进行仲裁”。因此，当前被评估为提供了最精确预测的子系统将决定行为和选择。这一原则的重要性将在本书第 3 部分得到进一步凸显，届时，我们将考虑预测加工框架和整体认知架构的形式和性质间可能存在的关联——这个具身的（embodied）、适应文化的（enculturated）、嵌入环境的（environmentally embedded）认知架构，也正是我们称之为“心智”的那团照亮灵魂的火焰。

2.6 品味行动

然而，要充分理解精度（及精度预期）对预测加工机制的作用，就必须考察行动，当下这种考察只是初步的。这并不令人惊讶，因为（我们即将看到）预测加工模型一开始就假设感知与行动间的循环交互作用居于认知的核心。事实上，这种交互作用如此复杂，缠绕如此紧密，功能又如此重要，以致感知与行动几乎不可分离（见第 2 部分），这也对感知与运动间一贯以来的理论区分提出了质疑。

我们会很快谈到这些，但就当下的目的而言，只需介绍更为丰富、更注重行动的完整理论的核心元素就足够了：行动是基于精度预期的感知信息取样工具，先前有关行为反应选择的讨论对此已有过暗示。它描述起来很困难，而且有些拗口，但其核心理念还是简明清晰的，而且十分有说服力。

我们可以设想：有两个模型为解释感知信号展开了竞争，其中一个相对于另一个更有利于降低预测误差，但它降低的那部分预测误差在系统看来不太可靠。而另一个模型，尽管在降低预测误差方面的效果没有那么明显，但系统判定它所降低的那部分误差可靠性极高。在这种情况下，系统通常（一些重要的附带说明见 Hohwy，2012）会在后者身上“押注”：哪个模型能够解释消除可靠性更高的感知信号，它就为哪个模型“背书”。在一些情况下（比如说，选择相信“门廊里有只猫”还是“门廊里有个贼”[8]），模型间的彼此竞争意义相当重大。

但我们如何确定信号可靠与否？行动（一种特殊类型的行动）对认知的关键意义正在于此。因为一个生成模型包含以下预期：最好以何种方式对环境取样，以产生与模型所假设的可能性相关的可靠信息。以生成模型“门廊里有个贼”为例，这个模型包含的预期有：如果我们以某种方式扫描目标场景（门廊），如先望向某个位置，再望向某个位置，就能最有效地降低该假设的不确定性。如果模型的假设是正确的（门廊里真有个贼），这个（扫描）过程就将产生一系列高精度预测误差，以调整和证实这个可怕的怀疑，比如说，我们会看见黑暗中的金属反光（是一柄手电？还是一把手枪？），或辨认出一个身穿深色翻领毛衣的壮硕轮廓。这个过程会迭代地进行下去，因为新模型的假设“手电”和“手枪”又开始彼此竞争，以待进一步确定。再一次，相应生成模型包含这样的预期：如何以最有效的方式介入感知场景（取样），以降低不确定性。此类预期以一种与感知的预测加工机制完全匹配的方式（见第 2 部分）参与了对行动的选择。感知和行动因此构成了一个良性的、自我激励的循环。在这个循环中，行动提供了可靠的信号，基于这些信号产生的知觉引导了后续行动，并在后续行动中被证明或否定。

66

2.7 注视分配机制： 何谓顺其自然

我们面临着一个更为普遍的问题，那就是在执行自然任务（natural task）期间如何分配注意。所谓自然任务，指的是我们在日常生活中执行的几乎所有习得良好的任务，包括烧水、遛狗、购物、跑步以及用餐。这类任务的重要之处（其之所以区别于很多实验范式），在于它们包含丰富的感觉线索，而我们（通过学习）在对应任务情境下也会期望自己接收到这些线索。这很重要，因为只有这样，特定于任务的知识才能在驱动（比如说）积极视觉扫描的过程中发挥更为关键的作用，并为多种形式的积极干预创造条件——所谓积极的视觉扫描，指的是我们的注视点会提前移动到预期相关信息可能出现的位置上；而各种形式的积极干预，其共同目的是及时提供更好的信息以指导相关行动。现在看来，仅凭自下而上的模型（比如说，作为注意资源顺序配置的反映，注视点的位置取决于低层视觉刺激[9]的显著性）无法解释人类执行自然任务时的表现。这与先前的理论刚好相反，根据那些主张，先于注意提取的简单刺激特征能够驱动我们注视（注意）相关场景的不同区域。这些特征（一大堆绿点中混进了一个红点、群星中的一颗突然开始闪烁，或多条水平线段中有一条垂直线）确实很容易吸引我们的注意。但试图用自下而上的术语定义所谓的“显著性地图”（salience map）（如 Koch & Ullman，1985）对解释普通日常任务中注视和注意的分配几乎没有什么帮助。通过让被试在现实环境和（高仿真的）虚拟环境中行走，Jovancevic 等人（2006）及 Jovancevic-Misic 和 Hayhoe（2009）的研究证明简单的、基于特征的显著性地图无法预测注视点移动的位置和时间。Rothkopf、Ballard 和 Hayhoe（2007）也得到了类似的结论，他们指出简单的显著性地图几乎在所有的情况下都做出了错误的预测，因而无法解释实验中观测到的注视模式。事实上：

67

> 人们主要盯着目标物，只有15%的注视指向背景。而根据显著性模型的预测，应该有超过70%的注视指向背景。(Tatler et al., 2011, p. 4)

Tatler 的论述十分透彻，他们指出：

> 在球类运动中，基于特征的方案的缺陷就更为明显了。估摸着球要出现在哪儿，观众的目光就会投向哪儿（Ballard & Hayhoe, 2009; Land & McLeod, 2000)。重要的是，当他们注视目标位置时，并没有什么东西将那个区域与周围的背景在视觉上区分开来。即使没有进行定量分析，我们也很清楚：任何基于图像特征的模型都无法预测这种行为。(Tatler et al., 2011, p. 4)

在执行自然任务的过程中，将目光提前投向相关刺激尚未出现的位置（即“空白位置”）是注视分配的普遍现象。这已经得到了一系列研究的证实，这些研究所使用的任务包括沏茶（Land et al., 1999）和制作三明治（Hayhoe et al., 2003)。以后者为例，被试在下刀时会注视将要切入面包的那一点，而在动刀时会始终盯着切口前方，即刀锋即将抵达之处。

Tatler 等人指出，由于仅凭显著性地图无法解释人们执行自然任务时的某些表现，我们应该在此基础上添加某些自上而下的调节机制。Navalpakkam 和 Itti（2005）以及 Torralba 等人（2006）都提出了这种混合方案。其他研究试图用不同的结构，如所谓“优先级地图”(Fecteau & Munoz, 2006）取代低层显著性地图，新结构以一种特定于任务的（也就是说，基于先验知识的）方式流畅地整合低层与高层线索。然而，那些最有前途的方案（至少我认为如此）从根本上调整了讨论的方向，它们主张：在感知与行动之间存在紧密耦合（Fernandes et al., 2014)，而降低不确定性则是注视分配和注意力转移背后的驱动力。相关例子有 Sprague

68

等人的研究（2005）、Ballard 和 Hayhoe 的研究（2009）、Tatler 等人的研究（2011），以及本章回顾的大量注意和精度加权相关研究。[10]居于所有这些方法核心的，是以下简单而深刻的洞见：

> 观察者习得的模型揭示了世界的动态特征，帮助他们基于预测的事件提前确定注视的方位（而且）动作控制必须基于预测而非知觉进行。（Tatler et al.，2011，p. 15）

这类模型是随着经验的累积而不断得到完善的。Tatler 等人注意到，新手驾驶员转弯时通常就盯着车前方区域，而同样的情况下老司机往往看得更远——他们一般望向车辆以当前速度行驶约三秒后将要到达的位置（Land & Tatler，2009）。相似的例子还有板球运动员：他们会预测球的弹跳轨迹（Land & McLeod，2000）。所有形式的“主动眼跳”（提前投向正确位置的快速眼跳）都取决于知觉主体是否掌握了与特定任务相关的知识，并能加以应用。这类知识（在预测加工理论中体现为概率生成模型）首先反映了动态的环境本身的特性。此外，它们还反映了知觉主体的行动能力（如反应速度等）。在执行同一个习得良好的任务时，不同个体的扫描模式间存在大量重合，这证实了环境特性的主导作用（Land et al.，1999）。此外，Hayhoe 等人的研究显示，信息通常会被留存在环境中，待到合适的时机（通常是刚好在面临行动需要时）再行提取（另见 Clark，2008 第 1 章，及本书第 8 章的讨论）。

精度加权的预测加工模型提供了一个统一的框架，以整合上述事实：这个框架将神经系统的预测和降低不确定性置于中心。这是因为预测加工模型主张：行动、知觉和注意（实际上）都是某个单一机制的成分，其目的在于构建情境/任务相关的、上行感知线索和下行期望的组合。关键在于，下行期望现在包含精度预期，驱使行动系统以有助于降低不确定性的方式，在需要的时间和地点对场景进行取样。因此，习得的生成模型驱动了注意分配，这些模型反映了主体关于事件展开方式的知识，以及在关键任务节点最好如何对场景进行取样的有关行动的预期。

预测加工模型还整合了对外源性注意和内源性注意的解释。据此，"弹出效应"（pop-out effect）也是一种基于高层内部模型的反应模式。在这种情况下，注意被强烈的、不同寻常的（如一大片绿色点阵中的红点）、显著的、突发性的刺激所吸引，面对这类刺激，经自然选择演化而来的系统有理由期待较高的信噪比。学习的影响在机制上与此类似：通过学习，系统掌握了如何以符合特定任务要求的方式对环境进行取样，以获取高质量的感知信息。这有助于降低不确定性，提高执行任务的效率——在内源性注意中发挥作用的正是这类知识，这可能是通过提高所选神经集群的基线激发率实现的（见 Feldman & Friston，2010，pp. 17－18）。

在继续论述前，我需要强调一个关于"自然任务"的重要观点。为简单起见，前文集中探讨了一些习得良好的（或许是习得过度的）任务，如驾驶汽车或制作三明治。但只要新情境是由已知元素和结构搭建起来的，预测加工理论就能支持系统对其进行流畅而快速的学习。这意味着我们对（某种意义上的）全新场景能够很快地进行"专业的观察"。比如说，在观赏一出新的舞台剧时，我们通常轻易就能理解台上的角色和布置，并很快习得哪些人或哪些东西对情节的发展更为重要，据此在最需要降低不确定性之时/之处积极主动地分配注视和注意资源。

2.8 知觉—注意—行动环路的循环因果架构

由此，一个重要的结果就是：作为知觉基础的生成模型包含了关键的期望，这些期望能驱动某些行动，以证实特定的假设。也就是说，在当前知觉假设（它支配着我们连贯的知觉经验）是正确的这一设定下，生成模型包含了（亚个体层面的）关于特定事件将如何展开的预期。这些预期既关系到如果我们以符合假设的方式对世界进行取样将会发生什么（如将导致什么样的感知输入），也关系到这些输入将具有什么水平的信噪比。在后一种情况下，大脑会为所谓的“精度预期”下注，也就是说，它会评估我们通过移动眼睛、其他感官甚至整个身体对场景进行采样的结果的预期信噪比。因此，如果我们根据特定知觉假设（而非与其近似的竞争假设）预测场景中某个位置含有高精度信息，就能据此对这个位置进行一系列扫描，这将让我们获取充分证据，以维持当前假设指导相关行动的合法性。但如果事件展开的方式不尽如人意（感知“实验”的结果否定了当前假设），由此产生的误差信号便将以前文曾提及的方式被用于调取不同的假设。

这导致了一个有趣的结果——随着论述的展开，我们将一再提到它，那便是：知觉、注意和具身的行动共同推动着主动知觉的自驱动循环，在这个循环中，我们根据系统性的“信念”探索世界，这些信念涉及我们的行动将会揭示些什么。Friston 和 Adams 等人（2012）据此描绘了“知觉背后的循环因果架构”，他们的原话是：

> 在连续的眼跳过程中能够幸存下来的唯一假设必须正确地预测取样对象的显著特征……这意味着该假设指示系统采取行动对其自身进行验证，且只有作为对世界的正确表征，它才能够存续下来。如果预期的显著特征没有被发现，系统就将抛弃当前假设，转而采用一个更好的。（Friston，Adams，et al.，2012，p. 16）

“显著特征”是指在取样时，将当前知觉假设的不确定性最小化的特征（即当事物如预期般展开时，将我们对假设的信心程度最大化的特征）。积极的认知主体因此有动力对世界进行采样，以证实其知觉假设，由此，当下胜出的知觉将“选择性地抽取证据以实现自我维系（证实自身的正确性）”（P. 17）。这种取样的确暗示大脑中存在某种“显著性地图”，但描绘这幅“显著性地图”的并不是能够吸引注意的低层特征[11]，而是应如何为源于现实世界的感知信息分配显著性和精确性的相对高层的知识。

71 Friston 和 Adams 等人用一个简单的模拟证实了以上核心效应（见图 2－4），即使用人工智能主体在不同知觉假设的驱动下对视觉场景进行采样。他们所使用的系统拥有三个内部模型，它会尝试对模型与刺激进行拟合，最终选定实施某种眼跳模式后能够正确预测感知数据的那一个。[12]在初期的几次试探后，感知到外部刺激的系统按顺序确定了注视位置，并由此证实其下行假设，即刺激源是一张直立的人脸。图 2－5 则展示了当系统感知到一幅无法拟合其已知内部模型的图画时所表现出来的反应。此时，尽管内部模型（假设）指示系统采取了验证行为，这些假设本身却无法得到证实，因此无法消除感知不确定性，也无法选择某个内部模型。任何知觉都无法“通过对证据的选择性采样实现自我维系（证实自身的正确性）”（Friston，Adams，et al.，2012，p. 17）。在这种无望的状况下，对视觉场景的采样是漫游式的，也不会产生清晰稳定的知觉。然而，假设大脑相信它正在获得高质量的（精确的）感知信号，上述拟合失败就将提高系统的可塑性，从而允许其习得并应用新的内部模型（见 2. 12）。

综上所述，居于预测加工理论核心的设定是所谓“知觉—注意—行动环路”，其中关于世界真实状态的内部模型及与其相关的精度预期在行为的驱动中扮演了关键的角色。它们共同决定了一个通常是自我实现的感知和行动过程，该过程是探索性的，通常反映了某种认识上的授权：当前胜出的假设（某种对世界的优先见解）让我们以特定方式对场景进行采样，这种采样方式反映了该假设本身，以及我们随情境而变化的感知不确定性。

72

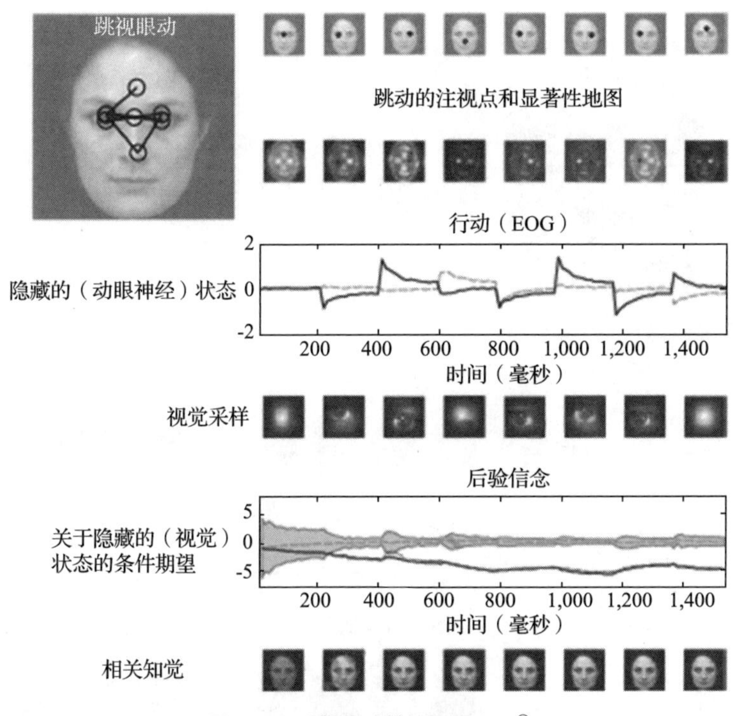

图 2-4　跳视眼动模拟研究之一[㊀]

来源： 摘自 Friston，Adams，et al.，2012，已获作者授权。

㊀ 此图展示了 Friston 和 Adams 等人第一次进行模拟的结果，他们向系统呈现一张人脸，依循前文中描述的预测加工模式对其反应进行模拟。模拟中，对其能够加以采样的外部刺激，系统拥有三个内在的意象或假设（直立的人脸、倒置的人脸，以及旋转了一定角度的人脸）。研究者向系统呈现一张直立人脸的图像，在 16 个（各 12 毫秒）的时间段内对其条件期望进行估值，直到系统实施下一次眼跳。系统一共执行了 8 次眼跳，每次眼跳结束时系统注视的位置在最上方的第一行小图中以（外部坐标中的）黑点的形式被标示出来。左上方的插图显示了相应的眼动轨迹，其中圆圈大致对应系统在图像上进行采样的范围。第二行小图所呈现的显著性地图通过影响先验信念的方式决定了注视的方向。请注意，这些显著性地图随着连续的眼跳而不断改变，因为对隐藏状态（包括刺激）的后验信念逐渐变得更为笃定。另一点需要注意的是，上一次眼跳时中央凹位置接收到的刺激的显著性水平明显受到了抑制。后验信念为系统提供了视觉和本体觉预测，压抑了视觉预测误差，并驱动了跳视眼动。第三行小图描绘的是动眼神经反应，两种隐藏的动眼神经状态分别对应注视点的垂直和水平位移。第四行小图显示在每一次跳视结束之时，系统正对图像的哪一个部分进行采样。最后两行分别展示后验信念的大量统计学特征和系统知觉到的范畴。研究以条件期望和关于真实刺激的 90% 置信区间描绘系统的后验信念。需要注意的关键是，随着扫视的进行，对真实刺激的当前预期被判定为优于其竞争预期，因此，刺激范畴的条件置信水平得到了相应提升（表现为围绕期望值的置信区间的收窄）。这就是在选择最能解释感知数据的假设或知觉时证据的积累过程。相关实验和结果的详细信息请参阅 Friston 和 Adams 等人 2012 年的原始论文。

74

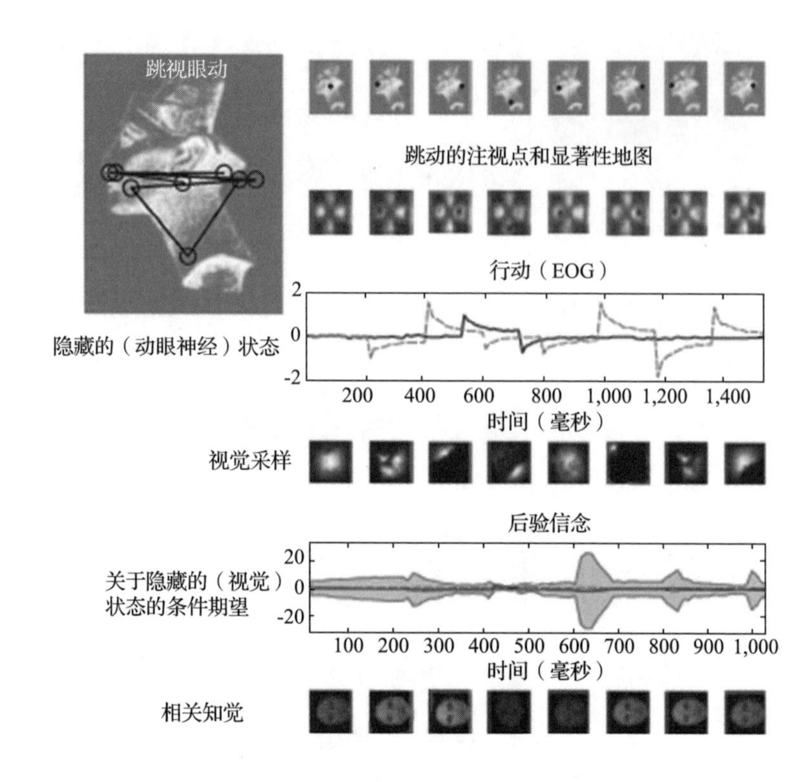

图 2-5 跳视眼动模拟研究之二[㊀]

来源：摘自 Friston, Adams, et al., 2012，已获作者授权。

㊀ 这幅图使用了与前一幅图相同的格式，区别在于，其描绘的是当研究者向系统展示一张未知（无法辨认）的人脸后得到的结果。作为实验材料的人脸是古埃及王后纳芙蒂蒂（Nefertiti）的侧面像。由于模拟系统缺乏相关内部意象或假设，无法产生关于高显著性跳视位置的正确预测以指引扫视行为，因此无法确定其感知输入的原因，也无法将视觉信息吸收到关于刺激的精确后验信念中来。眼跳轨迹仍然由显著性地图决定，所有关于刺激的内部假设的集合会对源于某个位置的信息是否显著形成统一意见，而显著性地图便是以这种统一意见为基础的。不管系统望向哪里，它都找不到可以解释感知输入的后验信念或假设。因此，系统一直无法很好地消除关于世界真实状态的后验不确定性，知觉也始终无法稳定，而是随着眼跳的持续而不断变形。

2.9 相互确证的误解

然而，这一机制或许也有其不利的一面。具体表现为：对精度的评估有时会犯微妙的错误，这将导致我们以一种与良好的（真实的）事实图景相悖的方式获取感知信息。Siegel（2012）描绘了一个可能的场景：“如果 Jill 毫无理由地相信 Jack 在生她的气……则当她遇见 Jack 时，该信念会让他看上去真的在生她的气。”类似情境中，我们主动的、自上而下的模型会让我们忽视信号中的某些元素（将它们视为“噪音”），而“放大”其他元素。正常情况下，如上文所述，在环境嘈杂和模棱两可时，这有助于我们获得更准确的知觉。然而，在“愤怒的 Jack”一例中，已有信念促使我们调动特定的模型，（部分通过改变我们为预测错误信号的各个方面所分配的精度）以“发现”与预设中 Jack 的愤怒情绪有关的错误的、不可靠的视觉证据——正如人们会从无意义的噪声中听出《白色圣诞节》的调子。结果是，在我们的视觉经验（而非附加判断）中，Jack 真的“看起来很生气”，这就凭空证实了我们先前的怀疑。

在上述情况下，行动和知觉被锁定在一个相互误导的循环中。这是因为最初“愤怒的 Jack”假设（我们将在后续章节中更详细地探讨）控制了我们探究世界的行动，让我们刻意寻找 Jack 愤怒情绪的证据。我们细细端详 Jack，希望发现他肢体动作的一丝僵硬，或是他遣词用句的某种不自然。对于那些可能传递“愤怒情绪”微妙迹象的信号，我们提高了它们的精度；而对于那些与常态别无二致的反馈，我们则以降低其精度的方式直接忽视了。正因如此，我们很容易发现自己正在寻找的“证据”。在现实环境中，Teufel、Fletcher 和 Davis（2010）的研究表明，对于他人当前心理状态和意图的自上而下的主动模型确实影响了我们对他们的知觉方式，改变了我们对他们的注视方向、动作发起和运动方式等方面的基本认识（更多自上而下的知识影响知觉的例子，见 Goldstone，1994；Goldstone & Hendrickson，2010；Lupyan，2012）。

Jack 和 Jill 都是预测加工主体，这一事实（因此，他们的知觉在相当程度上都受预测影响）可能会让情况变得更糟。因为 Jill 的审视和怀疑对 Jack 本人来说是不可见的，而她的肢体语言则传递出某种紧张，Jack 会因此（错误地）认为“也许 Jill 生我的气了？”于是同样的剧情再次上演：对 Jack 来说，Jill 看上去有点生气，听起来也有点生气；反过来，Jill 在 Jack 的身上也发现了更多的紧张迹象（这一次也许是真的）。原本无中生有的预测在相互强化中彼此确证、循环升级。我们稍后将要看到，相互预测对人际理解极有助益。但令人担忧的是，鉴于期望对知觉和行动具有深刻影响，这种相互预测行为也可能借由提供自证机制放大某些社会心理问题。

75

上述不利一面并非仅体现在人际互动领域。随着时代的发展，那些最为杰出的工具和技术越来越擅长预测我们的需要、要求和使用模式。Google 会根据使用者的过往搜索行为和当前位置预测其搜索需求，甚至在我们键入关键词之前主动推送浏览建议和选项。Amazon 使用强大的协同过滤技术，基于消费记录为用户推荐商品和服务。这些创新延伸了相互预测的领域，将人与机器囊括其中，构成一张错综复杂的、其节点致力于彼此预测的庞大网络。除非辅以小心的验证和控制，否则这将可能导致 Pariser 称之为“过滤气泡”的场景，我们的探索行为和机会空间将逐渐受到更多的限制。[13]

2.10 关于精度的疑虑

我在 2013 年的一篇文章中对注意的基本预测加工机制进行了简要描述，发表于《行为和脑科学》（*Behavioral and Brain Sciences*）期刊接受同行审查。文章后附带了许多业内知名人士所作的评论，其中一条出自 Bowman 等人（2013）。他们对偏向竞争模型（见 2.4）表达了疑虑，此外，还认为基于精度的解释更适用于对特定空间位置，而非特定特征的注意。Bowman 指出，某些特征即使出现在意料之外的位置，刻意注意也会促进我们的反应。因此，借用他们所举的例子，如果实验者要求被试找到粗体字，这一指导语会导致被试关注附近的空间位置，如果被试因此调高了对应该空间区域的预测误差的精度权值（正如预测加工模型所主张的那样），这难道不正说明所选预测误差信号的精度权值是注意的结果，而非其诱发机制吗？

这个问题提得很好，它揭示了本书所持观点某些重要的方面。因为我相信，回答这个问题的关键在于明确加工机制会在不同层级上对精度权值进行操纵。直观上，对特定特征信号的关注意味着调高某些预测误差单元的权值，这些单元关联于某个刺激类型的同一性或布局构造（比如说，调高以下单元的权值：它们所报告的预测误差与一片四叶草所特有的几何模式相对应）。借由调增相应感知预测误差的权值而提升的反应强度将强化对该特征信号的检测。一旦偶然检测到了目标信号，主体就将在“那儿有片四叶草”的期望驱使下注视正确的空间区域。于是，该区域目标特征的残差会被放大，我们将对那儿真的有片四叶草产生很强的信心（如果足够幸运的话）。需要注意的是，对错误空间区域的关注（比如说，基于错误的空间提示）在这种情况下对我们达成目标显然是不利的。因此，预测误差的精度加权机制能够解释各类信号增强现象——不论这些信号反映了纯粹的空间位置还是各类目标特征。

76

Block 和 Siegel（2013）表达了另一种忧虑，他们认为预测加工机制无法对知觉对比的注意增强现象（Carrasco，Ling，& Read，2004）做出解释。Block 和 Siegel 特别指出，预测加工模型无法解释为什么在对误差进行计算前，注意就能导致经验的变化，而且这一理论错误地预测了因注意（作为调增某些预测误差权值的后果）而导致的经验变化幅度。这个意见值得更加细致地进行处理。

Carrasco、Ling 和 Read 报告了他们的一项研究（2004）。被试在实验中注视着中点，左右各有一个对比光栅，两个光栅的绝对（真实）对比度彼此不同。但当提示被试关注（甚至仅仅是内隐地关注）低对比度的光栅时，他们知觉到该光栅的对比度增强了，这产生了错误的判断，比如说，一个受到关注的、真实对比度为 70% 的光栅被认定为与未受关注的、对比度为 82% 的光栅在知觉上不存在差异。Block 和 Siegel 认为，预测加工模型无法解释这一实验现象，因为这里存在的唯一误差信号（他们就在这儿犯了错误）就是某个光栅在受关注前稳定的对比度（70%）和受关注后变化了的对比度（82%）之间的差异。但在注意发挥作用前，这一差异都是不可获取的！更糟糕的是，一旦该差异因注意的介入而可以获取了，随着相关误差单元权值的提升，难道它不应该再一次得到增强？

这个质疑很有见地，然而，它反映了一个虽发人深省，但却是错误的关于精度加权机制的见解。这一见解认为误差信号是基于光栅未受关注时的对比度（被登记为 70%）和受关注后的对比度（被经验为 82%）之间的差异计算出来的，但预测加工理论并没有这么说。按照预测加工理论，

77

注意改变的是对受关注区域感知信号精度（即逆方差）的期望，也就是我们的“精度预期”。在上述研究中，事实真相是我们对（比如说）左边光栅的内隐关注提高了我们对在该区域获得高精度感知信号的期望。在此条件下，对高精度信息的期望诱使误差单元的权值提高，因此扭曲了我们对光栅对比度的主观评判。[14]

关键在于，误差并非如 Block 和 Siegel 所说的那样，是对先前（上述研究中未受关注时的）和当前（上述研究中受关注后的）的知觉间的差异进行计算后得出的。相反，它是直接为当前感知信号而计算的，只是同时根据我们对来自该区域的感知信息的精度预期被赋予了权值。根据预测加工理论，光栅对比度实验操纵的是对精度的期望，因此预测加工理论对实验结果提供了令人满意的（和独特的）解释。同样的机制还解释了注

意对空间敏锐度（spatial acuity）的一般性影响。

Block 和 Siegel 还声称，至少在知觉主体清醒、警觉并对周遭环境有所把握的情况下，“将误差信号视作感知输入的观点是不合理的”。但预测加工理论显然并没有主张被觉知到的是误差信号。同样的，即使是传统认知理论的支持者也不会认为被觉知到的是流动的感知信号本身，而非这些信号所揭示（make available）的世界。根据预测加工模型，主体对其周遭事物的感知是借由前馈（及横向传播的）误差信号和反馈（及横向传播的）预测信号实现的。

总之，预测加工理论主张，注意提高了被系统选定的预测误差的权值，因此是构成正常知觉过程的推理级联的一个不可或缺的方面。其中，内源性的注意对应于意志控制过程，它会影响某些任务相关特征（例如四叶草的形状）或选定空间区域的预测误差权值；外源性注意对应于自动化程度更高的加工过程，在流畅执行某些习得良好的任务时，或在对生态意义显著的线索（如一道闪光、运动的瞬变或突然响起的噪音）的响应中，它会提升系统所选定的预测误差信号的权值。这类生态意义显著的线索往往会产生强烈的感知信号，而主体会“预期”这些信号具有相当高的信噪比。因此，有一种超先验（hyperprior）始终在发挥作用：我们预期更强的信号具有更高的精度，因此会赋予相关预测误差更高的价值（见 Feldman & Friston，2010，p. 9 以及 Hohwy，2012，p. 6）。最后，精度预期被认为还会指导探索性行动，确定（例如）该以何种眼跳模式追踪场景中最有可能存在更精确信息的区域。

78

通过将知觉和行动糅合于单一的自驱动循环，对精度的评估促成了灵活的、随任务性质而变的、在上行感知信息与下行预期间的联动——其中上行信息由预测误差传递，而下行预期则源于高层生成模型。

2.11 令人始料未及的大象

理解精度和精度预期的作用极其重要：它有助于揭示无意识（亚个体）预测和（个体）日常经验的形态与流变之间的复杂联系。比如说，神经层面的意外（surprisal，表现为在给定世界模型的情况下，某些感知状态的产生被判定为极不可能）与个体层面的意外（surprise）间似乎存在某些差别，这一事实的显著表现是，某些知觉经验尽管在神经层面有效地将意外（即预测误差）最小化了，但在个体层面，它们却令人始料未及。比如说，想象一下职业魔术师突然在舞台上变出了一头大象！当然，这一幕带给我们观众的极端脱节感是虚幻的，我们这就进行更为详细的解释。

当魔术师解开罩子时，经粗略、快速加工的视觉线索会调取能够最小化感知预测误差的假设（大象）。知觉—行动循环随即启动，驱使我们以对应“大象”的模式对眼前的场景进行一系列跳视（比如说，将中央凹朝向可能会看见象鼻的区域）。如果上述假设是正确的，视觉搜索所得就会对其进行高精度的确认。[15]假设扫描的结果满足所有系统化的预期，一个经受住了高精度预测误差“酸碱性测试”的模型就将占据主导地位。此时，“大象”这一知觉在最大程度上符合认知系统对世界的理解和预期，以及该系统对其通过干预世界（本例中，这种干预指视觉扫描）获得的结果的理解和预期。因此，在驱动信号、精度预期和精度分配（正如我们所见，它反映了大脑对感知信号的置信水平）的共同作用下，“舞台上出现了一只大象”这一知觉获得了最终的胜利。

有了正确的驱动信号以及足够高的精度，最初在个体水平上显得难以置信的高层理论也有获胜的可能，只要该理论能够解释消除如潮水般涌入的高权值感知证据。综合考虑输入、先验和感知预测误差的预估精度，“大象”成为了所有可用的知觉假设中最优（最有可能，最不“令大脑意外”）的一个。尽管如此，这一知觉的系统性先验概率很低，或许正因如此，主体“意外”的真实感觉才有其价值。也就是说，感到意外可能是我们保存有用信息的一种方式，这些信息表明：在当前证据驱动的一系列推理实施以前，个体知觉到的事件状态被评估为极不可信。如果没有产生这种“意外”感，这些有用的信息就将被丢弃。

（通常情况下）这些都是好消息，因为这意味着我们不受自身期望的奴役。要产生一个知觉，大脑需要动用其知识储备和期望（贝叶斯先验）以最小化预测误差。但当大脑为感知预测误差（也就是说，为某些感知信号）赋予高信度时，我们还是会看见个体水平上的出乎意料的东西。重要的是，在这种情况下，个体需要其他高层理论以解释消除高权值的感知证据，尽管这些理论最初在个体层面上令人始料未及。

2.12 当精度变得反常

但是，如果均衡被打破了呢？万一精确加权机制出现故障，自上而下的预期和自下而上的感知间的平衡受到影响，会发生什么事？在我看来，预测加工方案暗示：我们能以某些新的、绝佳的方式思考人类心智巨大而多样化的状态空间。在接下来的几章中我们将会展开来讲。但从近期针对精神分裂症患者妄想和幻觉的相当数量的研究中，我们已能够一瞥这种思维方式的潜力。（Corlett，Frith，et al.，2009；Fletcher & Frith，2009）

回顾一下，当观众在戏台上意外地看见一头“大象”，认知系统已拥有一个合适的模型，以“解释消除”输入信号、期望和精度（预测误差的权值）的特定组合（其对应某个灰色的、巨大的客观实在）。但现实情况并非总是如此。有时，要对持续的、高权重的感知预测误差进行加工，系统可能需要逐步形成全新的生成模型（就像在正常学习过程中一样）。正如 Fletcher 和 Frith（2009）所说，这可能有助于我们更好地理解精神分裂症患者的幻觉和妄想（两种所谓“积极症状”）的根源。通常认为，这两种症状分别对应两种机制的障碍，即“知觉”（导致幻觉）和“信念”（表现为知觉异常对高层信念的影响）。Coltheart（2007）因此正确地指出（这很重要）：知觉异常本身通常不会导致如妄想症状般的怪异信念复合体。但是，我们必须据此认为知觉成分和信念成分是彼此严格独立的吗？

80

如果知觉和信念的形成（如当前论述所表明的那样）都与感知信号和下行预测的匹配相关，二者就可能存在某种联系。重要的是，这种匹配的影响是由精度介导的，因为预测误差的系统效应随大脑为信号分配不同的置信水平而变化。考虑到这一点，Fletcher 和 Frith（2009）描绘了对分层贝叶斯系统实施扰动，从而使其错误地生成预测误差信号且（更重要的是）赋予其高权值（使其在驱动学习时具有过高的显著性）可能导致的后果。

在预测误差最小化的整体架构中可能存在一系列潜在机制，一些扰动就是由它们之间复杂的交互作用导致的。其中比较有代表性的例子是作用速度相对缓慢的各类神经调节剂（如多巴胺、5-羟色胺、乙酰胆碱等，见 Corlett，Frith，et al.，2009；Corlett，Taylor，et al.，2010）。此外，Friston（2010，p. 132）推测神经系统不同区域的快速同步可能也对提高这些区域所对应的预测误差的权值发挥了某种作用。[16]不论如何，关键的想法在于，要理解精神分裂症的积极症状，我们就必须理解针对预测误差之生成和（特别是）加权的那些扰动。这意味着复杂认知机制的某些运行故障（或许根本上源于多巴胺作用异常）将产生一波又一波高权值“不实误差”，这些误差循层次结构上行传播，在严重的病例中甚至可能极为深刻地改写患者的世界模型（借助神经系统的可塑性使某些高层架构发生变动）。因此，某些极不可能发生的事件（心灵感应、阴谋妄想、迫害妄想等）在患者看来就显得无比真实了。而且（由于知觉本身受先验期望的下行流动制约）一连串错误信息会向下回传，将错误知觉和怪异信念巩固为彼此一致、相互支持的恶性循环。

这一过程是自我强化的。随着新的生成模型得到确立并产生反馈影响，新的（然而同时也是严重扭曲事实的）先验将对传入信号加以塑造以使其“符合期望”（Fletcher & Frith，2009，p. 348），错误知觉和怪异信念因此形成了一个认识上孤立的自证循环。显然，这是我们所拥有的强大认知策略的另一面。预测加工模型通常能够卓有成效地将知觉、信念和学习融合为一个整体：其中多巴胺与其他因素和神经递质一同控制预测误差的“精度”（改变特定单元的权重，进而影响推理和学习）。可是一旦事情出错，不实的推理就会转身吞噬自己。幻觉和妄想随后变得根深蒂固，它们决定彼此，又被彼此决定。这一现象较为温和的版本随处可见，遍及科学研究领域（Maher，1988）和日常生活场景。我们往往会看见自己期望看见的，继而用自己看见的东西确证我们的内部模型：这个模型生成了我们的期望、塑造了我们所观察到的东西，并影响了我们对其可靠性的评估。

81

可以使用相同的广义贝叶斯框架（Corlett，Frith，et al.，2009）来理解为什么对健康志愿者试用不同药物能短暂地模拟各类精神疾病的症状。此中关键也是预测编码框架解释学习和经验复杂变化的能力，这些变化取决于感知信号如何以各种（药理学上可变更的）方式，借由精度加权的预测误差，与先验期望及（由此做出的）持续预测联系在一起。例如，氯胺酮的精神病药理作用据说可解释为针对预测误差信号（或由 AMPA 上调引起）和预测流（或源于 NMDA 的干扰作用）的某种扰动。这导致了源源不断的预测误差以及（更为关键的）对相关事件重要性或显著性的夸大感，进而推动了短期妄想样信念的形成（Corlett，Frith，et al.，2009，pp. 6－7；另见 Gerrans，2007）。为展示可能存在的其他类型的扰动，有研究者阐释了其他药物——如 LSD 和其他复合胺致幻剂、大麻以及多巴胺激动剂（如安非他命）——在多层预测加工框架内不同的“拟精神疾病效应”。[17]

在我看来，当前框架的一大主要吸引力在于其允许我们流畅地跨越不同的层级。在此，我们通过计算模型（强调精度加权的、基于预测误差的加工和生成模型的自上而下的调动），从考虑人类经验的正常和异常状态跨越到大脑中的突触连接网络、神经同步性和多种化学物质的平衡。通过对推理、期望、学习和经验之间复杂的、系统性的相互作用提供一个新的多层级解释，我们希望这些模型（较之“民间心理学”的基本框架）将让人们更好地理解其主体层级的经验。如果这些展望有朝一日成为现实（另见第 7 章），就将有力地证明“采用‘神经计算视角’将使我们更为深入地理解自己的生活经验”这一主张（P. M. Churchland，1989，2012，P. S. Churchland，2013）。

82

2.13 在焦点以外

注意通常被描述成某种心智聚光灯（如 Crick，1984），要调动注意，就必须围绕高质量的神经加工过程展开竞争（因为加工资源是有限的）。注意的预测加工解释与“聚光灯模型”有一些相似点，但在其他方面则有所不同。其相似之处在于，二者都将注意与对高精度（低不确定性）感知信息的搜索联系在一起。聚光灯的指向创造了（见 Feldman & Friston，2010）从特定空间位置获取高质量感知信息的条件，但预测加工理论则认为，与其说注意本身是一种机制，不如说它是一种更为基础的资源的某个维度。[18]它是我们（的大脑）用于预测感知数据流的生成模型的某个具有普遍性意义的维度，但它也很特殊，因其不仅涉及传入感知数据（信号）外部原因的实质，还涉及感知信息本身的精度（即统计上的逆方差）。

通过评估当前传入的感知信号，以及视觉扫描或其他行动所提供的感知信号的精度，生成模型能直接调控大量的信息收集活动。它不仅预测了信号将如何演变（假使它确实表征了世界的真实状态），而且还预测了随着加工过程的展开，个体应积极地寻觅哪些信号，并赋予其最大的权重。正是通过改变这些权重，我们得以在多模态加工的过程中有倾向性地选择某些感觉通道，灵活地改变不同神经区域间的实时信息流，以及（在通常情况下）改变上行感知信号和下行期望间的力量均衡。这些改变产生了本章开篇部分描述的各种“特殊效果”（看见云中的面孔、听见正弦波噪声中的话语，甚至产生《白色圣诞节》的幻觉）。

在当前模型中加入对我们自身感知不确定性的评估（其以精度权值进行编码），也使我们能够以流畅和灵活的方式将看似对立的两个方面最好地整合起来：一方面是信号抑制，也是标准预测编码机制的核心特征——通过信号抑制，预期的信号元素被“解释消除”，失去了其前馈流动的因果效应；另一方面是信号增强和偏向竞争——信号中与任务相关的关键要素得到凸显，其前馈效应也被放大。预测加工架构根据精度预期，赋予前馈预测误差信号相应的权值，由此结合了以上两个方面的优势，让某些反应得以增强，同时削弱另外一些。

由此，注意、行动和知觉在彼此支持、自我驱动的循环中紧密结合在一起。精度加权的预测误差信号促使我们以既反映假设，又检验假设的方式对世界进行采样：这些假设生成了预测，而预测又产生了行动。知觉、注意和行动的密切关系构成了本书的一大核心主题，对其神经处理过程的阐释有助于我们进一步理解大脑、身体和世界间意义深远的认知缠结。

3 幻象之城

Surfing Uncertainty

84

3.1 建构的逻辑

我们的故事表明，知觉是一个既有建设性又充满预测性的过程。这种类型的知觉——其揭示了一个诸远因彼此交互作用的结构化世界——有一个重要的副产品，它（在大多数情况下）提高了生命的适应性。因为这样的感知者同时也是想象者：它们时刻准备着探索和体验自身所处的世界，不仅通过知觉和身体动作，也通过意象、梦和（在某些情况下）深思熟虑的心智模拟。

当然，这并不是说任何一个系统，只要我们直观地认为它与世界存在某种感官接触，都能做到这类事情。毫无疑问，存在许多简单的系统（如追踪光源的机器人或循迹化学梯度的细菌），它们单纯使用感知输入来选择合适的行为反应，而不会调用内部表征的模型对输入信号的形式加以预测。这样的系统不会（或者说我认为不会）产生关于高度结构化的外部世界的知觉经验，也不会产生像做梦或想象之类的精神状态。然而，如果预测加工理论是正确的，像我们这样的感知者可以使用自身存储的知识，针对感知信号跨越多个层级和不同加工类型的展开，生成一种多层虚拟类比（multilevel virtual analogue）。

85

这类系统也可能产生想象和梦境，因为它们掌握了生成模型，能够使用关于大千世界各类交互诱因的知识对感知信号进行重构。这一重构过程的调动和调节为直接的建构奠定了基础，让后者能在缺乏感知信号输入的情况下进行，并不断发展演进。这类系统还有一种与此类似的能力，某些理论家称之为“心智的时间旅行”：它们能够回忆（重建）过去，预测未来可能的状况。这一系列“建构的逻辑”让我们能够做出更好的决策，选择更合适的行动。最终，一种引人注目（且惊人熟悉）的认知形式从基于生成模型的在线知觉机制中涌现了出来。它集知觉、想象、理解和记忆于一身，会参照已有经验，将当下安置于过往因素的影响和明智的未来选择之间。

3.2 简单的“看见”

观看图 3－1 时产生的意象被称为康士维错觉（Cornsweet Illusion）。对大多数人来说，中心成对的色块色调显然不同——但正如第二张图片所示，这种印象是虚假的。之所以会产生这种错觉，是因为（回顾第 1 章和第 2 章的论述）我们的视觉经验不仅反映了当前的输入，而且受关于世界的一系列“先验”的显著影响（先验信念通常以无意识预测或期望的形式存在）。关于当前状况的先验是，客体的表面的反射特性通常相对均匀，而非朝向其边缘逐渐变化。因此，大脑的最佳猜测是，在不同光量的照射下，中心成对色块的表面具有不同的反射模式（表现为不同深度的灰色色调）。这种错觉的产生是因为图像所显示的光照条件和反射特性的组合极不典型，而大脑仍使用它所掌握的典型的光照和反射模式的组合进行推断（在这种情况下，该假设偏偏是错误的），因此认定两个色块的灰色色调必然不同。可以证明，在我们实际生活的世界里，这些特定的先验信念或神经期望是“贝叶斯最优”的——也就是说，它们代表了从周围感知证据推断世界状态的全局性最优方法（Brown & Friston, 2012）。因

86

此，我们的知觉经验是大脑通过将先验知识（包括有关当前情境的知识，见第 2 章）与传入的感知证据相结合而产生出来的。

图 3 - 1　康士维错觉设置[1]

来源：D. Purves, A. Shimpi, & R. B. Lotto (1999). An empirical explanation of the Cornsweet effect. Journal of Neuroscience, 19 (19), 8542 - 8551。

3.3 跨模态和多模态效应

这一基本原理解释了各种各样的感知现象，其涵盖范围之广令人吃惊。一个例子是在早期“单模态”感觉加工中普遍存在的跨模态和多模态的情境效应。当代神经科学针对感知觉进行的研究所取得的主要成果之一，便在于发现了诸多此类效应（如 Hupe et al., 1998; Murray et al., 2002; Smith & Muckli, 2010）。Murray 等人（2002）描绘了高层形状信息对早期视觉区域（V1）神经细胞的反应造成的影响，而 Smith 和 Muckli（2010）使用部分掩蔽的自然景观作为传入信号，在完全不受刺激（即不

---

[1] 第一幅图像（左）描绘了一个康士维错觉的典型设置。居中两个色块的中心看似具有不同的灰色色调。第二幅图像（右）显示它们的灰色色调实际上完全相同。

直接接收传入感知信号）的视觉区域发现了相似的现象。此外，Murray等人的研究（2004）表明，V1 区域的激活受下行大小错觉的影响，而 Muckli 等人（2005）和 Muckli（2010）声称他们在 V1 区域发现了与明显的运动错觉相关的活动。即使是表面上的“单模态”，早期反应也会受到来自其他模态的信息的影响（Kriegstein & Giraud, 2006），因此通常会反映各模态间多样化的关联性。值得注意的是，即使被试预期相关刺激将以一种模态（例如听觉）而非另一种模态（例如视觉）输入，他们的任务表现也会有所改善，这或许是借助提高“给定感觉通道中辅助知觉推理的上行输入的权值”（Langner et al., 2011, p. 10）实现的。

预测加工机制能十分自然地产生各类情境效应。如果所谓的视觉、触觉或听觉皮质实际上会通过一连串来自更高层级的反馈主动预测感知信号的展开方式（这些信号最初是通过视觉、触觉和听觉等感觉通道中各种专门的受体来传递的），那么，即使在“早期”的感知反应中发现广泛存在的多模态和跨模态效应（包括上述“填充”现象），我们也不至于感到吃惊了。原因在于，“早期”感知反应这一概念在某种意义上具有误导性，因为预期诱发的情境效应会在系统中下行传播，引发、催生和改变某些反应，其影响远达类似 V1 的“早期”加工区域。任何统计上有效的关联，只要在“元模态”（或至少是信息整合程度更高的）区域内得到了登记，都可循多级加工架构向上影响高层预测，后者继而经由先前被认为对应单模态信息加工的各个区域，一路下行直至接近感知系统的外围。曾经有观点认为 V1 是一个简单的、刺激驱动的、自下而上的特征检测站点，其中的神经元都具有固定的、缺乏情境灵活性的感受野，但这一观点无法解释上述情境效应。反之，同类现象完全符合预测加工模型（实际上，要解释这些现象，我们就必须接受这类模型），该模型主张 V1 区域的活动反映了下行预测和驱动信号的灵活组合和不间断协调。Lars Muckli 对这种关于“早期”感觉加工的新观点进行了反思，他写道：

> 我们可以想象，V1 首先是皮质反馈的目标区域，其次也是皮质反馈和传入信息的比较区域。登记感觉刺激对皮质而言或许只是副业，其主业……在于尽可能精确地预测上行刺激。(Muckli, 2010, p. 137)

3.4 元模态效应

视觉词形区（Visual Word Form Area，VWFA）是腹侧束中响应恰当字符串的区域：所谓恰当字符串，是指在特定语言中能够合理地构成单词的字符串。人们已经知道，大脑这一区域的反应是独立于字符表面细节的，如大小写，字体和空间位置。在一项重要的神经影像学（fMRI）研究中，Reich 等人（2011）发现了一些证据，表明 VWFA 追踪的东西其实比单词的视觉形式更为抽象：它对单词形式的追踪似乎不受信息传导模态的影响。因此，在盲文阅读过程中，先天失明的被试也会激活相同的区域。换言之，即便在这种情况下早期输入的是触觉而非视觉信息，也并不影响对 VWFA 的调用方式。这一发现支持将同类型脑区视作“元模态算子”的观点（Pascual-Leone & Hamilton, 2001)，所谓算子“是由给定计算定义的，不管该区域接收的感知输入具有何种模态，算子都将得到执行”。

Reich 等人（2011, p. 365）指出，我们能使用预测加工模型很好地解释上述发现：皮质架构的高层会追踪“隐藏的诱因”，这些诱因能够解释并因此预测由外部事件的状态作用于感官所导致的后果。Reich 等人据此推测，VWFA 中的许多活动可能反映了对词语感知后果的超模态预测。也就是说，VWFA 生成的下行预测反映了关于“词语性质”（word-hood）的超模态模型。由此，VWFA 作为元模态算子具有“针对视觉和触觉刺激做出下行预测的能力”(Reich et al. , 2011, p. 365)。

Wolpert、Miall 和 Kawato（1998）提供了另一个很好的例子，与我们的行动相关。他们注意到，即便使用不同的效应器（如使用右手或左手，甚至使用脚趾），人们的书写字体也会保留某些特征。[1] 显然，随着一连串预测在下行流动中越来越接近效应器，它们必须以不同的方式被“解压缩”。但在更高的层级上，大量运动信息的编码方式似乎跨越了不同的效应器。

总之，预测加工模型提供了一个强有力的框架，以解释各类跨模态、多模态和元模态感知效应。根据这一框架，各感官协同工作，向一组彼此关联的预测设备提供反馈，这些设备试图在多个时空尺度上追踪世界的发展状态。这提供了对多模态线索高效整合的极其自然的解释，并允许自上而下的影响渗透到感知加工的最低层级（对应信息接收的初段）。（如果这让你惴惴不安，也许是因为你怀疑太多自上而下的影响会让我们看到自己所期望看到的，而非“真实的存在”的东西——不要害怕。我们将在第 6 章中看到，这里面其实包含非常微妙的平衡机制。）

3.5 知觉到缺失

预测加工模型的另外一重优势（回顾 1.14）是提供了对各类“缺失相关反应”的强有力解释。苏联心理学家 Eugene Sokolov 很早就在对定向反射的开创性研究中注意到了这类反应在理论上的重要性，所谓定向反射是一种直接的“关注”，其通常由环境的意外改变引起。Sokolov 指出，持续暴露在某种刺激中，会导致反应程度减弱，他将这种效应称为“习惯化”。人们可能认为这是某种简单粗暴的物理效应，源于某些形式的低层级感官适应。然而，Sokolov 注意到，如果一些习惯化的刺激的强度有所降低，则可能引起“去习惯化”，并催生新的反应。[2] Sokolov 据此得出结论，既然物理信号本身的减弱能够吸引动物的注意，则神经系统必然习得并部署了一个始终匹配传入信号的“元模型”。

当一个期望中的信号并未如期而至，这种效应就会被推向极端。例如，如果我们听到一系列有规律的节拍，然后一个节拍被省略了，我们就会感知到（非常清晰地意识到）它的缺失。此外，还会产生一种熟悉的感觉，即自己“几乎正在经验”省略项的初始部分，就好像正要听见（或看见，或感觉到）什么，然而一瞬间之后，我们清楚地注意到接下来其实什么也没有。

如果我们假设知觉主体能够“自上而下”地使用生成模型，以匹配传入感知信号与恰当的期望，就能很好地解释对缺失的反应以及关于缺失的特殊现象学（这也许是唯一的解释）。Adams 等人（2013）展示了一个引人注目的例子，他们通过模拟研究再现了系统识别鸟鸣声的过程。在一系列实验中（见图 3 -2），研究者考察了一个多层预测加工网络（如前文所述）对模拟啁啾声的短序列（具有鸟鸣声典型的频率和音量）进行的响应。而后，他们重复模拟，但去除了原始信号的一部分（最后三声啁啾）。伴随第一声缺失的啁啾，网络立即以一个强烈的预测误差做出了响应。研究者指出，这种误差的强烈爆发是在完全没有任何指导性感知输入的情况下产生的，因为“此时没有可预测的感知输入，预测误差完全由自上而下的预测产生”（Adams et al. , 2013, p. 10）。此外，对网络响应模式的进一步分析表明，在第一声缺失的啁啾本应发生的时刻，系统产生了一个瞬时（虚幻）的知觉。这种知觉（对世界状态的系统性最优猜测）并不鲜明，但其就发生在本该听见缺失的啁啾声之时。换言之，网络首先模糊地“知觉到”（想象出）缺失的啁啾声，然后在明确信号缺失时立即以强误差信号作出反应。这样的结果很好地模拟了所谓的“失匹配负波”，即脑电研究中因意外刺激或刺激缺失而引发的 p300[3] 反应。以上结果在生理学上也有其合理性，因为同类研究最适合模拟浅层锥体细胞的反应，而这类细胞被认为最有可能报告预测误差。

91

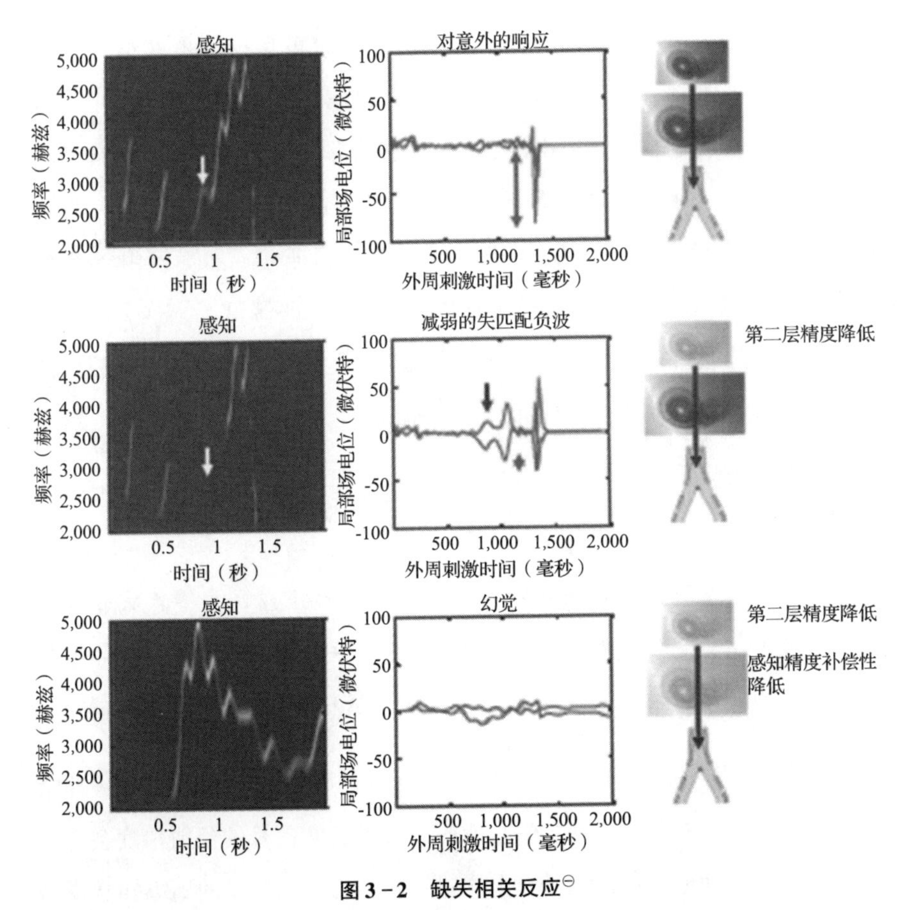

图 3-2　缺失相关反应[㊀]

来源：Adams，Stephan，et al.，2013，已获作者授权。

㊀ 左侧一列图片显示了基于后验期望的预测声波图，而右侧一列图片则显示了相关的感知层预测误差（精确加权后）。第一行图片显示了一个正常的缺失相关反应，这是由高精度的下行预测导致的：由于没有听到第一声丢失的啁啾，现实违背了这一预测。当第二层的精度权值（对数值）调低至2时（见第二行图片），该响应会减弱。这时，下行预测对上行感知证据更加敏锐，对预测误差的自上而下的解释消除作用则下降了。与此同时，本该由下行先验信念预测的第三声啁啾的缺失引发了一个感知预测误差，它在强度上与信号缺失造成的预测误差接近。第三行图片显示了当前（第一层的）感知对数精度权值补偿性地从2下调至 -2 时系统的预测和预测误差。在这种条件下，感知预测误差未能引发高层期望，系统在没有任何刺激的情况下仍在继续实施错误推理。

Adams 等人对实验条件的进一步操纵得到了更富启发性的结果（同见图 3－2）。他们调低了多层网络某一高层（第二层）的感知预测误差精度权值。正如我们在第 2 章中谈到的，其连带作用是降低了系统对自身下行预测的置信水平。在这种条件下，原本很难察觉的啁啾声（第三声啁啾）完全被系统忽略了，随之产生了一个预测误差。然而，由于系统（因第二层的精度权值被调降）对其预测的置信水平降低了，这个误差信号不如在正常情况下那么强烈。研究者指出，这一现象对应精神分裂症被试对意外刺激或刺激缺失的更低水平的神经（及行为）反应。这一解释很有意思，因为它暗示：

> 慢性精神分裂症患者减弱的失匹配或违背反应或许并不意味着他们无法检测到意外事件，而是意味着他们无法检测到非意外事件。换言之，对他们来说每一事件都是意外的。（Adams et al.，2013，p. 11）

一个系统要应对这种“泛意外”状态，其可能采用的方法就是补偿性地降低它对感知信号本身的置信水平。降低感知信号的预估精度会产生复杂的影响，我们将在后面的章节中进一步探讨。在简单的鸟鸣知觉模拟研究中，这一做法导致系统完全消除了缺失相关反应，其根据感知信号正确推断外界环境结构的努力也彻底失败了。在这种情况下，系统只能以相当粗略的方式追踪其听到的鸟鸣声，信号的结构和频率都被扭曲了。这是不可避免的，因为在这种条件下，“感知信息不具备约束或调控下行预测所需的精度”（Adams et al.，2013，p. 12）。这可能导致系统产生幻觉，这是一种类知觉状态，源于下行预测不充分的控制，以及我们对自身感知不确定性不恰当的评估。

3.6 期望和有意识的知觉

预测加工模型对研究有意识知觉的神经基础具有重要意义，我们将在第7章中详细展开。当前，对一些日常现象的回顾将有助于我们初步理解。比如说，用一台音效不佳的破收音机播放一首熟悉的歌曲，听上去显然要比用同一台收音机播放一首不熟悉的歌曲更加清晰。虽然我们也许可以在一个简单的前馈特征检测框架下将其理解为某种记忆效应，但现在视其为一种真正的知觉现象似乎同样合理。尽管清晰的听觉经验涉及使用一套更好的自上而下的预测（或用贝叶斯术语来说——一套更好的“先验”），但它们与不甚清晰的听觉经验都是以相同的方式构建起来的。也就是说（至少我会主张），熟悉的歌听起来确实更清晰，但这并不是因为记忆在后续实施了某种“填充”，并以一种回看的方式影响着我们对听觉经验的判断。相反，自上而下的影响在加工过程的早期阶段就开始了，它的效果只能描述为真实知觉经验的“增强”，这在概念上没有什么问题（至少在我看来是这样）。因此，想象这样一种生物，它的听觉器官被调谐为极适宜检测某种与生物相关的声音。再想象一下，该调谐很大程度上体现为这种生物具备了一系列强有力的先验，这样就算环境中有相当大的噪音（一种鸡尾酒会效应），它们仍能检测到信号。当然，我们可以简单地说，以上例子反映了这种生物知觉的敏锐性，但我相信，音乐爱好者之所以能从一台破收音机中听出一首熟悉的曲子，也必然是一个道理。

当我们逐渐降低输入信号的重要性，并调高上层期望的影响时，如何把握度的问题？毕竟，就算一个人想象力足够丰富又足够幸运，其虚构恰好能够预测外部世界，我们也不能说他对外部世界有真正的知觉——他是靠猜的，只是运气好蒙中了。我们不致被迫承认他拥有真正的知觉，是出于以下两点：首先，考虑一下反事实因素：假如某些外部事件的展开方式恰如你的猜测，那么一旦它们换一种方式展开，你的猜测就落空了。这足以将幸运的猜测与正常的预测加工区分开来。其次，真正的知觉主体有关注特定对象的能力，如前文所述，这是通过调高误差信号某些方面的权值实现的。也就是说，只要愿意，我们就能将注意力集中在破收音机那略显模糊的音质上，调高选定感知预测误差的权值，以揭示这台机器所发出声音的细节特点，进而得出结论——“该换台新的了”。因此，是否具有反事实鲁棒性，以及能否基于注意调整感知预测误差增益，这两点共同区别了“幸运的猜测”和预测驱动的真实知觉。

93

Melloni 等人的研究很好地证明了预测在建构有意识的知觉经验中扮演何种角色（2011）。他们指出，形成一个可报告的意识知觉所需的“起效时间”随期望而变化，换言之，期望可以加速有意识的知觉的产生。利用脑电（EEG）信号，Melloni 等人计算出，在同样条件下，对预测良好的刺激，有意识知觉的产生可以提前 100 毫秒，因此“感知过程中对刺激可见性的标记（signiture of visibility）不一定有严格的潜伏期，而是取决于个体有无期望”（Melloni et al.，2011，p. 1395）。他们认为，要对研究结果进行最理想的解释，需要诉诸某种多层预测编码架构，其中“有意识知觉是假设检验的结果，系统迭代执行这类检验，直至上下层区域的信息达成一致”（p. 1394）。

3.7 从知觉到想象

如果某种动物能够形成足以揭示世界真实状态的丰富知觉经验，那么根据预测加工理论，它们也就能够理解世界，并对其进行想象了。我们可以直截了当地得出这一论证。内部模型之所以支持想象，一个重要的原因便是它们本质上是生成性的。也就是说，高层[4]编码的知识（模型）必须支持该层级活动对低层响应模式的预测。这意味着在更大的系统情境下运作时，居于第 n+1 层的模型能够在架构的第 n 层自行生成感知数据（通常情况下，如果特定感知在第 n 层表征为这些数据，就将在第 n+1 层调用上述模型）。由于预测加工逻辑适用于所有层级，而它们都致力于预测早期加工区域的活动模式，因此任何此类系统都完全能够自行生成“虚拟”版本的感知数据。

94

在某种意义上这不足为奇。正如 Hinton（类似评论见 Mumford，1992）所指出的，“生动的视觉意象、梦境，以及在局部意象区域的理解过程中情境的消歧作用……提示我们，视觉系统可以自上而下地生成”（Hinton，2007b，p. 428）。当然这在另一层意义上也相当了不起。它意味着至少对于像我们这样的生物而言，类似于想象的功能是与感知能力共现的。所谓“像我们这样的生物”，指的是那些能够生成足以揭示世界的丰富知觉经验的生物：这些生物能对充斥着彼此交互的隐藏诱因的外部环境进行觉知。就我个人而言，这些隐藏的诱因包括暴风雨、报春花和一手好牌；对我的两只猫（Bruno 和 Borat）来说，它们似乎包括[5]猫粮、老鼠和飞蛾。我相信，Bruno、Borat 以及我自己都部署了一系列生成模型，以捕捉跨空时间尺度的感知输入规律。显然，一个只会朝向光源运动的简单的机器人不需要，或许也不应该指望依靠一个类似的多层生成模型。相反，当系统必须应对含噪、模糊且不确定的不同领域中具有复杂结构的隐藏诱因时，它们对生成模型的需要才最为急切。

更细致地说，我希望捍卫以下观点：如果某种动物[6]能够以典型的预测驱动学习感知充斥着交互诱因的复杂外部世界，它就能生成某种内源性的类知觉状态。毫不牵强地说：在我们用于理解结构化的（对有机体意义重大的）外部世界的“认知安装包”中，也能找到梦、想象和心理意象。并不是说满足上述条件的动物都能凭借其意志进行这样的想象：事实上，对绝大多数生物来说，故意想象（我怀疑这可能需要借助语言进行自我暗示）似乎是不可能的。但是，那些能够知觉到结构化世界的生物拥有足以自上而下地生成同一感知状态的神经资源。可见，在基于预测加工架构的在线知觉，以及内源性的类知觉状态之间，存在着一种极为深刻的对偶性。

3.8 对想象与知觉的“读脑术”

Reddy 等人（2010）在一项研究中使用功能性核磁共振技术，发现了

95

这种对偶性的强大证据。研究的起点是一组众所周知的事实，即心理意象和在线视知觉激活了许多相同的早期加工区域（如 Kosslyn et al.，1995；Ganis et al.，2004）。很多研究都证实了这一现象，并将相关区域外延至枕外侧皮质（Lateral Occipital Cortex，LOC）等范围。枕外侧皮质属于纹外区，较之简单的纹理或杂乱的物体，它对特定形状和对象（含字母形状的刺激，如“X”和“O”）会产生更为强烈的响应。Stokes 等人（2009）指出，当被试觉知或想象字母“X”和“O”时，都能在枕外侧皮质观察到活跃的神经反应。

类似结果直观地支持知觉和想象间存在深层计算对偶性这一观点，但它们也与许多较弱的解释相容，包括不由分说地设定区位的重叠（在线感知、离线想象和回忆涉及多个共同的脑区的响应），但这些解释尚未如预测加工类模型般确立更深层次的功能重叠。

Reddy 等人的研究基于近年来在所谓“读脑术”方面取得的进展，致力于直接解决上述问题。在关于“读脑术”的研究中（如 Haxby et al.，2001；Kamitani & Tong，2005；Norman et al.，2006），刺激诱发了特定的神经活动，而研究人员则试图从相关 fMRI 数据（反映血液动力学响应的 BOLD 信号）中重建上述刺激的某些特性。这意味着描绘多体素的[7]响应模式（侧写）并使用它们来推断（解码）其所由产生的刺激的特征。

实验者在研究中所处的位置大致对应于日常感知任务中大脑所处的

位置。凭借强大的数学和统计学工具，他们的任务是使用且仅使用神经激活模式[8]推断导致该响应的刺激的特征，通常包括：识别刺激（通常为图片形式）的类型（如：它是一张脸、一个水果，还是一件工具?）、从预定义图片集中选出诱发特定反应类型的刺激，以及（作为最新，也是最令人印象深刻的进展）尽可能完善地重建实际呈现给被试的图片刺激。关于第一类任务，我们将很快举例说明；关于第二类任务（基于 fMRI 的图像选择），Kay 等人（2008）很好地展示了研究者能够基于实时扫描（从 120 幅图片中）推断被试正在知觉的新异自然图像；关于典型的第三类任务（积极重建），请见 Miyawaki 等人（2008）的研究。

有趣的是，用于执行第三类任务（图像重建任务）的工具和方法越来越倾向于重现生物大脑自身使用的各项策略。因此，贝叶斯方法的前景很受看好，因为它能将受测响应中的信息与涉及自然图像结构甚至语义内容的先验信息结合起来（相关案例见 Naselaris et al.，2009）。就像在预测加工过程中一样，先验信息的使用对图像重建的质量产生了很大的正面影响。van Gerven 等人（2010）更进一步，基于与第 1 章（深层信念网络，见 Hinton et al.，2006）展示的数字识别案例中使用的系统相似的架构，使用 fMRI 数据重建了被试知觉到的灰色手写数字。研究者总结称（p. 3139），“多层生成模型可用于神经解码，并为我们审视大脑提供了一个新的窗口”。

96

然而，Reddy 等人的实验并不涉及图像选择或重建。它致力于解决图像分类这一更简单的问题。第一个目标（沿袭现有研究）是使用模式分类技术解码有关已查看图像的类别信息，确定扫描时被试觉知的图像是工具、食物、人脸还是建筑。第二个目标是使用相同的技术，确定扫描时被试在想象工具、食物、人脸还是建筑物。实现上述目标后，第三个，也是最后一个目标，是比较“同一”对象被实际知觉与其被想象时对应的体素水平的“编码”。在解码任务中，实验者使用了一种广为人知的方法（线性支持向量机）来学习体素模式和四个范畴（食物、工具、人脸和建筑）间的映射。这一工作既针对感知对象，也针对想象对象进行。相应的记录取自早期视觉区（V1、V2）和更高层级（FFA、PPA 和一些分布式记录）。

研究证明，两种形式（对所见和所想）的解码都是可能的，尽管（我们将很快回到这一点）只有前一种形式可用于还原局部视网膜映射区域的最早期响应。相比之下，对颞腹侧皮质区域的响应，在两种情况下（对应实际观察和心理意象）的解码都是可行的。Reddy 等人随后讨论了第三类任务（对我们来说，也是最有趣的任务）：对应心理意象的神经状态和对应实际知觉的神经状态之间存在什么关系（假设真的存在某种关系）？这个问题直接关系到我们先前关于知觉和想象深层对偶性的猜测。

为了回答这个问题，Reddy 等人使用了一种巧妙的方法。他们使用在“实际观察”条件下训练的知觉分类器对“心理意象”条件下的神经活动模式进行解码，反之亦然（使用在“心理意象”条件下训练的知觉分类器对“实际观察”条件下的神经活动模式进行解码）。值得注意的是，两种情况下，知觉分类器都对另一种条件下的活动模式进行了很好的归类。换言之，可以使用“意象解码器”对当前查看的项目进行分类，也可以使用“知觉解码器”对仅存在于想象中的项目进行分类。这表明，两项任务在共享大略神经资源以外，也共享这些资源的细粒度使用方式。更具体地说，它显示（颞腹侧皮质）用于编码对应项目的细粒度[9]多体素激活模式在知觉和想象条件下存在大量重叠。进一步分析表明，两种条件（心理意象和在线知觉）下不同体素所扮演的角色（它们对特定范畴的成功分类的加权贡献）彼此相似，并且关键的“诊断体素”高度重合（P. 6）。研究者据此得出结论：

97

模式分类技术的使用……表明：在会对特定对象做出响应的颞腹侧皮质区域，实际观察和心理意象在细粒度多体素激活模式方面共享同样

的表征，（因此证实了）知觉和想象各类自然对象时细粒度表征的高度雷同。（Reddy et al.，2010，p. 7）

上述结果有力地支持了预测加工理论的核心思想，即知觉在很大程度上取决于自上而下的生成能力。

尽管如此，知觉和纯粹自上而下的加工过程（如心理意象，或许也包括梦境）之间，无论在经验上还是在功能上显然都存在许多差异。在这个方面，Reddy 等人的另一项发现（前文曾简要提及）无疑是极具启发性的：尽管在颞腹侧皮质区发现了知觉和意象的编码重叠，但研究者虽说能在实际观察条件下解码早期（V1 和 V2 区域）视网膜局部映射集群的激活模式，却无法在心理意象条件下做到同样的事。换言之，只有在实际观察条件下，这些早期区域的响应才是“fMRI 可读”的，因为只有在被试实际知觉，而非想象图像刺激时，研究者才能破译出这些区域的响应对应于四个刺激范畴中的哪一个。Reddy 等人自己也指出，这一发现可能与以下事实相关联，即相比在线知觉，心理意象总体而言欠缺生动性，且含有较少的细节（更不真实）。对 V1 等区域参与建构心理意象的能力，一系列研究得出了表面上彼此冲突的结论（如 Cui et al.，2007；Wheeler et al.，2000），对此可能的解释是，自上而下地驱动 V1 区域的响应是可能的，但这只会发生在任务本身需要对细节实施确切想象之时。 98

或许典型的意象建构（不同于各种形式的幻觉）只涉及调用较高层级的生成模型？预测加工模型本就含有某些机制以实现上述效应，只需借助误差的精度加权（见第 2 章）即可。为加工过程早期（高时空分辨率）阶段的预测误差分配一个较低的精度，系统就不会努力使低层状态与下行预测相一致。在这种条件下，系统似乎可以产生一个稳定的知觉，只是会忽略较低层级的细节，仅在任务需要时才引入它们（通过调增相关精度权值）。

在线知觉或许也有某些特殊性。比如说，当我们对墙纸或树皮复杂的纹理细节加以关注时，我们可以在非常高的细节（极细粒度）水平上处理在线知觉的预测误差。[10]而惯常的心理意象根本不具备如此稳定而丰富的细节。[11]

而某些看似不那么灵活的低层响应却比想象中更容易受意象影响。Laeng 和 Sulutvedt 报告了一个出人意料的发现：想象行为甚至能够控制瞳孔的扩张和收缩。在这项研究中，他们要求被试观看不同亮度的三角形图像。被试的瞳孔会以通常的方式做出反应：当图像变暗时，瞳孔会扩张；当图像变亮时，瞳孔会收缩。随后，要求被试想象同样的三角形图像，他们观测到了同样的瞳孔扩张和收缩反应。这一发现是惊人的，因为大多数被试无法以任何形式有意识地控制瞳孔的扩张和收缩。研究者因此认为："瞳孔会因想象中的光亮进行调整，这提供了强有力的依据，支持心理意象的神经对应物类似于知觉过程中的大脑状态。"（P. 188）研究者设想，这种反应可能有助于让双眼为预期的光照水平（或许因亮度太高而对视力具有破坏性；又或许因亮度太低而不足以使其发现环境中的危险）做好准备。

3.9 梦工厂

知觉和意象间的紧密联系也让我们联想起梦境。最为明显的是，做梦类似于产生心理意象，涉及自上而下地（基于生成模型）激活许多与日常知觉相同的状态。然而，对待上述主张需要十分谨慎。神经系统在缺乏"假设检验行动"和持续外部输入的情况下运行时产生的经验和日常感知时非常不同：它们在细节上绝不如后者那样稳定且丰富。

99

如果没有传入感知刺激，就不会有关于低层感知细节的稳定而持续的信息（其表现为可靠的、高精度权值的预测误差），无法据此调控系统的运行，系统也就缺乏为低层加工创造或维系稳定假设的动力。相比之下，系统在清醒时会根据精度期望，以有利于维持稳定经验的方式，从绵延持续的外部情境中不断取样，帮助创造（见第2章）独特的、自我维系的感知。一旦缺乏稳定的感知输入，系统就将大幅降低对低层状态的精度评估。由于精度加权机制包含对加工级联中某些部分的凸显，某些低层状态精度权值的降低意味着其他（较高层）状态预期精度的相对提升，其整体效果是内部预测的展开与对感官状态的检验实现了暂时性的隔离，也就是“内部大脑动力学与感觉中枢的隔离”（Hobson & Friston, 2012, p. 87）。

睡眠中，上述过程伴随着大脑化学状态的某些戏剧性的改变。人脑有三种主要状态：清醒状态、快速眼动（Rapid Eye Movement, REM）睡眠和非快速眼动睡眠。每种状态都有明确的生理、药理和经验关联特征。清醒时，我们可以在多种状态间来回切换，包括闭上双眼陷入沉思，或睁开眼睛与外界环境警醒地互动。快速眼动睡眠时，我们会做梦。这些梦（至少在后续报告中）往往是生动的，但它们的逻辑相对薄弱。以下是一份典型的报告：

> 我参加了一个会议，期间有自助餐，但是食物和排队的人一直在变。双腿有些不听使唤，而且我发现端着托盘很吃力。然后我意识到原因了：我的身体在腐烂，有液体从里面渗出。我想没准太阳下山前我就完全烂光了，但我又想，如果有那份力气的话，我还是应该再来点儿咖啡。（摘自 Blackmore, 2004, p. 34）

另一个对梦的描述来自演员 Helena Bonham-Carter，当时她与知名导演 Tim Burton 的爱情结晶即将呱呱坠地：“我梦见我生下了一只冻鸡，而且在梦中，我为这事儿感到非常高兴。”（摘自 Hirschberg, 2003）而在非快速眼动睡眠阶段，如果我们做梦的话，梦境（同样在后续报告中）往

100

往与平淡的想法或模糊的记忆更为接近。所有这些状态（清醒、快速眼动睡眠、非快速眼动睡眠）都与特定的神经化学活动模式相关。Hobson 的 AIM 模型（Hobson，2001）是一个有用的工具，可用于表现上述模式。AIM 模型将不同状态呈现为某个三维空间中的点，其坐标轴分别为：

---

1. 激活能量
2. 输入源
3. 调制

正常清醒状态的特征是高水平的激活（以脑电指标衡量，对应相当强烈的经验）、外部输入源（大脑接收和处理来自现实世界的丰富的感知信号流，而非在接收端关闭后循环加工其自身活动），以及一种独特的工作状态。这里的“调制”指大脑中各类化学物质，特别是胺和胆碱的平衡。胺是一种神经递质，如去甲肾上腺素和血清素，它们的作用对我们维持正常的清醒意识（如指导注意、实施推理并决定行动的过程）是不可或缺的。胺一旦断供，其他神经递质（胆碱，如乙酰胆碱）将占据主导地位，我们就会经验到妄想和幻觉（如果我们清醒着）以及生动、无批判的梦（假如我们睡着了）。以这种方式，胺与胆碱的平衡在决定如何加工和处理信号及信息（无论它们是外部生成的还是内部生成的）方面发挥着主导作用。在快速眼动睡眠中，胺能系统失活，胆碱能亢进。这导致认知状态的大幅改变。只有某些极端严重的精神疾病或为医疗/娱乐目的而过度使用某些药物，才能在非睡眠人群中诱发这种状态。[12]

这并不是说人类心智的最佳状态对应着胺能系统近乎完全意义上的支配。（绝非如此！）事实上，清醒状态下人类智能的力量、微妙和美丽似乎紧密关联于两个系统变化万千的平衡状态的精确细节。在正常清醒状态下，大脑的工作状态（定义为两个系统活动的比率）倾向于由胺能系统主导，而在快速动眼睡眠中则以乙酰胆碱为主，经验因此越来越游离，不由感知输入锚定且不受意志控制。

101

从预测加工的角度来看，神经调质间平衡状态的变化，其作用在于（或借由改变精度权值，见第2章）控制预测误差的内部流动。至少在大致的轮廓上，这能很好地解释个体清醒时和梦境中主观经验的不同特点。因此：

> 当我们躺在床上，闭上双眼，感知预测误差单元的突触后增益降低（通过降低胺能调节水平），而较高层皮质区域的误差单元精度相应提高（由更高的胆碱能神经递质水平介导）……因此在随后的睡眠状态中，内部预测就与感官的约束作用隔离开了。（Hobson & Friston, 2012, p. 92）

Fletcher 和 Frith 同样认为：

> 或许做梦源于多层加工体系的混乱……在这种情况下，感知激活不再受下行先验信息的约束，而弱化后的上行预测误差信号也不再质疑高层的推理。（Fletcher & Frith, 2009, p. 52）

Hobson 和 Friston（2009, 4. 2. 1）进一步推测，睡眠状态为大脑提供了一个实施“突触后修剪”的机会——所谓“突触后修剪”，指的是去除冗余或低权值的连接，以降低生成模型的复杂性。这种猜测背后的观点是（我们将在第8章和第9章展开说明），在清醒和警觉状态下降低预测误差尽管有利于系统捕捉感知信号的模式，但有时也会导致模型过分复杂，即太倾向于将输入判读为信号而非噪音。这样一来，它们可能“过度拟合”特定输入，（因此）无法对新情境进行概括。

幸运的是，由于前文所述平衡状态的改变，睡眠提供了一个补偿的机会。在睡梦中，大脑的生成模型与进一步的感知测试隔离开来，但通过简化结构、提高效率，仍能进一步改进。这是因为大脑致力于最小化的量实际上是预测误差与模型复杂度之和（见第 9 章）。睡眠时，系统不会产生高精度预测误差，平衡会朝向降低模型复杂度的方向移动。因此，睡眠允许大脑实施突触修剪，以提高生成模型所含知识的效力（使其更为强大、更具概括性。见 Tononi & Cirelli，2006；Gilestro，Tononi，& Cirelli，2009；Friston & Penny，2011）。[13]或许正因如此，良好的睡眠和理想的“认知内务管理”间才会形成直觉上的联系，那些觉得每晚七小时根本睡不够的家伙也不用为此心生愧疚了！如果 Hobson 和 Friston 的观点是正确的，那么“时不时让大脑‘下线’，以修剪清醒时建立的丰富连接或许是我们为获得复杂认知系统所必须付出的代价，唯有如此，我们才能从感知信息的样本中提炼复杂而微妙的联系”（Hobson & Friston，2012，p. 95）。

3.10 PIMMS 与过往经历

故事到目前为止主要讲述关于如何使用知识储备预测某种“滚动的现实”。显然，此类预测过程在很大程度上依赖于过往经验。但这种依赖（尚）不包含对过往经验的真实重建。事实上，上述过往经验不会以认知主体能够意识到的形式存在，而是表现为变更的概率密度分布，其用于对传入感知信号流进行匹配和组织。然而，另一种使用过往经验的诀窍对像我们这样的生物极有助益，那便是：我们能够（不时）回顾与手头任务相关联的特定具体事件。关键在于，此类“事件记忆”涉及特定事项与其时空情境间的习得性关联。基于特定情境预测事项，及基于特定事项预测情境，这类操作涉及的约束和机会提供了可用的工具，让我们能基于预测重建情景记忆。

因此，我们可以考虑 Henson 和 Gagnepain（2010）近期关于多重记忆系统的预测加工解释。Henson 和 Gagnepain 致力于对人们称之为“回想”（recollection）和“熟悉”（familiarity）的记忆系统进行对比。我们以测试项刺激被试，若被试忆起过往接触同类刺激的情境，就可以说他“回想”起了上述事实。被试可能会报告最初接触同类刺激时的场合、感觉通道或其他周遭细节。相比之下，若被试无法再造这些细节，但仍然意识到之前曾接触过同类刺激，就可以说他对上述事实感到“熟悉”。因此，“回想”和“熟悉”都与语义记忆有所不同（尽管它们有时确实缠结不清），后者仅表现为知道特定对象是什么（例如，“它是一只熨斗”）。有研究者认为，“回想”和“熟悉”取决于不同神经子系统的作用，其中海马体对前者有特殊的影响，而（内侧颞叶的）嗅周皮质则对后者发挥关键作用（见 Diana et al.，2007，与此不同的见解可参阅 Johnson et al.，2009）。

103

然而，Henson 和 Gagnepain 的核心关注并非不同记忆系统的角色本身，而是区域间交互作用的模式。他们主张，区域间不同的互动模式（即有效连接/功能耦合的不同模式[14]）有助于解释与“回想”和“熟悉”相关联的各类行为或神经影像侧写。有鉴于此，他们构建了 PIMMS，即“预测交互多重记忆系统”（Predictive Interactive Multiple-Memory System），并致力于维护这一模型。模型预设了三个“记忆系统”，由专门化的表征内容区分，其（根据 Tulving & Gazzaniga，1995）分别称为“情景记忆”（现象上与“回想”有关，生理上与海马体有关）、“语义记忆”（现象上与“熟悉”有关，生理上与嗅周皮质有关）和“知觉记忆”（与枕颞叶皮质的特殊感觉通道，如视觉腹侧通路有关）。PIMMS 模型关键的创新之处在于，根据这一模型，在编码和提取的过程中，持续的反馈将上述三个系统联系起来，且不同区域间复杂的交互模式较好地解释了各类行为和生理指标的差别。

根据 PIMMS，“回想”与“熟悉”的不同效应可用信息在预测加工架构中不同的流动模式来解释。用我们熟悉的方法加以描述就是：在这一预测加工架构中，“来自一个系统的反馈被用于预测架构中层级较低的各个系统的活动”（Henson & Gagnepain，2010，p. 1319）。居于这一架构顶层的是海马体，其下为嗅周皮质，颞枕叶皮质则处于最低层级水平。我们知道，双向预测架构中的不同层级专司进行不同类型的预测，捕捉不同时空尺度的规律。PIMMS 模型将海马体描述为架构的顶层，致力于“优化刺激项（在嗅周皮质表征）和情境（可能在多个区域表征，具体取决于情境类型）间的相互预测性”（p. 1321）。这种优化十分关键，因为它赋予我们根据情境预测刺激项，及根据刺激项预测情境的能力。因此，新异情境中的熟悉对象将引发大量预测误差，因为新异情境和熟悉对象彼此的可预测性非常之低。研究者推测，海马体生成的预测误差将驱动情景化编码，表现为变更连接海马体和特定区域（如嗅周皮质）的神经元集群的突触权值。在一个充分训练的架构中，反向连接有助于根据情境预测特定事件，而前馈误差信号流则同时驱动编码和提取过程。

104

如果上述逻辑是正确的，则情景记忆和语义记忆系统就由一个彼此预测的网络联系在一起。在这一网络中，由海马体编码的情境特定性信息致力于预测嗅周皮质的刺激项表征及颞枕叶皮质表征的刺激项的更多知觉特性。预测误差在模式和分辨率方面的差异对应“熟悉”和“回想”的各种现象经验，当呈现给被试的刺激项在专司项目识别的区域诱发的预测误差水平较低（因此“加工流畅度”较高，见 Jacoby & Dallas，1981），同时（这很重要，尽管 PIMMS 并没有明确指出这一点）这种高流畅度被某些（统计上的二阶）评估判定为“意外”之时，“熟悉”感就产生了。[15]相比之下，“回想”则发生在刺激项与特定情境间存在高相互预测性之时。如果海马体的主要功能如前文所述，系优化刺激项和情境间的相互预测性，一系列 fMRI 研究所搜集的数据也就能说得通了（细节见 Henson & Gagnepain，2010，pp. 1320 – 1322）。

PIMMS 模型并不完整，而且是推测性的。[16]我之所以要提到这个模型，只是为了说明某些更具一般性的理念和原则。最为重要的是，PIMMS 的观点暗示：不同的神经系统具有不同的功能（如不同类型的记忆）这一貌似合理的假设可能具有微妙的误导性。我们的大脑并非不同子系统的混杂，而是由统计上高度敏感的相互作用构成的网络，其综合了情境与内容，且能够实现特化与整合间的平衡。网络内部的实时工况取决于如何创建和维护特定于任务的有效连接模式（如上例中语义记忆、知觉记忆和情景记忆子系统间的连接，见图 3－3）。这些模式本身或许便源于对（任务相关的）不同预测误差的精度评估。对精度加权的预测误差的计算和使用以这种方式构成了神经系统发挥特定功能的基本原则，其不仅驱动和调节知觉和识别，而且对神经系统（有时也包括神经系统以外，见第 3 部分）所有资源的集合进行选择和编配。[17]

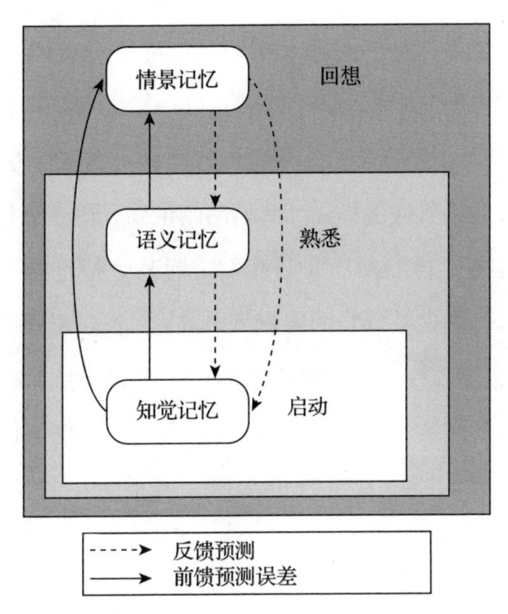

图 3－3　记忆的 PIMMS 模型㊀

来源：Henson & Gagnepain，2010。

㊀ 编码、存储和提取是平行且彼此交互的。多重记忆系统间的交互实现了“回想”与“熟悉”。

3.11 开启心智的时间之旅

心智的时间之旅（Suddendorf & Corballis，1997，2007）指认知主体回忆过往或想象未来事件时产生的经验。Suddendorf 和 Corballis 认为，开启心智的时间之旅，需要依赖一种更具通用性的能力，即使用 Hassabis 和 Maguire（2009，p. 1263）所描述的“大脑建构系统”对经验进行想象。这一看法很有吸引力，并且与认知神经科学两个日渐融合的主题高度吻合。其一是当前将记忆视作一个重建的过程，在这个过程中，当前的目标和情境以及回忆的过往片段都对记忆实际重建了什么贡献良多。其二是丰富的脑成像数据显示用于回忆过往和想象未来的神经机制间存在大量（尽管绝非完全意义上的）重叠（见 Okuda et al.，2003；Szpunar et al.，2007；Szpunar，2010；Addis et al.，2007）。Ingvar（1985）很好地描述了这种重叠，他探讨了“回忆未来”的机制，强调与情景记忆有关的神经结构在想象未来可能场景时的作用。我们刚刚谈到，情景记忆在某种意义上涉及对过往事件的“再经验”（当我们记起某个特定的——也许是痛苦的——经验时，比如说被邻居的狗咬了一口）。它通常与“语义记忆”形成对比（Tulving，1983），后者涉及概念、特征和属性（狗通常有四条腿、会汪汪叫，它们的种类和外观多种多样）。语义记忆也植根于我们的过往经验，它形塑了我们当下对世界的理解，但不会让我们在精神上穿越时空。

心智朝向过去和未来的时间之旅可能共享某些神经基质，这一点得到了与记忆障碍相关的研究的进一步支持。某些形式的健忘症常常伴随前瞻性思维的损伤。Hassabis 等人（2007）指出，五分之四的海马失忆症患者想象新异事件的能力受到影响：在研究者要求他们建构新的日常生活场景时，他们的想象更缺少细节，有限的细节也很难组织起连贯的空间结构。Schacter 等人（2007）的研究成果显示，回忆能力随年龄增长逐渐恶化的特定模式（表现为事件特定细节的日渐稀疏，见 Addis et al.，2008）与前瞻性思维随年龄增长的变动模式保持一致。他们主张，这些证据支持“建构性情景模拟假设”，该假设包含一个共享的神经系统，其支持“将过往事件的细节灵活重组为新的场景”。Schacter 等人认为，真正具有自适应价值的正是这种面向未来的系统，而非情景记忆本身。他们总结说，大脑“基本可以描述为一个前瞻性的器官，其设计目的是利用过去和现在的信息生成关于未来的预测”（Schacter et al.，2007，p. 660）。这可能是情景记忆之所以脆弱、零碎且经常重建的深层原因，因为“一个只会以死记硬背的方式存储和记录的记忆系统不适于模拟未来事件”（Schacter & Addis，2007a，p. 27；同见 Schacter & Addis，2007b）。

像 Suddendorf 和 Corballis 一样，Schacter 和 Addis 也对情景记忆和某种“个人化、情景化”的前瞻性思维间的关联深感好奇：这种前瞻性思维让我们通过模拟可能的经历，在心智上将自己投射至未来。在我看来，正如预测加工模型所主张的那样，上述关联有力地证明了知觉、回忆和想象在某种基本信息加工机制方面存在一致性。我始终主张，这种一致性直接源于以预测和生成模型为基础的知觉的基本架构，该基本架构可能为（各类）回忆和想象的概念化提供更具通用性的框架。

更为笼统地说，我们似乎正在讨论这样一种观点：记忆紧密关联于神经预测及（源于神经预测的）想象等建构过程。Charles Fernyhough 就此总结得十分到位：

如果说记忆很容易出错，而且很容易犯“建设性”的错，那或许是

> 因为它至少像朝向过去一样朝向未来……自传体记忆和前瞻性思维都涉及类似的神经系统，且二都依赖某种形式的想象。(Fernyhough, 2012, p. 20)

3.12 认知安装包

预测加工模型提出了极具吸引力的“认知安装包”假设，根据这一假设，知觉、理解、梦境、记忆和想象可视为同一基本加工策略的多种表现形式，该策略即实现感知输入与下行预测间的匹配。使用下行连接自行生成类知觉状态的能力居于“安装包”的核心，这种下行“知觉”机制在预测不受感知驱动信号裹挟时可以很好地解释意象和梦境，且随着我们不断搜集用于重建过往与构造未来的线索和情境，其还能为“心智的时间之旅”奠定基础。这也为我们更为深思熟虑的推理活动铺平了道路，我们将很快谈到这一点。

在我们许多主要的心智功能间存在令人吃惊的密切联系。当过往经验成功地匹配相关预测和感知输入时，(丰富的、揭示世界本来面目的) 知觉就产生了。知觉背后的预测往往是薄弱的，只涉及单一维度，但预测也可能具有考究的结构，并因此能够在多时空尺度上把握不同模态的规律。在最为复杂的情况下，我们可以使用这些预测重建 (或想象性地构造) 各种彼此交织的时空情境。这样一来，较为局限的知觉就逐渐转化为更加丰富的理解形式，并可支持新的能动作用和决策活动了。可见，预测加工模型反对将知觉与其他形式的认知活动对立起来，相反，它认为上下行影响因素会以各种方式彼此结合，且内部模型做出的预测可以具有不同的时空尺度。[18]被赋予这种能力的有机体能够系统地理解世界，这种理解的关键并非准语言“概念”的符号化编码，而是用于预测传入感知信号的、彼此缠结的多尺度概率期望。

然而，我们所勾勒的预测加工理论仍然很不完整。(有待实施的）关键任务在于准确定位下行预测的神经引擎：其嵌套在活动的有机体这一宏观组织形式中，并与该有机体所处的物质性的、社会性的、技术性的世界的多变结构紧密交织在一起。

第2部分

具身的预测

Surfing
Uncertainty

—

预测算法

具身智能
如何应对不确定性

—

4 预测—行动机器

Surfing
Uncertainty

试着想象自己在弯曲小拇指，同时保持其伸展姿态。很快，它就会随着想象中的姿态变化而轻微地颤动。然而，由于你心中始终记着不要真的弯曲指头，它不会有明显的动作。现在抛开这个想法，纯粹而直接地想象自己在弯曲那根指头，松开所有刹车……嘿！它不费任何工夫就弯曲了过来。

——William James[1]

4.1 预热

为驾驭一波又一波的感知刺激，光靠预测当下是不够的。相反，我们生来就与世界缠结在一起，过往事件极大地左右着我们的行为方式，而我们的行为又积极地创造着我们热切渴盼的未来。一具猜谜引擎（一台多层预测机器）如何实现自己的预测？我们将要探索的方案是：通过预测其自身的运动轨迹。当自身肢体和躯干尚未实现的运动轨迹成为了预测的对象，我们的关注点就从滚动的现实投向了不远的将来。预测加工模型主张，就行为解释而言，特定运动轨迹可能导致的感知后果（特别是本体觉后果）具有决定性的影响，对这些（非真实）感知后果的预测会以我们将要探讨的各种方式促进它们转化为现实。

这样的预测实际上是一种自证预言。如果你恰好精于冲浪，就会知道移动身体，让冲浪板在浪尖“甜点”处摇摆是怎样一种感觉。冲浪时保持对这种感觉的“期望”有助于将冲浪板控制在理想的位置和姿态，从而让你真的产生这种感觉。对现实世界的专业预测（本例中的现实世界就是不断变化的浪尖）与对该情境下感知信号流的专业预测相结合，精确刻画了主体所需展现的行动，并让主体实际表现出这些行动。这是一个极其巧妙的策略。结合当前强大但仍相对简单的运动控制计算模型，我们将在接下来的几章中展开分析其丰富内涵，包括对经验、能动性，以及精神分裂症和自闭症患者的一系列非正常或非典型状态进行解释。

112

对行动和能动性的这类解释带来了出乎意料的结果：那些原本看似彼此竞争的、关于心智和行为的不同解释模板，如今成了一个整体认知策略彼此互补的各个方面。以这种方式重新审视一些熟悉的主题就会发现：从一个包含级联推理、内部生成模型和对自身不确定性的持续评估的预测加工（PP）框架之中，我们能够十分自然地引出一些计算上相对朴素的解决方案，它们强调具身、行动和对身体/环境机遇的充分利用。通常认为[2]这些对人类（及动物）心智的解释是强烈对立的，而当前视角有助于认清它们之间的关联，并抽象出一套极具适应性的整体策略。

4.2 关于胳肢

我们为什么没办法自己胳肢自己？这个著名的问题是由 Blakemore、Wolpert 和 Frith（1998）提出的。[3]他们的回答借鉴了与感知运动学习和控制有关的大量过往研究，[4]使用了本书第 1 部分解释知觉时曾经（以不那么严格的方式）提及的两大基本要素。

第一个基本要素是生成模型的理念（我们现在已经很熟悉了）。在对“胳肢现象”的解释中，生成模型被描述为“运动系统的正向模型”，用于预测由自身产生的动作所导致的感知方面的结果。第二个基本要素是某种“预测编码”假设，根据这一假设，预测良好的感知输入对系统的影响会被弱化或消除。在“胳肢自己”这个特殊的案例中，两大要素的结合产生了一个简单但颇具说服力的解释——“内部运动系统正向模型生成的预测会导致自发动作产生的触觉刺激主观强度的减弱”（Blakemore, Wolpert, & Frith, 2000, p. R11）。

113

Blackmore 等人主张，任何一个想要胳肢自己的人都拥有一个关于其自身的运动指令可能导致何种感知后果的“正向模型”。当他胳肢自己的时候，正向模型会被用于加工相应运动指令的一个副本（即所谓“输出副本”，见 Von Holst, 1954）。此时，该模型会捕捉（或“模拟”，见 Grush, 2004）动作系统（motor plant）的相关生物动力学特征，迅速预测来自感官外围（sensory peripheries）的可能反馈。之所以能做到这些，是因为在动作指令和对感知后果的预测间存在某种关联，而正向模型编码的正是这种关联。正向模型使用输出副本追踪运动指令，并产生对感知后果的预测（有时这被称为“伴随放电”）。在真实的感知输入和预测的感知输入间会形成对比，这种对比为区分自身发起的运动（对其感知后果的预测具有非常高的精度）和外界因素及力量所导致的感知提供了有用的信息。此外，这种对比还有助于神经系统抑制，甚至取消那些可归因于我们自身发起的运动的感知反馈，一个典型的例子是，虽然头部和眼睛的运动导致感知输入持续不断地大幅波动，但我们实际知觉到的视野仍然相当稳定（对这一现象的经典讨论见 Sperry, 1950）。[5]如果（正如直观所揭示的那样）被胳肢时感到痒痒需要此事在某种程度上出乎意料之外（并非指被胳肢这件事得出乎意料之外，而是说我们应该无法预测自己被胳肢时刺激的具体细节），上述逻辑就为我们提供了关于胳肢自己为何通常无效的有力解释。

这一解释主张：胳肢自己与给自己讲笑话效果相仿——笑话本身可能很有趣，但任何妙语都不具备足够的“意外性”。我们装备了足够精确的模型，能够实现自身运动指令到感官（身体）反馈的持续映射，但正因如此，我们失去了以足够意外的方式实施自我刺激的能力，自身对持续刺激的感知反应也受到了抑制。

这类抑制现象的分布十分广泛。比如说，一些鱼类会在周遭制造电场，感知电场的扰动以定位猎物（Sawtell et al.，2005；Bell et al.，2008）。为此，它们必须忽略由自身的运动造成的更大的扰动。解决方案似乎仍然涉及正向预测模型，以及某种形式的伴随感知抑制。

一些研究援引类似配对机制（基于正向模型的预测，和对随之而来的预测良好的感知的抑制）解释令人不安的“武力升级”现象（Shergill，Bays，Frith，& Wolpert，2003）。“武力升级”常常导致运动场上的严重斗殴，双方身体接触的强度次第上升，表现为一种阶梯效应：每个人都相信对方击打自己的力度更大，必须以眼还眼以牙还牙。Shergill 等人的实验显示，在这种情况下，每个人的确如实报告了自身的感受，但这种感受被自我预测的伴随抑制效应扭曲了。也就是说，“即使自己击打对方的力量和对方击打自己的力量实际上一样大，人们也会产生前者小于后者的知觉”（Shergill et al.，2003，p. 187）。实验中，研究者使用外部设备对被试的（左手食指）指尖施加一个力，而后，被试要用右手食指（通过一个精确的力量传感器）按压左手食指，研究者要求被试施加的力度必须与先前外部设备施加的力度相匹配。实验结果表明，被试一再高估了外部设备施加的力度（这篇论文因此有了一个抓人眼球的标题——《两报还一报》），而且这种高估的幅度相当惊人：“尽管对外围感受器的实际刺激水平是一模一样的，但当刺激由被试自身施加时，对其强度的知觉就会降低

114

近一半。”（Shergill et al.，2003，p. 187）我们很容易想象当两个主体（以他们认为彼此对等的方式）针锋相对地相互击打，或进行其他类型的物理交互时，对自身施加的力度的感知抑制会产生怎样的滚雪球效应。

在这种情况下，要提升判断的准确性，一个方法就是要求被试用更为间接的方式做出反应，如此就能将伴随正常身体动作的高精度正向模型（及相应感知抑制效应）纳入考量。当研究者要求被试使用手指移动一个控制力量输出的操纵杆以匹配力度时，他们在力量匹配方面的表现就提升了（Shergill et al.，2003，p. 187）。对于那些想要胳肢自己的人来说，这种方法也很有效：Blakemore、Frith 和 Wolpert（1999）使用机械界面（如图 4－1 所示）延后了被试的动作所导致的刺激，并改变了动作与刺激轨迹之间的关联关系。他们发现，界面的延时效应越强，轨迹的变动幅度越大，被试对刺激“痒痒程度”的评分就越高。上述操作意在压制高精度正向模型，迫使被试以应对不可预测的外部刺激的方式对自身导致的刺激做出反应。

有趣的是，精神分裂症患者自我预测的感知抑制效应会受到干扰。精神分裂症被试在力度匹配任务中的表现要优于神经典型性被试（Shergill et al.，2005），同样，他们也更容易胳肢自己（Blakemore et al.，2002）。回顾前文，我们在 1. 17 中还曾经提到，他们更不容易产生“凹脸错觉”。精神分裂症患者感知抑制功能的削弱或许有助于解释他们为何会产生各种关于能动性的妄想，如感到自己的行为受某个其他主体的控制（Frith，2005）。如果没有正常的感知抑制，对自发运动的感知就会显得更为“意外”，因此可能被错误地归于外界因素的影响。更为普遍的是，在神经典型性被试中，自我预测的感知抑制效应的强度与形成妄想样信念的倾向呈负相关（Teufel et al.，2010）。

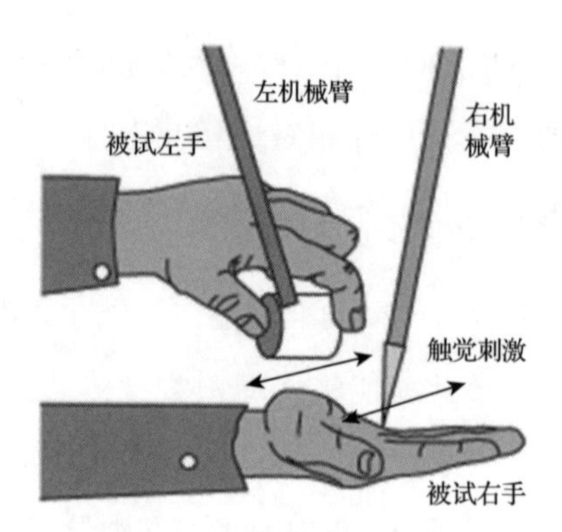

图 4-1 实验设置图示[㊀]

来源：摘自 Blakemore，Frith，& Wolpert，1999。

4.3 正向模型：对时间的巧妙处理

归根结底，一套如上所述的正向模型有何意义？这种机制之所以演化出来，想必不是为了支持“武力升级”，也不太像是为了防范我们胳肢自己。相反，应用正向模型有助于我们克服一系列信号延迟，这种延迟对于流畅的运动往往是不利的。因为：

> 从感官接受传入信号，到肌肉对输出的运动指令做出反应，感知运动系统的所有阶段都存在延迟。因受体动力学导致的延迟，以及在神经

㊀ 触觉刺激来自一块附着在机械臂末端的泡沫，其位于被试右手掌上方。被试用左手的拇指和食指抓住一个圆柱形物体，该物体位于触觉刺激正上方区域，并与第二条机械臂相连。在“外部产生触觉刺激”条件下，程序指令右机械臂对被试右手施加正弦式（平滑的、重复的、振荡的）触觉刺激。在所有“自发触觉刺激”条件下，被试要以正弦轨迹移动左手中的物体，通过两条机械臂，对右手施加相同的触觉刺激。在左手的动作和由此导致的右机械臂的运动之间，可能会引入延时效应和轨迹变动。

纤维和突触传导过程中的延迟也会影响感知信息的反馈（包括关于世界真实状态的信息，以及由我们自身行动所产生的信息）。

根据 Franklin 和 Wolpert 的说法，结果就是：

我们实际上生活在过去，因为控制系统只能访问关于周遭世界和我们自身的过时的信息，且不同信源的延迟程度有所差异。（与上一段引文均摘自 Franklin & Wolpert, 2011, pp. 425 – 426）

针对这类问题，正向模型提供了强大而巧妙的解决方案。它让我们能够活在当下、控制自己的身体（以及熟练掌握的工具，见 Kluzik et al., 2008），而不必感受到持续的冲突或付出额外的努力。更妙的是，我们可以使用各类基于预测的学习机制（回顾前几章）习得或校准这类模型，因为我们“可以借助预测误差，也就是通过对比特定运动指令预测的和实际的后果，实现正向模型的训练或更新”（Wolpert & Flanagan, 2001, p. 729）。

最后，为什么那些符合正向模型细粒度预测的感知会遭到抑制，而那些不符合这类预测的感知却要得到加强？（前文中已然给出的）标准答案是：自我预测机制能够对海量感知数据进行过滤，增强那些由外因生成的刺激，在头部和双眼持续小幅运动的条件下保证知觉的稳定性，同时抑制对那些更可预期的（因而生态意义或许并不足够重大的）刺激的反应（见 Wolpert & Flanagan, 2001）。Stafford 和 Webb（2005）总结了胳肢自己和“武力升级”等现象所揭示的各类基于模型的抑制效应，就其演化原理评论道：

我们的感知系统遭受着环境刺激的不断“轰炸”，因此，过滤掉那些

> 缺乏意义的（比如说，那些由我们自身的运动所造成的）刺激，以拣选并关注那些在演化上更为重要的信息（如有人碰了我们一下）就非常关键了……我们受到预测系统的保护，或许无法胳肢自己只是一个附带的意外结果。（Stafford & Webb，2005，p. 214）

117

Blakemore、Frith 和 Wolpert 在总结自主产生的运动中基于模型的抑制效应后，得出了类似的结论：

> 基于预测的调节机制作为传入信号的过滤器，有助于提高输入感觉—自输入感觉之比（类似于提高信噪比）。这种对感知输入的调节或许有助于增强更为重要的刺激特征（比如说那些由外部事件所导致的刺激特征）。（Blakemore，Frith，& Wolpert，1999，pp. 555 – 556）

当然，以上原理均隶属于更具普遍性的“预测加工”逻辑。这一逻辑以多层生成模型为基础，并因预测误差的精度加权策略（见第 2 章）而更具灵活性，它为我们提供了一个更为宏大的框架，足以将正向模型和运动控制经典研究中许多重要发现囊括进来。然而更为重要的是，预测加工框架能够再现这些现象，以揭示知觉和行动间更为深刻的关联，而（我们很快就会谈到）这将有助于修复存在于上述解释中的一个发人深省的问题，那便是基于正向模型的真实预测对误差的削弱并不足以充分解释感知抑制现象本身：即便正向模型产生的自上而下的预测确实削弱了预测误差，但在做出这些预测后，感知刺激仍应得到感觉登记。比如说，当我环顾一个熟悉的场景时，对视觉状态流的成功预测绝不可能让我对周遭视而不见！我们将在第 7 章中谈到，一套更为完整的解决方案将不仅包含正向模型的作用，也包含（尚未详细展开的）可变精度加权效应。[6]然而，当前我们的关注重点是运动控制本身的一些核心问题。

4.4 最优反馈控制

运动控制（至少是居于主导地位的基于内部模型的运动控制）对主体提出了很高的要求，不仅需要开发和应用正向模型，还需要配备所谓的反向模型（Kawato，1999）。正向模型匹配当前运动指令及其预测感知效应，反向模型（也称为控制器）则“实施相反的转换，以确定实现特定期望结果所需要的运动指令”（Wolpert，Doya，& Kawato，2003，p. 595）。根据上述“辅助正向模型”（Pickering & Clark，2014）的解释，行动指令的输出副本被传送给行动的一个正向模型。后者接收行动指令，以此作为输入；生成这些指令投射的感知后果，以此作为输出。我们可以将正向模型简单地想象为一系列查询表格，但它更有可能包含某些运算操作（类似于力学定律），其通常先于行动实施。一个简单的类比是，我打开暖风机，转动旋钮至“一半功率”，在屋里真正暖和起来以前，我就可以（基于重复的过往经验）预测 5 分钟后室温将升高 10 摄氏度（只消使用极其简单的算法，类似于“旋钮每转动 30 度，室温就将每分钟升高 2 摄氏度”）。根据以上预测，我立刻就能采取某些行动（比如说脱掉大衣），或比较预测和实际制暖效果，并借助反向模型对二者间的差异进行学习（要是感觉还不够暖和，就把旋钮再转几度）。可见，上述解释（即“辅助正向模型架构”，见图 4－2）预设了两个彼此独立的模型：反向模型（或最优控制模型）将意向转化为运动指令，而正向模型则将运动指令转化为预测感知效应（其与真实输入的对比又将用于误差的在线修正和后续的学习）。 118

然而，学习和部署一个适用于特定任务的反向模型通常比习得正向模型的难度更高，因为这需要我们解决一个复杂的映射问题（在期望达成的最终状态和以非线性方式相互影响的运动指令的嵌套级联之间建立关 119

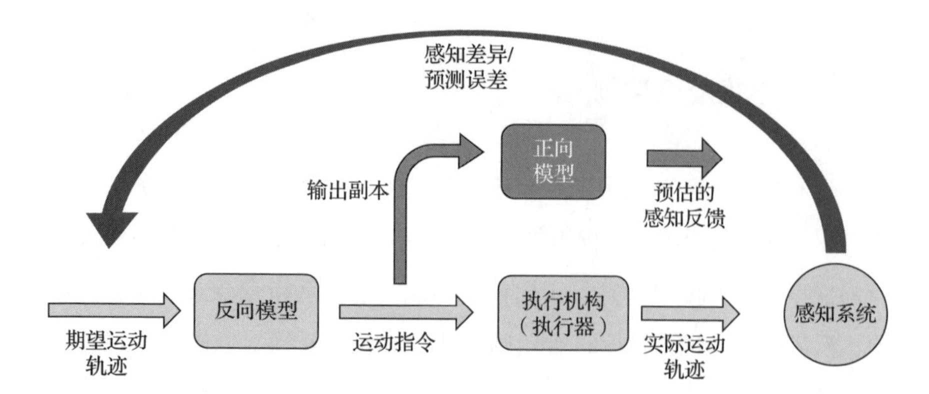

图 4-2 辅助正向模型（Auxiliary Forward Model，AFM）**架构**[㊀]

来源：摘自 Pickering & Clark，2014。

联），同时实现各等价方案间的灵活转换（比如从视觉方案转为肌肉或本体觉方案，见 Wolpert，Doya，& Kawato，2003，pp. 594－596）。

近期，关于“最优反馈控制”的研究（相关综述见 Franklin & Wolpert，2011，pp. 428－429）代表了对上述框架的灵活应用和成功扩展。最优反馈控制系统通过大量使用所谓的“混合成本函数”[7]，从可实现目标的大量（实际上是无限大量）运动轨迹中精选其一，并相当高效地将前馈和反馈控制策略整合在一起（一些有代表性的案例见 Todorov，2004；Harris & Wolpert，2006；Kuo，2005）。特别是，这种策略能够保证运动计划和执行彼此同步，因为“反馈控制规则要用于实时应对不确定性，使系统能够在每个时间点对当前情况做出最佳响应”（DeWolf & Eliasmith，2011，p. 3）。这就与计划和执行彼此独立的更为传统的解决方案区分开来了。

反馈控制策略的另一个优点是它定义了一个“冗余的子空间”，只要

㊀ 该架构中反向模型的输出是运动指令，其副本传送至正向模型，后者以此预估感知反馈。

在其范围内运行，系统的任务目标就将实现。反馈控制器只负责修正使系统超出允许偏差范围的误差。这就是 Todorov（2009）所说的“最小干预原则”。这样的系统也能够最大限度地利用自己的内置或“被动”动力学。我们将在第 3 部分再次探讨这一话题。关键在于，系统可以估算自身在有无控制信号条件下行为表现的差异（即执行器的动作将有哪些不同），以此评估特定行动的成本。有了这一系列优势，系统就能实现范式的扩展，即组合现有的控制序列，通过“快速而廉价地从先前习得的最优运动策略中创建最优控制信号”，应对新异情况（DeWolf & Eliasmith, 2011, p. 4）。最终，系统对预先习得的运动指令形成了一种“合成语法”。分层设置运行时（较高层级以“压缩包”的形式编码运动轨迹和可能性的表征），这类系统能够使用高效和可重组的神经资源控制极其复杂的行为。形式地看，根据最优反馈控制理论（Todorov & Jordan, 2002; Todorov, 2008），运动控制问题在数学上等价于贝叶斯推理（见附录 1）。大略来说（详见 Todorov, 2008），这一过程就是将期望（目标）状态与观测状态相对应，为寻求达成期望的行动方案执行贝叶斯推理。就我们当下的目的而言，贝叶斯推理最为重要的意义在于，它是一种概率推论，包含对数据不确定性的考量，并将其与对周遭世界和运动系统（由生成模型编码）的先验信念相结合，以实现（当前条件下相对于某些成本函数的）最优控制（见 Franklin & Wolpert, 2011, pp. 427 –429）。

120

在一些关于计划制订的近期研究中也能发现这种知觉和行动间的映射（如 Toussaint, 2009）。其主要观点是，类似于简单的运动控制过程，制订计划时我们会构想一个真实的未来目标，而后应用贝叶斯推理，寻找帮助我们达成目标的一组中间状态（现在我们知道，这些中间状态本身可能是一组完整的行动）。如此，我们就得到了一组统一的计算模型，正如 Toussaint（2009, p. 28）所言，它们“不会区别对待感知加工、运动控制或计划制订等问题”。这类理论暗示我们：知觉和行动在深层计算本质方面并无不同，而且：

> 借助知觉解释输入信号的最佳方式与通过运动控制输出信号的最佳方式本质上没有区别……因此神经系统的不同功能完全可能受几条非常具体的通用计算原则所支配。(Eliasmith, 2007, p. 380)

4.5 积极推理

我们在第1部分介绍的预测加工模型能够与目前论述的运动控制逻辑极为自然地整合在一起（尽管二者间也存在富有启发性的差异）[8]。关于最优反馈控制的研究充分利用了运动系统复杂的多层结构（与视皮质类似），这种结构使系统得以在高层以更为紧凑的“压缩包”形式指定复杂的行动，并在较低层级逐渐“解压缩”这些行动的含义。但运动控制和视觉过程的直观区别在于，对于二者我们所构想的信息流动方向分别是自上而下和自下而上的。直观的认识是，视觉系统接受复杂的能量刺激，将其映射为越来越紧凑的编码；而运动控制系统接受某种“压缩包”形式的编码，逐渐将其“解压缩”为一套复杂的肌肉指令。这就导致了以下传统观念：运动皮质的下行通路在功能上对应于视觉皮质的上行通路。然而，事实并非如此。运动皮质的下行连接（下行投射）“在解剖学和生理学意义上更类似于视皮质的反馈而非相应前馈连接” (Adams et al., 2012, p. 1)。这一点发人深省。我们或许会将一个多层运动系统的功能解剖结构想象成视觉系统的镜像，但二者其实是平行的，而且井然有序地彼此对齐。[9]预测加工模型对此给出的解释是，两种系统中的下行连接有着相同的使命：预测感知刺激。

121

正如我们在第1部分曾介绍的那样，传统知觉观强调信息自下而上的传递，而预测加工理论反其道而行。高层编码“压缩包”是一套复杂设备的组分，其致力于预测能量刺激将如何分布于感知外围。预测加工模型将同一套逻辑应用于运动控制系统，区别在于，运动控制在某种意义上类似于一种“虚拟语气”。系统要预测自身实施期望行动后将会经历的本体觉轨迹，而这种感觉在当下尚未真的发生。预测误差就来自针对这些非真实状态进行的计算，而降低预测误差的努力有助于（以我们即将考察的方式）让这些状态转化为现实。我们对自身（期望）行动的本体觉后果做出预测，而行动就源自这种预测。

其结果是，在运动皮质和感觉皮质中，下行（以及横向）连接携带复杂的预测，而上行连接则携带预测误差。这解释了另一个“矛盾”（Adams，Shipp，& Friston，2013，p. 611）的事实，即运动皮质的功能回路看上去并没有与感觉皮质的功能回路头尾倒置。相反，运动皮质与感觉皮质间的差别被削弱了，二者从事的都是自上而下的预测，尽管预测对象的类型（显然）有所不同。最终，运动皮质应重新定义为多模态感知运动区，关于本体觉以及其他模态的预测便由此发起。

因此核心观点（Friston，Daunizeau，et al.，2010）在于，生物体有两个途径降低预测误差。其一（正如第1部分所述）是寻找最适应当前感知输入的预测，其二是实施行动，使我们的预测变为现实——如移动并对周遭环境进行采样以生成或发现我们所预测的特定感知模式。（我们将会看到）这两种过程的实施依赖于同样的计算资源，它们在正常情况下紧密协同、无缝衔接，正如我们在第2章（2.6至2.8）讨论注视分配这一典型过程时所揭示的那样：

122

我们不应认为知觉和运动系统是彼此分离的，相反，它们彼此整合，就像一台从事积极推理的机器那样致力于预测不同领域的感知输入：

从视觉、听觉、躯体觉、内感觉到（与运动系统相关的）本体觉。（Adams, Shipp, & Friston, 2013, p. 614）

所谓“积极推理”（Friston, 2009；Friston, Daunizeau, et al., 2010），指的是一套整合的机制，知觉和运动系统使用双重策略（即改变预测以适应环境，以及改变环境以适应预测）共同降低预测误差。我们或许能将这一通用范式更加清晰地表述为“行动导向的预测加工”（Clark, 2013）。驱动个体动作和行动的关键预测类似于某种虚拟语气，Friston 等人认为，它们关系到主体一旦实施特定行动，将会经验何种本体觉模式。“本体觉”是一种内在感觉，能让我们获悉身体各个部位的相对位置、正在施加的力度和倾向于做出的尝试。其区别于外感觉（即通常意义上的知觉）通道——如视觉和听觉，以及传递饥饿、干渴或其他内脏状态信息的内感觉通道。我们将在后续章节谈到，对内感觉的预测在情感与情绪的建构中发挥着重大作用。然而，当前我们只需关注简单的动作和行动。要产生特定行动，执行机构只需以有助于消除本体觉预测误差的方式做出某些动作（Friston, Daunizeau, et al., 2010）即可。这套机制之所以有效，是因为躯干和肢体当前的位置布局和期望的行为实施后将会处于的位置布局间存在差异，而本体觉预测误差则编码了这些差异。因此，系统将始终致力于消除本体觉预测误差，直到执行机构实际的位置和布局能够（实时地）产生与下行投射相符的本体觉输入为止。以这种方式，对关联于特定行为表现的、持续展开的本体觉模式的预测就能产生相应的行动。Hawkins 和 Blakeslee（2004）对此有一些独到的见解：

这听上去很古怪：当你自己产生某种行为时，你的预测不仅先于感知而产生，它们还决定了行动将产生的感知。对动作序列中下一个模式的构想会让你产生关于自己将要经验些什么的级联预测。随着这种级

联预测的展开，系统将生成实现这些预测所必需的运动指令。因此，思维、预测和行动均隶属于皮质多层架构中一系列过程的下行展开。(Hawkins & Blakeslee, 2004, p. 158)

Friston 等人在此基础上更进一步，他们主张（精确的）本体觉预测会直接引发行动。这意味着运动指令被本体觉预测所替代了（我更愿意将这一过程描述为“运动由本体觉预测所实施”)。根据积极推理原则，主体会以某种可视同为“主动寻求大脑所期望的感知后果”的方式移动身体及感受器。如果这种整合性的视角是正确的，我们就能认为知觉、认知和行为会以选择性的采样和（通过运动和干预）积极塑造刺激阵列的方式，共同致力于实现感知预测误差的最小化。

这种解释主张知觉和运动控制不存在任何计算上的差别。当然，二者的拟合方向还是明显不同的。知觉将神经层面的假设与感知输入相匹配，其包含“预测现状”，而行动则致力于建立从本体觉输入的展开方式到相关神经预测的映射。正如 Anscombe（1957）著名的点评[10]：以上两种情况类似于我们列出自己实际的购物清单（因此购物车中的物品决定了清单)，以及查询购物清单来决定要买些什么（因此清单决定了购物车中的物品)。然而，尽管拟合方向不同，它们的底层神经计算机制却是完全一样的。根据上述解释，运动和视觉皮质的主要区别其实更多地在于预测哪种对象（是预测某种运动轨迹的本体觉后果，还是预测传入感知刺激的模式)，而非如何预测。其结果是：

初级运动皮质和纹状（视觉）皮质一样，都可视作运动皮质区。它们唯一的区别在于一个预测执行机构产生的本体觉输入，另一个预测视网膜接收到的外界刺激。(Friston, Mattout, & Kilner, 2011, p. 138)

在此，知觉和行动遵循同一深层逻辑，使用相同计算策略运行。在知觉和行动时，系统的第一要务都是降低持续产生的预测误差。对知觉而言，这意味着追求自上而下的预测级联与传入感知数据的成功匹配；对行动来说，这意味着通过产生匹配本体觉状态的预测序列的物理运动轨迹抵消预测误差。因此，我们可以将行动视为一种“自证预言”：神经回路会预测系统选择的行动所对应的感知后果，然而，系统并不能直接得到这些感知后果，因此就产生了预测误差，要消除这些误差，系统就必须移动身体以产生符合预测的感知序列。

124

这些描述很容易让人产生一种印象，仿佛知觉和行动是分别展开的，二者在各自的拟合方向上努力追求预测误差的最小化。但这种印象是错误的。相反，预测加工主体不断尝试调用一个复杂交织的网络以适应不息的感知信号流，构成该网络的既有知觉，也有应对外界环境的恰当行动。如果以上观念是正确的，那么我们的知觉与其说是一种对世界的行动中立的“假设”，不如说是一种持续进行的尝试，一种为便于系统以不同方式应对环境而对现实世界进行的解析。确实，并非所有预测误差都能通过行动消除，某些误差要求我们更好地理解事物的本来面目。这种理解需要我们以某种方式与世界彼此关联，而建立这种关联又让我们得以选择更好的行动。这意味着即使是事物的“感性方面”，也是“以行动为导向”的。我们不应该对此感到惊讶，因为知觉推理的唯一目的就是指导行动（后者改变感觉样本，而感觉样本又影响知觉的产生）。我们眼中的世界是由“可供性”建构的，在本书余下的章节中，这一点将会得到更为清晰的阐释。当前需要强调的是，我们最好将预测误差（即便是所谓的“知觉预测误差”）视作这样一类感知信息的编码：系统尚未将其用于控制那些应对外界环境的恰当行动。

4.6 简化控制机制

上述基于预测的行动控制机制与先前关于正向模型和最优反馈控制的研究共享许多重要的洞见。首先，它们都强调系统会习得一个基于预测的正向（生成）模型，它能够预见特定行动的感知后果。其次（我们会很快细致说明），它们对于能动性的经验都有独到的见解：正如“关于胳肢”一节所揭示的那样，这种经验部分源于预测和实际感知信号流之间匹配程度的高低。但 Friston 等人（见 Friston，2011a；Friston，Samothrakis，& Montague，2012）所持的积极推理观与前述研究在两个关键方面有所不同：

> 首先，积极推理省去了反向模型或控制器，同时也不需要假设运动指令的输出副本。其次，它省去了规定速度、准确性和能量效率的成本或价值函数。[11]这一切听起来相当戏剧化，但在实践中，它们主要意味着现有职责的重新分配：成本或价值函数“折叠”在一个可同时规定认知和行动的情境敏感的生成模型之中了。尽管如此，这种重新分配在概念上还是很有吸引力的。它与当下机器人学的重要见解和关于情境化行动的研究成果高度相符，可能有助于我们更好地思考如何解决行动选择和运动控制等复杂问题。

在积极推理机制中，行动被重新定义为（跨越多个时空尺度的）关于运动轨迹的期望的直接后果。于是，“环境产生关于运动的先验信念……而这些信念让系统以特定方式对环境采样”（Friston & Ao，2012，p. 10）。这套方案强调某种循环因果逻辑，其将主体所知的（作为生成模型重要成分的概率化“信念”[12]）与选择输入以证实那些特定信念的行动捆绑在一起。在此，正如 Friston 和 Ao 所描述的那样，我们的期望“导致了被采样的环境”，形而上地说，这是通过行动无意识地实现的——行动让我们所预测的感知刺激得以有选择性地披露出来。

认知主体以这种方式，通过行动产生了自身所知的世界。[13]我们将在第 3 部分看到，这使行动导向的预测加工与关于自组织动力系统的研究工作紧密而富有成效地联系在一起，提供了对所谓“生成主义”观念（enactivist vision）核心要素的一种新看法：根据“生成主义”，心智积极地建构其所揭示的世界。在较短的时间尺度上，这种建构仅指先前描述的积极采样过程：我们对自身所处场景进行采样，致力于反映或证实自己对世界的理解，而我们的理解又反过来构造了采样行为。对关于世界的不同假设来说，这是一个“适者”生存的过程（如果我们以恰当的、行动导向的方式理解“假设”的话）。在较长的时间尺度上（见第 3 部分），我们借助这一过程建构“设计者环境”，以安置那些决定我们如何行动（如何对该环境采样）的新预测。因此，我们建构了建构心智的世界，而心智则是关于在这样的世界中应如何行动的期望。

然而就当下而言，最重要的是指出：正向运动模型只是一个更大的、更为复杂的生成模型的一部分，后者将预测与其感知后果联系在一起。运动皮质不再如传统理解那般专门传达运动指令，相反，它们致力于明确运动的感知后果，其中尤为重要的部分是对运动所导致的本体觉后果的预测（这些本体觉后果是在各种能量消耗最低，即成本最小化的隐含前提下产生的）。根据自上而下的完整预测级联，一个简单的运动指令可展开为一整套预测，它们关乎于行动对本体觉的复杂影响。这些预测驱动了行动，让我们以当前“优胜假设”所规定的方式对世界进行采样。上述预测在较高层级上可表述为系统在（以世界或肢体为中心的）外部坐标中的理想状态或运动轨迹，这是因为从外部坐标到（基于肌肉

126

的）内部坐标的转换实际上将交由致力于消除预测误差的经典反射弧加以执行。因此：

> 如果运动神经元之间的连接能够消除脊髓背角中的预测误差，它们实际上就扮演了反向模型的角色——将期望的感知后果映射到（基于肌肉的）内部坐标中特定的诱因上来。在这种对传统方案的简化中，对由初级/次级感知输入所传递的本体觉感知的下行预测取代了逐级下达的运动指令。（Friston，2011a，p. 491）

这样一来，对独立的反向模型或最优控制运算的需求就不复存在了。取而代之的是一套更为复杂的正向模型，它致力于在关于预期轨迹的先验信念与相应感知后果间建立映射，而使用经典反射弧便足以自动产生某些感知后果（特别是某些“底层的”本体觉感知后果）。如前文所述，这套范式也不再需要假定运动指令的输出副本，因为（与知觉过程的情况类似）下行信号已经在致力于预测感知后果了。（对预测的感知后果进行编码的）所谓“伴随放电”因此是局部性的，并渗透于整个下行级联中，因为“大脑中每一处反向连接（传达的下行预测）都可视为伴随放电，它们提供关于特定感知运动结构的预测信息”（Friston，2011a，p. 492）。

4.7 超越输出副本

第一眼看上去，我们会觉得这个观点相当激进。难道说对输出副本功能作用的确认不正是当代认知神经科学和计算神经科学的巨大成就之一吗？事实上，尽管人们通常认为有证据支持“输出副本说”，但细加考察的话，这些证据中的绝大多数（或许是全部）其实都只在支持正向模型

127

及伴随放电的普遍存在和重要影响——也就是说，这些证据只支持传统观念中为预测加工理论所保留下来的（事实上也是为预测加工架构所凸显的）那些部分。

比如说，Sommer 和 Wurtz 曾发表一篇影响甚广的综述（2008），谈及我们使用哪些机制区分外界环境的变化以及我们的自身运动所造成的感知后果。在这篇文章中你基本找不到“输出副本”之类的字眼，但它却广泛应用了“伴随放电”这一更为通用的概念——尽管正如作者所言，这两个术语在文中经常可以互换使用。在一篇发表时间更晚的论文中，Wurtz 等人（2011）对“输出副本”只提及了一次，就这还是为了将其与关于“伴随放电”的讨论结合起来（文中随后提及“伴随放电”多达 114 次）。类似地，在对即将发生的感知事件进行知觉预测的过程中，我们有充分的理由相信小脑发挥了特殊作用（Bastian，2006；Roth et al.，2013；Herzfeld & Shadmehr，2014）。当然，这种作用完全符合预测加工模型的理论框架。我认为由此可知，当前实验神经科学和认知神经科学均明确支持更为通用的概念，如“正向模型”和“伴随放电”，而非我们先前定义的更为具体的概念，如“输出副本”。

当然，输出副本在一组特定的计算方案中扮演着非常重要的角色。这些方案的本质在于，正向模型和伴随放电被置于一个假定的更大的认知架构之中，后者包含数量众多且彼此配对的正向和反向模型。在上述“双向配对模型”架构中（见 Wolpert & Kawato，1998；Haruno，Wolpert，& Kawato，2003），运动指令的一个副本被传送给一堆单独的正向模型，用于预测动作的感知后果。然而，即使是那些最为坚定的支持者也承认，获得和部署这类架构在计算意味着大量极其艰巨的挑战（见 Franklin & Wolpert，2011），而作为替代方案的预测加工方案则巧妙地回避了许多本无必要的麻烦。

预测加工方案主张，系统所预测的感知后果的一个子集（其所预测的本体觉轨迹）能够直接扮演运动指令的角色。其结果是，不需要为运动指令创建单独的“副本”，也不需要将这些副本“输出”到哪里去。但我相信，这些基于正向模型的、对本体觉轨迹的预测也可被视作某种“内隐的运动指令”：这些运动指令（本质上——详见后文）关乎运动的结果，而非细粒度的四肢和关节控制。此外，“内隐运动指令”（本体觉预测）还会对一种范围更大的预测产生影响，这些预测涉及系统即将采取的行动可能产生的外感觉后果。

128

这样一来，那些通常归于输出副本的功能作用大多数得以保存了下来，包括在正向模型的基础上解释一系列重要现象，如系统怎样巧妙地处理延时效应（Bastian, 2006），以及为什么伴随眼动的视觉经验仍具有稳定性（Sommer & Wurtz, 2006, 2008）。区别在于，原先由输出副本、反向模型和最优控制器所承担的功能，现在统一归于预测（生成）模型（即一套合适的先验概率“信念”）的获得和部署了。当且仅当我们可以合理地假设这些信念“可作为自上而下的、基于经验的先验，在多层知觉推理中自然而然地涌现”（Friston, 2011a, p. 492），这种转变才可能是有利的。这就将计算负荷转移到了正确先验集（此处指那些关于轨迹和状态转换的先验）的获取之上，也就是说，转移到了生成模型本身的获取和调节上。

4.8 无需成本函数

当前方案与“最优反馈控制”范式的第二个重要差异在于，积极推理不需要使用成本或价值函数来选择或塑造动作反应。我们将再一次看到，本质上这是通过将成本函数或价值函数“折叠”在生成模型中实现的。也就是说，基于生成模型的概率预测与感知输入的彼此结合产生了行动（Friston，2011a；Friston，Samothrakis，& Montague，2012）。

（用于选择或形塑动作反应的）简单的成本或价值函数常用于最小化肢体“搐动”（某些行为进行过程中肢体加速度的变化率）和扭矩变化率（相关例子分别见 Flash & Hogan，1985 和 Uno et al.，1989）。如前文所述，近期关于最优反馈控制的研究大量使用了更为复杂的“混合成本函数”，这类函数不仅有助于解决身体动力学问题，也有助于降低系统噪音、保证结果的准确性（Todorov，2004；Todorov & Jordan，2002）。

129

正如 Friston（2011a，P. 496）所指出的，成本函数解决了一直以来困扰经典运动控制方案的“多对一映射问题”。一个人借助肢体动作达成特定目标通常有许多路径，运动系统需要在这些路径中优选其一。然而，我们当下所提供的架构并无必要假定存在什么成本函数，因为“在积极推理过程中，这些问题已被关于（可能包含微小搐动的）运动轨迹的先验信念所解决，该运动轨迹唯一地决定（外部）运动的（内部）后果”（Friston，2011a，p. 496）。这样一来，简单的成本函数就被“折叠”到决定运动轨迹的期望之中了。

这还没完，同样的策略适用于在所有层级上设定系统所“欲求”的后果和“奖励”。正如 Friston 等人所指出的：“关键在于，积极推理的系统其实不会产生任何‘欲求’，它的反应仅取决于依赖经验的学习和推理：经验引发先验期望，后者指导知觉推理和行动。”（Friston，Mattout，& Kilner，2011，p. 157）虽说下行预测由丰富多彩的“伴随放电”构成，但预测加工理论却富有如沙漠地形般的简洁之美[14]：在这个统一的架构中，价值函数、成本、回报信号，甚至连我们的欲求都被复杂的、彼此交互的期望所取代了。这些期望影响了我们的知觉、承载着我们的行动。[15]然而我们也可以说（我认为这是一种更好的表述），成本函数和价值函数只是简单地被一个更为复杂的生成模型所囊括了而已。它们隐含在我们的感知觉（特别是本体觉）期望中，通过定义其独特的感知觉内涵约束我们的行为。

在经验中与奖励相联系，因而能够挑起欲望的刺激也是一个典型的例子，它们在上述架构中同样占据一席之地。我们应该改变原本的思路，意识到个体一旦接收到这类刺激，就将“产生强制性的意志反应和自主反应”（Friston, Shiner, et al., 2012, p. 17）。这里有一点在概念上很重要：行动源于信念（概率期望的亚个体网络）与环境的彼此交互。如果我们接受这一点（它确实不太好消化），就会明白奖励和愉悦其实是这种交互所导致的，而不是后者的诱因。复杂的期望会引导行动，让我们以特定方式探索世界并对其进行采样，由此获得奖励，愉悦身心。因此，“并非奖励引导我们产生行动，而是我们因行动而知觉（享受）到奖励之果”（Friston, Shiner, et al., 2012, p. 17）。

130

需要注意的是，就整体而言，这种职责的再分配并不会带来多少计算上的优势。实际上，Friston 本人对此也很清楚：

> 用先验信念取代成本函数没有平白无故的好处，（因为）众所周知（Littman et al., 2001），当我们将一个问题表述为推理问题时，它的计算复杂性是不会降低的。（Friston, 2011a, p. 492）

尽管如此，这种职责的再分配（以先验替代成本函数）在概念上和策略上都可能产生重要的影响。例如（你或许已经想到了），使用关于路径和轨迹的先验信念来指定完整的路径或轨迹是很容易的，相比之下，标量回报函数只能指定点或峰值。其结果是，成本函数可以指定的所有内容都能使用关于轨迹的先验来指定，但反过来就不一定了。而且（更普遍地说）将成本函数视为结果而非原因会更有用。

如今，越来越多持类似观点的机器人科学家声称，基于外显成本函数的解决方案既不够灵活，在生物学上也缺乏现实性，应该被那些更注重行动的方法所代替（行动以各种方式内隐地利用具身主体复杂的吸引子动力学，见 Thelen & Smith, 1994；Mohan & Morasso, 2011；Feldman, 2009）。关于这一大类解决方案，我们可以做一个十分粗略的想象（更详细的论述见 Clark, 2008，第 1 章），那便是通过简单地提拉连接到木偶特定身体部件上的弦来控制它的动作。在这种情况下，"关节运动的分布是一个'被动的'结果，它们源于施加在末端效应器上的力和不同关节的'顺应性'"（Mohan & Morasso, 2011, p. 5）。（和预测加工理论一样）这类解决方案旨在"规避运动学反演和成本函数计算的需要"（Mohan, Morasso, et al., 2013, p. 14）。作为对基本原则的证明，Mohan、Morasso 等人使用 iCub 类人机器人，通过一系列机器人仿真任务执行并测试了他们的一些想法，我们注意到，在这些实验中，机器人的动作是由某种基于内部正向模型的模拟所驱动的。所有这些都表明预测加工方案有望满足人们对计算上更为简单的运动控制策略的追求。关于这些研究，我们在第 8 章还有更多的内容要讲。

如果某些解决方案能够最大限度地利用习得或内置的"协同作用"，以及身体机构复杂的生物力学原理，它们就能使用积极推理和（基于吸引子的）生成模型得到极其流畅的执行（见 Friston, 2011a；Yamashita & Tani, 2008）。例如，Namikawa 等人（2011）展示了具有多时间尺度动力学的生成模型如何驱动流畅和可分解的一系列行动（另见 Namikawa & Tani, 2010）。在这些仿真任务中：

131

行动本身是运动的结果，这些运动遵从对……关节角度的本体觉预

> 测，(而且)……知觉和行动都致力于实现多层架构中预测误差的最小化，而运动则是最小化本体觉预测误差的方法。(Namikawa et al., 2011, p.4)

(我们曾简单提及的) 另一个例子是使用下行预测以避免将期望的运动轨迹从外部 (任务中心的) 坐标向内部 (肌肉中心的) 坐标转化：这是一个“反演问题”，很多研究者都认为它太过复杂，而且本身就是不恰当的 (Feldman, 2009; Adams, Shipp, & Friston, 2013, p.8)。在积极推理过程中，作为正常在线控制机制的一部分，指导行动的先验信念已经在参照外部框架的 (高层) 预测与由肌肉和效应器所定义的本体觉影响之间建立了映射。由此：

> 在积极推理过程中，多层生成模型可将外部坐标中的预测映射到内部 (本体觉) 参照系，从而消除了这个困难的 (反演) 问题。这样一来，反演就轻而易举地实现了：要产生特定的拉伸感，个体只需简单地收缩相应的肌肉纤维即可。简言之，反演问题可降级至脊髓层级，这意味着 M1 (初级运动皮质) 自上而下地输出的并不是指令，而是预测——由此，M1 就成为一个多层生成模型而非反向模型的一部分了。(Adams, Shipp, & Friston, 2013, p.26)

因此，我们用下行本体觉预测取代了运动指令 (见图 4-2)，这些预测可能源于最高的 (多模态或元模态) 层级，但它们 (根据情境) 边解压边前进，一路传递至脊髓，并在那里通过经典反射弧得以最终兑现 (见 Shipp et al., 2013; Friston, Daunizeau, et al., 2010)。

通过重新定义成本函数，视其为隐含在关于运动轨迹的一系列期望之中，我们就不再需要去解那些 (通常是难以求解的) 实时加工过程的最优性方程了。[16]此外，借助更为复杂的生成模型，上述解决方案可以流畅地处理信号的延迟、消除感知系统的噪音，并解决运动程序和目标的多对一映射问题。因此，可以说，涉及明确计算成本和价值的更为传统的方法对在线加工提出了不切实际的要求，它们未能充分利用物质实体的可用特征（如被动动力学），而且在生物学上也缺乏可行性。

132

天下没有免费的午餐。虽说这套解决方案有诸多优势，但我们也很熟悉它的成本——根据预测加工理论，重责再一次落到了习得的先验“信念”肩上——多层级、多模态的概率期望的网络构成了这些“信念”，它们共同驱动知觉和行为。根据预测加工的精神，这种职责的再分配反映了一种很有价值的权衡，因其描绘了一个在生物学上极具现实意义的架构，该架构较之其他方案更适于通过与世界的具身交互，为系统安装和调适基于生成模型的一系列必要预测。

现在，我们可以对不同运动控制方案间的主要差别做一番总结。预测加工方案主张行动由单一的、综合性的正向模型驱动（见图 4 - 3），更为标准化的方案（图 4 - 2）则将与行动有关的正向模型视作额外的资源。根据标准化的解释（即“辅助正向模型”，见 Pickering & Clark, 2014），正向模型高度独立于真正驱动实时行动的装置，可视作对后者某些效应的（简化的）模拟。该模型在形式上很可能与那些控制主体实际运动的机制大有不同。此外，正向模型的输出并不会真的导致运动，它们仅用于巧妙地处理和预测相关后果，并支持主体进行学习。而根据预测加工模型的解释（即“综合正向模型”，见 Pickering & Clark, 2014），正向模型本身通过一个下行预测的网络控制着我们的行动，这些预测决定了不同反射的具体设置位点。

133

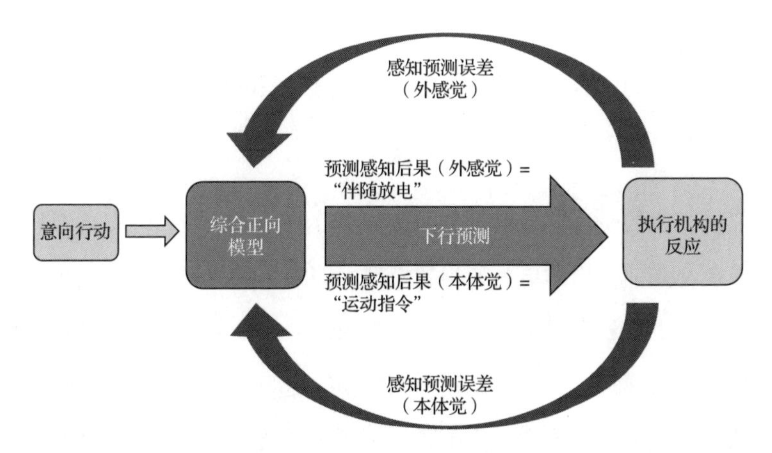

图 4-3 综合正向模型（Integral Forward Model，IFM）架构㊀

来源：摘自 Pickering & Clark，2014。

4.9 行动导向的预测

需要强调的是，用 Clark（1997）的话来说，生成模型中的许多概率表征如此便成为“行动导向”的了。在预测误差精度权值的恰当调节下，它们对事物的表征方式同时（凭借其对感知信息流的预测）规定了系统将如何行动和做出响应。因此，它们实际上表征了（更为详细的论述见第 8 至第 10 章）可供性——即周遭环境为行动和干预提供的机会（对有机体而言，这类行动和干预具有重大的意义）。在这一范式下，行动是一种基于预测构造信息流的强有力的方法（Pfeifer et al.，2007；Clark，2008）。与此同时，行动在概念上也占据重要地位，因为它提供了实际改变感知信号以降低预测误差的唯一途径（只要一个良好的世界模型正常运作并能被正确地激活）。[17] 主体可以通过改变预测内容来降低预测误差，

㊀ 该架构中，正向模型的预测充当了行动指令，因此不需要设定输出副本。

而不必采取行动。但只有通过行动才能系统性地改变输入本身以降低误差。为确保行动的有效性，上述两种机制必须在运行中实现某种微妙的协同。

值得注意的是，这种对行动的解释十分宽泛，它的一些支持者甚至完全可能拒绝先前提出的更为特指的模型，即本体觉预测扮演行动指令的角色。这些人也许希望保留一些更为熟悉的概念，如输出副本、成本函数和配对的正反向模型，因为关于预测和行动的更为宽泛的观点所主张的仅有以下两点：（1）行动和知觉都依赖多层概率生成模型；（2）知觉和行动在具有复杂循环因果流特征的组织机制中彼此协同，以最小化感知预测误差。这一观点表明，行动和感知类似，都是围绕不断演变的预测误差不断构建的。我认为，这便是对预测的大脑的研究关于行动的基本洞见。直接以本体觉预测作为行动指令只是该范式可能的神经实现路径之一，尽管鉴于运动系统已知的生理学事实，Friston 等人认为这一解释相当可信[18]（Shipp et al.，2013）。

134

4.10 基于预测的机器人学

正因如此，我们有必要为基于预测的加工方案探索一些更为广泛的应用，作为移动机器人获取运动和认知技能的工具。这一研究领域的大部分工作都在“认知发展机器人学”（Cognitive Developmental Robotics，CDR）[19]的范式下进行（见 Asada et al.，2001，2009），其核心观点是：作为主体“大脑”的人工控制结构应该在与其周遭环境（环境中包括其他主体）持续的具身交互中发展。[20]相关研究者认为：

设计原则是 CDR 的关键。现行方案通常在机器人的“大脑”中明确安排一种控制结构，这种控制结构源于设计师对机器人物理状况的理解。相比之下，根据 CDR 的精神，控制结构应该反映机器人通过与环境的交互作用实现自行理解的过程。（Asada et al.，2001，p. 185）

让我们以简单的运动学习为例。Park 等人（2012）在其研究中使用类人机器人 AnNAO，借助一个多层（贝叶斯）系统，通过最小化预测误差习得了简单的运动序列。开始时，机器人会“经验”一些随机运动，类似于人类婴儿的所谓“咿呀学‘动’”（Meltzoff & Moore，1997）。“咿呀学‘动’”时的婴儿会通过随机发出运动指令并感知（通过视觉、触觉，有时是味觉）接续发生的事件探索自己的行动空间。Caligiore 等人领导了同一领域的另一项机器人研究（2008），他们将上述学习过程视作典型实例，认为其反映了皮亚杰所提出的“初级循环反应”假说（1952）。根据该假说，早期的随机自我实验在目标、运动指令和感知状态之间建立了联系，正因如此，后续才能产生有效的目标导向行为。赫布式学习的标准形式（Hebb，1949）能够促成此类联系，由此，系统便能获得一个将行动及其预测感知后果相关联的正向模型。[21] 而后，Park 等人（2012）依据这种早期学习机制对他们的机器人进行训练，使其生成三个目标行动序列。构成这些序列的运动轨迹是用一系列期望的动作状态定义的，它们被标记为内部状态的转换序列。最终，尽管在用于序列的子轨迹之间存在可能导致混淆的彼此重叠，机器人还是成功地习得并再次执行了目标行动序列。

135

在实验的第二阶段，机器人使用了一个多层系统，系统的高层最终会习得较长的序列，而运动则产生自下行预测与上行感知的结合。因此，特定层级最有可能的转换会受到下行信息的影响，这些信息涉及较长的序列，而相关动作则是序列的一部分。使用这种分层机制的机器人能够习得简化版本的“客体永久性”：即使视觉对象（一个移动的点）被另一对象暂时遮挡，系统也能很好地预测其空间位置。

实验的第三阶段涉及通过运动模仿进行学习（一个高度简化的版本）。这是当前机器人学和认知计算神经科学十分活跃的研究领域（详见 Rao, Schon, & Meltzoff, 2007; Demiris & Meltzoff, 2008）。Park 等人使用了两台完全一样的类人机器人（基于 DARwin-OP[22] 机器人平台建造），将其面对面放置，如此，两台机器人的视觉系统就都能捕捉到对方的动作。一台机器人扮演“教师”，根据预先编程的动作路径移动其双臂；另一台机器人（“婴儿”）必须仅凭观察实现模仿学习。这是有可能实现的，因为研究者训练“婴儿”发展了一套“自我意象”，将其自身大略动作的视觉意象与内部动作指令序列联系起来。只要具备了这种（大概的）自我意象，“婴儿”观察到的“教师”的运动就能与其记忆中的自我意象、进而与相应的动作指令匹配起来（图 4－4）。但是，上述策略只有在目标系统（“教师”）与学习系统（“婴儿”）足够相似的前提下才能奏效。虽说随着主体生成模型复杂性和内容丰富程度的提升，这一“相似性”假设（Meltzoff, 2007a, b）或将不再成其为硬性要求，但那样一来，系统的模仿学习可能就必须从头进行（对未来一系列机器人学研究方向的精彩讨论，见 Kaipa, Bongard, & Meltzoff, 2010）。

综上所述，基于预测的学习提供了极其强大的资源，以实现从简单感知运动技能到高级认知成就的跨越，后者包括计划、模仿和离线行为模拟（见第 5 章）。

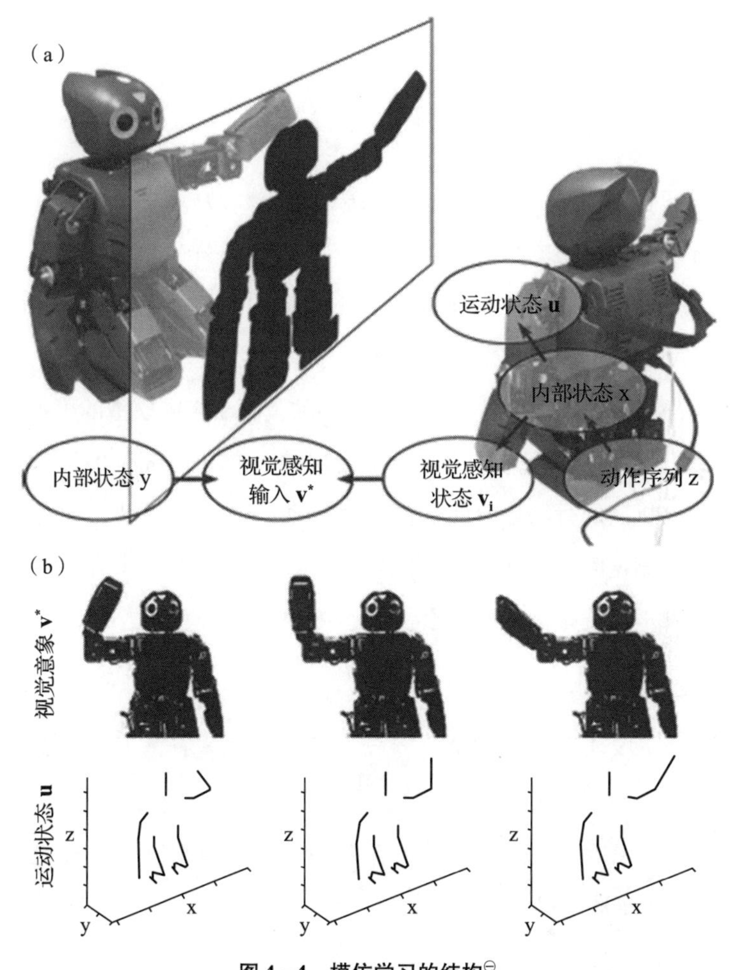

图 4-4　模仿学习的结构㊀

来源：摘自 Park et al., 2012。

㊀ (a) 目标系统（左方机器人）基于内部状态序列（y）生成意象序列（v^*）。学习系统（右方机器人）通过将意象序列（v^*）映射到记忆中的自我意象，对动作进行模仿（与自我意象对应的内部动作状态 x 是学习系统已知的）。目标系统的视觉序列让学习系统生成了一个内部动作状态序列，学习系统训练该序列以建构动作序列（z），并在真实运动状态 u 中复演这些动作。
(b) 学习系统眼中目标机器人的视觉意象（上一行），其运动状态便产生自这些意象（下一行）。

4.11 知觉—认知—行动引擎

如果读者是个科幻迷，读过《安德的游戏》(*Ender's Game*)(或看过 137 根据这部小说改编的电影)，就一定还记得其中这样的情节：指挥官安排的“模拟”最终测试，实际上是让毫不知情的主角驱动真正的星际舰队与敌人决一死战。在我看来，这一情节有助于我们理解关于行动的预测加工模型。那是因为，假如这个框架是正确的，基于正向模型的模拟就是产生行动的直接原因。正如作为本章开场白的 William James 的原话，对基本预测加工机制的行动导向的扩展与对行动的“观念运动”解释具有许多共性。根据这类解释(Lotze，1852；James，1890)，在不存在其他障碍因素的情况下，正是运动的观念本身造成了运动。换言之：

> 在某种意义上，根据“观念运动”理念，现实世界与内部世界的因果性是互逆的。关于行动意向效果的心智表征是行动的原因：也就是说，并非行动造就了其效果，而是效果(的内部表征)造就了该行动。(Pezzulo et al.，2007，p. 75)

以 Friston 等人惯用的方式表述，我们会通过学习，逐渐在自身运动与其特有的本体觉后果之间建立联系。因此，本体觉预测实现并控制了我们的行动，行动则通过移动身体以拟合预测的方式消除预测误差。

这一方案广泛应用了源自运动控制经典研究的正向模型概念，但将其重新描述为一个更具包容性的生成模型的重要成分。如此便可保留正向模型的许多优势，同时又能使用与知觉、理解和想象完全相同的机制(见第 1 部分)解释运动控制问题。运动控制与基于生成模型的感知预测因此具有同样的核心架构，第 3 章最后归纳的“认知安装包”假设也得以进一步丰富。这暗示我们，行动的产生和对（我们自己或其他主体的）可能行动的推理也许共享了某些计算机制，下一章便将集中探讨这一主题。

“认知安装包”无疑是诱人的假设，但它可能带来一些成本。根据这一假设，我们所获得的期望（隐含在生成模型中的亚个体预测复合体）将在解释和计算中扮演最为关键的角色。不过，这也可能成为预测加工理论的优势，而非其弱点。因为该理论描述了一个生物学意义上的可行架构，几乎最适于个体通过与训练环境的具身交互——含接触、干预，以及（在一些较长的时间尺度上的）积极创造——设置其所需的全套预测。这一方案极具潜力，因为（正如我将在第 3 部分极力主张的那样）个体要具备大多数“高级认知”能力，离不开一个将感知加工不断“外化”的长期过程，而感知加工的外化所不可或缺的，正是我们的文化精心打造的“设计者”环境。

138

本章描绘了一幅这样的图景：知觉、认知和行动是一个单一的适应性体系的外显，该体系旨在降低对有机体而言意义重大的预测误差。感知和运动间一度看似分明的界限因此变得模糊了：行动产生自知觉，知觉预测感知信号，随后，某些实际传入的感知信号将促成新的行动，而新的行动又会调动新的知觉。随着我们通过感知与世界对接，知觉和行动逐渐合一，将行动方案的产生与认识和理解的持续努力融合在一起。因此，行动、认知和知觉是持续不断地共同建构的，它们同时植根于大量级联预测，后者构成、检验和维系着我们对现实世界的理解和把握。

5 “精度”工程：信息流的塑造

Surfing
Uncertainty

5.1 双重角色

当我们意识到大脑是一台概率预测引擎，情境和行动就登上了舞台的中心。这种认识将迫使我们最终抛弃心智的“输入—输出”模型，根据这一模型，有机体是一个组织精密的系统，但其本质上是被动的，海量的环境刺激持续地影响着它的状态和反应。相反，预测加工模型为我们揭示了有机体的另一面：它永远保持高度的主动性，在不同期望状态间始终不息地持续变动，致力于将感知信号与预测匹配起来，由此获得滚动更新的感知状态。

在这套不断变动的复杂联结中，行动扮演着双重角色。一方面，和周遭环境中任意其他规律一样，行动是理解的对象；另一方面，如果第 4 章的论述是正确的，行动还是感知期望的后果，而感知期望则是由我们所调动的生成模型所编码的。于是就产生了一种可能性：我们或许能够使用那些构造了自身行动和反应模式的生成模型，预测其他主体的行动和反应？这意味着，如果我们对那些构成自身行为基础的多层期望进行恰当调整的话，就有可能（在某些情况下）掌握其他主体的意向。本质上，就是要将其他主体与依情境微调后的自身等同起来。[1]这为我们提供了有关“镜像神经元”乃至“镜像系统”发展脉络的见解：这些神经资源与有机体自身的行为表现，及有机体对其他主体“相同”行为表现的观察都有联系。

140

本章致力于探讨这一策略，并以此作为典型，例证以下更为普遍、更为强大的机制：在预测加工框架下为信号分配不同的精度，对大脑中有效连接的模式进行重置。

5.2 最大化情境敏感度

关于情境敏感度，我们可以用一些熟悉的例子开场，如图5-1所示：

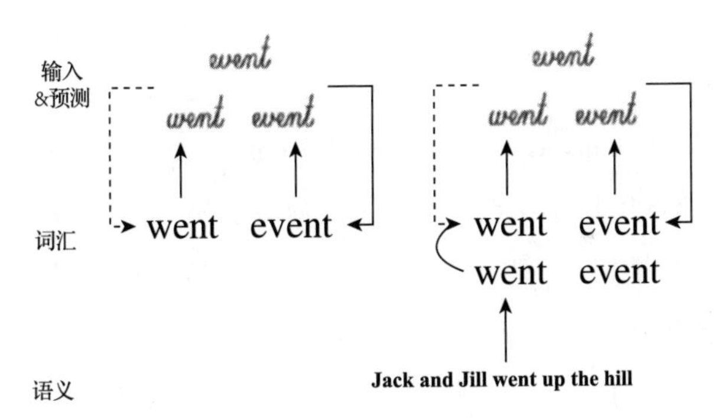

图5-1 关于先验如何使系统倾向于将传入刺激构造为某种表征的图示[⊖]

来源： Friston，2002。

⊖ （左图）“event”一词被认定为最有可能引发当前视觉输入。
（右图）“went”一词被认定为最有可能引发当前视觉输入。因其（1）系对感知输入的合理解释；（2）符合基于语义情境的先验预期。

141 在图5-1中，我们能毫不费力地读出第一行句子“Jack and Jill went up the hill”，尽管其中的“went”相当潦草。事实上，这个词和第二行句子中写得比较整洁的“event”在形态上一模一样。但是，我们得仔细观察才能发现这一点。这是因为辅助决定最优全局“拟合”的下行先验在其中发挥了重要影响，它调节了感知证据和我们的概率期望间的关系。通过（借由较高层级的更强预测）忽略第一行句子中“went”的结构畸变，“我们容忍了较低层级的一个较小的误差，以实现全局预测误差的最小化”（Friston，2002，p.237）。图5-2给我们提供了另一个实例，以展示这种对知觉表象的下行影响。

我们对这种效应并不陌生。一些使用联结主义“交互激活”范式[2]构建的早期人工神经网络就具有这种情境敏感度，而（我们将在后面谈到）预测加工范式则使得这种情境敏感度普遍化及“最大化”了[3]。142 多层架构与灵活的“精度加权”机制（见第2章）彼此结合，产生了这种效果。以上结合造就了基本的、系统的、普遍的情境敏感度，深刻影响了神经科学的发展脉络及我们对智能反应实质与起源的理解（另见 Phillips & Singer，1997；Phillips，Clark，& Silverstein，2015）。我们可以具体一点，回忆上述简单实例，“如果我们在自上而下的‘event’期望下，从‘went’单元开始记录，就会发觉自己更倾向于将该字符记录为‘event’”（Friston，2002，p.240）。因此，在预测加工架构下，下行预测对低层反应的选择会产生重大影响（更多例子见 Friston & Price，2001）。其结果是，“任意神经元、神经集群乃至皮质区域的表征能力和固有功能都是动态的、情境敏感的，任意特定皮质区域的神经反应都能在不同时刻表征不同事物”（Friston & Price，2001，p.275）。

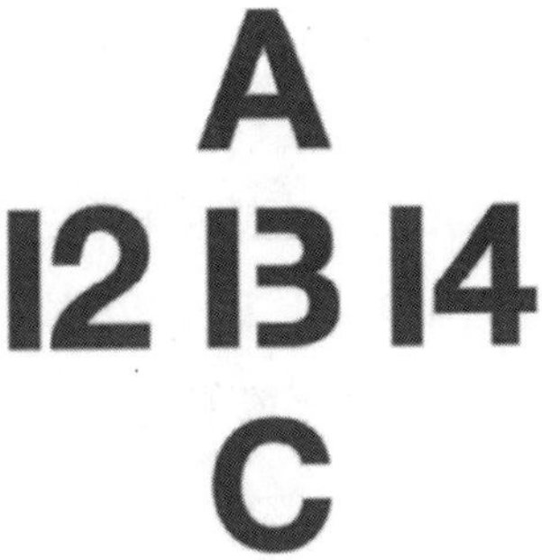

A
12 13 14
C

图 5-2 局部情境线索建立先验期望的另一个例子[⊖]

来源：对这一例子的详细讨论见 Lupyan & Clark，尚未出版。

在这里，预测加工架构以一种普遍而流畅的方式结合了神经系统最为显著的两大功能，即分化（functional differentiation，有时被人误导性地称作 specialization 即“特化”）与整合（integration）。分化指局部神经集群会逐渐具备不同的“响应侧写”，它们反映了“内外部因素的组合，前者即局部皮质倾向，后者包括经验以及与大脑其他区域间功能交互的影响”（Anderson，2014，p. 52）。这些响应侧写有助于确定何种任务将调用哪些神经集群。但（正如 Anderson 所强调的那样）分化并不等同于更标准化意义上的特化，后者指特定区域专注于执行固定类型的任务，如面孔识别和思维读取。而（对神经架构意义极其深远的那种）整合则指功能彼此分化的不同区域以某种方式动态交互，在情境效应反复重置信息流及相关影响时，让某些对应特定任务的临时性神经加工组织（包括多种神经资源的短暂联合）得以涌现出来。

基本预测加工模型的多层组织架构直接产生了上述普遍而系统性的影响。在这一模型中，多个功能分化的子集群彼此互换信号，以寻求最优

⊖ 中间的原始视觉材料看起来是字母“B”还是数字“13”，取决于你正从上到下地读取 A…C 还是从左到右地读取 12…14。

整体假设，源自每一高层集群的信号基于自身概率先验（“期望”），为较低层集群提供了丰富的情境化信息。正如我们方才谈到的，预测的下行143（及横向）流动对其接收单元的实时响应模式产生了重大影响。不仅如此，就像第2章曾经提到的那样，上下行影响的效力本身也受精度的系统评估所调控，这些精度评估将提高或降低特定预测误差信号的权值。这意味着下行流动的影响模式本身就是能够（以我们将要探索的方式）根据任务和情境动态重构的。结果，预测和预测误差信号流塑造了一个灵活、动态、可重构的多层级联，其中来自每个较高层级的情境信息都能在“自上而下”地塑造较低层级的选择性和响应模式方面发挥某种作用。

5.3 再观层级结构

回顾一下，在预测加工模型的标准架构[4]中，高层“表征单元”将预测信号横向（在同一层级内部）及下行（向较低一级）传递，由此为较低层级的反应提供先验。这样一来，反馈（自上而下）连接与横向连接彼此结合，“对朝向较低或相同层级的皮质转换过程施加调节作用，并定义皮质区域的层级结构”（Friston & Price，2001，p. 279）。皮质的层级结构支持自举式学习（见第1章），“经验先验”便来源于这种自举。[5]这种层级结构仅仅是由交互模式定义的，特定交互模式的唯一核心前提便是存在彼此联系的反馈和前馈连接，且分别扮演非对称性的功能角色。更具体地说，这需要各神经集群通过不同的前馈、反馈和横向连接交换信号，在这个海量影响构成的复杂网络中，预测及预测误差信号由功能各异的神经资源分别处理。

在一项开创性的研究中，Felleman 和 Van Essen（1991）描绘了猕猴视皮质的解剖学层级结构，其特征与上述宏观结构的要求高度相符（相关论述见 Bastos et al.，2012，2015）。该层级结构为复杂性（及功能）的进一步提升留足了空间。比如说，Felleman 和 Van Essen（1991）发现了多路并行神经信号流，并认为其致力于“分布式分层处理”，这与预测加工的系统在毗邻层级间反复交换局部信号的“设计理念”是一致的。在上述方案中，多个区域可能同属结构中特定单一“层级”，也可能存在完全跨越某些中间层级的远程连接。

144 然而，由于缺乏对层级间距的度量，Felleman 和 Van Essen 的开创性研究也有其局限。虽说他们的研究对某些功能区域进行了定位，但这些区域的顺位关系仍然无法确定（见 Hilgetag et al., 1996, 2000）。这一缺陷在那以后得到了更多关于神经连接的研究的弥补（Barone et al., 2000）。在一项新近研究中，Markov 等人（2013, 2014）使用神经追踪技术和神经网络模型对猕猴视皮质内部各功能区域及前馈/反馈连接的错综构造进行了探索。根据他们的研究，反馈和前馈连接在解剖学结构和功能上都是彼此独立的，而且前馈和反馈通路“遵循定义良好的距离法则”（Markov et al., 2014, p. 38），因此有力地证明了预测加工理论关于层级结构和前馈/反馈功能不对称性的观点。

只不过，根据这些研究，我们就不能简单地认为特定皮质架构仅包含前馈/反馈的“规整”连接了：实际情况要比这复杂得多。连接的网络呈现出“领结”式的构造，由高密度的局部交流通路（其构成“领结”的“核心”，见图 5－3）以及较为疏松的、触达其他皮质区域的远程连接构成。借助这些远程连接，密集互联的局部加工包（即“模块”）得以成为各种临时性的、依任务和情境灵活变动的联合体的一部分（见 Park & Friston, 2013; Sporns, 2010, Anderson, 2014）。145 这种组织形式也与其他学者所持的“富豪俱乐部”理念（Van den Heuvel & Sporns, 2011）相容，根据后者，一些较高层级的局部“枢纽”间也存在紧密的相互联系（就像由地方上的大佬们组成的富豪俱乐部）。这样一来，呈现在我们眼前的图景就具有了令人生畏的多尺度动力学复杂性。

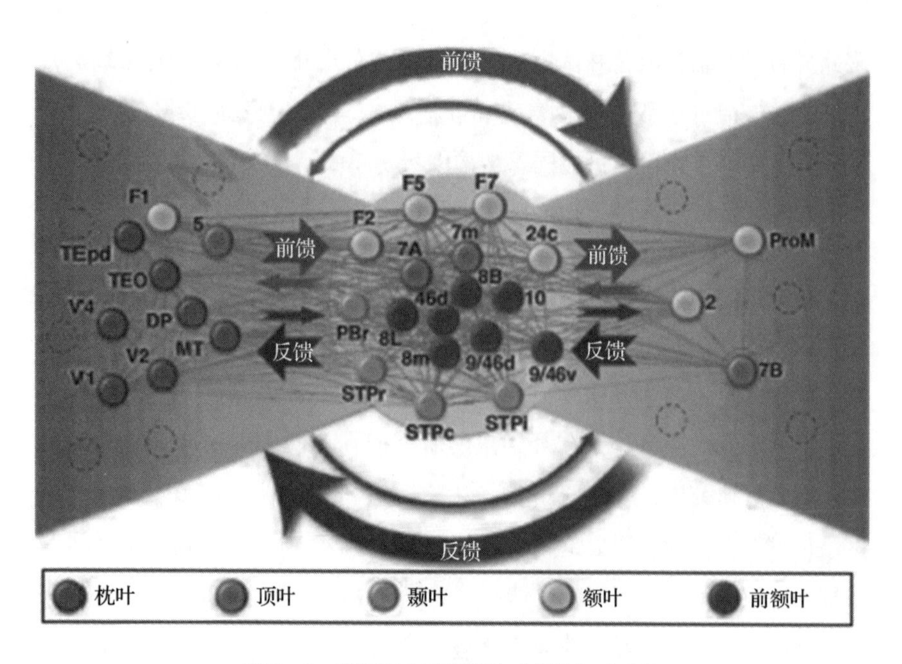

图 5-3　高密度皮质矩阵的"领结"式构造

来源：Markov et al.，2013，已获作者授权。

记住这一点非常重要。层级结构的"规整"图景可能会让我们误以为神经系统具有某种"梯级"结构，信息在其中以僵化固定的线路串行流动，而且该结构必然有其"顶层"终点，这种观点显然是有问题的。需要强调的是，预测加工理论完全不是这个意思。与传统意义上的前馈模型不同（对这类模型的精当批评见 Churchland et al.，1994），预测加工架构支持持续并行的双向信息流动。这意味着任一较高层级施加影响前，都不会"静候"居于较低一层完成加工。另外，我们最好将知觉加工的层级结构想象成一个球体（见图 5-4），而不是一架折梯（Mesulam，1998；Penny，2012）。感知刺激会扰动球体的外围，并与一系列逆向传递的预测相遇，而具体调用哪些预测则取决于具体的情境与任务。在这个球体中存在着各类结构，以及结构的结构，但持续流动的信息及其影响并非一成不变的。相反，（我们将很快谈到）预测加工模型给出了根据任务和情境实时重构“有效连接”模式的各种强大机制。因此，根据预测加工理论的精神，拥有层级结构的大脑同时也是一个无止无休的复杂动力学系统：其实时信号传递极其流畅、可灵活重构、对情境高度敏感，且在多个彼此交互的结构与时间尺度上变化无穷（Singer，2013；Bastos et al.，2012，2015）。我们很快就将更为详细地谈到，灵活的精度加权机制提供了一个关键的系统工具，允许一个基本的双向多层加工模型根据不同任务生成相应假设，并以高度情境化的方式调节各层级（及区域）间的相互影响。

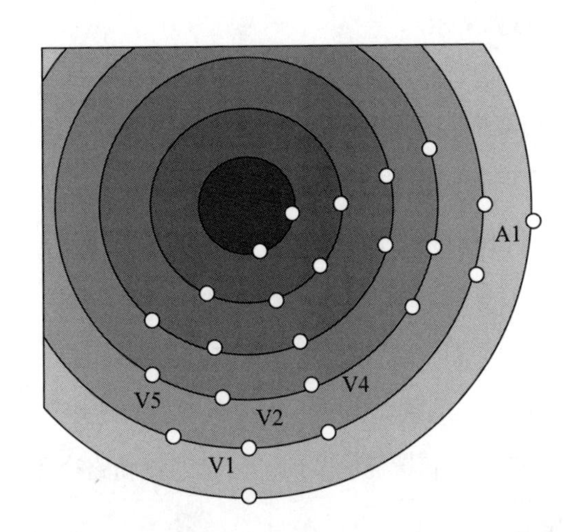

图5-4　皮质架构示意，多模态区域位于核心，外周为单模态感知加工区[1]

来源：Penny，2012。（基于 Mesulam，1998）

常有观点认为（见 Sherman & Guillery，1998），在这样一个自始至终积极主动的系统中，较高层级会对较低层级的活动实施“调控”。但是，持续的概率预测以多种极富戏剧性的方式影响加工和响应，以致“调控”是否为这种影响的最佳描述方式越来越值得怀疑了。一些新近研究取得了一些证据，表明当两个区域在层级结构上彼此邻近时（如 V1 和 V2），

---

[1] 底部为视觉区，右侧为听觉区。

“反馈连接能以和前馈连接一样的强度影响其靶区域”（Bastos et al.，2012，p. 698）。在预测加工框架中，这意味着自上而下的预测能够在合适的条件下，以能够根本上修正甚至消除“驱动性”前馈影响的方式迫使级联的下游做出响应。与此同时，“调控”的概念在一定意义上仍然是合情合理的，因为下行（及横向）预测的功能是为响应提供必要的情境化信息。

5.4 塑造有效连接

在预测加工框架中，使用高层概率期望指导及调节低层响应将不可避免地导致基本的情境效应。源于高层的指导包括就低层行动最有可能的展开方式给出期望。但正如我们在第2章中曾经谈到的那样，这种期望与对感知信息不同方面的可靠性和显著性的评估密切关联。我们会基于情境做出这些评估，它们决定了加工过程中各层级预测误差信号的不同方面会被赋予多大的权值（精度）。这就提供了一种塑造“有效连接”宏观模式的强有力的方法，能够根据任务和情境调节内部信息的流动路径和相应影响。

147

“有效连接”[6]特指“某个神经系统对其他神经系统施加的影响”（Friston，1995，p. 57）。这个概念与结构连接和功能连接都有所不同。“结构连接”指的是物理连接的总体模式（由神经纤维和突触构成的网络），它允许神经元跨时空相互作用，而且可能与更具弥散性的“音量标记”机制协同工作（Philipides et al.，2000，2005）。“功能连接”则用于描述那些存在于不同神经事件之间、已被相关研究揭示的时间相关模式。“有效连接”与上述概念密切相关，它反映的是神经事件间因果影响的短期模式，这就使我们不致受限于单纯地观察缺乏方向性（有时甚至是缺乏信息）的相关关系。因此，可以这样思考功能连接和有效连接间的关系：

> 有效连接的（电生理学）概念是与实验和时间相关的：我们会记录一系列神经元的活动，提炼其时序关系，而有效连接是能够再现这种时序关系的最为简单的神经回路图。(Aertsen & Preissl，1991，被引于Friston，1995，p. 58)

功能连接和有效连接的模式会随着不同认知任务的切换迅速改变。相比之下，结构连接的变动是一个更为缓慢的过程[7]，因为改变结构连接实际上就是重构可重构的网络本身，这需要改动底层通信框架，这种通信框架支持其他形式的更为快捷的瞬时重构。

近年来，神经成像设备辅以最先进的分析技术，极大地提高了研究有效连接模式的可行性。这些技术包括结构方程模型、格兰杰因果检验，以及动态因果模型（Dynamic Causal Modelling，DCM）。[8]有研究者借助动态因果模型，使用大脑为世界建模的核心策略（假设预测加工模型是正确的）分析神经影像数据本身（Friston et al.，2003；Kiebel et al.，2009），这一“扭转”结果令人十分满意。动态因果模型基于一个生成模型评估（推测）给定影像数据的神经源，并使用贝叶斯估计揭示有效连接的变化模式。这样一来，模型就对不同的神经源之间的连接模式，以及因某种形式的外部干扰（特别是实验干预）导致的连接变化情况进行了推断。

动态因果模型的非线性扩展（Stephan et al.，2008）使其不仅能够评估有效连接如何因实验操作（改变任务和情境）而变化，而且能够推断这些新的有效连接模式具体是如何形成的，也就是说，“两个神经元单位间的连接是如何由其他单元的活动实现或门控的”（Stephan et al.，2008，p. 649）。这种门控需要 Clark（1997，P. 136）所说的“神经控制结构”，它们可以是任意神经回路、结构或过程，只要其功能是控制内在机制的形态，而非（直接）追踪外部事态或控制身体行动。按照这种思路，Van Essen 等人（1994）以车间控制流程类比，指出现代工厂在实际制造出任

148

何产品之前，必须花费大量精力和资源确保物料在车间内部的有效流动。

相关研究就神经门控的具体机制提出了许多设想，包括假定特殊的“路由集群”——控制神经元（Van Essen et al., 1994）、巧妙使用多重入加工机制（Edelman, 1987; Edelman & Mountcastle, 1978），以及发展所谓的“会聚区”（Damasio & Damasio, 1994）。“会聚区”本质上是多重前馈/反馈环路交汇的枢纽，它因此能够“引导解剖学上彼此分离的区域同步激活”（p. 65）。以上推测与一系列新近研究成果自然吻合，这些研究证实“脑的大尺度系统能依据情境，以惊人的程度重置其功能架构”（Cocchi et al., 2013, p. 493，同见 Cole et al., 2011; Fornito et al., 2012）。

根据预测加工框架，门控主要是通过操纵分配给特定预测误差的精度权值实现的。具体而言（见第 2 章），就是通过调高选定误差单元的增益（音量），系统性地改变自上而下/自下而上的信号的相对影响。这就为一套功能丰富的注意机制提供了可能的实现方法：注意的主要作用是使加工产生偏向，以反映对感知信号和生成模型本身（不同方面的）可靠性和显著性的估量。[9]然而，同样的机制也有望支持皮质神经集群流畅而灵活的大尺度门控。要理解这一点，我们只需回顾一下：精度极低的预测误差对于正在进行的加工几乎不产生或完全不产生影响，因此无法影响高层表征的调动或调整。因此精度权值分配的变化将改变当前加工过程“最为简单的神经回路图”（Aertsen & Preissl, 1991）。由此可知，同一套神经机制既能引导注意，也能改变有效连接的具体模式。

149

这是一个直观的结果（另见 Van Essen et al., 1994），特别是当我们意识到调控精度权值有很多具体的方法，而这些方法的功能含义的细节在大脑的不同区域又有所不同之时。调节预测误差精度权值的可能机制（在预测加工框架中，其表现为控制突触后增益）包括一系列“调节性神经递质”（如多巴胺、5-羟色胺、乙酰胆碱和去甲肾上腺素）的作用（Friston, 2009）。此外振荡频率可能也扮演了主要角色（见 Engel et al., 2001; Hipp et al., 2011)。比如说，同步的突触前输入有望增加突触后增益。特别是，有研究指出“γ 振荡可以通过提高同步的神经元激活对下游神经元放电速率的影响来控制增益”(Feldman & Friston, 2010, p. 2)。而既然 γ 震荡受乙酰胆碱水平的影响（这只是影响因素之一），上述机制还将彼此交互。一般来说，自下而上的信号（在预测加工过程中编码预测误差，多被认为产生自浅层锥体细胞）可能由 γ 波传递，而自上而下的影响可能由 β 波传递（见 Bastos et al., 2012, 2015; Buffalo et al., 2011)。因此，虽说通过“精度加权的预测误差”塑造有效连接的理论非常简单，其具体实现机制却复杂而多样化，且不同机制间可能存在我们仍不了解的重要的相互影响。

几年前，一项使用非线性动态因果模型的 fMRI 研究进一步证实了以上观点（即通过调控精度可重构有效连接的大尺度模式）。研究发现(den Ouden et al., 2010) 一个特定神经区域（纹状体）的预测误差信号改变了其他区域（视觉区和运动区）的耦合方式。实验中，听觉提示(高音或低音“哔”)将先于特定视觉目标物呈现，被试的任务是（通过动作反应）尽可能快速地辨别由听觉提示预测的视觉刺激（预测方式将依时而变)。正如我们所预测的那样，随着视觉刺激可预测性的提高，被试反应速度变快，准确程度也会提高。研究者（预设了一个能与实验数据实现最优拟合的贝叶斯学习模型，并将模型的复杂度纳入考量，见 den Ouden et al., 2010, p. 3212) 使用动态因果模型发现，（由提示与刺激对应方式的变化所导致的）预测失败系统化地改变了视觉—运动耦合的强度，这种改变“受由壳核编码的预测误差程度的门控”，且“壳核的预测误差响应（调控了）信息从视觉区到运动区的传递……这与纹状体的门控角色是一致的”（皆引自 p. 3217)。因此，由纹状体所计算的预测误差的程度和精度对视觉区与运动区之间的关联强度（效力）产生了微妙的控制，协调着这两个区域的实时相互作用。这是一个相当重要的结果，它证明“特定区域随试验而变化的预测误差响应调控了其他区域间的耦合关系”(den Ouden et al., 2010, p. 3217)。

150

可见，在大脑的多层预测架构中，各种活动持续不断地进行，这强有力地支持了“大脑永不停歇”的观点：它几乎永远处于某种变动不居的状态，始终在进行积极的预测，而关于这种积极预测对感知信号的流动和加工有何影响，我们的研究才刚刚开始。

5.5 瞬态集群

前文曾经提到，预测加工架构结合了功能分化和多种形式的（普遍而灵活的）信息整合。这就为我们理解令人头疼的认知“模态”（见 Fodor，1983）提供了一种新的视角（相关讨论见 Barrett & Kurzban，2006；Colombo，2013；Park & Friston，2013；Sporns，2010，Anderson，2014）。根据新近的观点，神经元之间（及更大尺度的神经区域之间）彼此影响的模式如何改变，是由精度加权的预测误差信号所决定的，而后者则取决于对（在特定时间从事特定任务时）不同神经区域及神经元活动显著性和相对不确定性的评估。这样的系统将具有极高的情境敏感度，同时某种“柔性模块”也将从中涌现出来。由此产生一系列独特、客观且可识别的[10]局部加工组织，在一个更大、更具整合性的框架下运作，对其中功能分化的集群和子集群加以调整，让它们以不同的方式参与到不同的任务中来（对上述多功能图景的进一步论述见 Anderson，2010，2014）。

因此，借助预测加工，系统具备了一种理想的架构，能够很好地支持 Anderson 称之为 TALoNS 的形成和分解。TALoNS 指的是“瞬态装配的局部神经子系统”（Transiently Assembled Local Neural Subsystems），它们的工作方式类似于某种模块或组件，只不过其形成与改造是“动态”进行的，且因在更大的加工网络中所处位置不同而功能各异。这种高度灵活的认知架构使预测加工系统得以在不同时间尺度上对多变的任务要求，以及特定下行预期或上行感知输入的估计信度（可靠性）保持高度敏感。[11]

151

这样一来，神经表征就“取决于彼此远距区隔的不同皮层区域的输入信号，或可称为这些输入信号的函数”（Friston & Price，2001，p. 280）。在相当程度上，系统的灵活性便是这样产生的，因为来自这些区域的输入本身也受大脑其他区域预测误差信号的影响，始终处于快速重组的过程之中。这些特征结合起来，便产生了一个架构，该架构内含彼此分离、功能分化的组件和回路，但其不断变化的动力学是（借用 Spivey，2007 的术语）“由交互主导的”。因此，不同影响路径彼此高度协调，而且它们本身就是行动响应的（也就是说，它们会通过各种形式的“循环因果关系”将知觉和行动联系起来），可能的动力学空间也将借助各种具身的和延伸的技巧，通过构造我们自身的输入和重构问题空间得到进一步的丰富（见第 3 部分）。在这个架构中，表征建立在感觉运动经验的基础之上，它们（我们很快就将看到）受益于各种形式的抽象，这些抽象植根于分层的学习。最终，整个系统的复杂程度令人畏惧：它将可灵活适应情境的深度加工机制与由大脑、身体和世界构成的丰富环路结合起来，支撑了（几乎不可想象的）巨量信息及影响的可塑流动。

5.6 理解行动

在我看来，这种系统复杂性的激增最为明显的表现莫过于我们理解自身及他人行动的能力了。人类幼儿在四岁左右时已经不仅能够将自己理解为一个有着特定需求、欲望和信念的个体，而且能够理解他人不同于自身，也有其特定需求、欲望和信念了。他们是如何达成这一成就的？对许多人来说，“镜像神经元”的发现已将这个问题回答得差不多了。然而还有一种可能，那便是“镜像神经元”的存在更多的是一种征候而非解释——灵活的、情境敏感的预测加工才是更为基本的机制。如果这种观点是正确的，那么理解他人的行动就只是根据不同情境灵活反应这种更为宽泛的能力的表现之一。

镜像神经元最早发现于猕猴的F5区（即运动前区）（Di Pellegrino et al.，1992；Gallese et al.，1996；Rizzolatti et al.，1988，1996）。伴随猴子的某些行动（相关例子包括从一个盒子中取出一只苹果，或使用带有很强的目的性的精确动作捡起一粒葡萄干），这些神经元会发生强烈反应。然而，实验人员惊讶地发现同一批神经元在猴子仅仅是观察到其他被试的同类行为时也会被强烈地激活。这种具备"双重侧写"的神经元也存在于猴子的顶叶皮质中（Fogassi et al.，1998，2005）。此外，还有"口部镜像神经元"（Ferrari et al.，2003），它们在猴子从分配器（也就是一支注射器）中吸吮果汁时，以及猴子观察到一个人类被试做出同样的行为时都会被激活。其他研究者则使用如fMRI等神经成像技术在人脑中发现了尺度更大的"镜像系统"（即用于生成、观察和模仿相关行为的彼此重叠的神经资源，见Fadiga et al.，2002；Gazzola & Keysers，2009；Iacoboni，2009；Iacoboni et al.，1999；Iacoboni et al.，2005）。

152

镜像神经元（及由这些基本单元构成的更大尺度的"镜像系统"）让认知科学家们浮想联翩，因为它们提供了一种方法，让我们能够使用关于自身行动"意义"的知识理解他人的行动。假设我们承认当我用一个指向性相当明确的动作去拿一粒葡萄干时，我（以某种简单的、一阶的方式）"知道"自身行动的意义就在于得到并品尝那美味，那么，如果在我发现你用同样的动作去拿葡萄干时，我的大脑中同一集镜像神经元会被激活，而这或许便是我借以理解你的目标和意向（直白地说，你想吃那粒葡萄干）的方法。这就好像打开了一扇通向其他个体内心世界的窗户，让我能够更好地预测，甚至能够借助某些快速介入干扰你的下一步行动（从而为自己取得那粒葡萄干）。正因如此，镜像神经元被认为提供了一种"基本机制"，以支持Gallese、Keysers和Rizzolatti（2004）所说的我们"对他人行动的经验理解"，特别是我们如何判断其他个体的目标和意向（见Rizzolatti & Sinigaglia，2007）。

上述“经验理解”指的是某种深刻的、基本的或“具身的”理解，它使我们能够通过“直接匹配”（Rizzolatti & Sinigaglia，2007）或“共鸣”（Rizzolatti et al.，2001，p. 661）领会自身观察到的行动的意义，这种“共鸣”涉及我们关于同一行动的运动表征。如果这种观点是正确的，那么对他人行动的观察将引导我模拟或部分激活（我自己的）能够导致被观察行动的目标/运动路径。有观点认为，我们正是以这种方式“使用自己的‘运动知识’理解他人的行动”（而且）“借助这种知识储备，我们得以迅速归因他人的行动，赋予其相应的意向及意义”（Rizzolatti & Sinigaglia，2007，p. 205）。

153

然而，这一切并不像听起来那样简单直接。因为完成上述任务需要解决一个极其复杂的“反演问题”，我们已经在4.4中论述过该问题的一个简化版本。概括地说，所谓“反演问题”是指使用一个能够明确导致某种后果的输入（在这里，它指的是对另一行动主体某个运动序列的观察），推断产生该输入的命令（在这里，它指的是对应不同高层目标和意向的神经状态）。通常情况下，最大的困难是：在观察到的运动和导致这些运动的（编码了目标和意向的）高层状态间可能的映射是多种多样的。也就是说，“如果你看到街边某个人挥了挥胳膊，他可能是在拦出租车，也可能是在赶一只黄蜂”（Press，Heyes，& Kilner，2011）。或者借用Jacob和Jeannerod（2003）的生动例子：那个身穿白色外套的家伙手中的小刀直指一个男人的胸膛，他是想要实施一场可怕的谋杀，还是要做一个挽救生命的手术——他是Jekyll医生还是Hyde先生？由于行为和意图间的映射并不唯一，单看行为序列，我们是无法知悉其背后意向的。Jacob和Jeannerod（另见Jeannerod，2006，p. 149）因此担心简单的基于运动的匹配机制必然无法实现对其所谓“先验目标和意向”的把握。

这一切都说明，不论我们所设想的“直接匹配”或“共鸣”过程背后是何种机制，它都不可能单纯地依赖前馈（“自下而上”）的感知信息流。反之，要从我们所观察到的基本运动学特征理解行动主体的意向，必然要经由系统先验状态的灵活介导。一种实现方法是使用下行活动匹配传入的感知信息流，这些下行活动反映出观察者对另一行为主体时运动发生所处的情境已有哪些了解。现在，请读者回顾一下第4章中关于自主产生的行动的相关内容。如果我们的主张是正确的，则当主体产生特定行动时，会预测这些行动所导致的感知数据流。该预测涉及一系列跨层级的“沉淀”过程，即多个神经区域互换信号，直至达成某种全局意义上的协调（表现为所有层级的预测误差最小化）。毫无疑问，这种协调并不完美，而且是临时性的，因为误差永远不能归零，而且大脑的状态始终变动不居。但只要它（或多或少地）得以实现，不同的神经区域间就能达成某种和谐，这些区域编码了基本运动（低层级运动学）指令的信息，导致多层感知信号输入，并产生了主体持续的目标和意图。类似地，这些目标和意图被编码为分布的模式，跨越不同加工层级，它们既包括“局部”的目的（“转动开关”），也包括较上位的（“打开电灯”）乃至更具整体性的意向（“照亮房间”）。大量彼此支持的结构跨越许多神经区域分布，形成一个完整的网络，其可能的配置由习得的生成模型指定，这种架构让我们得以预测自身行动的感知后果。

154

至此，我们就能使用预测加工机制更加清晰地解释镜像系统的工作原理了。假设我们使用同样的生成模型（一些微调和注意事项见5.8）去匹配与其他主体的行动相关的感知信息流，会发生什么事呢？在这种情况下，大脑的不同区域同样必须以彼此协调的方式活动，以同时适应先验预期和感知证据。Kilner等人（2007）将上述方案应用于前面提到的《化身博士》式的疑难问题，他们指出：

根据这一方案，从对动作的观察推得的意向现在取决于接收自情境层级的先验信息。换言之，如果该白衣男子是在手术室里持刀指着患者的胸膛，则“伤害”的意向会产生很强烈的预测误差信号，而“治疗”则不会。如果对这两个意向而言，源自所有其他层级的预测误差信号都彼此相同，那么通过最小化全局预测误差，MNS（镜像神经系统）会对观察到的行为背后的意向进行推测：白衣男子正试图治病救人。因此，就算不同的意向可能导致同一行为，MNS也有能力得出自己的判断。（Kilner et al.，2007，p. 164）

在没有任何情境相关信息的情况下，（当然）没有什么办法区分“伤害”和“治疗”。然而，预测加工理论提供了一个可行的机制（如图5-5所示），让我们可以使用已有的知识（包含在我们用于预测自身行为感知后果的生成模型中）对其他（相似）主体的行为背后的意向进行推理，这些推理将能够反映行为的情境。[12]

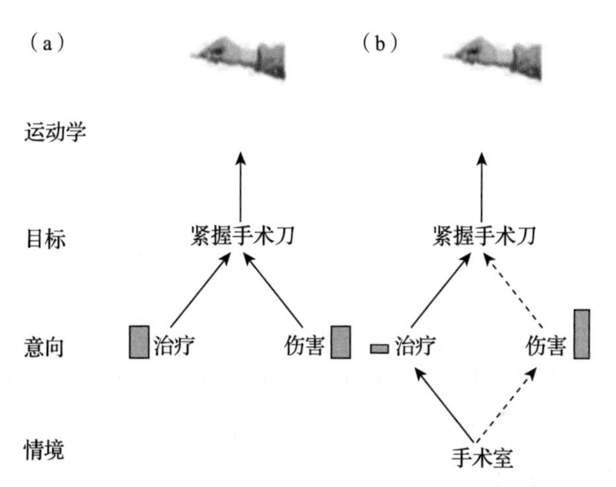

图5-5 案例：镜像神经系统（MNS）的预测编码解释㊀

来源： Kilner et al.，2007，p. 164。

㊀ 这个案例是关于一个镜像神经系统多层架构中四个层级的归因：各层级分别为运动学（动作）、目标、意图和情境。（a）列表示对行动的观察不考虑情境，（b）列表示观察到同一行动，但此时情境是手术室。竖条描述预测误差的水平。在（a）列中，不同（意向）方案预测同样的目标和运动学，因此预测误差水平也完全一致。在这种情况下，模型无法区分行动背后的不同意向。在（b）列中，手术室情境导致“伤害”意图下产生了很大的预测误差，而“治疗”意向下预测误差要小得多。在这种情况下，模型可以区分两种意向。

5.7 创造镜像神经元

所有这些都让镜像神经元曾一度带有的光环在某种程度上变得黯淡了。现在看来，单个神经元的“镜像性”本质上只是联想学习的直接后果而已（Heyes，2001，2005，2010）。根据这一解释，“每一个镜像神经元都是由感知运动经验创造的，感知运动经验将同一动作的观察与执行彼此关联起来”（Heyes，2010，p. 576）。

155

我们都拥有丰富的感知运动经验，毕竟观察自己执行的行为对我们来说已是家常便饭。因此：

> 每当一只猴子在视觉引导下执行“抓取”动作，运动神经元（关联于“抓取”）和视觉神经元（关联于视觉引导）的激活就彼此关联起来了。通过联想学习，这种关联激活赋予了“抓取”运动神经元额外的匹配属性：它们成为了镜像神经元，不仅在执行抓取动作时放电，在主体观察到抓取行为时也会被激活。（Heyes，2010，p. 577）

156

同样，我们可能伸手取一只水杯，同时观察到自己手部的姿态；也可能吹喇叭，同时听见它发出的声音。在这种情况下（见图 5－6），感知和运动神经元彼此关联的活动同时调谐了某些神经细胞，令其能在我们执行和观察某些动作时都被激活。这种联想为生成模型提供了信息，最初用于产生和理解自身行动的生成模型于是也能在我们观察其他（与我们自身足够相似的）主体的行动时发挥作用了。

157

这恰恰表明镜像神经元和镜像系统如何有助于我们灵活地理解其他主体的行动（见 Press，Heyes，& Kilner，2011）：并非（借助某种神奇的力量）直接确定他人的目标和意向，而是参与构建能让我们跨越多时空尺度预测不断变化的感知信号的双向多层级联。当误差在所有层级实现了最小化，系统就通过复杂的分布式编码确定了低层感知数据、中层目标和高层意向：我们看到 Jekyll 用他特有的姿势握着手术刀，正要剖开病人的胸膛，试图救死扶伤。

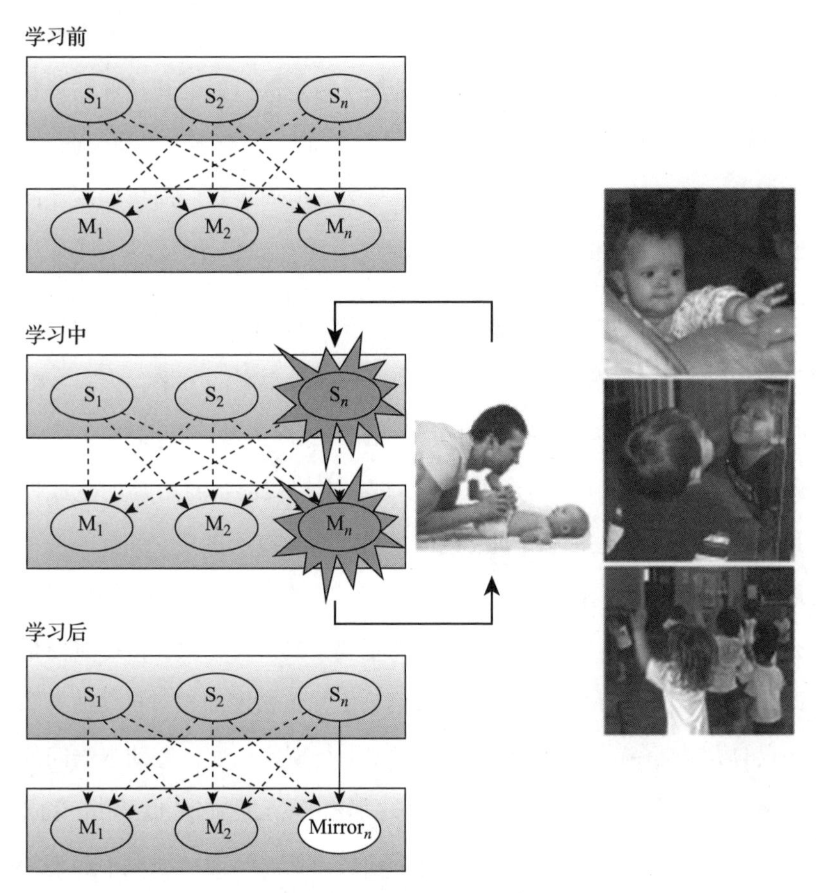

图 5－6　联想序列学习[㊀]

来源：Press，Heyes，& Kilner，2011。照片引自 Photobac/Shutterstock. com。

㊀ 学习前，各感知神经元（S_1、S_2……S_n）对被观察行动的不同高层视觉特征发生反应，并与一些运动神经元（M_1、M_2……M_n）彼此连接，这些运动神经元会在执行行动时放电，它们与感知神经元之间的连接是松散且缺乏系统性的。在创造镜像神经元的学习过程中，某个行动会同时激活感知和运动神经元，令其反应彼此关联（即强化两种神经元间的连接，令其激活互为条件）。

5.8 “谁干的？”

不过，还有一个疑难问题（但其中也暗藏机遇）。在伸手去取咖啡杯时，我的级联神经预测的主要成分便是关于特定部位紧缩和拉伸的多重本体觉感知，这些感知是当下的取够动作所特有的。第4章曾讲到，（预测加工理论主张）正是上述预测导致了取够行为。但如果我们简单地假设同样的预测在观察任一其他主体的取够动作时也会产生，就显得过于随意了。

这个问题大致有两种解决思路。其一涉及创造一个全新的模型（生成模型片段），以预测目标事件。[13]这是一个成本很高的方案，因为我们可能时不时地就需要创造这种新的模型（比如说我观察的对象是一个迥异于人类的生命体，或是一个细菌）。不过，支持我们自身行动的生成模型和我们借以理解其他主体行动的生成模型间毕竟有所重叠，如果能最大限度地利用这种重叠，事情就好办多了。（至少在概念上）这不像听起来的那么困难，因为我们已经拥有了所需的主要工具。再一次，该工具便是预测误差信号不同方面的精度加权。我们已经知道精度加权对自动注意和主动注意的机制有多重要，以及它如何实现下行期望和上行感知数据间的动态平衡。但正如我们在5.4中谈到的那样，精度加权也为情境门控（contextual gating）提供了一个宽泛而灵活的方法，其能够促成不同神经集群的柔性联合（即有效连接的模式），对当前的需求、目标和事态做出灵活响应。虽说关于自发行动的预测和观察/理解其他主体行动时涉及的预测有所不同，但有了精度加权这个强大的工具，我们就能通过调整精度期望系统地解决这个问题，在系统新增的情境层中表征自体与他者间的差异。

这种调整针对的是我们自身的本体觉预测。当有线索表明我眼前的动作系由另一主体执行时，对应当前场景特定方面的本体觉预测误差的精度权值（增益）就会被调低。[14]这是因为根据预测加工模型，直接驱动主体自身行动的是本体觉预测误差的最小化——执行机构会致力于实现那些精度较高的预测。因此当本体觉预测误差增益较低时，我们就能（在不激活执行机构的前提下）随意调动那些旨在让我们自己产生相应行动的生成模型，以预测他人行动的视觉后果，以及理解行动背后的意向了。[15]在这种情况下，生成模型的其他方面之间复杂的相互依存关系（这种相互依存体现在高层意向与近期目标及相应动作展开方式间的关联）仍然保持活跃，让皮质多个层级的预测误差实现最小化，从而帮助我们形成有关“自己观察到的行为‘背后’有何意向”的最优全局性猜想。

结果是，“在行动或观察时，我们都可以使用同一套生成模型，（根据视野中的动作是由我们自身还是他人执行的）选择性地关注视觉或本体觉信息”（Friston，Mattout，& Kilner，2011，p. 156）。与被动的观察相反，当自身执行动作时，分配给相应本体觉误差的精度权值必须被调高，在这种情况下，如若高权值的本体觉预测误差能得到一系列下行预测（其中的一些反映了我们的目标和意向）的妥善处置，我们就会感觉到自己是行动的主体。这便是受到广泛讨论的“能动意识”（sense of agency）[16]的核心（仅对那些正常的、拥有功能良好的本体觉系统的被试而言），越来越多的研究揭示，预测误差的生成和精度权值的分配一旦出错，就会导致许多关于行动和控制感的错觉，我们将在第7章进行详细描述。[17]

概括地说，我们自身运动意向的神经表征和模拟其他主体行动时被激活的那些表征实质上是一样的，而且“同一套神经表征既可以作为自发行动的‘处方’，又可以（在另一情境中）编码他人意向的知觉表象”（Friston，Mattout，& Kilner，2011，p. 150）。在这里，功能上的明显差异并非源于核心表征本身，而是源于对精度的评估，正是这些评估影响了表征的实效，其反映了当前情境的不同。因此，所谓“镜像”现象可能是应

159

用多层预测加工机制的后果。根据这一机制的设定，表征既可用于知觉，又可用于行动——“大脑不会分别表征意向行动与这些行动的知觉后果：大脑中的结构既对应意向，也对应知觉；它们既与感觉相关，又与运动相关”（P. 156）。本质上，这些表征是元模态的、高层级的关联复合结构，联系了目标/意向及其感知后果。根据对应情境的不同，那些（高层）状态具有特定于不同模态的内涵（一些是本体觉的、一些是视觉的，诸如此类）：这些内涵是通过改变预测误差信号不同方面的精度权值获取的。

5.9 机器人的未来

我们可以使用大体相同的策略——正如第 3 章对“心智的时间之旅”的介绍一样——以有助于计划和推理的方式想象自己未来的行动走向，因为在这种情况下也会产生一个类似的问题。假设某种动物拥有一套丰富而强大的生成模型，令其能够在多个时空尺度上预测感知信号。看上去这种动物就完全可以“离线地”使用该模型（见 Grush，2004）实现“心智的时间之旅”（见第 3 章），想象未来可能的展开方式，据此选择行动。但在这里，知觉和行动间深层次的紧密联系诱发了一个引人注目的问题。因为根据先前描述的流程模式，我们借以实现手臂特定运动轨迹的方法，正是对该运动轨迹本体觉后果的预测（这只是个简单的例子）。

再一次，解决这个问题要依靠对精度加权的精明部署（这种部署是习得性的）。假设我们再度调低了本体觉误差信号（特定方面）的权值，同时在高层输入一个状态，其含义用粗略而现成的民间心理学说法总结大概类似于——“杯子被握住了”。由于运动产生于高精度的本体觉期望，该条件在这里显然是不具备的。但生成模型中所有其他彼此交织的元素仍能正常发挥作用。于是，该动物就能形成抓握行为的一个“心理模拟”，并能够认识其最有可能的后果。这种心理模拟为不同形式的基本具身反应和计划、思虑以及“离线反射”的能力铺平了道路。[18] Pezzulo（2012）将上述心理模拟描述为“内隐环路”。如图 5－7 所示，“内隐环路”：

> 通过压制外显的感知和运动过程离线地运行（在积极推理框架下，这需要压制本体觉）。主体能够进行一些想象，在这些想象中执行一系列虚拟的行动，产生关于未来（而非当前）事态的预测。虚拟行动和预测可以通过最小化自由能（也就是预测误差）得到优化，但该过程不会产生外显的执行：思绪并非漫无目的地飘飞，而是在严密的控制下朝向高层指定的目标接近。因此，展望和计划是一种优化的过程，它们超越当前可供性，支持个体产生远期的、抽象的目标（及其他有关联性的计划）。（Pezzulo，2012，p. 1）

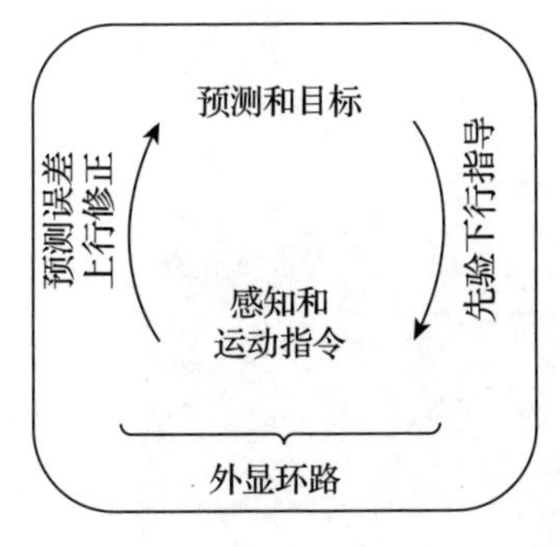

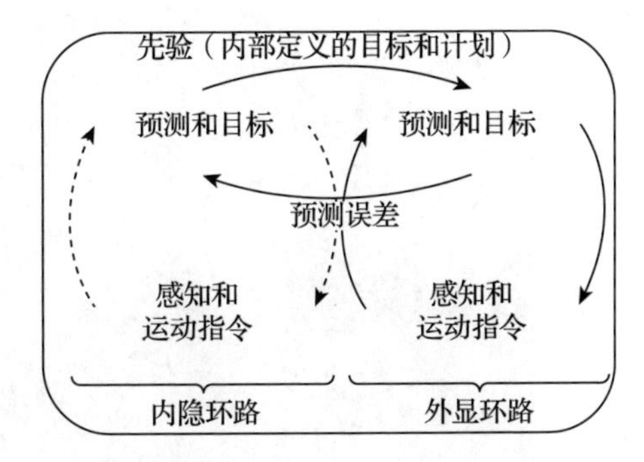

图 5－7 内隐环路㊀

来源：Pezzulo，2012。

在上述过程中，核心观念的产生或调整无需激活全过程模型，根据后者，运动指令是通过本体觉预测传达的。更为基本的思想是，行动生成、行动理解和模拟可能行动的能力源于同一套生成模型在不同情境下的微调，该生成模型的基础是行动主体所具备的全套感知运动能力。

㊀ 内隐环路让个体能够在想象中执行一系列“虚拟行动”，产生关于未来（而非当前）事态的预测。

研究者已通过在微观领域进行一系列模拟深入探究了这一思想。Weber等人（2006）描述了运动皮质的生成/预测混合模型，该模型便具161有上述多功能性。在这项研究中，原本旨在赋予机器人行动执行力的生成模型同时被设置为能够预测可能的知觉和行动序列。而后，这种模拟的能力被用于执行一个看似简单，实则极富挑战性的任务：机器人借助视觉在桌子上检测到了一个对象，它被要求停靠在桌旁，但其选择的停靠位置和停靠方式必须让它能够抓握住该对象。由于停靠在桌旁的可能方式多种多样，但只有少数几种才能让机器人顺利达成目标，这一研究能很好地研究系统如何基于其自身“心智模拟”的结果执行停靠行为（见图5-8）。

图5-8 Weber等人（2006）的研究中使用的机器人正在执行“停靠”任务[㊀]

来源：Weber et al.，2006。

㊀ 请注意，由于夹握装置及其侧柱被设计得很短，如果机器人接近桌子的轨迹与其停靠边不相垂直，它就无法抓握住桌上的橙子。在现实生活中，这对应着我们的手指、手臂或手掌位置不适宜抓握的情况。

相关思想也可见于 Tani 等人的研究（Tani et al.，2004；Tani，2007），他们使用“具有参数偏向的递归神经网络”（Recurrent Neural Networks with Parametric Biases，RNNPBs）实施了一系列机器人实验，“具有参数偏向的递归神经网络”是一类基于预测进行多层学习的神经网络。这些研究的主导思想是，基于预测的多层学习能够解决一个关键的问题：如果系统能够通过感知运动对接世界这一事实体现了它对世界的某种理解，那么这种理解如何与同步发展起来的高层抽象相关联？这是因为学习在架构的高层产生了各种形式的表征，它们让系统能够预测低层神经活动的模式具有何种规律（这些模式本身与作用于系统感知外围的能量刺激相对应）。

162

上面这些都是“有据抽象”（grounded abstraction）的例子（相关概念见 Barsalou，2003；Pezzulo，Barsalou，et al.，2013），它们为更具创造性和战略性的运作——包括解决新异运动问题、模仿观察到的其他主体的行动、实施目标导向的计划和使用离线意象预先测试相关行为——提供了可能性。有据抽象植根于具身行动，不能凭空进行。相反，在系统与世界的交互中，有据抽象可视作某种“动态编程语言”：借助这种语言，（比如说）“连续的感知运动序列就能被自动分割成一组可重复使用的行为原语了”（Tani，2007，p. 2）。Tani 等人的研究（2004）表明，（通过学习驱动的自组织过程）装备了这些行为原语的机器人能够对其加以有效利用，以模仿它们观察到的其他主体的行为。他们的另一项实验显示这些原语也能帮助建立行为与简单语言形式间的映射，如此，机器人就能学会遵循类似于（使用身体）“指向”、（使用手臂）“推动”或（使用手臂）“击打”指定对象或空间位置的指令。

Ogata 等人（2009）进一步扩展了上述研究，他们运用“具有参数偏向的递归神经网络”模拟解决了“视角转译”（viewpoint translation）这一重要问题：一个机器人通过对其自我模型实施一套习得的变换，观察并模拟其他个体操纵特定对象的行为。在这个“认知发展机器人学”实验中，“其他个体被视作一个动态的预测对象，而这种预测是通过一个自我模型的投射或转译实现的”（Ogata et al.，2009，p. 4148）。

这些演示虽然领域相对局限，却发人深省。“可重复使用的行为原语”表明：多层架构中概率性的预测驱动学习能够十分自然地产生诸如“合成性”“可重用性”“可重组性”等特性，而这些特性一度只和传统人工智能中脆弱的、组块化的符号结构联系在一起。只不过，作为预测加工产物的高层抽象如今深深植根于主体的过往经验及其感知运动动力学。

163

5.10 无止无休、反应敏捷的大脑

这样看来，情境的重要性怎样强调都不为过。我们根据所处情境重构及微调自身加工路径的能力不仅仅表现为我们有能力解决《化身博士》式的疑难问题，也表现在我们有能力区分自我和他人。但是，情境本身当然也属于认识对象，而且它通常也是在某个情境中被认识的！

这里不涉及倒霉的无穷回归。通常情况下，我们拥有许多可靠的（外部和内部）线索，能够借助预测误差信号，调动合适的神经资源并加以微调。清晰的外部线索（如《化身博士》问题中的手术室环境）已经足够典型，但我们自身持续的神经状态（它编码了关于目标和意向的信息）也是一例，它们已经产生了各种各样的情境化作用，正如身体运动对感知信息呈现方式的许多细粒度影响那样（见 O’Regan & Noe，2001）。常见的线索还有两种，一种是极其迅速的“主旨加工”，它能够在主体接触新异场景后数百毫秒内完成情境化线索的传递，另一种

（其重要性无与伦比）则是无止无休、永远翘首以盼的大脑的持续活动。

早在本书1.13中我们已经看到，预测加工系统偏好采用某种反复协调的“一眼主旨”模型，由此先行确认一般场景，再补充细节。我们还曾强调，情境的指导作用（在生态学意义上的正常情况下）很少脱离认知主体的思维模式——我们的感知期望几乎总是处于大体合适的状态。以此观之，大脑就是一个无止无休、积极主动的器官（Bar，2007），它始终基于自身近期状态及更为久远的历史，针对即将传入的扰动，以各种方式为反应布置背景，借此组织与重组其内部环境。

此外，即便在某些罕见的情况下（比如说在某些设计精巧的实验情境中）我们被迫加工一连串彼此不相关的感知输入，大脑还是能够使用相当精明的策略迅速提取当前场景的“主旨”或宽泛含义。这种快速提炼主旨的能力能够在哪怕是相当难以理解的情况下传递情境信息，让主体据此确定合理的精度期望水平：由此，情境塑造了有效连接的网络，聚合新质的、柔性的神经资源联合体，调动和调整用于拟合前馈感知信息流的相关模型。

能够快速提炼主旨的感知通道绝不仅限于视觉。但哺乳动物的视觉系统被研究得非常充分，其受益于两条截然不同的加工路径的资源组合：自V1区投射的加工速度较快的大细胞通路构成所谓的“背侧视觉通路”；同样自V1区投射的，但加工速度较慢的小细胞通路则构成所谓的“腹侧视觉通路”。这两条视觉通路因Milner和Goodale的“双重视觉系统”假说（见Milner & Goodale，2006）而广为人知。有观点认为，在预测驱动的神经架构中这两条通路分别提供了：

164

一个基于对视觉输入的部分加工，进行自上而下式预测的快速而粗略的系统，以及一个由快速激活的预测引导，并基于较为滞后的细节信息修正这些预测的更加缓慢而精细的子系统。(Kveraga et al., 2007, p. 146)

除了上述两条通路外，还存在第三条，也就是粒状细胞通路，尽管截至本书写作之时研究者尚不清楚它有何功能（见 Kaplan, 2004）。大细胞通路和小细胞通路都具有先前描述的某种分层组织架构，但它们彼此间也存在紧密而重复的交叉连接，造就了一个前馈、反馈和横向影响彼此缠结的惊人复杂的网络（DeYoe & van Essen, 1988），其综合效应是（如 Kveraga 等人的观点）允许由背侧通路迅速加工的低空间频率刺激作为情境提示信息，指导主体认识眼前对象和所处环境。

这些快速“猜测”的早期步骤为当前输入预备了现成的粗略“类比”。这一描述来自 Bar（2009），他所指的仅仅是：快速加工的线索支持系统基于过往经验提取某种高层“骨架”，其（在大多数情况下）恰好提供了关于当前场景可能具有何种形式和哪些内容的足量信息，并允许系统流畅而迅速地利用残差，揭示任务所需要的各种额外细节（见图 5-9）。“骨架”的内容不限于场景性质的简单事实（城市环境、办公室环境、运动中的动物，等等），还包括该情境或事件的“情感主旨”中那些基于我们的过往情感反应得到快速提取的成分。由此：

当大脑侦测到当前来自双眼的视觉感知，试图生成关于这些视觉感知所指何物的预测，以此对其进行解读，它能够利用的不仅仅是过往获取的听觉、触觉、嗅觉、味觉模式及语义知识，还有情感表征，也就是关于那些外部感知会如何影响身体内部感知的过往经验。(Barrett & Bar, 2009, p. 1325)

165

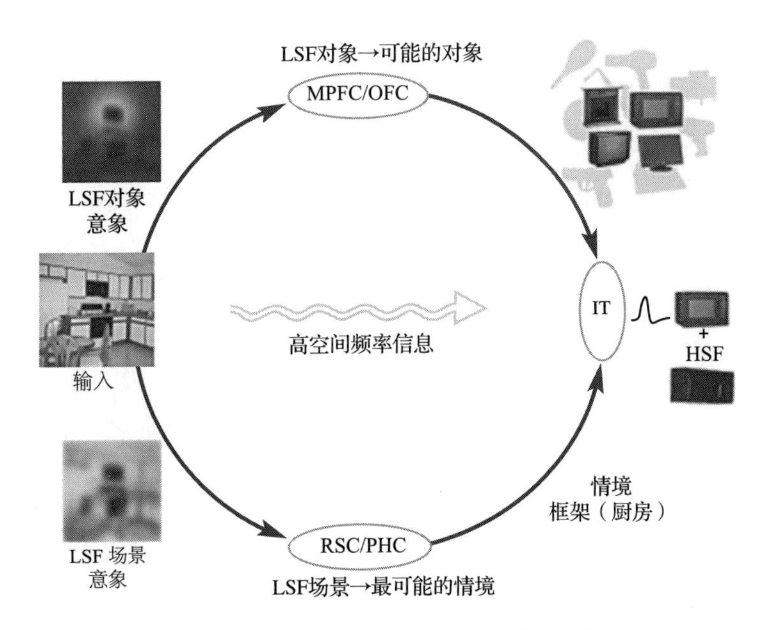

图 5－9　将低空间频率信息用于快速猜测[㊀]

来源：摘自 Bar，2009，已获作者授权。

随着加工过程的继续，情感和内容一同被系统纳入计算：它们在整个过程中交织在一起，形成对场景的连贯的、暂时稳定的解释。这意味着要经验到世界，仅仅跨越多个时空尺度对它形成连贯的把握还是不够的，我们对周遭环境连贯的、多层级的理解还需要具备丰富的感情内涵。这种理 166

㊀ 低空间频率（LSF）信息的快速投射与图像细节沿视觉通路自下而上的系统传递平行，这种投射可能是借助大细胞通路实现的。它所传递的粗略而快速的信息足以生成关于情境特征和其中存在什么对象的“初始猜想”。这些基于情境的预测会随着高空间频率（HSF）信息的逐渐到达得到证实或精炼（Bar，2004）。MPFC 指内侧额叶皮质（medial prefrontal cortex）；OFC 指眶额皮质（orbital frontal cortex）；RSC 指后压部复合体（retro-splenial complex）；PHC 指海马旁皮质（parahippocampal cortex）；IT 指颞下皮质（inferior temporal cortex）。图中的单向箭头用于强调分析过程中的信号流方向，但所有这些连接本质上都是双向的。

解能够直接导向合理的行动和响应。当我们在不同情境间流畅过渡时，大脑始终保持积极主动，致力于让我们顺畅地加工及应对不同情况。这意味着借助粗略的线索激活一系列“思维模式”（Bar，2009，p. 1238），以调用更为精细的猜测和丰富的现有知识，为可能的行动及干预做好准备。

Bar（2009）指出，以上基于预测的解释与近年来认知科学另外两个主要的研究传统存在密切关联。第一个研究传统是模式化观念的主动激活（通过诸如词语或面部表情等简单线索）及其对行为的影响（见 Bargh et al.，1996，相关回顾见 Bargh，2006），它与预测加工的联系是直截了当的：快速而自动地激活整套预测提供了一种足以产生上述效果的机制，而（我们已经谈到）它的影响显然不止于此。

第二个研究传统是所谓的“缺省网络”，构成该网络的一组神经区域在我们并未致力于任何特定任务时（比如说当我们让思绪自由飞翔时）会被强烈地激活，而当我们集中关注外部环境中的特定元素时，它们的活动又会被压制（见 Raichle & Snyder，2007；Raichle et al.，2001）。“缺省网络”与预测加工的联系没有那么直接，对上述“静息状态激活”侧写的一种可能的解释是，它反映了大脑在持续地建构和维持某种滚动的背景“思维模式”，让我们对未来的行动和决策准备周全。这种持续的活动反映了我们完整的世界模型，包含了我们作为行动主体的一系列“需求、目标、欲望、情境敏感的习俗和态度”（Bar，2009，p. 1239）。当我们对来自外部（甚或是内部）环境的最简略、最粗糙的感觉线索进行加工时，它们将提供一组本身就十分活跃的基线期望。这种持续的内源性活动具有强大的功能，可用于解释（举一个不同的例子）为什么被试对同一刺激会产生不同的反应，而且这些反应与他们在接受刺激前自发的神经元活动存在系统的联系（Hesselmann et al.，2008）[19]。综合所有这些事实，就能绘制出完整的图像：一些粗略的线索能够驱动大脑以极快的速度识别主旨，但即使在接收到这些线索以前，大脑也从不被动等待。因此，所谓的“静息状态”根本谈不上“静息”。相反，它反映了神经系统无休止的活动，其强迫性的预测传播让我们始终维持（不断变化的）期望。[20]

167

5.11　为短暂性欢呼

预测加工理论描述了一种复杂的但可快速重构的认知架构，表现为内部资源（及外部资源，见第 3 部分）的短暂联合在多种神经增益控制机制的影响下形成和分解。这种架构具备了“神经门控”的功能，也就是说，大脑不同区域的彼此影响是动态可调的，上行信息和下行信息的相对作用根据我们对感知不确定性的评估持续变动。[21]最终，这个架构能够实现功能各异的回路与对情境高度敏感的（及“交互主导的”）加工和响应模式的有机结合。

这种结合仰仗一系列复杂的、后天形成的“精度期望”，这些精度期望的作用是改变不同系统元素彼此影响的具体模式。在观察和理解其他主体的过程中，精度期望最为重要的功能是调低本体觉预测误差的权值，让多层预测能够在没有外显行动的前提下展开。调低本体觉预测误差的权值还提供了一种“虚拟探索”的方式，让我们对非真实情况展开想象，为推理和决策提供指导。

最为重要也最为普遍的是，多变的精度权值塑造并改变了信息与影响的大尺度流动。由此，它们提供了一种反复重构有效连接的方法，根据快速加工的主旨线索、自发行动、任务要求和我们的身体状态（如内感觉）的变化不断调整特定神经响应的“最简回路图”。如此，大脑就可被视为一套嗡嗡作响、不断变化的动态系统，为更好地应对传入刺激的“弹幕”而不分昼夜地自我重构。

6　超越幻想

Surfing
Uncertainty

168

6.1　对世界的预期

如果说大脑是一台概率预测机器，这对我们理解心灵与世界的关系有何启迪？它是否意味着，正如一些人所质疑的那样，我们经验到的只是某种“虚拟现实”或“受控的幻觉”？还是说，这种高度仰仗预测的认知机制能让我们更为直接地接触到所谓“世界的本来面目”（虽然这个概念相当模糊，而且很成问题）？此外，我们知觉到的东西和知觉过程的概率性内部机制间有何联系？在我们的直观中，世界是由确定无疑的对象和事件构成的，比如说舞台上的探戈、台下的酒桌、围着桌子的闲聊和桌子底下的狗。但一切知觉的基础（假设我们的理论是正确的）都是复杂而缠结的概率分布的编码，其中就包括对自身感知不确定性的评估。

在不考虑行动和行动可能性（即“全套行动能力”）的前提下研究上述问题会让我们大大偏离正轨。这是因为预测误差最小化机制本身的真正目的并非创造“正确的”内部表征，而是指导我们通过行动与世界交互。意识到这一点，我们对心物关系以及心智概率性内部架构的形态和范围的观

169

点就需要做出调整了。对世界的认知是一个更大的系统矩阵的一部分，后

者的重点和核心是具身的行动，以及适应现实世界所必需的各式快速而流畅的反应。在这个大背景下探索预测加工理论是本书剩余部分的主要使命。

6.2 受控的幻觉和虚拟现实

Chris Frith 在他关于预测性贝叶斯大脑的杰出专著（2007）中这样写道：

> 我们的大脑建构了世界的模型，并基于感官接收到的信号对这些模型进行不断的调整。因此，大脑的世界模型才是我们真正知觉到的东西。这些模型不是世界本身，但对我们来说，它们并无二致。你大可以说我们的知觉就是与现实恰好相符的一系列幻想。（Frith，2007，p. 135）

这让我们想起了第 1 章中提到过的口号——“知觉是受控的幻觉”。[1] 思维亦然，因为它涉及使用主体的知识储备生成“最优的多层级下行猜测”。这些跨越多时空尺度的猜测能够最好地解释传入感知信号。正因如此，Jakob Hohwy 写道：

> 这个理论给我们传递了一个重要的，但或许已经不太时兴的关于心智的观点：知觉是间接的……我们知觉到的是大脑对外部世界中各种诱因的最优假设，它们体现为高层生成模型。（Hohwy，2007a，p. 322）

在后来的另一部作品中，Hohwy 用“虚拟现实”的观念描述了这种关系。关于有意识的经验，他这样说：

> （它们）是大脑偏好对当前感知输入做出最佳理解的结果，即使这种

理解意味着对先前信念的高度重视。与此一脉相承的观点是：有意识的经验就像一种幻想或虚拟现实。一般情况下，幻想或虚拟现实之所以被构造出来，是为了让我们隔离真实的感知输入。有意识的经验——比如说想象和梦境——与此不同之处在于，它们并不会造成这种隔离。但不管怎样，它们还是让我们与其致力于表征的世界的本来面目保持了一定的距离。(Hohwy, 2013, pp. 137 – 138)

170

Hohwy 的说法有正确的成分，但（正如我将要论证的那样）也有些地方大错特错。他认为知觉在某种意义上是一个推理过程（该观点最初源自 Helmholtz, 1860，同见 Rock, 1997），这一点没错：（作为推理过程的）知觉是某种夹在因（如感知刺激或外界对象）与果（知觉和经验）之间的东西。这种推理过程是有可能出错的，结果就产生了幻觉和妄想——不少人相信我们通过知觉与外在世界建立“非直接”的联系（见 Jackson, 1977），而这些错误便提供了强有力的证据。

此外，通常情况下，我们与世界的知觉联系都正常且顺利，假设大脑作为概率预测机器的理论是正确的，那么知觉的成功不仅取决于驱动信号本身，还取决于我们对感知场景的期望。更为惊人的是，根据预测加工模型，前馈的感知信息流[2]其实只是误差信号的传播而已，真正内容丰富的预测是下行传播及横向流动的，误差与预测以复杂的非线性模式通过往返连接的网络彼此交互。正如我们在第 1 章所见，这种影响模式的一个关键结果便是实现了对神经编码极为高效的使用，因为“如果高级皮质区域在某个预期中的事件发生前就已经对其所有相关特征进行了加工，那么在它发生时的细致表征和上行传播就没有必要了”（Bubic et al., 2010, p. 10）。在生态学意义上的通常情况下，我们时刻与外界保持的知觉联系只不过是在确认及（在有必要时）校正大脑对“外头什么情况”的最佳猜测，如此而已。这个观念颇具挑战性，它将我们的期望（通常是无意识的期望）认定为知觉内容的主要来源[3]：只不过源于不断变化的感知输入的预测误差信号无时无刻不在确证、微调和选择这些内容罢了。

话虽这么说，我还是认为应该抵制那种相信我们知觉到的东西最好理解为某种假设、模型、幻想或虚拟现实的观点。在我看来，之所以会有人持这种观点，是因为他们犯了两个错误。其一，他们认为基于推理的适应性反应路径实际上是在主体和世界间引入了一层“表征纱帘”。恰恰相反，事实是：从预测驱动的学习过程中提取的概率性程序知识（know-how）体系能够帮助我们看透表层的“统计纱帘”，直抵外界彼此交互的诱因本身。[4]其二，他们没有充分考虑行动和有机体专有的全套行动能力在选择和测试持续生成的预测这一不间断过程中所扮演的角色。预测驱动的学习过程并不会为主体呈现一个客观领域的某种行动中立的意象，相反，它提供的是一种对“可供性”的把握，也就是说对特定主体而言环境提供了那些行动和干预的可能性。[5]综合考虑以上两点，我们就能得出结论：大脑中的概率推理引擎不会在主体和世界之间构成任何障碍，相反，它提供了一种独一无二的工具，让我们得以与充满人类可供性、具有重要意义的外界环境建立有效联系。

171

6.3 结构化概率学习的惊人范围

诸多远因的相互影响定义了与具备全套行动能力和特定兴趣的学习者彼此交互的学习环境，而基于预测的学习（在正常运作的前提下）能够十分自然地为学习者揭示这些远因。通过这种方式，预测驱动学习就为我们展示了一个结构化的外部世界，其包含持续性的（尽管通常也是缓慢演变的）客体、特征，以及复杂嵌套的因果关系。结果是，“认识系统‘继承’了环境的动力学，并能够准确预测其感知产物”（Kiebel, Daunizeau, & Friston, 2009, p. 7）。

受时间、数据量，以及（或许最为关键的）相关研究涉及的神经近似的性质所限，我们仍不清楚对积极的行动主体而言，多层预测驱动学习的全部能力和范围。但显而易见的是，多层预测驱动推理的某些可控形式能够揭示认知对象的深层结构，甚至将高层规律抽象出来，而我们一度认为这些都离不开与生俱来的大量知识。关于这一切背后的一般原则，相信读者已经很熟悉了：我们假设环境中彼此嵌套、交互的远因会产生感知信号，而感知觉系统的任务是反其道而行之，通过学习以及多层生成模型的使用预测感知信息流的展开方式。可预测的感知流（如前所述，其与行动流互为循环因果并始终环环相扣）需得具备某种时空规律或模式，但该模式不仅取决于世界的性质或特征，还取决于主体的需求、形态和行动。比如说，一场足球比赛传递给双眼的感知刺激模式就是光照条件、结构化场景以及观众头部和眼部具体运动方式的函数。此外，它还取决于一系列更为抽象的、彼此交互的特征和力量，包括两支球队的攻守态势、当前比赛局面（如一支球队比分落后时，可能会做出战术上的调整），凡此种种。前述章节中一系列计算神经科学和机器学习研究的美妙之处在于，它们展示了一种在不需要广泛先验知识的前提下习得此类复杂交互的诱因的方法（虽说相关架构确实能够利用相关的知识促进学习）。这将从根本上改变我们对天赋论与经验论之间漫长争议的思考，并促使我们重新认识柏拉图“在关节处雕刻自然”这一见解的性质和可能性。

172

我们来看一下 Tenenbaum 等人（2011）对多层贝叶斯模型（Hierarchical Bayesian Models，HBMs）的描述。[6]在特定多层贝叶斯模型中各加工层级以一种极其有效的方式相互作用，每一层都致力于解释较低一层的激活模式（该激活模式编码了变量的某种概率分布）。显然，这正是以多层预测编码描述的架构在“过程”层面[7]的意义。当这样一个系统启动运行时，所有层级的微假设将彼此适应，最终构成相互一致的集合，该集合能够最好地解释传入感知信号，并在此过程中将系统习得的知识和当前的感知证据（包括系统对感知证据可靠性的最优评估）纳入考量。用第1章中介绍过的贝叶斯定理相关术语来说，每一层习得的“先验”都是对较低一层而言的。整个多层加工过程受传入感知信号的调谐，随着学习过程的继续，系统会使用所谓“经验贝叶斯”策略从数据中获取先验。

这种多层学习还有一个额外的优势，那就是它很自然地将数据驱动的统计学习与那些对联结主义和人工神经网络的早期研究一直持反对意见的人们所坚持的知识的系统性生产式表征结合起来了。[8]（与早期联结主义范式不同）多层贝叶斯模型的多层加工架构能够很好地表征复杂、嵌套的结构化关系（见 Friston，Mattout，& Kilner，2011；Tani，2007 及本书 5.9 中的讨论）。我们可以回忆一下引言中谈到的理想化的地层结构绘图软件 SLICE*，这是一个微观领域的典型例子，它将一套关于地质结构成因的产生式的、系统性的知识卓有成效地具体化了。使用 SLICE* 能够组合及重组其生成模型所表征的一系列隐性诱因，并将作为后果的地质结构表现完整地产生出来。

通过结合多层生成模型和强有力的概率学习机制（其实是使用这种学习机制来归纳这些模型），我们就同时收获了早期联结主义（“联想主义”）与更为经典的（“基于规则的”）研究范式的许多优势。此外，没有必要执着于某种单一的知识表征形式，相反，各层级均可自由使用任何形式的表征，只要它有利于预测并（因此）解释较低一层的活动。[9]在许多情况下，（正如 Tenenbaum 等人努力强调的那样）高层涌现的产生式知识体系是在由原始训练数据中可见的统计学规律所驱动的多阶段学习的基础上获取的。这一过程中，早期学习归纳了统领性的期望（这些期望是广泛意义上的，其关于在特定领域中对成功的范畴化而言哪些事物最重要），这些广义的期望会对后续学习产生限制，压缩假设空间，让主体能够有效地习得特殊的案例。

173

依循上述路径，新近研究表明多层贝叶斯模型能够基于相当原始的数据学习许多领域的深层组织原则。比如说，这类系统已经习得了所谓的“外形倾向性”，即同一对象范畴的客体（如吊车、球，或烤面包机）往往具有大体相同的外形。但这一倾向性并不适用于物质范畴，如黄金、巧克力或果冻（Kemp et al.，2007）。它们的其他成就还包括：习得了某种（独立于上下文的，或有规律的）语法，能够很好地解释儿童口语语料库中的模式（Perfors et al.，2006）；习得了正确断句方式，能够将连续的语音信号流分解成一系列单词（Goldwater，Griffiths，& Johnson，2009）；以及习得了诸多不同领域的大致因果关系（如疾病导致症状而非反之亦然，见 Mansinghka et al.，2006）。新近研究也表明，当全新的因果图式与某种现有范畴的同化需要借助过度复杂的——因此实际上是“专门的”——映射之时，全新的范畴就有可能诞生（Griffiths，Sanborn，et al.，2008）。这些方法也被证明（Goodman et al.，2011）能够通过汇集由广泛案例中获取的证据，快速学习高度抽象的领域一般性原则，例如实现对因果关系的大致理解。总而言之，这些工作证明了多层贝叶斯模型在学习活动中出乎意料的效力。[10]该架构将赋予适宜的多层系统基于原始数据推断特定于某个领域，甚至是适用于多个领域的高层结构的能力。

一个值得关注的重点是，多层贝叶斯模型在上述过程中允许学习者在“填充”有关个体范例的细节前获取特定于某个领域的图式关系。由此，比如说：

一个用于提炼语法的多层贝叶斯模型或许能够解释儿童如何对某种语法特征产生自信，即便他们仍无法很好地理解多数能够支持该结论的单句。（Kemp et al.，2007，p. 318）

类似地，即便单个客体的名称未知，也无碍于我们习得对象范畴的"外形倾向性"。这种倾向性在学习的早期是作为最优高层图式涌现的，一旦具备了这种高层图式，它就将支持对同一类型特定范例的快速学习。这种机制或可见于一系列情况，例如"当儿童可访问的大量观测混杂了太多噪音，其中的任一单次观测都将难以描述，但它们合并在一起，就能对一个普遍的结论提供强有力的支持"（Kemp et al.，2007，p. 318）。因此（研究者继续写道）即便有关个别具体对象——如球、唱片、毛绒玩具等——的任何观念尚未成型，认知主体可能已经获得了充足的证据，证明该视觉对象"内聚、有界且不变形（见 Spelke，1990）"。

不少人都相信关于世界的先天知识会对学习产生影响，而上述早期学习模式很容易被误解为提供了有关"先天说"的证据。这种误解是很自然的，因为高层知识特定于某个领域，而且能使得后续学习较之预期更为轻松流畅。但"贝叶斯式"的学习者无需依赖丰富的先天储备，就能从数据中提炼出这种抽象的结构化知识。正如我们所见，其核心原理是以一种多阶段的方式使用数据本身。首先，数据被用于习得先验，先验编码了关于特定领域大尺度形态的预期（即所谓领域的"结构形式"，见 Tenenbaum et al.，2011）。在上述大尺度（相对抽象的）预期结构的支持下，对细节规律的学习就有了可能性。通过这种方式，多层贝叶斯模型积极主动地揭示抽象的结构化预期，后者使其能够应用原始数据习得粒度更细的模型（即支持粒度更细的期望集）。

和一般意义上的预测加工系统一样，这类系统也能从数据中提炼出它们自己的所谓"超先验"。超先验（在此为 overhypotheses 即"上位假设"的同义词，见 Kemp et al.，2007）本质上是"先验的先验"，它们体现了对世界极为抽象的（有时几乎是"康德式"的）特征的系统性预期。比如说，一个高度抽象的超先验可能主张：每一组多模态感知输入都有且只

175 有一个最优解释。因此，感知刺激只能产生单峰概率分布，而我们眼中的世界也将始终处于某种确定性的状态，而非（比如说）某些等概率状态的叠加。这种高度抽象的超先验很有可能是一个先天性的规范，但它同样可以是早期学习的产物，可以想象[11]，使用感知输入驱动行为的需求，以及主体在物理上不可能同时以两种迥异的方式行动这一现实，将一并驱使多层贝叶斯模型提炼出上述指导推理的普遍原则。

多层贝叶斯模型及以该架构为基础的一众加工理论（包括预测加工模型）免除了贝叶斯学习理论的支持者在成功的学习发生前设置正确先验的义务，而这本是他们所持观点中一个显而易见的缺陷。相反，一个采用"经验贝叶斯"方法的多层系统能够从数据中自行习得先验。与此同时，这一过程还具有最大限度的灵活性。因为虽说很容易（以一系列超先验的形式）为系统植入抽象的、反映特定领域相关结构的知识，系统也可能自行获取这些知识，进而使用这些知识实现对细节的学习，并为学习过程提质增效。可见，先天性的知识在某种意义上具有"发展开放性"，因为许多这类知识都能使用基于相同多层加工逻辑的数据驱动学习获取，这一学习过程如此流畅、高效，足以取消有关"先天说"的设定（相关讨论见 Scholl，2005）。

当然，正如李尔王著名的台词"一无所有只能换来一无所有"那样，前面也已经暗示，即使是最"苗条"的学习系统一开始也必然具有某些倾向性。[12]更为重要的是，演化赋予我们的基本结构（如神经解剖学和身体形态学特点）本身就可被视为一套极为具体的内置（具身）倾向，其参与构建了我们完整的世界"模型"（见 Friston，2011b，2012c 以及 8.10 中的讨论）。但是，现有研究已经证实，多层贝叶斯系统能在缺少许多知识类型的前提下获取抽象的、特定于某些领域的原则，而缺少的这些知识一度被认为是各领域的流畅学习所不可或缺的（比如说，系统能在缺少外形知识的前提下习得有关实体对象的事实)。这些系统有时能从原始感知数据中获取知识，这些知识具有高度抽象的组织原则，而这些原则又将使其愈发系统地理解上述感知信息。

6.4 准备行动

不过，6.3 中的讨论是极不完整的。之所以这样说，是因为当前关于多层贝叶斯模型的许多研究都将认识世界的使命赋予了被动知觉模型。但正如预测加工范式所强调的那样，知觉和行动既决定彼此，又被彼此决定(见本书第2 章、第4 章和第5 章)。在这个更为广阔的框架之中，我们所做的取决于我们所知觉到的，而我们所知觉到的又始终受制于我们所做的事情。这就是在本书2.8 和第4 章中曾经描述的特定形式的循环因果。在循环因果架构中，高层预测产生行动，后者反过来测试及证实这些预测，从而形塑了感知信号流，而感知信号又将进一步调动新的高层预测（期望、感知刺激和行动彼此影响，构成了滚动的循环)。

176

我们该如何认识这一循环？在我看来，一个错误的思路是将其描述为经典“感知—思维—行动周期”的花哨版本（因其循环的特性)。传统观点认为，感知刺激必须首先得到充分加工，以此揭示一个由外部客体构成的结构化的世界，而后选择、计划并（最终）采取行动。上述观点指导了认知心理学和认知科学的大量研究，Cisek 很好地描述（而后有力地驳斥了）这一主张，他指出：

> 根据这一观点，知觉系统首先会搜集感知信息，为外部世界的对象构建一个内部的描述性表征（Marr 1982)。而后，综合上述信息、对当前需求的表征及对过往经验的记忆，个体做出判断，并决定行动方案

（Newell & Simon 1972；Johnson-Laird 1988；Shafir & Tversky 1995）。后者被用作计划，以生成运动轨迹的预想，并最终通过肌纤维的收缩得以实现（Miller et al. 1960；Keele 1968）。换言之，大脑会首先使用独立于行动的表征建构有关世界的知识，而后将这些知识用于决策，计算行动计划并最终执行动作。（Cisek，2007，p. 1585）

我们要对上述模型持谨慎态度，原因有很多（见 Clark，1997；Pfeifer & Bongard，2006 以及本书第 3 部分的讨论）。但其中最有说服力的理由是，个体必须做好准备，对不断发展和可能迅速变化的局势做出流畅反应。由于生物必须抓住一切转瞬即逝的时机和微不足道的线索，趋利避害并与其他生物（有时包括同种生物的其他个体）展开生存竞争，因此这种准备具有生态学意义上的重大价值。当然，那些拥有积极主动、精于预测的大脑的生物已经（名副其实地）“先人一步”了，因为这样的大脑——正如我们所见——会对持续的感知刺激流进行不间断的猜测，包括那些由它们自身的下一步行动和对世界的干预所导致的感知刺激。

177

但这还不是故事的全部。

一个强有力的策略能够很好地（或者说我认为很好地）结合上述积极主动的大脑意象，它涉及反思经典的“感知—思维—行动周期”，代之以某种“马赛克拼贴画”结构，其中每一片碎块都含有（传统意义上的）感知、思维及相关行动方案的成分。上述观点（其植根于主动视觉范式，见 Ballard，1991；Churchland et al.，1994）的核心在于多重“可供性”的同时计算，这些“可供性”是概率意义上的，特指有机体实施行动和干预的多种可能性。

对这一观点的最佳陈述当属“可供性竞争假设”（Cisek，2007；Cisek & Kalaska，2010）。该假设能够很好地解释大量本属“异常”的神经生理学现象（完整综述见 Cisek & Kalaska, 2010），它们包括：

1. 尽管完整的“被动重建”理论主张：感知觉（如视觉）加工的宗旨是生成某个丰富、统一且行动中立的知觉场景的表征，以供后续计划和决策之用，但长期以来，相关研究却始终没有发现这种关于世界的内部表征。
2. 注意的调节效应普遍存在，导致持续性神经活动的不同方面因任务和情境的不同而被增强或抑制（因此，神经反应似乎适应于当前行为的需要，而非某种行动中立的、关于外部世界状态的编码）。
3. 越来越多的证据表明，与持续性计划和决策相关联的神经集群同时也与运动控制相关，且（更普遍的情况是）区域性的皮质反应并不依循对知觉、认知（如推理、计划和决策）以及运动控制功能的经典理论划分。

大量针对视知觉的神经科学研究业已表明，不同体系的信息会得到持续的并行计算，并彼此不完全地整合在一起（这种计算和整合是否发生以及进行到何种程度取决于当前行动和反应的要求）。一个耳熟能详的例子是，研究者已经区分了视觉信息流的背侧和腹侧通路（尽管它们间存在重叠），并越来越明确地认识到通路间会借助持续的、任务敏感的信息交换产生某种关联（见 Milner & Goodale, 1995, 2006; Schenk & McIntosh, 2010; Ungerleider & Mishkin, 1982）。在神经架构中，这种分异性和不完全性似乎是一种常态而非例外，它们成为了特定通路内部、各通路间及大脑其他区域加工过程的特点（见 Felleman & Van Essen, 1991; Stein, 1992）。

178

我们也有充足的证据支持普遍存在的注意调节效应，其不仅反映了外部因素，如当前情境和任务性质，也反映了内部因素，如饥饿、厌倦等内感觉状态。注意的调节效应已被证明能够影响皮质的每个层级，以及某些皮质下区域（如丘脑）的神经反应（Boynton, 2005; Ito & Gilbert, 1999; O' Connor et al., 2002; O' Craven et al., 1997; Treue, 2001）。

最后，虽说传统观念认为核心认知能力（如计划和决策）与感知运动控制回路在神经生理学上彼此分离，但已有越来越多的证据暗示情况并非如此。一个典型的例子是，涉及眼部运动的决策和眼动的执行调用了高度重合的回路，这些回路位于侧顶叶（lateral intraparietal area, LIP）、前额眼动区（frontal eye fields, FEF）以及上丘——后者正如 Cisek 和 Kalaska（2011, p. 274）生动的描述，是“一个脑干结构，其距离控制眼动的运动神经元仅两个突触”（相关资料分别见 Coe et al., 2002; Doris & Glimcher, 2004 以及 Thevarajah et al., 2009）。同样，在一项使用知觉决策任务的研究中（该研究要求被试通过手臂的动作报告其决策），研究者在前运动皮质区域发现了对应于反应决策过程的显著激活（Romo et al., 2004）。一般来说，当被试要使用某些动作报告一个决策，或该决策引发了某些动作时，感知运动加工和决策过程似乎就交织在一起了，Cisek 和 Kalaska 因此认为“决策，至少是那些通过动作报告出来的决策，是由计划和实施相关动作的同一套感知运动回路做出的”（Cisek & Kalaska, 2011, p. 274）。他们进一步指出，在皮质的结合区（如后顶叶皮质），神经活动似乎根本不遵循在知觉、认知与行动间的传统划分。反之，我们发现一些神经集群的响应模式对应知觉、决策和行动的情境关联的组合，其角色彼此快速更替，甚至于构成这些集群的单个神经元也可能参与上述多种功能的实现（Andersen & Buneo, 2003）。

Selen 等人（2012）的研究进一步支持了以上观点。他们在实验中让被试观看一些在屏幕上移动的点（即所谓“动态随机点显示”），并判断这些点的移动大多是向左还是向右。实验者知道被试的判断决策对随机点移动的连贯性和持续性高度敏感，他们会调节这些参数，同时探测被试的

179

决策状态，具体做法是在实验开始后，让被试在多个不可预测的时点做出反应。被试的任务是一旦屏幕上的随机点突然静止不动，就要立刻采取行动（将一个手柄移到靶标上）。这些动作会给肘部造成一个微小的扰动，导致一个拉伸反射反应，实验者会使用肌电图（EMG）将其记录下来，这是一种专门记录肌肉活动相关电位的设备。如此，效应器（手臂）在探测时点的运动反应状态就有了量化的测度。重要的是，决策任务本身执行得十分顺利，因此被试的选择与不断变化的证据细节（对随机点移动的连贯性和持续性的精确设定）紧密关联。研究显示，不断变化的肌肉反射增益与决策变量（即连贯性和持续性的综合）共同演变的方式与经典的“串行传播”（sequential flow）模型完全不符。根据串行传播模型，报告决策的动作应独立于决策本身，并在决策后产生。与之相反，Selen等人发现每一时点的反射增益都能反映该时点的决策状态。这一结论与我们马上就要详细讨论的“可供性竞争”理念高度吻合，根据这一理念，被试在同时酝酿两种可能的动作反应，因为“人类大脑不会等到某个决策完全成型后再行调用运动系统，而是始终传递着不完全的信息，以分级的方式为可能的行动结果做好准备”（Selen et al.，2012，p. 2277）。也就是说，反射增益“并非仅仅反映了决策的结果，而是在形成决策的过程中始终参与大脑的审议”（p. 2284）。

如果系统的整体目标是尽可能积极地准备应对不断变化的感知觉证据，从决策过程到运动系统的连续传播就说得过去了。而且这种积极主动的准备状态必须具备多重级别，才有实际意义。因为随着系统获取的信息量逐渐增加，它需要同时为多种可能的响应模式做好准备，尽管其中任一套响应在实际发生前可能都是不完全的。这些响应模式需准备到何种程度取决于对当前诸多证据的权衡，其中就包括我们对自身感知不确定性的评估（使用语音刺激的类似决策研究见 Spivey et al.，2005 以及 Spivey et al.，2008）。

Selen 等人在其颇具启发性的评论中推测，上述研究的发现可能不仅源自行动准备的实用价值，也源自“大脑的证据评估装置与运动控制功能之间的深层联系”，而且“我们的实验所揭示的这种连续传播可能参与构成了大脑决策和运动控制过程之间更为明显的双向交互”（p. 2285）。类似地，Cisek 与 Kalaska 也总结道：

180

> 对知觉系统、认知系统和运动系统的区分可能并未正确地反映受感知觉指导的行动背后神经计算的自然类别（而且）串行信息加工的框架或许并非大脑全局性功能架构的最优蓝图。（Cisek & Kalaska, 2010, p. 275）

Cisek 与 Kalaska 提出了替代方案，他们深入探索了“可供性竞争假设”（相关介绍见 Cisek, 2007），根据这一假设：

> 大脑加工感知觉信息以并行指定多种当前可能采取的行动方案。这些可能的行动方案为获得进一步的加工彼此竞争，同时搜集信息，使竞争产生偏向，直至选定单一的响应为止。（Cisek, 2007, p. 1585）

他们的主张是，大脑自始至终都在对大量可能的行动进行（不完全的且并行的）计算，而且与这种不完全的、并行的持续计算相关联的神经编码不遵循经典的知觉、认知和行动间的划分。因为这里涉及的神经表征，正如 Cisek 和 Kalaska（2011, p. 279）所说，是“实用主义”的——“它们适于产生对感知环境或运动计划的有效控制而非准确描述”。这一切都具有生态学意义上的合理性，它们允许动物在有时间压力的情况下不完全地“预先筹划”多套可能的行动方案，且只需极少量的后续加工就能迅速选定并实施特定方案。

这一假设得到了大量神经生理学研究的支持。比如说，Hoshi 和 Tanji（2007）发现猴子运动前区的皮质激活与其在一项“双手够取反应任务”中任意一只手的潜在移动相关，在这项任务中，猴子必须等待一个线索，提示它使用哪一只手来够取物品（亦可见 Cisek & Kalaska，2005）。有关视觉扫描的准备（Powell & Goldberg，2000）以及对人类被试够取反应的行为和脑损伤研究（Castiello，1999；Humphreys & Riddoch，2000）也得出了类似的结论。此外，我们在前述章节中也曾提及“行动决策是从定义动作物理属性并指导动作实施的同一神经元集群中涌现出来的”（Cisek & Kalaska，2011，p. 282）。

我们描绘的图景是关于神经编码的，它们的基本任务是控制行动。这些编码对世界的表征在多个层级上与关于如何在环境中采取行动的信息缠结在一起。根据可供性竞争假设，大脑中时刻充斥着大量“行动导向”的（见 Clark，1997）对世界的理解，尽管其中只有少部分能够最终越过阈限，真正实现对运动反应的控制。[13]

6.5 可供性竞争的实现

预测加工模型在神经组织层面保证了将上述洞见付诸实现所不可或缺的特殊资源。为此，我们需要利用预测加工架构的三大关键特征：其一是表征的概率性质，而正是表征支持了知觉与行动；其二是知觉、认知和行动在计算上的密切关联；其三则涉及由此导致的有机体与环境间特殊的循环因果交互。而可供性竞争正是行动导向的概率预测的自然结果。

回顾前文（见 1.12），概率化的贝叶斯大脑编码了一系列条件概率密度函数，以反映给定可访问信息前提下特定事态的相对概率。因此各层级的表征的基本形式完全是概率性的，它们编码了大脑一系列彼此缠结的预期，涉及“外头什么情况”以及“最好应该怎么做”（后者是我们当前关注的重点）。各式可能的行动方案在大脑持续不断的计算中彼此竞争，只有那些最终获胜的（高精度）本体觉预测才能成为严格意义上的运动指令。

根据 Friston 等人所持的行动模型（见第 4 章、第 5 章），高精度本体觉预测误差导致了行动的产生。因此，（在本体觉预测误差被赋予高精度时）参与生成行动的相同神经集群也可能被“离线地”调用（同见第 5 章），产生运动模拟，用于推理、选择和计划。这就为我们在参与运动控制的神经集群和推理、计划和想象活动所涉及的神经集群间发现的大量重叠提供了强有力的解释。然而，在计划过程中，我们必须减弱或抑制通常情况下（根据积极推理模型）能够驱动肌肉运动的预测误差。这有效地将我们与现实世界隔离开来，允许我们使用多层生成模型以反事实（如果……会怎样）的模式进行预测。稍后谈及自发行动及能动性归因时，我们还将遭遇这类感知抑制的问题（见第 7 章）。

最后，或许也是最为关键的，是行动（回顾第 4 章）现在成为了强大的循环因果链中的一环：表征被调用以解释当前的感知刺激，同时决定行动；行动导致新的感知刺激模式，进而征召新的运动反应……如此循环进行。由此可见，正如可供性竞争假设所主张的那样，我们描绘的是一幅这样的图景：一台本质上循环因果的知觉—行动机器正对源源不绝的概率预估孜孜不倦地投注。

因此，预测加工架构能够实现 Cisek 和 Kalaska 引用美国实用主义名宿 John Dewey 的名言所描绘的独特循环动力学。Dewey 对刺激诱发反应的“被动”模型表示反感，他更支持一种积极的、循环的理论，根据这种理论，“运动反应决定了刺激，正如感知刺激决定了运动一般真实可信”（Dewey，1896，p. 363）。摘自同一文献的另一段论述更加清楚地阐释了以上观点——Dewey将视物（seeing）看作一种“不间断的行动”，他这样写道：

> （视物）既非仅为一种感知，亦非仅为一种运动（虽说门外汉和心理学观察者经常将它解释为二者之一）。某人之所以伸手够取什么，绝非单纯感知刺激所致：这种理解清楚地反映出在一系列行动的彼此协调中，不少人只能理解某些顺序的步骤。但我们完全可以想象，当某个孩童伸手探向一束光亮（也就是说，践行某种视物—够取协调），他或在从事某种颇为有趣的游戏，或能找到什么满足口腹之欲，又或将不慎烫到自己。于是乎，**非但反应不确定，刺激也同样不确定；某个因素不确定的，另一因素也便不确定。**对他而言真正的问题要么表述为发现正确的刺激以构成刺激；要么表述为发现正确的反应以构成反应。（Dewey，1896，p. 367，加粗部分依原文）

Dewey的描述优雅地了预示了本书一再强调的复杂相互作用（体现为预测加工模型）：一方面是调整我们的预测以拟合相关证据（“知觉”），另一方面则是寻求相关证据以拟合我们的知觉（“行动”）。但它同样暗示——我相信这一暗示是正确的——上述两个方面不应被视为预测加工架构中两大彼此竞争的策略。[14]相反，它们密切关联，共同揭示了一个（在某种意义上）由行动构成的世界。这正是因为行动揭示了证据，证据导向更进一步的行动，而正是这种持续的循环构成了我们关于世界的经验。

183

这种循环因果回路具有两大功能（它们间多有彼此重合之处）。其一（当然）是实践上的：比如说，我们一旦驶入逆行车道，关于迎面有车辆相向而来的高层知觉状态就将调动运动指令，让我们迅速转动方向盘，而这一反应又将导致知觉状态的更新，（根据更新内容）对选定的行动过程进行微调，或尝试将其取消。其二是认识上的：我们会快速地使用头部和双眼的运动对假设本身（如“前方来车，我们走错车道了！”）进行验证，只选择维系并增强那些能够通过此类自动化测试的假设（见 Friston, Adams, et al. , 2012）。通过这种方式，我们对世界进行取样以最小化自身预测的不确定性。

关于上述机制的实际影响，我们可以回顾一下：前述章节曾经提到，模棱两可的感知刺激会产生预测误差，而这些预测误差可能导致多个彼此竞争的知觉假设。不过，这些假设在行动上可不是中立的。相反，每一种假设都在上述两种意义上与行动相关联。也就是说，（通过调整反映相关情境的一系列精度预期）每一种假设既包含如何对世界采取行动以证实或证伪该假设的提示，也包含在该假设正确无误时如何与世界对接的信息。受制于多种多样的限制因素和时间压力，理想的策略应该是：允许最有前景的假设发起某种成本低廉的认识行动（如一连串快速的跳视），而通过这种认识行动能够实现对该假设的验证。随着这种循环过程的进一步展开，知觉最终与多种运动计划和行动选择产生了不可分割的联系，进而产生了前文所描述的独特的神经生理学特征。

Spivey（2007）生动地描绘了循环因果网络延绵不绝的壮景，并将其动力学恰如其分地类比为一场没有尽头的旅行，它朝向一个永远变动不居、从未真正到达的稳定终点。作为例证，Spivey 让我们想象眼动（也是一种自发行动，虽说其速度较快、尺度较小）及通常被认为（或不如说是“被误解为”，我们很快就会谈到）指导了眼动的认知过程之间的交互。他指出，在现实环境中：

大脑不会先达成某种稳定的知觉，再产生眼动，据此再达成另一种稳定的知觉，而后产生下一次眼动……如此这般。眼球通常都是在一个致力于达成某种稳定知觉的过程中运动的。也就是说，在知觉完全稳

定下来以前，动眼神经的输出就会通过将新异信息置于中央凹来改变知觉输入。(Spivey，2007，p. 137)

因此，视觉知觉不断受视觉行动影响并不断影响视觉行动。对成功的行为而言，这种循环因果流程所导致的感知运动轨迹才是关键所在。正是这种感知运动轨迹，而非由这一过程剥离出来的知觉的稳定性甚或真实性构成了能动的行为，并决定了我们能否成功地实现对世界的干预。

总而言之，感知运动轨迹从某种循环因果网络之中涌现出来，并由该循环因果网络所维系。在这类循环因果网络中，对不确定性的评估和对行动的要求介导了激烈的可供性竞争。这是因为对精度的评估及其所指向的认识和实践行动的功能是“增强环境中那些对行动具有最重要意义的信息，使感知运动系统倾向于采取最具有相关性的行动”（Cisek & Kalaska，2011，p. 282）。在（特定层级内部）不同假设间彼此横向抑制的背景下，当精度评估决定特定假设能够控制行动之时，该假设或将（通过确认性的循环因果流程）实现自我增强，或将最终“泯然众人”而消逝无痕。我相信这一切都传递出一个清晰的讯号：海量神经表征必须是“实践性”的，与此同时，它们将参与构成一个宏观框架，其中概率预测的自然结果便是可供性竞争。

6.6 基于交互的“自然的关节”

所有这一切都有助于理清我们与世界间的知觉联系具有何种性质，而后者始终是一个颇具争议的话题。预测驱动的概率学习提供了一种机制，（在其顺利运行时）能够穿透感知信号表层的噪音和歧义，揭示其背后“现实本身的样子”。在这个（有限的）意义上，它赋予我们“在关节处雕刻自然”的强大能力。但另一个事实也逐渐浮出水面：许多所谓的

185

“关节”都是基于交互的——它们是根据某个积极主动、具有特殊需求，且可能实施某些行动或干预的有机体定义的。我们对世界的知觉“把握”因此始终受制于自身的全套行动能力（König et al.，2013），并与我们的需求、计划和机遇交织在一起。

这一事实简单而深刻，它极大地降低了模拟这一过程所需的计算复杂性，这是通过帮助认知主体在任一给定时刻选择需要加工的特征和需要实施的预测实现的。在特定感知刺激“弹幕”的冲刷下，大脑致力于从对世界的海量的解析方式中抽离出那些符合主体需求及其行动能力的模式并加以预测（相关细节见第8章）。这意味着我们完全可以应用一系列简化的模型，这些模型之所以具有效力，恰恰是因为它们无法编码感知刺激“弹幕”呈现的所有细节信息。它们并未构成我们与世界真实接触的障碍，相反，它们是后者的前提。如果说对世界的有效认识必然与有机体的生存与演化息息相关，那么认识世界就意味着具有在世界上行动的能力：换言之，对环境中明显的机遇或威胁，主体必须有能做出快速而高效的反应。

人类，及近似于人类的生物的大脑需要实施多种预测，其中一种重要的预测针对的是生物自身行动的感知后果。一旦明确了这一点，正如König等人（2013）所指出的那样，感知加工和运动加工间的密切关联就不足为奇了。此外，我们自身行动的感知后果深刻关联于我们的身体所具有的某些基本事实，如我们的体型、感受器的位置以及效应器的作用范围等。有研究者（Betsch et al.，2004；Einhäuser et al.，2009）通过将镜头安装在家猫的头部，在它们自由探索户外环境时搜集了猫眼中的视觉输入信息，并以相关数据的统计学结构戏剧性地呈现了这些因素的影响。分析显示，以猫的视角观之，它们探索的外部环境构成了一系列自然景观意象（见图6-1），其统计学特征包括以水平轮廓为主、对比度的空间分布相当多变，以及猫头部快速的运动模式所导致的一系列其他影响。

图 6-1 猫眼中的世界㊀

来源：Betsch et al. 2004。

各种动物都有其典型的自然活动场景，某些动物的（自发和诱发的）皮质活动模式记录了其自然活动场景的统计学特征。Berkes 等人（2011）测量了雪貂在清醒状态下 V1 区的活动，并对不同年龄段的雪貂在三种实验条件下的这类皮质活动模式进行了分析，三种条件分别是观看有关自然场景的电影、处于完全的黑暗以及观看有关非自然场景的电影。研究发现，随着年龄的增长，雪貂 V1 区自发反应和诱发反应模式的相似性显著

186

㊀ (a) 猫在某次闲逛中探索一座户外花园。电缆用皮带缠绕，连接到背包中的摄像机。(b-e) 视频收录的四个典型场景。(b) 地平线将自然景观意象划分为明亮的、低对比度的上部区域（天空）和光线较暗、高对比度的下部区域（石块）。(c) 猫眼中的池塘，具有细节丰富的植被的构造和低对比度的水面区域。(d) 在猫看来，草叶均匀地分布在整个视觉场景之中。(e) 在一次林中闲逛时，视觉场景的上半部分是明亮天空背景下深色的、纵向排列的树木，下半部分则是森林的地面，遍布着大量（如枯枝落叶等）指向各异的物体。

提升，但这种情况仅存在于自然场景电影条件下。研究者指出，对实验结果的最佳解释是“内部模型对作用于神经系统的自然场景刺激的统计学特征逐渐产生了适应”（Berkes et al.，2011，p. 83）。换言之，随着年龄的增长，雪貂的自发神经活动模式缓慢地适应并反映出“（某种）内部模型的先验预期”（p. 87）。应用贝叶斯视角，他们提出自发皮质活动反映了构成内部模型的先验预期的多层结构，而刺激诱发的皮质活动则反映了后验概率，即某些特定的环境诱因的组合产生当前感知输入的可能性，也就是动物对眼下事态的“最佳猜测”。研究者让成年雪貂观看有关非自然场景的电影，同时测量它们的皮质活动，从而进一步验证了以上观点：在这种条件下，自发神经活动与诱发神经活动的差异变得更大了。Berkes 等人据此得出结论：实验中雪貂的自发皮质活动可靠地标记了其“世界模型”逐渐适应的过程。

187

这一模型如何用于指导行动？根据预测加工架构，给定主体在其行动能力套系中的选择是通过反映情境和任务性质的精度分配实现的。这种分配根据对感知信号不确定性的评估控制突触增益。特别是（见 Friston，Daunizeau，Kilner，& Kiebel，2010，以及第4章、第5章的相关讨论），本体觉预测误差的精度权值被认为扮演了某种“运动注意”的角色，其必然与任何动作的准备密切关联。也就是说，注意的作用是“在动作准备的过程中提升本体觉通道的增益”（Brown，Friston，& Bestmann，2011，p. 2）。与此同时，对感知预测误差所有方面的精度加权共同决定了哪个感知运动回路将在围绕行动控制权的激烈争夺中胜出。最终，系统将在由当前情境和有机体状态所建议的一系列（并行激活的）行为反应中选择其一，这与可供性竞争假设的主要观点完全一致。因此，对本体觉预测误差进行精度加权的机制可用于选择“具有可供性的显著表征……（即）能够预测知觉和行为后果的感知运动表征”（Friston，Shiner，et al.，2012，p. 2）。这表明我们的行动取决于高精度（高权值）的预测误差，预测误差帮助我们选择（并同时应对）一系列彼此竞争的高层假设，而每一个假设都对应着全套感知和运动预测。这些高层假设本质上是由可供性定义的表征：它们不仅表征了世界原本的样貌，而且表征了我们在这样的世界中该如何展开行动（因此，这些表征类似于 Millikan 所说的“双头兽”：它们同时含有描述性和指令性的内容）。通过调用由可供性定义的显著表征，知觉实现了对世界的解析并让我们与其保持关联，而它的解析是以行动和干预的可能性为基础的。

188

很有可能，世界在经验中之所以往往不含歧义、确定无疑，仅仅是因为我们对它的解析必须以行动和干预为目的。如果不考虑行动的需求，广义贝叶斯框架似乎就与有意识知觉经验的现象学事实相冲突：毕竟世界在我们眼中并没有被编码为一组相互缠结的概率密度分布，相反，它看上去高度统一且（至少在那些晴朗的日子里）毫不含糊。不过对一个始终积极主动地与世界保持交互的系统来说，这个结果是有其适应性价值的。因为一切概率预估的目的都是指导行动和决策，而现实情境中的行动与决策不可能奢侈到能无限期保留所有选项——可供性竞争必然不断决出胜者，行动必然据此得到选择。通过确定那些最为显著的，也就是最适于驱动行为和反应的感知运动表征，精度加权的预测误差引导了一种带有偏向的加工过程。

如前所述，生物系统可能具备了一系列与世界总体性质有关的“超先验”，它们或是习得的，或是先天的。其中一个超先验或许可以解读为：世界通常处于某个确定的状态。要实现这一超先验，大脑可以使用如下形式的概率表征：尽管存在持续不断的竞争，但每个分布都是单峰的（意味着对每一种整体感知状态的最优解释都是唯一的）。我们的大脑似乎只接受单峰值后验信念分布的基本原因是，这些信念到头来都要指导行动，而我们无法一次实施好几种行动。由于使用了这种表征，大脑最终将部署某种“内隐形式超先验”[15]（之所以是“形式”超先验，是因为它涉及概率表征本身的形式），它的含义是：单峰值概率分布可以对我们所面临的不确定性进行描述。考虑到先前提及的有关行动的某些基本事实（比如说我们一次只能做一件事），这种先验显然具有其适应性价值。

6.7 证据的边界与含混的推理

Hohwy（2013，2014）认为，预测误差的最小化导致了所谓“证据的边界”：当人们使用预测误差最小化机制加工内感觉、外感觉和本体觉信号时，对世界能动的访问就受制于它了。以此为基础，Hohwy 提出，预测加工框架为具有认知能力的心智强加了一个以神经系统为中心的稳定边界。他这样写道：

189

> 预测误差最小化机制让我们必须排斥（心物）关系的概念。也就是说，心智既非在某种基本意义上与世界彼此渗透，亦非具身的（embodied）、延伸的（extended）或生成性的（enactive）。相反，心智似乎与世界彼此隔离，它更像是某种以神经系统为中心、被脑壳包裹的，而非具身的或延伸向外的存在。行为则更接近于对感知输入的推理，而非某种与身体和环境的生成性的耦合。（Hohwy，2014，p. 1）

为支持上述“心物区隔”的神经中心主义观点，Howhy（2013，p. 219 – 221，2014）进行了环环相扣的论证。这些论证的核心是，所谓预测误差的最小化是对感知信号而言的，因此“大脑必须对脑壳内部的东西进行推理，发现感知输入背后隐藏的诱因”（Hohwy，2013，p. 220）。可见，他的主要观点可归结为“推理隔离”——转换后的感知信息形成了一层纱帘，心智便在这幕纱帘后工作，它推理得出“隐藏的诱因”，作为变动不居的（其中部分是由自身造成的）感知刺激模式的最优解释。相比之下，Hohwy 认为：

那些认为心智和认知过程开放、具身，且朝向环境积极延伸的看法与这种心智的推理观格格不入。（Hohwy，2014，p. 5）

但是，当主体通过灵活、适应、智能的反应与其所处环境对接时，大脑当然在从事某些重要的工作，这是毋庸置疑的。具身心智观显然不会反对这一点。既然如此，何来争议呢？其实，分歧主要在于：Hohwy 反复强调，最好将大脑所做的事情理解为某种形式的推理。但我们对此需要非常谨慎小心。因为“推理”这个概念看上去要求很高，实则未必。

为说明这一点，我们可以回顾一下关于视觉过程和具身心智的早期争论。根据一篇发表于 20 世纪 90 年代中期的典型综述：

关键在于……视觉的任务并非同构于周遭环绕的三维现实，创建细节丰富的内在模型，而是高效而成本低廉地使用视觉信息，辅助视觉主体在现实环境中的实时行动。（Clark，1999，p. 345）

190

一个替代方案（常见于“生态心理学”研究）是将感知视作某种允许我们“锁定”感知信号流中简单不变量的通道。[16]通过这种方式，感知让我们实现了对世界基于行动的理解，而非为“离线的”推理实施某种行动中立的重建。这种理解可天然地包含有机体的行动，正如 McBeath 和 Shaffer（1995）所举的典型例子：棒球场上的外野手该怎样跑动，才能让高飞球在视网膜上的成像保持静止不动。外野手只要通过不间断的位置调整，保证视野中的球不发生明显的横向位移，就能用一次漂亮的接杀让打者出局（见 Fink，Foo，& Warren，2009）。上述情况下，行动之所以有效，并非某种针对外部环境的重建性推理的结果。相反，它源于知觉—行动的循环，其工作原理是将感知刺激限制在特定的范围之内。

我们将在第 8 章进一步讨论这个问题。就当下而言，重要的是：视觉过程所采用的策略绝非重建性的。我们不会通过感知，实时创建足以重现真实世界结构和细节的内部模型，以此替代世界本身，帮助实施计划、推理并指导行动。相反，我们会以前文所描述的特殊方式使用感知，产生此时此地的行动——也就是说，将感知作为一个通道，它能使有机体在其自身行动和外部环境被选定的各个方面之间保持协调。

这种对感知的非重建性描绘与基于推理的心物区隔的观点形成了鲜明的对比。因此，Anderson 将非重建性的知觉观描绘为“主流”知觉观的替代方案，“主流”意见认为，知觉过程的本质是推理和重建，可类比于科学推理过程：

> 知觉主体基于不完整的零碎数据，生成有关世界真相的假设（或模型），而后根据进一步搜集的传入感知刺激测试和调整这些模型。（Anderson，2014，p. 164）

Anderson 继续指出，根据这些较为传统的意见，认知是“滞后于知觉的……含有丰富的表征，且深刻地区隔于现实环境”。

这样，对感知功能的非重建性描述就展示了一种可行的替代方案，Anderson 认为，该方案显著地改变了我们对自身认知状况的理解。相较于在感知纱帘后创建细节丰富的内部模型，并基于这些模型与外界对接，非重建性的解决方案展示了另一种可能性：如何通过维持知觉和行动间的精妙博弈达成行为上的目的。这种以理解为基础的非重建性博弈有一个重要的特征：在知觉与行动的关系方面，它或将有力地扭转我们惯常的思维方式。与其继续将知觉视为对行动的控制，不如反其道而行之，将行动视作对知觉的控制（Powers，1973，Powers et al.，2011）。因此，问题就不再是“根据给定刺激选择正确的反应”，而是“根据给定目标选择正确的刺激”了（Anderson，2014，p. 182－183）。

不过，Hohwy 自己也正确地指出，不论我们是认为行动的目的是控制知觉，还是（在更为一般的意义上）认同非重建性策略能够显著提高行动的成功率，与预测加工理论都绝不冲突。事实上，这些观点天然地彼此适应，因为最小化长期预测误差的最佳方法通常是成本低廉且涉及行动的。Hohwy 这样写道：

> 如果我们相信大脑必须建立内部模型（像遵循一本严谨的物理学教科书那样），只因为它的唯一任务就是推理，那我们就犯了一个错误。只要平均预测误差在长期来看能够被最小化，大脑就不在乎使用什么样的模型。因此，一个预测光线沿直线传播的模型会比一个计算更为繁复的替代品更为可取。如果这个模型的复杂度更低、所含参数更少就更好了，因为从长期来看，最小化复杂度将更有利于降低预测误差。（Hohwy，2014，p. 20）

这发人深省。在以上表述（及其他部分的论述[17]）中，Hohwy 显然认识到预测加工框架与“唯理智主义者”的观点背道而驰，后者通常相信实时行动的成功是推理的结果，而推理是由丰富的内部模型定义的，这些模型的功能是让认知主体能够“抛开现实世界”。其实，在许多情况下，内部模型的功能都是观察情境，以期发现某些同样能够奏效，但成本更为低廉的程序，而这些程序往往与行动密切关联（更多相关细节见第 8 章）。这意味着预测加工框架下的“推理”不一定要提供含丰富重建性内容的内部状态。我们不需要同构于细节丰富的外部世界建立一个内部王国，相反，推理只需提供高效而成本低廉的策略就够了：我们以各种行动和干预使用这些策略，其展开方式与最终成败将取决于外部世界本身的结构和持续贡献。

与此相关的是，Hohwy 经常提到，具有预测加工风格的系统致力于寻找能够最好地解释感知刺激的假设。在某种意义上，他又说对了。追求预测误差最小化的系统必须发现最能“适应”（accommodate）当前感知刺激弹幕的多层神经状态集——我相信这种说法比“寻找正确的假设”要更为可取，因为后者可能具有某种不必要的潜在误导性。对当前感知刺激的适应可能表现为多种形式，其中一些就涉及低成本的方案，如选择恰当行动以重塑感知信号，或设法将其限制在预先设定的范围之内。因此，“适应”并不意味着找到某种对外部状况的描述，也不意味着使用一个或一组命题来最好地说明或预测传入信号。其实，预测加工系统的最基本任务并非提取某种合适的描述，而是以预测误差为杠杆，寻找某种最能适应当前感知状态的神经活动模式，而这种“适应”常常表现为系统对接世界的行动。

192

6.8 无惧恶魔

可是，为什么 Hohwy 一方面经常强调对预测加工理论的理解要避免陷入“唯理智主义”，一方面又对心智坚持“心物区隔”的神经中心主义观点？原因似乎是，他将这种心物区隔的推理观联系于某些特殊的东西，而（在我看来）这些东西在具身认知科学讲求实际的讨论中通常难觅踪迹：他将其联系于一种怀疑一切的激进论调——我们之所以相信自己是具身的行动主体，存在于一个真实的世界之中，或许只是因为我们被蒙蔽了：“真相”是，我们只是一堆被供养在罐子里的大脑，不怀好意的恶魔向这些大脑灌输各式各样的感知信号以维系这种“现实”的错觉。这只是一种可能性，但其足以撑起一幕厚重的“转换纱帘”，在认知主体与居于远端的外部现实间划出一道难以渗透的证据边界。

有观点认为，预测加工理论与上一节中谈到的、借助高效而成本低廉的策略使用感知信息的看法高度一致，甚至积极地预见到了这些看法。Hohwy 对此这样回应：

> 传入的视觉信号确实能够驱动某些动作，但是……这种驱动作用其实有赖于一层转换纱帘，也就是证据边界。在这层纱帘的内部存在大量推理，而在外部除却其推测的诱因外，别无他物。(2014，p. 21)

Hohwy 援引（恶魔式）的笛卡尔怀疑主义，以期说明自己的论点，但在我看来，此举或有掩人耳目之嫌。简而言之，怀疑论的观点就是，如果大脑被动接收和（看似）主动搜集的感知刺激能够保持稳定，我们对世界的经验也将保持稳定。而众所周知，现实中我们的肉体可能正被固定在如《黑客帝国》中所描绘的矩阵式能量网络中动弹不得，我们之所以知觉到（比如说）自己正在外野奔跑试图接杀高飞球，或认为自己正在与人争辩笛卡尔怀疑主义，全是因为恶魔让我们的大脑维持生命，并向其灌输了产生上述知觉所需的感知刺激。但是，仅凭这一可能性（即便我们将其接受为事实）根本无力质疑具身认知科学的核心主张。以“奔跑的外野手”意象为例，（在矩阵或罐子里）要让大脑产生这一意象，就需要向其灌输一连串复杂的、对行动敏感的感知刺激流，而通常情况下，这些感知刺激流是在具身的行动主体在外野奔跑以消除视野中高飞球的位移时会接收到的。鉴于我们目前的关注点是对接杀高飞球的非重建性解释，上面的事实已经足够说明问题了。

也就是说，怀疑主义的攻击其实是在暗示存在一种“推理隔离”，但这种主张在各种意义上都与当前的争论，也就是知觉和行动的重建性与非重建性主张之间的争论扯不上什么关系。关于知觉与行动间关系的争论无关于我们是否可能被某些恶魔、某些刻意的操纵所蒙蔽，以致错误地建构了自己的世界模型。相反，这些争论的重点是我们该如何以当前的科学视角，理解感知信息流对恰当行动的产生有哪些影响，而行动是我们与世界彼此对接的媒介。它们关注的问题是：之所以能够产生恰当的行动，是否总是因为我们会使用感知，将足够量的信息引入系统，使其能够借由探索一个细节丰富的、反映外部世界的内部表征策划其应对举措？非重建性的主张（我们将在第 8 章中进一步展开论述）指出，我们其实有一个替代方案，它在计算上成本更为低廉，在行为上更具交互色彩。这些主张没有，也并不致力于否决怀疑主义的假设——我们确有可能正在受“恶魔”的蒙蔽。那是一个与当前的关注彼此“正交”的问题，它本身就值得进行一番详细深入的哲学分析。[18]

所以，“心智被隔离在一层推理纱帘之后”到底意味着什么其实含混不清，认识到这一点很重要。如果它仅只意味着我们所知、所经验的世界是由经验规定的，而且与持续流动的感知刺激（其中部分是由我们自身导致的）彼此积极交互的话，那么预测加工模型确实必然要求某种形式的隔离。只不过在这种相当有限的意义上，隔离并不意味着我们需要借助知觉重建细节丰富的世界模型，并使用这些模型通过推理选择行动（在这里，模型是一种外部世界的内部拟像，而“推理”的定义则取决于模型的细节内容[19]）。

194

综上所述，神经加工过程是围绕预测误差最小化程序组织的，这一事实本身对近期具身心智相关研究的核心主张并不构成威胁。这是因为基本上这些研究所反对的只是重建细节丰富的知觉模型这一观点。表面上的冲突其实是由于对“推理”和“隔离”这两个概念的理解模糊不清：在不少人看来，它们就暗示了某种同构于外部环境的、细节丰富的内部模型，因此贬低了行动而抬高了（由内部模型定义的）推理。然而，预测加工理论绝没有这一层意思。相反，预测加工理论强烈地暗示，只要有可能，像我们这样的动物的大脑就会毫不犹豫地使用简单的策略，这些策略高度仰仗让主体与世界彼此关联的行动。我们因此能在恰到好处的时机获得新的感知刺激，以赢得行为层面的胜利。这些策略是本书第 8 章的关注重点。

6.9 你好，世界！

预测加工机制非但没有在主体和世界之间添加令人忧虑的障碍[20]，而且提供了让结构化的世界第一时间进入视野的必要手段。以对句子结构的知觉为例。在口语理解的过程中（见 Poeppel & Monahan，2011），我们同样会仰仗过往知识经验，对当前声音信号流的形态和内容进行一系列猜测。而后，我们会对比这些猜测与传入信号，让残差在彼此竞争的猜测间做出选择并（在必要时）以其他猜测取代现有猜测。正如我们所见，广泛地使用现有知识（以驱动猜测）有许多好处：它能让我们在喧嚣的环境中听清别人说了些什么，在存在一个以上的原始声音信号的解释时对它们进行判断，诸如此类。听者正是因为拥有一个内容丰富的概率生成模型，才能从撞击着耳膜的声音信号流中恢复出语义和句法的成分。这是否意味着我们所知觉到的句子结构是“关于‘输入纱帘的那一头有什么’的某种基于推理的幻想”？当然不是。通过复原一系列彼此交互的远因（如主语、宾语、意义、动词从句等），我们的理解穿透了原始的声音信号流，直抵语言环境本身的多层结构和复杂目的。

但我们在此过程中必须十分小心。在接收作为传入刺激的句子时，我们（作为母语使用者）会听出一系列由细微的停顿彼此区隔开来的单词。195 但声谱图戏剧性地显示声音信号流本身是高度连续的——听者添加了这些区隔。在这个意义上，我们在知觉中接收到的东西是某种建构，但这是一种反映了信源真实结构的建构（说话者意在传递一串彼此区隔的、有意义的单词）。在这种情况下，预测性的大脑让我们透过含噪的感知信号，发掘世界与人类高度相关的那些方面，而正是这些方面产生了一波又一波的感知刺激。这可能是一个基于预测加工模型，对知觉过程通常如何工作的很好的描述。如果事实果真如此，我们所知觉到的世界就既不同于某种幻想或虚拟现实，又不同于我们所听到的某个母语整句的字词结构了。

预测加工让我们能够透过感知信号，直抵外部世界中那些与自身高度相关的方面。从这个角度来看，预测加工原理（至少在我看来）与所谓“直接的”知觉观（见 Gibson，1979）就有了不少相似之处。因为它让我们实现了或许是大自然所能提供的唯一一种真正意义上的“对世界开放”。然而相对地，也必须承认对下行级联的高度依赖有时会使真实感知严重受制于先验知识。

我不打算在这个微妙的问题上过多地展开了（见 Crane，2005）。不过假如非要给预测加工框架中的知觉贴一个标签，对这一形而上视角最为安全的描述莫过于“非间接知觉”[21]了。知觉是“非间接”的，因为我们所知觉到的东西本身不是一个假设（或模型，或幻想，或虚拟现实）。相反，（当一切顺利进行时）我们知觉到的是一个结构化的外部世界。但这并非世界的“本来面目”——后者暗指“独立于人类关注和行动能力套系被表征的世界”：这一概念其实很成问题（见 9.10）。相反，这是一个根据我们作为有机体的特别需求和行动能力而被解析的世界，其中包含的对象有行踪隐秘但肥美可口的猎物、一手好牌、笔迹潦草的数字和有意义的结构化句子。

我们也没有理由认为根据预测加工模型，知觉对象应视作“感知数据”（Moore，1913，1922）之类的东西——后者是介于知觉主体和世界之间的某种代理。饱受争议的“内部表征”在我们内部发挥作用，但我们却不会直接接触到这些“表征”。生态学意义上的现实通常充满噪音且模棱两可，面对普遍存在的不确定性，这些“表征”让我们能够接触世界对有机体而言意义重大的那些方面。所有这一切都表明，我们在知觉中“与世界相遇”，因为大脑是一具概率引擎，能够锁定彼此非线性交互的外部诱因，这些外部诱因的识别标志有时深藏于海量感知觉噪音和各式能量流动的表层以下。其结果是，神经架构本身的大尺度形态及其自发活动模式（见第9章）都反映了外部世界中对主体意义重大的结构。[22]而知觉为我们揭示的并非某种行动中立的“远端领域”，而是一个自感知刺激“弹幕”的统计学结构中提炼而出的现实。需要注意的是，感知刺激的“弹幕”往往也来源于人类（及个体，见 Harmelech & Malach，2013）特定类型的行动和干预。

196

6.10 幻觉：非受控的知觉

至此，我们对知觉的解释在性质上都是（认识论）外部主义的。知觉状态的作用是评估外部环境对有机体而言意义重大的特征和特性，包括我们自身和其他知觉主体的身心状态。但这些知觉状态的个性化内涵是参照系统实际的采样对象而言的。我们可以想象一个这样的例子（Hinton，2005）：某个神经网络在经过训练后，其高层状态被“锁死”，也就是说，研究者强制性地使其具有了特定的高层结构。通过一个生成级联，该网络的高层激活自上而下地流动，导致其产生了某种“研究者诱导下的幻觉”（如果你愿意这么称呼它的话）。但这一幻觉状态具体有何内涵？Hinton

指出，想要了解这种情况下该神经网络表征了什么，可以这样考虑：在一个什么样的世界中，同样的级联才会参与真实知觉的构建？换言之，这个神经网络的知觉状态反映了“一个假设的世界，它将允许当前高层内在表征参与构造真正的知觉”（Hinton，2005，p. 1765）。

这一切都强烈地暗示我们，“知觉是‘受控的幻觉’”这一说法反过来也颇为合理：我相信幻觉大可视为某种“非受控的（因此是虚假的）知觉”。所有知觉机制都对幻觉经验的产生施加了影响，但要么是这一过程完全没受到感知预测误差的引导，要么是预测误差回路出了什么故障（见 2. 12 和第 7 章）。这种情况下，主体其实进入了某种特殊的状态，Smith（2002，p. 224）将其称作“虚假的感知意识”。

最后需要注意，积极的、可供性敏感的预测所提供的知觉内容是有其固有组织，且朝向外界的。意思是，知觉的内容揭示了（事实上，它不得不揭示）一个结构化的（因此在一种较弱的意义上也是“概念化的”[23]）外部世界，其中大量彼此作用的对象和互为因果的影响能共同作为当前一系列感知刺激最好的解释（在给定先验知识的前提下）。这是一种对现实世界的理解，智能主体要想采取恰当的行动，就必须具备这种理解。如此，当它们观察世界时，它们看到的就是一个由彼此交互的诱因所组成的确定的结构，该结构适于行动和干预，而这一切都取决于它们具体属于哪一种类型的主体。以上模型能够很好地解释知觉经验的所谓“透明性”[24]——也就是说，日常生活中我们看见的似乎都是桌子、椅子、香蕉之类的东西，而非自身外围感官的近端激活，如光在网膜上的成像。我们会看见小猫、小狗，看见进球、抢断，看见一手好牌，是因为它们在一系列彼此交互、相互嵌套且对人类选择和行动意义重大的远端诱因所组成的结构中往往具有关键作用。

197

6.11 最优的错觉

当然，可能出错之事总免不了出错。Paton 等人（2013，p. 222）雄辩地指出，人类心智“总是被摆脱预测误差的冲动左右，因此世界一旦背离了惯常的合作姿态，（这种冲动）就将迫使我们产生十分荒谬而奇异的知觉”。比如说，就连完全清醒的正常成年被试也很容易产生一种错觉，将面前台子上摆着的橡胶手模误认为是自己的手。研究者只需在被试眼前轻拍橡胶手模，同时（在其视野范围以外）用完全同步的节奏和力度轻拍他们的手，就足以制造这种错觉了（Botvinick & Cohen，1998）。Ramachandran 和 Blakeslee（1998）描绘了一种类似的错觉，他们蒙住被试的双眼，让他伸手触碰面前两尺外另一人的鼻子，与此同时，主试用完全同步的节奏断续式地轻触被试自己的鼻子。这样一来，预测性的贝叶斯大脑就被愚弄了：它会制造一个错误的感知，让被试觉得自己长了一个两尺长的鼻子！制造这种错觉的办法还有许多，它们涉及以不同的方式平衡先验预期和驱动信号（相关讨论见 Hohwy，2013，第 1 章和第 7 章）。但就当下的讨论而言，重要的是实验操作过程中“刺激节奏的同步性”所发挥的作用。当感知信号呈现出这种意料之外的（生态学意义上罕见的，因此通常也是含有大量有用信息的）同步性之时，为“解释消除”预测误差，被试就产生了某种“荒谬而奇异的知觉”。

这一切对我们与外部世界间日常性的知觉交互而言又意味着什么呢？在某种意义上（如 Paton 等人所主张的那样），这意味着我们用于追踪外部环境并与其实现对接的程序有一定的脆弱性。这些程序可能会遭到“劫持”或“胁迫”，从而对我们产生误导。[25]但我们还面临一个问题，那便是“对给定的知觉误差而言，摆脱它们需要承担哪些成本？”因为在许多情况下，摆脱给定误差的尝试可能导致在知觉（或更普遍意义上的心

198

理生活）的其他方面产生另一串误差。[26]我们在第 1 章曾经提到，Weiss 等人（2002）通过构建一个贝叶斯优化评估模型，显示“人类运动知觉确实应用了贝叶斯优化评估模型”的假设能够直接解释一系列运动“错觉”现象。他们得出结论称：“许多运动‘错觉’并不是由视觉系统特定成分的草率计算导致的，而是采用某种在合理假设下最优的一致性计算策略的结果。”（Weiss et al.，2002，p. 603）这意味着至少在某些情况下，基于含噪的感知证据和相关取样中现实诱因的统计分布，即便那些“错觉式的”知觉经验也是对最有可能的现实情况的准确评估。以此观之，少量局部异常或许是我们为实现全局性最优表现而必须付出的代价（Lupyan，尚未出版）。

这是一个十分重要的结论，可见于许多不同领域的研究。如声音诱导的闪光错觉（Shams et al.，2005）、口技的效果（Alais & Burr，2004），以及图形—背景凸面线索对深度知觉的影响（Burge et al.，2010）。此外，Weiss 等人（2002）从贝叶斯最优的角度对一系列静态对象运动错觉的解释也得到了扩展，许多研究者用相似的思路研究一系列更为宽泛的运动错觉，这些错觉现象都是由平稳追踪任务中的主动眼动产生的（见 Freeman et al.，2010，同见 Ernst，2010 中的讨论）。即便这些错觉现象似乎也反映了知觉经验对感知数据及其最有可能的外部信源间统计关系的准确追踪。这再度证明介入机制并不会在心智和世界间添加令人忧虑的障碍，而时不时出现的错觉式“插曲”只是我们为实现“通常意义上的正确”而不得不付出的代价。

我们还可以举最后一个更富争议的例子，那便是“形重错觉”。最佳线索整合机制被认为普遍存在于人类心理物理学领域，而一些研究者将“形重错觉”视为对这一观点的有力挑战（Buckingham & Goodale，2013）。“形重错觉”指的是人们会对相似的物体进行某种“重量调整”，判断其中较小的掂起来比较大的更沉，尽管它们的实际重量完全一致（确实，一磅铅“感觉上”是比一磅羽毛要重）。Buckingham 和 Goodale 回顾了关于“形重错觉”的近期研究，指出尽管贝叶斯机制能够解释提举行动本身，却未能解释对物体重量的主观比较，这种比较被某些人称为是“反贝叶斯的”，因为先验预期和感知信息似乎彼此矛盾，而非相互确证（Brayanov & Smith，2010）。他们认为，这为一种更富分离和阻断色彩的认知结构提供了证据，显示人们会“保留两套彼此独立的先验，分别对应运动控制和知觉/认知判断，它们的功能是完全不同的”（p. 209）。

不过，对此还有一个有趣的替代性解释（虽说该解释同样极富推测性）。Zhu 和 Bingham（2011）发现，关于物体相对重量的知觉与其最大可投掷距离的可供性在变化步调上保持高度一致。因此，或许在更深层次的生态学意义上，我们简单标记为“重量”的经验其实是可供实现长距离投掷的最佳重量—体积之比？若事实果真如此，Buckingham 和 Goodale 所描述的经验其实就是对“可投掷性”的最优知觉判断，尽管我们一直以来都将其误认为对物体相对重量的错误知觉。这样一来，虽说认知机制从一个角度来看脆弱、分化、缺乏联系，但换一个角度更为深入地考察，它又显得高度鲁棒、严密整合（当然其各成分绝非同质化的）且极具适应性了。其致力于让我们与环境中行动相关的结构建立关联，而非旨在提供对世界简单、行动中立的描述。

6.12 更安全的渗透

这些思考也有助于揭示为什么高层预测和期望对低层加工活动的频繁“渗透”不至于对我们的认知状况造成严重威胁。怀有这种顾虑的人们通常认为（见 Fodor，1983，1988），承蒙所有这些自上而下的影响，我们（认为自己）知觉到的东西太容易受“我们预期自己会知觉到什么”

的干扰了，而这将从根本上损害科研工作的有效性。我们应该希望观察能够检验理论和预期，而不是简单地与其保持一致！幸运的是，Fodor 指出，知觉并没有那么容易被渗透，这是由视错觉现象证明的：（他声称）即使我们事先了解了某个现象的错觉属性，也无碍于该错觉现象的持续。比如说，即便我们自己动手测量了经典的缪勒-莱耶错觉[27]图像中的两条线段并发现它们等长，它们看上去还是一长一短！Fodor 以此作为证据，试图说明知觉通常是“认知上不可渗透的”，也就是说，它们不受任何类型的高层知识直接影响（Pylyshyn，1999）。

200

我们现在知道，对这一现象的正确解释与 Fodor 的观点大相径庭。知觉确实能够被自上而下的影响所渗透，但这只会发生在渗透经过足量实例的训练，最终稳定下来之后。至于说尽管我们以语言形式获得了相反的知识，仍无法消除许多错觉现象，其深层原因是：知觉系统的任务是最小化 Lupyan（尚未出版）所说的“全局预测误差”，这是一个很有用的概念。相对于让知觉系统应付一系列“状况”，“两条线段不等长”就是当下最优的假设（Howe & Purves，2005）。以全局性的视角观之，错觉的产生根本不是一种认知“失灵”，因为错觉背后的结论源于一系列彼此巧妙交织的中层加工过程，如果系统要推翻这些过程，它就将在面对许多其他（生态学意义上更为普遍的）状况时遭遇更大的失败。

我们的认知状况并没有受到威胁。通常情况下，知觉系统都调教得恰到好处，能够很好地介导感知刺激和行动，除非受到长期重复的训练，否则它产生的认识不会轻易地被我们对某些陈述的采信所推翻，如“没错，两条线段确实是等长的”。对这样一句话的采信（见 Hohwy，2013）尚不足以解释一系列低层预测和预测误差信号，而正是它们产生了对眼前图像的特定知觉。因此，赞同两条线段等长无法推翻系统长期学习的成果。只有当感知证据含混不清、模棱两可时，简单地灌输一些语句才比较有可能产生不同的知觉经验。在这种情况下（见9.8），某个语句可能会“点醒”系统，让它对面前的场景做出解释，而这种解释才真的会影响场景在认知主体眼中的样子（这类例子见Siegel，2012，以及2.9中的讨论）。

总而言之，各类自上而下的作用是有可能影响每一级的低层加工的，但前提是这些影响模式的成效是全局性的（而不仅仅是局部的）。结果是：

> 知觉系统绝非密不透风，如果说某种程度的渗透有助于实现全局预测误差的最小化，它就会被渗透。来自其他模态的信息、先验经验、预期、知识、信念，凡此种种，只要能够降低全局预测误差，就会被用于指导低层加工过程。比如说，如果某种声音信号能够为原本意义含混的视觉输入消歧，那么我们就可以预见声音将会影响视觉。如果我们拥有关于某些线条的组合能够被解读成一个有意义的符号的知识，而这种知识又能优化视觉加工的效果，那么它就会影响低层视觉加工。（Lupyan，尚未出版，p. 8）

201

我们具有这种认知机制对科研工作来说其实是件好事。它让我们能够对或将颠覆现有理论的感知证据保持开放态度，反过来，也能让我们成为知觉方面的“专家”，因此能在令人生畏的噪音和模棱两可的背景下发现希格斯玻色子活动的微弱痕迹。

6.13 评估模型受谁评估？

最后，那些严重的精神混乱，如常见于精神分裂症和其他精神疾病患者的妄想和幻觉，又该如何理解？在这些现象背后，通常致力于平衡感知输入、下行预期和神经可塑性的微妙机制严重地跑偏了。如果我们在

2.12 中提出的假设是正确的，那么这种情况下系统性的故障（或许源于多巴胺能信号异常）便对预测误差信号本身的产生和加权造成了干扰。这种干扰会导致严重的后果，因为（如前所述）持续的高权值预测误差会指向某些显著的外部结构、威胁和机遇。如果它们无法被有效地消除，就将驱使系统改变生成模型，加以适应，这就形成了一个恶性循环：错误的知觉和错误的信念共同产生，并错误地彼此强化。

更糟糕的是，系统缺乏简单而有效的方法来考查其自身精度分配的可靠性（见 Hohwy 2013，p. 47），这是因为预测误差的精度已经反映了系统对其可靠性的评估。而要评估置信水平的置信度或可靠性评估的可靠性显然是不现实的——没有任何系统能够承受这种永无止境的循环。此外，我们也不清楚一个系统能使用哪种证据来计算这种“元—元—度量”，因为无论使用哪种证据，它都不仅需要评估证据的精度，还需要评估“该证据置信水平”的精度。[28]

我们可以得出这样的结论：与精度相关的问题通常无法通过任意形式的理性自我修正加以解决。当然，这高度符合多种精神疾病现象的侧写（否则它们就相当令人困惑了）。对精度评估的干扰会让患者借助概率预测与世界的联系变得很不可靠，但又难以纠正。这种复杂的干扰是下一章的主题。

202

6.14 扣人心弦的故事

如果大脑真是一台概率预测引擎，那么知觉就是一种积极的加工过程，涉及对我们自身不断变化的神经状态持续不断的（亚个体）预测。乍看上去，这种自我预测完全是内向型的，因此似乎不太好解释知觉如何向外探索环境。但是，假如我们在这一章中提出的观点是正确的，那么，让有机体得以理解结构化的、对其意义重大的外部世界的因素，正是主动适应自身多变的感知状态的压力。

对积极的动物而言，这种理解并不表现为构建某种行动中立的意向，以客观地反映外部现实。相反，最小化预测误差其实就是尽可能成功地识别外界所提供的行动可供性。一个好的策略是（每时每刻都）对大量彼此竞争的可供性提供一种不完全的理解：这种“可供性竞争”当且仅当有行动需求时才能得到解决。随着上述过程的进一步展开，决策和行动的准备彼此交织在一起，因为具体做出哪种应对取决于对不同反应的概率分级。也就是说，我们通过知觉对世界的理解本质上是基于交互的：它由我们借以与环境对接的行动所造就，并致力于为后者服务。

这种理解当然并不完美。我们很容易产生错觉、失误，甚至是常见于精神分裂症或其他精神疾病患者的重度精神混乱。这是否意味着即便是功能正常的系统也只能提供与“虚拟现实”的联系？再强调一次，虽说我们不必过分在意这里的用词，但“虚拟现实”暗示了知觉和现实间某种深层次、持续性的隔离，而这是有误导性的。正常情况下，知觉系统非但不会产生某种虚拟现实，粗暴地将“心”与“物”分隔开来，反而会驱散表层统计特征和不完全的信息造成的迷雾，为我们揭示一个充满显著且有意义的模式的世界，而塑造这些模式的正是我们作为人类的需求和行动的可能性。

203

7 预测自我：悄然靠近意识

Surfing
Uncertainty

7.1 人类经验空间

我们已经一同探索了广阔而丰富的天地。这趟旅程始于发现我们如何通过预测自身多变的感知状态理解现实世界，而后是探索如何（在多层架构中）使用这一诀窍，以指导针对世界和其他主体的知觉、想象、行动，以及基于模拟的推理。我们描述了不同神经集群的活动将如何与对相对不确定性的持续评估一同影响预测加工的功能和范围，让加工过程动态、可重构，并具有对大尺度情境的敏感度。我们也已经开始讲到了关键的情节，也就是积极主动的具身主体如何通过创造和维持知觉—行动循环应用预测加工资源，这种循环反映了有机体的需求和环境中的机遇。我相信，这样一来，包括思维、经验和行动在内的“全谱系”人类心智生活都将有望得以阐明。

要实现这一愿景——就算只是为了让它更好理解——我们就要将这幅相当理论化的大尺度画面与人类经验的形态和特性紧密地关联起来。换言之，现在的任务是重新认识自我，认识到我们正处在持续不断的多层预测的漩涡之中。做到了这一点，画面中许多更为真实（对人类也更有意

204

义）的方面就将浮现出来，为我们进一步揭示复杂的人类心智空间。在这个空间中，一些关键性的原则和平衡（包括预测误差及其在行动展开中的微妙作用）可能决定了正常或异常的人类经验的形态与特征。

我当然不可能完全做到这些。一直以来，对人类经验方方面面的机械论（与社会文化）根源做出令人信服的解释是不可想象的，这固然令人遗憾，但也并不意外。然而近些年来，事情似乎有些柳暗花明：相关文献资料开始提出一些简化的模型，以及一些有趣的（但仍是推测性的）建议。既然如此，关于意识、情感和多种多样的人类经验，预测加工模型又有望告诉我们些什么呢？

7.2 温度指示灯

本章包含一系列案例，它们将展示人类经验的结构化、紊乱和微妙的变形，我相信，这些现象都能借助独特的预测加工原理得到阐明。预测加工机制的一个方面在每个案例之中都扮演了重要角色，那便是（再强调一遍）特定预测误差信号的精度，也就是对不同证据信度的评估：这些证据包括外感觉、内感觉、本体觉信号，以及多层级、全谱系的先验信念。正如前几章中一再强调的那样，对信度（也就是对不确定性）的评估为我们的解释提供了一个关键性的附加维度，让系统能够根据任务、情境和背景信息灵活地调节特定预测误差信号的影响。更普遍地说，这种对精度的评估构成了一种基本的元认知策略。之所以说这种评估是“元认知”策略[1]，是因为它们涉及对我们自身心智过程和状态的确定性或可靠性的估测（这种估测通常发生在无意识水平、亚个体层面）。但这种元认知策略并不是与先进的“高层”推理一同涌现出来的东西，而是构成基本知觉—行动机制的最为基础的成分。

评估我们自身预测误差信号的可靠与否，无疑是一项微妙而困难的工作。因为正如我们一再强调的那样，预测误差信号携带的往往是对系统而言“新异的”信息。然而，大脑的任务是确定预测误差信号本身的正确权值。评估某些（推定的）新异项是否可靠从来都不容易，如果你从不同的媒体上读到过对同一新闻事件的不同描述，就会对此深有体会！当我们面对此类难题时，一个经常采用的策略是偏向于采信某些来源的信息，如我们喜欢的报纸、常看的频道和关注的博客。但假设在你毫不知情的情况下，各家媒体的所有权一夜之间全部易手，因此一些你通常不加质疑的信息现在突然变得极具误导性。换言之，你原本选择的“可靠”信源遭到了严重的污染，而这一切都出乎你的意料之外。在这种情况下，你可能会被迫认真研究许多看上去比较离谱的报道（比如《火星人登陆地球！白宫新闻办公室如是说》）——对这类报道，你先前的态度通常是嗤之以鼻，或干脆视而不见。大体而言，（我们很快就将具体谈到）这就是近年来开始被用于解释各类异常精神状态的特殊原理。这些解释将异常精神状态的原因归于精度评估环节的问题，也就是说，我们使用某些机制评估自身信息来源的可靠性，而精神状态异常正是由于这些机制出了故障。（我们将会看到）根据先验和感知证据中哪一方面受影响程度最深，这些故障可能产生非常复杂多变的影响。

205

Adams 等人（2013）描述了一个场景[2]，很能说明问题。我会完整地引用他们的论述，因为其中包含了一些对我们的后续讨论非常重要的因素：

> 假设你的爱车控制面板上温度指示灯过于敏感（精度太高），会对极其微小的温度波动（预测误差）做出反应。看到灯闪，你自然会认为车子出了什么问题。然而，返厂检查的结果是车子没有任何毛病——但指示灯依旧闪个不停。一开始，你可能会怀疑工作人员水平不够，未能发现故障，甚至会开始质疑网上对这家厂子维修服务的点评。站在你的角度，这些假设都符合当前手头的证据。然而，站在其他人的角

度，特别是当他们与你和你的爱车全无交集之时，这些怀疑看上去就毫不理性，而且有些偏执了。这则轶事说明，当一个系统为感知证据分配了过高的精度，它将多么容易产生某种妄想并对此坚信不疑。(Adams et al., 2013, p. 2)

206

而后，Adams 等人补充道：

这种情况所导致的主要病理学是元认知性质的：因为问题在于对某种信念（指示灯闪烁表示引擎过热）的信念（指示灯反应高度可信）。重要的是，预测和预测误差的产生机制可能运转正常，但它们影响推理或假设的过程却出了岔子。

在开始介绍一些真实的例子以前，我们要对上面的设想做两点简单的评价。

其一，在温度指示灯的例子里，通过添加层级也能提高系统的复杂性，但几乎于事无补。假设我们为车子多装了一个设备：一个专门报告温度指示灯故障的指示灯，也丝毫无助于解决问题：如果两个指示灯都开始闪烁，我们就得判断哪一个传递了最可信赖的信息；如果只有其中一个灯闪烁，我们都知道，它的反应就仍然要么可信，要么不可信。对信号可靠性的判断绝不会陷入无穷回归：它总要终止在某个点（尽管这个点未必对每个任务都一样，对同一任务也未必每次都一样）。无论终止在哪个点，都可能导致错误或误导性推理的自我强化的螺旋。

其二，需要注意，精度加权本质上提供了一种形塑推理和行动模式的手段，因此，提高（比如说）某个先验信念的精度和降低感知证据的精度，在直观上有时不会产生差异。重要是影响力的相对平衡，不管它是如何实现的。而正是这种相对的平衡决定了我们将要做出什么反应。

7.3 推理和经验的螺旋

回顾我们在2.12中从预测加工的角度对妄想和幻觉这两种精神分裂症"积极症状"的解读（Fletcher & Frith, 2009）。基本上，这两种症状可能源于同一种深层原因：大脑错误地生成了一连串高权值（高精度）的预测误差信号。这就构成了针对元认知的严重干扰，因为正是大脑分配给这些误差信号的高（精度）权值让它们变得如此强大，能够充分利用系统的可塑性和学习能力，驱使其形成并部署愈发古怪的假设，以适应没完没了的上行信息，它们貌似可靠、显著，但一直未能得到很好的解释。这些新形成的假设（比如"通灵"和外星人操纵）对外部观察者而言相当离奇，且缺乏依据，但在当事人自己眼中，它们就是最理想的，而且也是唯一可用的假设——这种情况很像上一节"温度指示灯"案例中车主对网上评价的质疑。一旦这种高层假设站稳了脚跟，大脑就可能错误地解读新的低层感知刺激。当大脑被这些新的先验所占领，我们就产生了幻觉，而这些幻觉反过来又能证实或强化这些先验。这与"凹脸错觉"中先验预期让面具的凹面看上去向外凸出（见1.17），以及白噪声听上去像是包含了《白色圣诞节》的现象（见2.2）其实没有本质上的区别。到了这一步（Fletcher & Frith, 2009, p. 348），错误的推理就造成了错误的感知，对产生它们的理论形成了错误的支持，系统因此深深地陷入了一个自我证明的恶性循环。

207

那些"明显"的高层解释为什么没有发挥应有的作用？患者对来自朋友或医生的提醒为什么往往置若罔闻？这些提醒确实能构成可接受的高层解释，但在那些症状严重的患者看来，它们显然欠缺说服力。要理解这一点，我们就要注意：预测误差信号不是经验的对象（它们不会产生经验），因此上一节中"看见温度指示灯闪烁"不可类比为"经验到预测误差信号”。预测加工理论并没有说我们会像看见指示灯闪烁一样经验到自己的预测误差信号（或这些信号的精度），相反，这些信号的功能是在我们的内部调用合适的预测，揭示环境中的对象和诱因。然而，如果误差信号持续不断地产生且始终没有得到高层预测理想的解释，患者就会产生无定形的强烈怪异感，比如说，他们会觉得自己明显受到了某些东西的影响，而在他人眼中一切无非偶然的巧合。在多层架构中，这种情况相当于产生了持续不断的低层“紊乱”，而唯一的应对办法就是构建极其怪诞的高层理论，并免疫与之相冲突的证据（Frith & Friston，2012）。Frith 和 Friston 指出，许多患者的第一人称报告都证明了这一观点，其中最典型的例子之一当属 Chadwick（1993），他曾罹患偏执型精神分裂症，又是一位训练有素的心理学家。据 Chadwick 回顾，自己“必须努力，尽一切努力，让所有这些不可思议的巧合变得合理”，而具体做法就是“从根本上改变（自己的）现实观念”。对此，Frith 和 Friston 评论道：

> 用我们的术语来说，“不可思议的巧合”就是错误的假设，它们是由预测误差产生的，而这些预测误差的精度或显著性高得不合常理。要将它们解释消除，Chadwick 就必须得出一个离奇的结论，即其他人（包括广播和电视节目主持人）都能读取他的内心。这是他被迫对自己的现实观念做出的根本改变。（Frith & Friston，2012，section 8）

208

7.4 精神分裂症与平稳追踪任务中的眼动

这种推测既十分有趣，又似乎相当可信。但预测加工解释的主要魅力在于，它还能很好地说明这类患者许多其他的特点，这些特点或许不那么富有戏剧性，但同样是诊断性的。一个例子是精神分裂症患者在“平稳追踪任务”中眼动情况的异常。这类实验中，一个运动的靶标会不时被某些障碍遮挡，而在视野中暂时消失。当被要求流畅地追踪靶标时，正常被试和精神分裂症被试的眼动模式产生了非常明显的差别。

平稳追踪眼动[3]与跳视眼动（saccadic eye movements）有所不同。人类的双眼可通过跳视扫描一个场景，将注视点从一处快速急动到另一处。但当我们向双眼呈现某个移动的物体时，双眼又能“锁定”该物体，在空间中平稳地追踪（除非它移动得太快了，在那种情况下，双眼会实施“追捕性扫视”）。平稳追踪眼动能够追踪缓慢移动的物体，将其网膜投影保持在高分辨率的中央凹区域。平稳追踪时（见 Levy et al.，2010）眼球每秒转幅小于 100 度，（在这一前提下）注视点的移动速度十分接近靶标的移动速度。一个常见的例子是，体检时医生会在你的眼前竖起一根手指，让你在头部和躯体不动的前提下追踪它的来回移动，在这项任务中的表现至今仍是一个很说服力的神经指标，而且它很容易获取。（你可以自己体验一下：在眼前一臂左右伸出右手食指，将手从左到右移动，尝试盯着指尖，追踪时不要转动头部。如果你在这个过程中注视点发生了急跳，就会在“现场酒精测试”中得到一个低分，警察可能据此怀疑你涉嫌酒后驾驶，甚至吸食了 k 粉之类的毒品。）

平稳追踪眼动包含两个阶段：启动阶段和维持阶段（分别对应开环反馈和闭环反馈）。在维持阶段，一个被称作“追踪增益”（或“维持增益”）的指标可用于衡量眼动速度和靶标速度之比。这个指标越接近 1.0，眼动速度和靶标速度的对应关系就越明显。在这种情况下，靶标的像稳定地保持在中央凹区域，一旦产生偏离，就会触发“追捕性扫视”，这是一种辅助手段，旨在让二者重新彼此对应。

精神分裂症患者在执行平稳追踪任务时会遇到各种各样的困难（这种现象也称为“眼动追踪障碍”），特别是当任务涉及靶标被障碍物遮挡或改变移动方向等条件时。根据 Levy 等人的权威评论（Levy et al.，2010，

p. 311)，“眼动追踪障碍”（Eye Tracking Dysfunction，ETD）是精神分裂症患者最常见的行为缺陷之一，而且在这些患者的一级亲属中有类似障碍者占据了过高的比例（即便他们尚无精神分裂症临床表型）。 209

（根据 Adams et al., 2012）精神分裂症被试的平稳追踪任务表现与正常被试在三个方面存在显著的不同，它们分别是：

1. 视觉遮挡有损追踪表现。精神分裂症被试的追踪速度较正常被试更慢，视觉遮挡（即视线有时无法直接接触靶标）会让这一现象尤为明显。神经典型性被试的“追踪增益”水平在85%上下，而精神分裂症被试的这一指标仅为约75%。更为惊人的是，当移动的靶标偶尔被障碍物遮挡时，神经典型性被试的“追踪增益”能保持在60%~70%，而精神分裂症被试的这一指标则急剧下降到45%~55%（见 Hong et al., 2008；Thaker et al., 1999, 2003）。
2. 悖论式的表现提升。当靶标出乎意料地改变运动方向时，精神分裂症被试的追踪表现会略优于神经典型性被试，具体而言，在靶标循新轨迹运动的前30毫秒之内，精神分裂症被试眼动速度与靶标速度的比例较神经典型性被试更高（见 Hong et al., 2005）。
3. 重复学习机能受损。如果靶标的某个运动轨迹重复出现，神经典型性被试会逐渐优化其追踪表现，而精神分裂症患者则不会（见 Avila et al., 2006）。

我们很快就会看到，尽管这些现象（看似矛盾的两种机能受损和一种表现提升）相当复杂、令人困惑，但它们其实都植根于多层预测架构和预测误差精度加权机制受到的某种干扰。

7.5 模拟平稳追踪

Adams 等人（2012）没有局限于简单计算维持增益本身，而是通过回顾大量证据指出，平稳追踪眼动过程中的预测最易受到精神分裂症相关因素的干扰，对此，他们提出了相当深刻、临床上颇有潜力的见解。比如说（Nkam et al.，2010），如果我们让精神分裂症被试和神经典型性被试一同执行平稳追踪任务并在任务中让靶标随机移动，那么两类被试的表现就不会产生差异。一旦靶标的移动在某种程度上可预测，双方的差异就表现出来了。随着追踪任务对预测的需求越来越高，这种差异也会越来越显著。由于在靶标偶尔被遮挡的条件下，继续追踪其运动轨迹需要引入的预测成分最多，此时两类被试的表现呈现出最大程度的差异也就不足为奇了。

210 要凸出预测成分的作用，可以引入一个被称作“平均预测增益”的指标（Thaker et al.，1999）。平均预测增益指的是靶标被遮挡时的平均增益。此外，在靶标被遮挡后的一段时间内，所有被试的眼动速度都会降低，而后为赶上靶标的移动再次提速。考虑到这一点，从“平均预测增益”所描绘的时段内去除普遍的降速区间，剩余时段的平均增益就可用“剩余预测增益”来表示。研究显示在大样本中，不管是那些较为严重的精神分裂症患者，还是那些不太严重的亚型，甚至是他们无临床表型的亲属，“剩余预测增益”都发生了显著的降低。相比之下，整体意义上的“维持增益”的显著降低只可见于那些症状较为严重的人群。

这些证据显示，在刺激移动方式的可预测性和精神分裂症被试执行平稳追踪任务时特殊的行动模式间存在密切关联。任务对预测的要求越高，患者与神经典型性被试在反应和追踪模式方面的差异就越大。上述发现与一系列研究得出的结论高度一致，这些研究涉及精神分裂症患者对特定错觉的反应、胳肢自己的效果（见第4章），以及控制妄想。我们将在后续部分回过头来探讨这些话题。

为探索干扰对预测加工系统的平稳追踪眼动有何影响，Adams 等人（2012）使用了一个简化的、将感知与运动控制相耦合的多层生成模型。借助启发式[4]，他们给模型灌输了一个“信念”：在一个只具有单一（水平）维度的外部坐标中，某个点同时吸引着注视中心和靶标。也就是说，“生成模型的高层先验是：其注视点和靶标受视觉空间中一个共同的（虚拟）吸引子所牵引”（Adams et al., 2012, p. 8）。这个简单的启发式能对复杂程度令人吃惊的适应性反应提供支持。比如说，它让模型能够在有遮挡的条件下很好地执行平稳追踪任务。即使靶标不时被障碍物遮挡，也无碍追踪的继续，就好像一个隐藏的诱因同时吸引着靶标和注视点。更重要的是，该生成模型的分层结构足以支持其表征靶标运动轨迹的周期性（换言之，表征靶标周期性运动的频率）。最后，也是最为关键的一点在于，加工过程的每个层级和各个方面都包含对应的精度，编码了模型对变动不居的输入信号各方面的确定性水平：要么是感知信号本身，要么是信号随时间而演化的预期——如对靶标周期性运动模式的期望。

这个模型虽然简化，却抓住了平稳追踪眼动的许多关键特征。当移动的靶标稳定地呈现，系统在短暂的延迟后平稳地追踪；当靶标首次被遮挡，系统的追踪在约100毫秒后开始偏离隐藏的运动轨迹；当靶标再次出现后，它又必须实施某种“追捕性扫视”（系统对追捕性扫视现象只能大概地模拟）。但如果以上套路一再重复，系统的追踪表现就会显著提升。彼时，模型的第二层将能够预见靶标运动的周期性动力学，并使用这些知识帮助低层加工过程确定当前的情境，这样一来，即便持续输入的感知刺激突然缺失了（靶标被遮挡），系统也不致过分诧异。这些结果在性质上十分符合人类被试的实际表现（见 Barnes & Bennett, 2003, 2004）。

7.6 干扰平稳追踪

我们可以回顾一下精神分裂症被试平稳追踪眼动的三个显著特点，分别是视觉遮挡有损追踪表现、在靶标轨迹意外变化时悖论式的表现提升，以及重复学习机能受损。Adams 等人（2012）指出，这三种表现都是内部预测加工机制的同一问题所致，事实上，该问题已被用于解释精神分裂症患者在力度匹配任务中的表现，以及他们为什么比常人更容易胳肢自己（见 Blakemore et al.，1999；Frith，2005；Shergill et al.，2005 以及本书第 4 章的讨论）。

因此，我们可以假设精神分裂症（在一条漫长而复杂的因果链开端附近某处）确实涉及先验预期（相对于当前感知证据）影响力的弱化（见 Adams，Stephan，et al.，2013）。我知道在许多读者看来这种设定很怪，不少人会认为情况恰恰相反，因为精神分裂症患者往往持有怪异的高层信念，强烈地压制其感知证据。然而，他们或许倒果为因了。我们很快就将看到，先验预期相对影响力的减弱将导致异常感知经验的产生（比如说在患者看来，自发的行动似乎受到某种外因的操纵），而这种感受会驱使他们对当前经验形成越来越奇特的高层理论和假设（见 Adams，Stephan，et al.，2013）。

212

系统在产生自发行动时会降低其感知证据的精度，这种能力是感知证据和高层信念间的平衡得以维系的重要原因。如第 4 章中谈到的那样，精神分裂症患者正是因为上述机制（即感知抑制效应[5]）受损，才比普通被试更容易胳肢自己，也才能更好地完成力度匹配任务[6]。在我们考察这些现象时，必须始终牢记：问题的关键在于高低层状态间精度的平衡，因此，至少就推理过程而言，提高低层感知预测误差的精度（即强化其影响）和降低与高层预测相关联的误差的精度（即弱化其影响）将产生同样的效果。

回到平稳追踪眼动的例子，根据我们的猜测，降低多层加工架构中较高层级（比如说 Adams et al.，2012 中简化模型的第二层）的预测误差的精度，系统就会产生（如前文所述）精神分裂症患者在平稳追踪眼动任务中的三种典型表现。Adams 等人据此对 7.5 中描述的模型进行了调整，这种调整的直接结果是降低了（关于靶标周期性运动模式的）预测误差对系统任务表现的影响。当靶标运动速度较低时，在无遮挡的条件下，调整后系统的任务表现尚可保持调整前的水准，因为“高层精度降低后的系统”（reduced higher level precision network，简称 RHLP 网络）仰仗感知输入指导行动。但当靶标被遮挡时，这种对感知输入的仰仗无以为继，RHLP 网络的任务表现就产生了相对于调整前系统“神经典型性”水平的显著差距。随着任务循环次数的增加，这种差距愈发明显，因为第二层精度的降低不仅会抑制高层预期相对于感知输入的影响，而且有损系统的学习能力。在当前任务中，这会导致系统无法从持续的追踪中习得靶标周期性运动的频率（见 Adams et al.，2012，p. 12）。最后，当无遮挡靶标的运动方向出乎意料地改变时，较之调整前系统的“神经典型性”水平，RHLP 网络的追踪表现会呈现出某种微妙的“悖论式提升”。这一切现象都是降低系统高层精度的自然后果，因为在构建良好的预测有利于提升任务表现的情况下（如靶标被遮挡或以高速移动时），调整后的系统追踪水平会变得更差；而在预测可能产生误导时（如靶标的运动轨迹发生意外改变），其追踪水平则较调整前更佳。此外，上述调整还将损害系统从经验中学习的能力。

213

在生理学（Seamans & Yang，2004）和药理学（Corlett et al.，2010）意义上，系统确有可能遭受这种干扰。如果精度是由某些调整浅层锥体细胞增益水平的机制所编码的（浅层锥体细胞即预测误差单元），而高层误差报告单元又主要分布于前额皮质的眼动区（与实际发现一样），则文献报道中各类多巴胺能、NMDA 和氨基丁酸能受体异常就都是可能导致高层精度（其表现为前额皮质的突触增益）降低的原因。[7]这些异常可能有选择性地损害高层预期的获取和使用，影响系统借助情境信息预测感知刺激的能力，但这种预测的成本（在一些十分罕见的情况下）也会因此而降低。

7.7 再谈胳肢

上述原理不仅能够很好地说明对平稳追踪眼动的干扰，还能对精神分裂症患者为什么更容易胳肢自己的标准化解释做出重大改良。我们在第 4 章中初步探索了这种“胳肢现象”。之所以说是“改良”，是因为这种原理能让我们将精神分裂症患者感知方面遭受的影响与其行为表现的损害和妄想信念的形成联系起来，用单一机制阐明一系列复杂症状表现的成因。

我们可以回顾一下，相对于神经典型性被试，精神分裂症患者更容易胳肢自己，确切地说，他们自己胳肢自己的效果比控制组的神经典型性被试更好（Blakemore et al., 2000）。这一感知现象对精神分裂症被试而言是真实的，不能仅归结为某种言语报告的异常，他们在力度匹配任务中的表现能够有力地证明这一点，因为后者并不涉及言语报告。如前所述，神经典型性被试往往高估外源施加的力度，导致他们在匹配时过度发力，而在多人场景中，这种接触强度的次第上升往往会引发“武力升级”。精神分裂症患者陷入这种困境的可能性要低得多，因为他们的力度匹配更为准确（Shergill et al., 2005）。因此，这又是一种“悖论式的表现提升”：只不过本例中精神分裂症患者的知觉准确度取代了追踪任务的表现。神经典型性被试的感知抑制效应涉及多种形式的自生刺激，包括以特定方式触碰自己时产生的愉悦感受（相比通过备选方案产生同样的刺激，被试通常报告称自己动手挠痒痒的愉悦程度不足，刺激强度也会下降），甚至包括自生的视觉和听觉刺激（Cardoso-Leite et al.，2010；Desantis et al.，2012）。因此，神经典型性被试对自生感觉的抑制是相当普遍的现象，而精神分裂症患者的这种抑制效应则明显更低。

Brown 等人（2013）给出了一个可能的解释，该解释也能说明为什么精神分裂症患者会产生与能动性相关的典型妄想式信念（同见 Adams et al.，2013；Edwards et al.，2012）。回顾前文，第 4 章对此的标准化解释是，我们会利用一个准确的正向模型预测自己施加的力度大小，因此，这些力就会在感觉中被弱化（抑制）。如果这个模型受损，（该标准化解释声称）我们就会对自发的行动产生某种惊异感，因此更有可能将其归于某种外力，形成与能动性和控制有关的妄想。Brown 等人指出，这个标准化解释存在三个缺陷：

1. 并未说明成功的预测和（如力度匹配和胳肢自己时）知觉强度的降低是怎样关联在一起的。正如第 1 章至第 3 章所提及的，感知信号中得到良好预测的成分会被“解释消除”，因此无法对新异假设的选择产生压力。但无论哪种高层假设脱颖而出，它都将产生知觉经验，而我们还是不知道这些知觉经验的强度将受上述过程的何种影响。
2. 我们的自发行动也会产生感知刺激，但操纵这些感知刺激的可预测性似乎无法影响被试经验到的感知抑制的水平（Baess et al.，2008）。换言之，预测误差的大小和感知抑制经验的水平间不应存在什么关系。

3. 最为重要的是，有时候就连外部因素（如主试）施加的刺激，只要施加在正在实施自发活动的，或是预期将要活动的身体部位，也会产生感知抑制效应（Voss et al. , 2008）。Voss 等人指出，如果我们仅诉诸正向模型和输出副本的通常解释，就无法说明这种外因导致抑制的现象。相反，他们认为“有证据表明预测性的感知抑制效应只产生于高层运动准备，而不包括运动指令和（再）传入机制”（Voss et al. , 2008, p. 4）。

215

为弥补这些缺陷，关于行动的预测加工机制（见第 4 章），Brown 等人首次提出了一个看似令人困惑的复杂版本。他们指出，当系统强烈地预测某个行动的感知（本体觉）后果时，运动就将随之产生。由于这些后果（体现为某种随时间而展开的本体觉轨迹）在预测时并未实现，就导致了预测误差，而行动的实施又将消除这些预测误差。这就是某种意义上的“积极推理”（见 Friston, 2009; Friston, Daunizeau, et al. , 2010）。但请注意，只有在我们根据本体觉预测改变躯体的状态，而非改变大脑的预测以迎合当前的本体觉状态（比如说“手正放在桌面上”）时，行动才会发生。因此，在知觉方案（改变感知预测以匹配由外界输入的信号）和行动方案（改变躯体/世界以匹配感知预测）之间存在明显的张力。

这令人吃惊，因为预测加工理论致力于为知觉和行动提供一个富有吸引力的、统一的解释。但事实上，正是这种统一性造成了上面的问题。因为根据这种解释，行动是受知觉控制的：至少可以说，对躯体运动方式的规定是“含蓄的”，它源于描绘行动偏向的本体觉信号轨迹，而非某种高层“运动指令”。预测加工理论主张，随着运动过程的继续，本体觉感知信息流也将随之展开，而我们的行动正是由对这种感知信息流的预测决定的（见 Friston, Daunizeau, et al. , 2010; Edwards et al. , 2012）：这些预测一路下行，经层层嵌套的多轮“解压缩”直达简单的“反射弧”，这种将高层规范逐步解析为恰当的肌肉指令的流畅路径，让预测的本体觉后果得以最终实现。

这样一来，行动和知觉间的张力就显露无疑了。因为除通过移动身体来产生与预测相符的本体觉信号流以外，压制本体觉预测误差的另一种方式是改变预测以迎合实际传入的感知信息（这些输入表明“手正放在桌面上”）。如果不想保持静止不动，就需要在行动（比如说够取酒杯，具体视对本体觉状态的预测而定）与真实知觉（表明当前并无手部动作）的竞争中让前者取得胜利。

要实现这一目标，有两种方法。系统可以降低当前感知刺激（表明手在桌面上静止不动）的精度，也可以提高高层表征（规定了伸向酒杯的运动轨迹）的精度。这两种方法在功能上是等价的：只要在高层表征与低层感知信号的精度之间实现了某种平衡关系，运动就会随之产生。在接下来的两节里，我们会看到当这种平衡关系被改变或干扰时将发生些什么事。

216

7.8 少些感知，多点行动？

Brown 和 Adams 等人（2013）创建了一系列模型，以期说明感知刺激和高层预测间精度平衡关系的改变可能导致哪些后果（类似于7.6 中报告的实验）。基本的任务设定是，给定的体觉刺激（比如说，某种被触碰的感觉）具体来源模糊不清：它可能是模型的自发动作导致的，可能是外部力量施加的，也可能二者兼而有之。要搞清楚这一点，模型（这也是一个简化的系统）就必须使用本体觉信息（关于肌肉紧张度、关节压力等方面的信息）区别自行生成和外部生成的输入。本体觉预测是高层加工过程产生的，并（通过熟悉的积极推理）被用于产生行动。最后，感知预测误差的可变精度加权使系统能够灵活地改变对当前输入的关注度，这是通过调整传入信号精度与高层预测精度的平衡关系，即改变系统对二者的相对确定性水平实现的。

当（且仅当）这样的系统（其具体创建方式见 Brown，Adams，et al.，2013）在当前感知刺激和高层预测的精度间实现了一个正确的平衡关系，才会产生躯体运动。在一种极端情况下，系统会为与高层本体觉预测相关的误差（其表明了该预测偏向的运动轨迹）分配一个很高的权值，而那些与当前本体觉输入相关的误差（其表明当前肢体或感受其的位置）精度则相对较低。这样一来，当前感知信息的功能就会严格受限，系统将采取行动应对高权值的误差，最终使高层本体觉预测成为了一种自证预言。

然而，一旦感知抑制效应弱化，情况就将发生戏剧性的改变。在另一种极端情况下，感知输入的精度权值极高而高层预测的精度权值极低，这样一来，对当前感知信息的抑制便不复存在，系统也无法产生任何躯体运动了。Brown 等人使用许多轮次的刺激探索了这种平衡关系，发现（正如我们所预期的那样）“随着先验精度相对于感知精度的提高，先验信念逐渐能够激发更为自信的行动”（p. 11）。因此，在积极推理架构中，“如果先验信念要取得对感知证据的优势地位，使系统产生自发行动，感知抑制便是必不可少的”（p. 11）。这个结果已经很有趣了，因为它就 7.7 中谈到的各类感知抑制现象，包括自发行动过程中对外来刺激的抑制（这是对以正向模型为基础的标准解释最强有力的反驳）提出了一个根本性的原因。

217

重要的是，感知预测误差的确定性水平越低，关于这些误差诱因的先验信念确定性水平也越低。Brown 和 Adams 等人（2013，p. 11）将这种状态描述为“瞬态不确定”，这是因为“对感知输入的注意（我们可以回顾一下：在预测加工模型中，注意是通过提高特定预测误差的权值实现的）会暂时中止”。其结果是，与自生刺激相比，由外因产生的刺激感觉上通常要强烈得多。这样一来，在自发活动的过程中，高层预测只需通过抑制当前的感知输入（降低其精度）就能产生动作。较之由自发动作产生的某个躯体觉状态，同样的躯体觉状态系外因所致时（由于抑制效应较低）感觉会强烈不少（see Cardoso-Leite et al., 2010）。正因如此，如果我们让被试通过自发动作匹配外因施加的力度（这种匹配任务我们已经很熟悉了），就会很快产生“武力升级”现象，也就是施加力度的逐步上升（一些研究者使用前述积极推理装置对这种现象进行了令人信服的模拟，见 Adams, Stephan et al., 2013）。

综上所述，积极推理架构下的行动离不开某种有针对性的“去注意”过程，在此过程中，当前感知刺激会被抑制，让对感知觉（本体觉）状态的预测扮演动作发起者的角色。乍看上去，这套机制太复杂、太浮夸了，它似乎带有一些 Heath Robinson 或 Rube Goldberg 式的风格[8]，而且含有某种似乎有些脱离现实的自欺。这好像是在说我们的大脑只能通过有意忽视感知信息，才能“认真考虑”决定行动的本体觉预测，将这些预测直接用作运动指令（见第 4 章），而那些被忽视的感知刺激则真实地表明了当前我们的身体各部在空间中的具体排列。在我看来，虽说预测加工模型的这一部分是否正确显然意义重大，但这仍是一个开放性的问题。然而，积极的一面是，该模型能够解释一系列我们相当熟悉的现象（否则它们就很难理解了），如刻意的注意将有损运动流畅执行的过程（“Choking 现象”），以及一系列躯体型妄想和运动障碍。这些内容将在下一节中详细展开。

218

7.9 干扰感知抑制

为便于讨论，姑且假设上面的观点是正确的，果真如此的话，就可以问：如果有针对性的去注意过程遭受了干扰，或者这种能力被破坏了会怎么样？我们已经知道，无法抑制上行感知预测误差的影响，将导致系统无法产生自发运动。Edwards 等人对此做出了很好的概括，他们指出：

> 如果高层表征的精度远高于感知输入，系统就会激活经典反射弧以应对本体觉预测误差，因此产生运动。然而，如果本体觉预测误差具有更高的精度，系统就完全可能改变下行预测，以适应当前事实，即其并未感知到自身的运动。简而言之，精度能够决定感知刺激和（与知觉相关的）先验信念间微妙的平衡，而完全相同的这套机制还能决定我们是否会实施某种行动。(Edwards et al., 2012, p. 4)

感知抑制机制失效后，系统仍会产生高层预测，但（相对于感知输入而言）这些预测精度不足，因此将无力指导行动的产生，至少这种功能会严重受损。[9]

Brown 和 Adams 等人（2013, p. 11）相信，这种影响模式也将有助于解释常见的“Choking 现象”。这种现象往往发生在我们进行某些种类的体育运动或实施某种精细（但熟练的）操作作业的过程之中（见 Maxwell et al., 2006），表现为对动作本身的刻意关注反而会对本该流畅而轻松的操作过程产生干扰。问题的实质或许是，对动作本身的关注提高了当前感知信息的精度，其结果则是限制了高层本体觉预测的影响，而流畅的操作原本就是由这些预测产生的。

一旦高层预测的影响受限程度较高（感知抑制机制完全失效），尽管从生物力学的角度来说系统完好无缺，但它将无法再产生任何行动。为证明以上主张，Brown 等人使用了一个简化的模型，并调节其中感知预测误差的整体置信水平（即确定性）。要产生行动，（相对于感知证据的精度而言）高层本体觉预测的精度就必须足够高。反之，行动就将受阻。这样一来，唯一恢复系统行动能力的方法就是人为地提高其高层状态的精度（即提高高层预测误差的精度），在事实上恢复系统对感知的抑制。这是因为高层预测（其规定一连串本体觉状态的轨迹，而目标行动则将实现这些轨迹）的精度提高后，虽然当前感知状态仍未受到抑制，但二者置信水平的相对关系已经实现了逆转。在某个临界点（相关模拟研究见 Adams, Stephan, et al., 2013），系统的行动能力将会修复，但仍被剥夺了力度匹配任务中的错觉（想必此时它也能胳肢自己，假如有人模拟这项能力的话）——正如实验中精神分裂症被试的表现。

然而，这种补救是有代价的。此时系统虽然恢复了自发行动的能力，但很容易产生各种“躯体型妄想”。这是因为它仍需解释那些精度过高的（未得到抑制的）感知预测误差。在 Adams 和 Stephan 等人的研究（2013）中，系统似乎认定在特定感知刺激模式的背后，存在着某种“附加的外力”（即隐藏的外部诱因），而这些刺激实际上完全是由系统自己导致的（同类型研究见 Brown, Adams, et al., 2013）：系统“坚信当它将一根手指向下按在手掌上，有什么东西也在同时向上推着它的手掌”（Brown, Adams, et al., 2013, p. 14）。根据我们的预期，那些由自发动作产生的感知后果会被抑制，因此在主观强度上不及外力导致的同样水平的刺激。但在研究中，（作为行动发起者的）系统无法抑制其自发动作的感知后果，因此产生了一连串的预测误差，使其采信了一个新的（尽管是妄想式的）假设。这就在精神分裂症患者感知抑制机制的失效和他们关于能动性的错误信念之间建立了一个基本的联系。

7.10 “心因性障碍” 与安慰剂效应

类似的推理干扰作用或许有助于解释一系列“功能性感知运动症状”，这些干扰同样源于对精度权值的篡改。“功能性感知运动症状”即所谓的“心因性”障碍，指当事人的感知和运动方面存在异常，但无明显的“器质性”或生理性诱因。根据 Edwards 等人（2012）的主张，我用“功能性感知运动症状”一词来涵盖一系列状况：人们会将这些状况描述为“心因性的”“非器质性的”“无法解释的”甚至是（用老话来说）“歇斯底里的”。[10]对此我们将提出一些观点，同样适用于理解“安慰剂效应”的范围和效力（尽管它们涉及一些比较积极的影响，见 Büchel et al.，2014；Atlas & Wager 2012；Anchisi & Zanon，2015）。

220

功能性感知运动症状十分常见，根据诊断，其影响范围大致涵盖精神障碍人群和精神疾病患者的 16%（Stone et al.，2005）。包括“麻痹、失明、耳聋、疼痛、感知运动方面的疲劳、虚弱、发音障碍、步态异常、震颤、肌张力障碍和癫痫发作”等器质性原因不明的病例（Edwards et al.，2012，p. 2）。令人吃惊的是，这些问题通常具有某种遵循“民间”观念的轮廓（比如说，瘫痪的手部与未瘫痪的胳膊在什么位置划界[11]），有针对性地影响患者身体的不同部位或视野的不同区域。另一个例子是：

> “管状”视野缺损，即病人中央视野部分区域功能丧失，而且报告称无论视觉对象距离远近，缺损区域都具有相同的直径。这一现象与光学原理相悖，但或与病人关于视觉特点的（非专业）信念相符。（Edwards et al.，2012，p. 5）

类似地，车祸导致的所谓“挥鞭样损伤”在那些大众对这一创伤的预期状况所知甚少的国家其实很不常见（Ferrari et al.，2001）。但 Edwards 等人（2012，p.6）指出，在那些人们对此普遍有所了解的地区，“群体调查显示对轻微交通事故医疗后果的期望反映了挥鞭样症状的发生率”。

这些症状（真正的身体经验）的可操纵性能够进一步证明期望和先验信念在病因学中发挥的作用：

> 研究人员在澳大利亚对轻微伤病后的背部疼痛现象进行了调查，一场旨在改变人们对此类损伤后果预期的全国性运动导致慢性腰部疼痛的发生率和严重程度持续显著降低（Buchbinder & Jolley，2005）。（Edwards et al.，2012，p.6）

注意分配或许是先验信念借以影响感知和运动表现的一个途径。许多文献资料令人信服地指出，功能性感知运动症状与躯体性关注流动和分配方式的改变，特别是与内省的趋势和某种“以身体为中心的注意倾向”密切相关（见 Robbins & Kirmayer，1991，相关综述见 Brown，2004 和 Kirmayer & Tailefer，1997）。Brown 对相关资料的整理显示“高层注意重复性的再分配过程往往联系于各类症状表现”。在这种情况下，人们会很自然地将注意分配认定为结果而非原因，但是，患者留心感知运动生理学民间观念的倾向，以及用于鉴别功能性感知运动症状的诊断体征都说明事实恰恰相反。比如说，“要求功能性腿部无力的患者弯曲他正常侧的髋部，‘瘫痪’侧髋部会在他未加注意的情况下自动伸展，这被称作‘胡佛征’（Hoover's sign，见 Ziv et al.，1998）”（Edwards et al.，2012，p.6）。当患者对受影响区域不加关注，就会“掩盖”功能性感知运动症状，这是一种很常见的现象。

221

当我们在预测加工框架下思考时，功能性感知运动症状与注意分配异常之间的联系就非常具有启发性了。我们已经多次指出，根据预测加工理论，注意对应于各层预测误差基于精度评估（即逆方差）的加权。这种加权确定了下行预期和上行感知证据间的平衡关系，而上述平衡关系将决定系统会知觉到什么，以及将采取何种行动。如果我们接受这一理论，就将为感知运动领域功能性症状病因学模型的统一开辟一条道路。

7.11 干扰心因效应

Edwards 等人相信，功能性感知运动症状的基本成因可能在于对精度加权机制的干扰，这（首先）发生在感知运动加工的中间层级[12]。干扰（正如任何其他类型的生理机能失调一样，其本身也是生物性的）会提高中间层级预测误差的精度，使系统高估特定概率预期的精度，以及与这些预期看似相符的感知输入的置信度水平。

我们假设这一切都以某些生理上的显著性事件，如受伤或病毒感染为背景。这些事件通常是（但正如我们马上就要谈到的，并非总是）在功能性感知运动症状出现前发生的（Stone et al.，2012）。在这种条件下：

222

> 系统会为这些先前事件所导致的显著感知数据分配过高的精度（权值）……由于皮质多层架构的中间层级致力于解释或预测感知，这些上行信号将催生一种不正常的先验信念——这些信念在形成时被赋予的精度（突触增益）水平异常之高，因此它们相当顽强、不易消除。（Edwards et al.，2012，p. 6）

但是，（根据预测加工模型）先前事件并非产生功能性感知运动症状的必要条件。假设系统（不管出于什么原因）产生了对某种感知或运动模式（或某种感知或运动模式缺损）的亚个体中层预期，由于干扰导致中间层级的预测误差精度异常（提高），上述预期被过度强化了，因此就连随机的噪音（正常范围内的波动）都有可能被误解，系统将据此认为自己“侦测”到了某种刺激信号（或缺乏刺激信号）。这正是我们在本书中多次提及的“白色圣诞节”现象。换句话说，以预测加工的视角观之，“躯体症状的‘放大’和完全无中生有的妄想之间，或许只存在程度上的，而非性质上的区别”（Edwards et al.，2012，p.7）。

最后我们需要注意，选择并“证实”中间层假设的高精度预测误差信号会强化这些假设，导致躯体症状的误导性推理模式最终趋向于自稳定。与此同时，架构的更高层级必须努力理解这些刺激信号（或缺乏刺激信号）的模式，它们看似已得到证明，实际却是系统自行生成的。当前，这些更高的层级并没有什么现成可用的假设，如某种预期的感知，又如系统决定采取行动（或保持不动）。因此我们可能会发现，架构的更高层级并未成功地预测当前的感知或运动，尽管这些感知和运动的确源于系统自身。为解释当前状态，系统只能进一步推断存在某些诱因，如身体疾病或精神障碍等。简而言之，这一过程就是Edwards等人（2012，p.14）所说的“能动性的错误归因”：那些通常自发产生的经验会因此被知觉为非自发性的，如系统自行生成的感知被归因于某种难以捉摸的功能障碍——这也确实是一种功能障碍，只不过是一种控制论意义上的功能障碍：它反映了由感知证据、推理过程和控制机制所构成的复杂内部过程的某种失衡。[13]

如前所述，以上解释也适用于所谓的“安慰剂效应”：几十年来，人们越来越多地认识到了这种古老现象的范围和效力（相关综述见Benedetti，2013；Tracey，2010）。一般而言，预期会明显影响治疗在行为、生理和神经层面的效果，这种情况在惰性（安慰剂组）治疗和实际治疗的过程中都有发生（Bingel et al.，2011；Schenk et al.，2014）。近期一篇关于“安慰剂镇痛”（尽管作者更倾向于使用“安慰剂性痛觉减退”的提法，以此强调基于预期的痛觉降低而非安慰剂本身的镇痛效应）的综述指出：

上行和下行的痛觉系统类似于一个多层递归网络，它能够实施预测编

> 码，意味着大脑不会被动地等待伤害性感受（疼痛）的冲击，而是基于先前的经验和期望积极地进行推理。(Buchel et al. , 2014, p. 1223)

具体而言，自上而下的、关于痛觉减退的预测会在神经架构的多个层级上与自下而上的信号组合，一如既往地，这种组合受信号的估计精度，即分配给相关信号的确定性或信度水平的调节。据此，我们就能十分自然地解释为什么复杂的仪式、可见的干预及患者对医疗人员、医疗结构和治疗方案的信心会产生记录详实的影响。[14]

7.12 自闭症、信号和噪音

由证据、推理和预期构成的复杂体系会遭到干扰，这可能有助于解释自闭症患者的所谓“非社会性症状”(Pellicano & Burr, 2012)。这些症状主要表现在感知层面而非社会领域。众所周知，自闭症患者的“社会性症状”包括难以识别他人情绪和意向，以及回避各种形式的社会互动。相比之下，“非社会性症状”则包括对感知刺激特别是意外感知刺激的超敏反应、重复性行为，以及规划极其严格、范围十分有限的兴趣和活动。关于自闭症患者的社会性和非社会性表现，Frith（2008）曾做过比较系统的描述。

224

一个关于自闭症患者知觉状态的重要发现是，当特定元素（比如说一个三角形）“隐藏”在某个更大的有意义图形情境中（比如说一张婴儿车的图片)，他们比神经典型性被试更容易定位该元素（Shah & Frith, 1983)。自闭症被试在这项“镶嵌图片”任务中能够始终如一地胜出，这意味着（Frith, 1989; Happé & Frith, 2006）他们具有某种“弱中心一致性”，也就是说，他们的知觉加工风格是突出部分和细节的，而付出的代价则是他们往往没那么容易把握这些部分和细节所处的宏观情境。Pellicano 和 Burr 指出，自闭症被试和神经典型性被试的知觉加工方式存在显著不同，这一假设还得到了其他研究的支持，这些研究显示自闭症患者较少产生某些形式的视错觉（如卡尼萨三角形错觉、第1章讨论过的凹脸错觉[15]，以及桌面错觉，见图7-1）。此外，自闭症被试在绝对音高的辨别，以及许多不同形式的视觉辨认任务中都表现得更为优异（见 Happé，1996；Joseph et al.，2009；Miller，1999；Plaisted et al.，1998a，b；Dima et al.，2009）.

基于这些证据，一些研究者（Mottron et al.，2006；Plaisted，2001）探讨了自闭症被试拥有异常强化或过度强烈的感知经验这一观点。该观点与认为自闭症患者具有“弱中心一致性”，即其下行预期影响力不足的理论形成了鲜明的对比。但我们会发现，以广义贝叶斯视角观之，它们其实并不矛盾，因为上下行影响间最终的平衡状态才是真正决定感知和行动的东西（见 Brock，2012）。 225

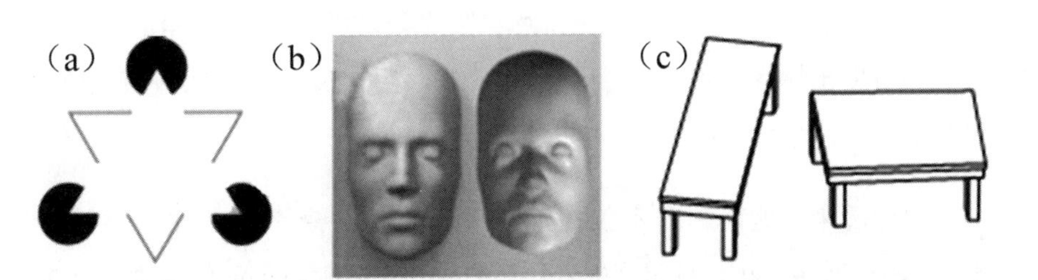

图7-1 自闭症患者不易产生由先验知识参与解释感知信息所导致的视错觉经验㊀

来源：Pellicano & Burr，2012。

㊀ 这类错觉包括（a）卡尼萨三角形错觉。三角形的三条边其实并不存在，但它反映了一种最有可能的物理结构：在三个规则的黑色圆形之上覆盖着一个白色的三角形。（b）凹脸错觉。一种对正常凸起面孔的强烈倾向（或先验）会抵消真实传入信息（如阴影）本该产生的感知，让我们将面具的凹面（右图）觉知为正常的凸面（左图）。（c）Shepard 桌面错觉。表示两个桌面的平行四边形其实具有完全相同的形状与尺寸。但是，它们表征的三维现实最有可能是倾斜45度的两个桌面，要让它们“看起来”完全一样，必须对两个二维图形进行调整，让它们彼此完全不同。

Pellicano 和 Burr 从贝叶斯理论的角度提出，由于某种干扰，先验知识的影响力降低，自闭症患者应对感知不确定性的整体能力受到了影响。[16]结果是，他们会更倾向于将传入信息解读为信号而非噪音（这增强了他们发现隐藏的图形，以及识别感知对象的真实轮廓的能力）。但这同时意味着对自闭症被试而言，海量涌入的感知信息都是显著的、值得关注的，他们必须为此付出更多资源，对情绪造成的影响也更严重。比如说，神经典型性被试能在各种光照条件下识别物体，并将物体投下的阴影作为有用的辅助信息，但自闭症患者很难做到这一点（Becchio et al.，2010）。比如说，他们会认为阴影是需要额外解释的感知刺激，而不是当前情境下来自视觉对象的可预测的刺激模式。换言之，（根据预测加工理论）通常下行预测（先验）都能剥除感知信号中大量不具有“报道价值”的部分，因此先验影响的降低（这也是 Pellicano 和 Burr 所说的一种“低先验”[17]）会导致大量有待加工的感知信息持续“轰炸”，这可能引发严重的情绪问题，并有助于解释自闭症患者的一系列自我保护策略，如重复刻板行为、孤独离群和注意范围狭窄。

在我看来，这种解释不仅有助于理解自闭症患者的“非社会性症状”，还在这些症状与自闭症患者社会交往和人际理解方面的困难之间架起了桥梁。我们可以合理地怀疑，任务领域越复杂，先验效力的降低对推理过程及（由此导致的）行为表现和响应模式的影响就越大。而社会交往恰恰是高度复杂的（经常涉及对某种视角的，以及对某种视角中的某种视角的理解，比如 John 怀疑 Mary 故意没说实话）。不仅如此，在社会交往中情境（上下文）的重要性无论如何强调都不为过（如果你爱看肥皂剧，就会对此甚为认同），任何一个微不足道的字眼，甚至是非文字符号的意义都必须放在一个丰富的先验知识背景中加以分析。这种信号/噪音间的严重不均衡（我们先前提过）极大地提高了社会交往和（由此进行）社会学习的难度。按照这种思路，Van de Cruys 等人（2013）指出：

> 自闭症之所以会导致经验负荷（感官超载），可能是由于知觉系统持续不断地产生预测误差，表明总有一些什么东西需要投入注意资源、继续加以学习。伴随这一过程的负面情绪将导致患者回避那些最为多变、难以预测的状况，因为在那种状况下，情境化的高层预测比具体的感知细节更重要。社会交往就是一个典型的例子。压倒性的预测误差迫使患者（或他们的护理人员）将精确的程序和模式引入其日常活动，以这种外化的方式强制般地实现可预测性。(Van de Cruys et al., 2013, p. 96)

不过，Van de Cruys 等人也指出，我们不应该只考虑先验影响力的降低，还应该关注调整各层先验影响力的具体机制。在预测加工框架中，这套机制对应于根据任务要求和任务情境调节各层信号的精度。为支持上述观点，研究者援引一系列证据表明，自闭症患者能够建立并部署强大的先验，但很难应用它们。这可能是由于自闭症患者试图解释某些信号，这些信号（至少在神经典型性被试看来）其实含有大量噪音，但被认定为具有高精度水平，他们因此创建先验，以应对这些刺激。但是，这种解释其实与 Pellicano 和 Burr 所描述的更为普遍的情况并不冲突，毕竟在加工过程中，对各层感知预测误差的精度分配本身也需要评估精度。正是由于这些评估（或严格地说，这些“超先验”）的影响力减弱了，才产生了前文中谈到的一系列影响（见 Friston, Lawson, & Frith, 2013）。因此，自闭症和精神分裂症可能都涉及（彼此不同但互相关联的）对复杂神经调节机制的干扰，从而影响患者的经验、学习和情感反应。

总而言之，系统倾向于（通过调节精度）将更多的传入刺激解读为信号还是噪音，或（更普遍地说）如何在架构的不同层级平衡上下行信息的影响，将在很大程度上决定知觉经验的内容和特性。这些差异也存在于普通群体之中，或许有助于解释人们为何偏好不同的学习风格或环境。这样一来，我们就瞥见了一个丰富的多维空间，由此也将更好地理解自闭症患者及神经典型性人群不同个体间的巨大差别。

227

7.13 有意识的存在

读者会发现，我们对精神分裂症、自闭症和功能性感知运动症状的解释似乎在计算机科学、神经科学和现象学描述间无缝地切换。可见，能够流畅地跨越不同层级，是预测加工架构稳定工作的标志之一。这种范式是否能对我们理解人类经验的其他方面有所启迪呢？

以“有意识的存在”（conscious presence）[18]为例。Seth 等人（2011）使用多层预测加工框架，在理论上初步解释了这种“在现实世界中真实存在的感觉”。这种解释虽然具有很大的推测性，却与大量现有理论和证据相符（见 Seth et al.，2011 的总结；一些重要的发展可见 Seth，2014；综述可见 Seth，2013）。

现实世界的存在感可能改变或丧失，这种现象称为“现实解体”（derealization）；如果这种改变或丧失的存在感是关于自我的，则称为“人格解体”（depersonalization）。上述症状只要确认一种，或二者同时产生，便可诊断为“人格解体障碍”（Depersonalization Disorder，DPD）（见 Phillips et al.，2001；Sierra & David，2011）。根据人格解体障碍患者的描述，世界是与他们割裂开来的，他们看世界时总像透过镜子，或是隔着窗户。人格解体障碍症状常见于精神疾病（如精神分裂症）的早期阶段（前驱期），患者先是产生某种“陌生感或非真实感”，而后是一系列“积极症状”，如幻觉或妄想（Moller & Husby，2000）。

Seth 等人指出，存在感源于（下行预测）对内感觉信号的成功压制。顾名思义，内感觉信号是关于身体当前内部状态的信号，因此，它们构成了某种“内部感知”，对象包括脏器、血管舒缩系统、肌肉系统、呼吸系统，等等。主观上，内感觉表现为一系列不同的感受，包括“疼痛、温度、瘙痒、触碰、肌肉和内脏觉……饥饿、干渴，及所谓‘空气饥’”（Craig，

2003，p. 500）。因此，内感觉系统主要与疼痛、饥饿，以及各种内部器官的不同状态有关，它既区别于包括视觉、听觉和触觉的外感觉，也不同于与肢体相对位置和施力水平相关的本体觉系统[19]。最后，他们相信，在合成、应用内感觉信息以及（更普遍意义上的）建构情绪觉察的过程中，前岛叶皮质（Anterior Insular Cortex，AIC）发挥了特殊作用——根据 Craig（2003，p. 500）的描述，这些都是通过编码“主要内感觉活动的元表征”实现的。

Seth 等人提出了两套彼此交互的子机制：其一与“能动感”相关，涉及感知运动系统；其二与“存在感”相关，涉及自主控制系统和动机系统（见图7-2）。对“能动感”部分我们讨论得不少，应该已经很熟悉了：根据原先的解释（Blakemore et al.，2000；同见 Fletcher & Frith，2009)，精神分裂症患者能动感的丧失是因为（见4.2）他们（以足够高的精度）预测自身行动感知后果的能力降低了。正因如此，患者才会产生诸如自身行动受外因控制等错觉。近期，这一解释得到了进一步的修正(见7.7至7.9)，感知抑制机制的失效开始被视作相关症状真正的深层原因。就当前目的而言，这两种解释是彼此相容的，因为从功能的角度来看，真正重要的是系统为下行预测和上行感知信息分配的精度及二者间的平衡关系。这种平衡关系可能受到干扰，既可能表现为低估某些高层预测的精度（因此无法发挥高层假设应有的作用)，也可能表现为高估相应低层信号的精度（因此无法抑制当前感知状态的影响)。

Seth 等人主张，在致力于解释消除外感觉和本体觉预测误差的系统，和致力于预测我们自身复杂内感觉状态的系统间存在复杂的交互，而“存在感”便源于这种交互。他们猜测，前岛叶皮质（AIC）可能在这一过程中发挥了关键作用，因为这一区域（如前文所述）被认为能够整合不同的内感觉和外感觉信息（见 Craig，2002；Critchley et al.，2004；Gu et al.，2013）。我们还知道，AIC 参与了对疼痛的或情绪性刺激的预测（见 Lovero et al.，2009；Seymour et al.，2004 并回顾7.9 中的讨论）。在观看有人自己挠痒的视频时，观众的这一区域也会被激活，其激活程度与观众经验到的“瘙痒传染”程度显著相关（Holle et al., 2012），这可能意味着内感觉推理除受生理因素影响外，也受社会因素影响（见 Frith & Frith, 2012）。

229

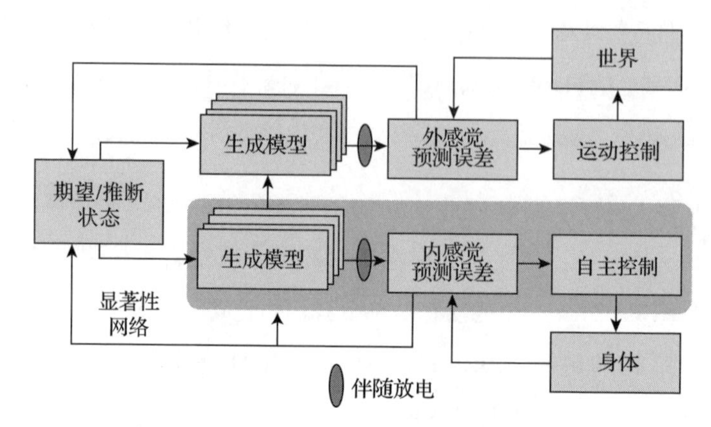

图 7-2　Seth 的内感觉推理模型[㊀]

来源：Seth, 2013。

㊀ 根据模型，持续更新的预测决定了情绪反应，这些预测针对的是内感觉信号的可能诱因。从某种期望的或推断的生理状态（其本身也会在高层动机和目标导向因素的影响下不断更新）出发，系统会调动生成模型，以伴随放电的形式预测内感觉（以及外感觉）信号。通过积极推理，预测误差（PEs）被转录为行动，这一过程需要调用一系列经典反射弧（运动控制）和自主反射路径（自主控制）。剩余的预测误差信号会被用于对生成模型和有机体的期望/推断状态（它们在功能上彼此耦合）进行更新（在架构的高层，一系列生成模型会融合为单一的多模态模型）。

Seth 的模型假设大脑会在一个“显著性网络”（阴影部分）内部生成、比较和更新内感觉预测，该“显著性网络”位于前岛叶皮质（AIC）和前扣带回皮质（Anterior Cingulate Cortices, ACC），其与脑干区域相连，将后者作为内脏运动指令的接收机和内感觉传入信号的中继站。各种形式的内感觉预测从 AIC 和 ACC 通过交感神经和副交感神经输出，这些预测控制自主反射（如心率、呼吸频率和平滑肌运动等），就像本体觉预测控制经典运动反射进而产生行动。这一切都是通过抑制内感觉（和本体觉）预测误差信号实现的，图中浅色和深色的箭头分别表示自上而下和自下而上的信息流。

Seth 等人指出，对内感觉状态潮起潮落的成功预测将抑制前岛叶皮质区域的激活，因此产生了存在感（或至少消除了某种“不在场感”，见注释 18）。他们相信，人格解体障碍的根源在于内感觉预测的精度不足。这种精度不足是病理性的，它将影响下行预测的效力，使其无法解释消除内感觉传入信息，大量毫无根据的预测误差会因此源源不断地累积起来。在主观上，这将表现为某种难以解释的陌生感，产生自外感觉期望和内感觉期望的交汇。最后，在严重的情况下，系统不断尝试解释消除这些误差信号，并可能采用某些新的、怪异的假设（涉及我们的具身感或能动感的妄想式信念）。可见，Seth 等人的观点完全同构于 Fletcher 和 Frith 的解释（见第 2 章）。

230

此外，越来越多的证据表明，我们可以用这种基于内感觉推理的机制解释更广泛意义上的“身体所有权经验”（Experience of Body Ownership, EBO）。身体所有权经验特指这样一种经验：我们“拥有并认同某个特定的身体”（Seth, 2013, p. 565）。与“存在感”类似，这种经验可能也植根于某个推理过程，其涉及“与自我相关的信号的多感官整合，这些信号跨越内感觉与外感觉领域”（Seth, 2013, pp. 565 – 566）。显然，要实现生存与繁衍的目的，我们就必须对世界保持某种“掌控”，而掌控世界极其重要的一个部分就是掌控自己的身体，包括掌控自己身体的位置（我们在哪里）、形态（当前的外形和组成）及其内部生理状况（以饥饿、口渴、疼痛和唤醒程度等状态为指标）。Seth 等人（2013）指出，要做到这一点，我们就必须习得和部署一个生成模型，该模型能将“内感觉和外感觉领域‘最可能与我相关’的信号的诱因”分离出来。这听上去很困难，其实并不是，因为当个体在现实世界中移动、感知或从事特定工作之时，其身体处在一个独一无二的位置，能够生成一系列锁时的多模态信号。这些信号既有外感觉的也有内感觉的，它们一同改变的方式与身体的运动紧密相连。因此：

> 在当前世界的所有对象中，只有我们自己的身体才能产生（也就是说，预测）这样的多模态感受——这是由一系列彼此相合的输入所构成的……一种所谓“自指定”（self-specifying）的感受（Botvinick, 2004）。（Limanowski & Blankenburg, 2013, p. 4）

我们在 6.11 中曾提到过所谓的“橡胶手模错觉”（Rubber Hand Illusion, RHI），针对这一错觉现象的许多著名研究都证实了关于身体的感受对身体所有权经验建构过程的重要作用（Botvinick & Cohen, 1998）。我们可以回顾一下，研究者会在被试眼前轻拍橡胶手模，同时（在其视野范围以外）用完全同步的节奏和力度轻拍他们的手。当被试关注橡胶手模时，他们就会产生一种临时性的错觉：仿佛那只手模便是自己的手，以至于当研究者拎起锤子作势要砸手模时，被试会产生极为真切的恐惧。研究表明，我们会使用一个生成模型从多模态感知信息的锁时“弹幕”中推得身体的位置和构成，对自身身体的经验便来自于这种持续不断的积极推理。现实中，当一只不属于自己的手模被人轻拍时，我们几乎不可能感受到手部完全同步的刺激，因此，我们会降低某些信号（其表明当前我们自己的手在空间中所处的准确位置）的精度水平，以形成某个全局性最优的假设——眼前那只橡胶手模就是自己身体的一部分。Seth 指出，这套机制的作用十分强大，其对面部乃至全身的所有权经验都能产生影响（Ehrsson, 2007; Lenggenhager et al., 2007; Sforza et al., 2010）。

231

Suzuki 等人（2013）在研究中加入了内感觉证据（而不只是简单的触觉刺激），他们使用虚拟现实头戴设备，向被试呈现一只（以变换颜色的方式）不断“搏动”的橡胶手模。手模的搏动与被试的心跳有时同步，有时不同步。当被试发现自己的心跳节奏与手模的搏动同步时，他们对手模的所有权感受就增强了（见图 7－3）。这个有趣的结果首次清楚地证明：

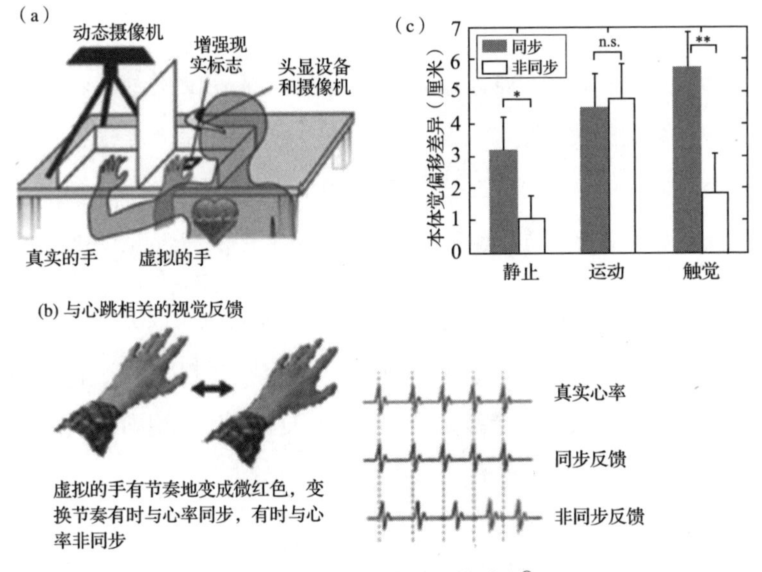

图 7-3 内感觉橡胶手模错觉㊀

来源：改编自 Seth (2013)，已获作者授权。

㊀ (a) 被试面台而坐，他们看不见自己真实的（左）手。动态摄像机会捕捉手部的三维图像，用于实时生成一只虚拟的手，并将其投影至头显设备（HMD)。该虚拟影像位于增强现实标志处。头显设备上连接着一台摄像机，记录被试眼前的景象，并将其与虚拟手重叠后呈现给被试。他们还佩戴有脉搏血氧计，以记录其心跳节律。被试用右手做出行为反应。(b) 与心跳相关的视觉反馈是通过改变虚拟手的颜色提供的，虚拟手的颜色会在原色和微红色之间来回变换，或与心率同步，或有 500 毫秒的误差。与触觉相关的视觉反馈通过使用画笔轻触被试左手产生触觉，同时接触过程渲染为增强现实图像。实验使用增强现实环境下的“本体觉偏移”(Proprioceptive Drift, PD) 测试客观地测量被试对（不可见的）左手真实位置的知觉，这是通过使用虚拟量尺和光标，要求被试将光标移动到其估计位置实现的。(c) 实验分三个区组，每个区组各包含四个序列。每个序列由两次 PD 测试组成，其间穿插一个诱导期。在诱导期，实验者或向被试提供与心跳相关的视觉反馈，或向其提供与触觉相关的视觉反馈（反馈时间 120 秒)。每个序列结束时，会通过头显设备向被试呈现一份调查问卷。(d) 提供与心跳相关的视觉反馈时，在“静止”(即手指全程无运动）条件下本体觉偏移差异（PD Differences, PDD, 即诱导期前后 PD 测试结果的差异）在反馈与心率同步时要显著大于二者不同步时。但在“运动”(即手指有运动）条件下并未发现这种差异。(d) 提供与触觉相关的视觉反馈时，反馈与刺激同步情况下的 PDD 也要显著大于二者不同步时。再现了经典的橡胶手模错觉现象。柱状图显示各被试的均值和标准误。(e) 问卷调查显示被试对虚拟手的所有权经验在主观上与 PDD 的模式一致，尽管控制问题并未显示心跳相关或触觉相关反馈的同步效应。

> 内感觉（心脏相关）与外感觉（视觉相关）信号之间的统计相关性可能导致高层模型的更新，这些模型对与自我相关的信号进行预测。正如外感觉的多感官冲突会引发经典 RHI（橡胶手模错觉）现象一样，高层模型的更新是通过预测误差的最小化实现的。(Seth, 2013, p. 6)

这一切都表明，我们能否拥有延绵不断的具身感，取决于生成模型能否适应（外感觉和内感觉的）刺激“弹幕”。该生成模型的各个维度必须与我们自身的各方面状态严格相符——包括身体形态、空间位置和内部生理状况。

7.14 情绪

有研究者指出，同一套范式也有望对情绪现象做出解释。他们的主张借鉴了著名的 James-Lange 理论（即詹姆斯-兰格理论），但在其基础上做了一些改变：James-Lange 理论认为我们的身体会对外部刺激和事件做出反应，对这种反应的知觉便是我们产生特定情绪状态的原因（James, 1884; Lange, 1885）。简而言之，情绪“感受”不过是我们对自身不同生理反应的知觉而已。James 如是说：

233

> 我们知觉到某些令人兴奋的事实，然后直接产生身体状态的改变……情绪就是在这种改变发生时对它们的感受。根据常识，我们丢了钱包，所以伤心、流泪；撞见一头熊，所以害怕、逃跑；被人侮辱了，所以愤怒、攻击。我们将要提出的假设是，这些常识把顺序弄反了……更合理的说法是，我们流泪，所以伤心；我们攻击，所以愤怒；我们颤抖，所以恐惧……如果对当前事态的知觉没有伴随身体反应，那它们

> 就纯粹是认知性的，苍白无力，冷冰冰不带情绪。那样的话情况就会是这样：我们撞见一头熊，于是判断最好赶快逃跑；我们被人侮辱了，于是决定最好展开攻击，但在整个过程中我们都不会真的产生恐惧或愤怒的感觉。（James，1890/1950，p. 449）

换言之，James 相信，构成恐惧这种感觉的，是我们对恐惧情境下典型身体状态变化（如出汗、颤抖等）的内感受性知觉。这种观点赋予情绪明显的心理学色彩。如果 James 是对的，恐惧感本质上就是对某种生理特征的检测，这种生理特征是由自身正暴露在有威胁的环境中这一事实所诱发的。

这种解释看似鼓舞人心，其实远远不够。因为根据这套逻辑，我们得在不同的情绪状态和不同的“纯生理”特征间建立起一对一的映射关系，而且，不管我们何时产生并检测到某种生理状态，都会引发完全相同的情绪感受。以上两点（见 Critchley，2005）都没有得到观察和实验的证明。但是，一些重要的研究，如 Critchley（2005）、Craig（2002，2009）、Damasio（1999，2010）和 Prinz（2005）等人的工作已经扩展并修正了基本的 James-Lange 理论。Seth（2013）和 Pezzulo（2013）的新近研究继续推进这种发展，并将某种重要的“预测式扭转”加入了模型。Seth 和 Pezzulo 均指出，James-Lange 理论忽略了某些重要的东西，那便是在我们对自身内感觉状态的一系列下行预测和（内感觉）感知预测误差所含前馈信息流之间的匹配（或失匹配）。他们认为，这种内感觉预测“来自多层加工架构的高层，内感觉、本体觉和外感觉线索在那里得到整合，用于产生下行预测”（Seth 2013，p. 567）。 234

这些内感觉、本体觉和外感觉预测是在不同情境下分别建构起来的，其中每一种预测都对其他种类的预测提供持续的指引。单一的推理过程会将所有这些信息来源整合在一起，生成一个能够反映相关情境的综合体，它被个体经验为情绪。我们的情绪感受因此整合了（关于身体唤醒状态的）基本信息、对这些状态可能诱因的高层预测以及对可能采取的行动的准备。因此，“内感觉推理和外感觉推理间的密切交互意味着：情绪反应不可避免地受认知和外感觉情境的形塑，同时，唤起内感觉预测的知觉场景总会带有某种情绪色彩”（Seth 2013，p. 563）。

前岛叶皮质（如前所述）极有可能在以上过程中发挥了主要作用。根据这种解释，情绪和主观感受的产生是多层推理的结果，这种推理活动将（内感觉、本体觉和外感觉）感知信号与下行预测相结合，产生了一种感觉，其关乎“事情对我们如何”及“我们该做些什么”：这种“行动准备就绪”的感觉包含了我们的背景生理状况、对当前行动可能性的评估，以及对更广阔的世界所处状态的理解。

如此，我们就能更加自然地解释一系列相关研究的结果，它们表明，个体情绪经验的特征同时取决于对纯粹身体信号的内感觉和更高层级的“认知评价”（见 Critchley & Harrison，2013；Dolan，2002；Gendron & Barrett，2009；Prinz，2004）。纯粹身体信号的一个经典例子来自 Schachter 和 Singer 的研究（1962），他们通过注射肾上腺素令被试产生一般唤醒。当纯粹的身体信号与受情境诱导的“认知评价”相结合，我们就可能根据自身的框架式期望，将完全相同的身体“证据”解读为兴高采烈、怒火中烧或情欲勃发，等等。这些实验结果很难复制[20]，但新近的研究已经提供了一些更有说服力的证据，这些研究巧妙地操纵了内感觉反馈——比如说，虚假的心跳反馈会提高被试对情绪刺激的主观评定（见 Valins 1966；Gray et al.，2007 以及 Seth，2013 中的讨论）。

235

可见，这种“预测式扭转”有助于我们将 James-Lange 理论的核心洞见（内感受性自我监控是构成情绪经验的关键成分之一）与综合性地理解其他因素的作用（如情境和预期）紧密结合在一起。这种结合谈不上新鲜——它曾采取所谓“双因素”理论的形式，将主观感受状态认定为两种成分的混合：一种是身体上的感受，一种是“认知”上的解释。需要强调的是，情绪的预测加工模型与这种“双因素”理论并不是同一回事。相反，它主张下行预测与各类上行感知信息会在一个高度灵活的加工过程中流畅地整合起来，而这一加工过程的持续展开最终决定了主观感受(及各方面的外感觉知觉经验)。[21]

这一过程涉及分布于不同区域的神经活动模式，它们本身会根据任务和环境的变化而调整，自上而下和自下而上的影响也将因此具有不同的相对平衡关系（第2章、第5章)。重要的是，这个过程不仅决定了知觉和情绪，而且决定了行动（第4、5、6章)。因此，预测加工理论设定了一套单一的、分布式的、不断自我重组的、预测驱动的机制，作为知觉、情绪、理性、决策和行动的共同基础。在我看来，对情绪的预测加工解释从属于所谓“生成认知”（enactive cognition）理论的阵营（见 Colombetti, 2014；Colombetti & Thompson, 2008 以及第9章的讨论)，其拒绝以任何形式将认知和情绪割裂开来，并坚持强调大脑、身体和环境间持续的交互作用。

7.15 黑暗中的恐惧

Pezzulo（2013）试图解释“黑暗中的恐惧”这一看似非理性的经验，他的观点在很多方面都对 Seth（2013）和 Seth 等人（2011）的理论有所补充。以下是他的开场白：

这是一个狂风大作的夜晚，你躺在床上，正因白天一场并不严重的交通事故或刚刚看过的一部恐怖电影而心有余悸。窗户一直在嘎吱作

236

> 响，通常情况下，你会认为是风刮的。但在这个晚上，你却难以抑制地产生了一些奇怪的念头，总觉得一个小偷甚至是一个杀手正试图潜入你的房间。一般情况下，这种想法会很快消失，更不用说镇子上已经连续好几年没有出过一起盗窃案了。但现在这个念头看起来是那么的真实可信，以致你感觉到一个窃贼马上就会撬开窗户跳进来。这一切究竟是为什么呢？(Pezzulo, 2013, p. 902)

Pezzulo 指出，这种对遭贼的预期依然涉及内感觉预测。假设你只考虑外感觉证据的话，已有的先验知识就会告诉你，“窗户响是风刮的”这一假设最适于解释消除当前的感知刺激。即便日间遭遇的事故或刚刚看过的电影对你造成了影响，让你产生了某种细微的倾向性或启动效应，也不太可能会改变你的结论。门窗嘎吱作响、屋内阴影幢幢，但一个有关恶劣天气的假设依然能对此提供最优的解释：除此以外，你身处的环境依旧安稳、一切如常。

但是，一旦我们考虑内感觉预测的影响，情况便不同了。因为这样一来，就同时有两套感知证据有待解释：一套是之前提过的景象和声音，另一套则由（7.13 中描述的）复杂的多维度内感觉信息组成（包括与动机相关的信息，表现为饥饿、干渴等内感觉状态）。不妨假设先前的事故或恐怖电影（或是我们上床前对这些事物的回忆）导致我们的身体状态出现了某些改变，比如心跳加速、产生皮肤电反应或其他表示一般唤醒水平的内部标志。它们与当前的外感觉刺激一同有待解释消除。此外（在我看来，这是 Pezzulo 的解释中至关重要的一步），我们对其中一套感知证据——也就是内感觉信息流——通常十分确定。揭示自身身体状态（如饥饿、干渴和一般唤醒水平）的内感觉证据一般具有很高的信度，因此相关预测误差精度较高、效力较强[22]。Pezzulo 指出，至此，贝叶斯平衡状态就发生了倾斜，系统更强烈地偏向于采纳（最初看上去难以置信的）

备选假设——有窃贼在撬窗户。因为这个假设不仅同时解释了两套感知证据，而且是在内感觉资料的影响下被采纳的——根据评估，这些资料非常可信。[23]

和 Seth（2013）提出的解释一样，这套逻辑为 James-Lange 理论增添了贝叶斯式的光环。James-Lange 理论本身就很有魅力：它认为情绪感受的各个方面与我们对自身身体状态的知觉（内脏觉、内感受性知觉）紧密相关。往这套理论中加入预测性的维度，我们对情绪感受的解释就能使用完整的多层预测加工范式了。Seth 和 Pezzulo 都认为，情绪感受的相关方面取决于我们的内感觉/外感觉期望与内感觉/外感觉传入刺激的结合。此外，这一过程涉及的制衡关系本身又是由持续的评估决定的：这种评估的对象包括（1）各类感知信号的相对信度以及（2）下行预期和上行感知信息的相对信度。（假如第 6 章中的解释是正确的）所有这一切都发生在一个行动导向的基本架构中，其涉及对多重概率可供性，也就是对不同水平的各种行动和干预的可能性进行评估。我们现在可以推测，内感觉信号部分地参与了可供性的选择和微调，因此打通了 Lowe 和 Ziemke（2011）所说的“动作趋势预测反馈回路”（action-tendency prediction-feedback loops）：这是一组滚动循环的交互作用，其中情绪感受反映、选择和调节身体状态和行动。一个极其复杂的认知—情绪—行动导向架构就此产生，它具有简单而一致的基本指导原则：由于我们对自身不确定性的多变评估，涉及多层级、多区域的预测在加工过程的每一阶段不断变动。

237

7.16 一窥“困难问题”

一直以来，在人类的主观经验世界与认知科学对心智和理性内外部机制的理解之间，横亘着一道令人生畏的鸿沟，我相信，要弥合这道鸿沟，反思不确定性、预测和行动就将是必须的。诚然，围绕精神分裂症、自闭症、功能性感知运动症状、人格解体障碍、情绪以及“黑暗中的恐惧”等现象，本章基于不确定性的讨论至多是假设性、预备性的。但这些讨论已经大体描绘出如何通过计算性的、“系统级”的理论，将我们对神经生理活动的理解与人类经验的形态与性质相连。最为重要的或许是，由此我们将有望（第一次）从知觉、运动、情绪和认知等维度综合性地理解各类神经心理障碍——这些表面上彼此分离的要素将在一个单一的体系中紧密结合在一起。

这个体系能相当准确地再现人类真实的生活经验。我相信，这正是因为它在许多要素（知觉、认知、情绪和运动）之间建立了联系，而过往的认知科学理论则更倾向于将它们拆分开来考虑。在真实的生活经验中，世界首先是由我们在其中的行动规定的：这样的世界充斥着对象、事件和个体，被感情、欲望和丰富的有意识或无意识预期所渗透。[24]要理解这个复杂结构的运作方式、它如何应对各种干扰以及如何支持明显的个体差异（即便在“神经典型性”经验的范围内），关键是要意识到：这一架构的每个层级都将评估信号的不确定性，并以此调节上下行流动的信息。在此过程中，根据预测加工模型，编码预测误差信号估计精度或信度的机制发挥了至关重要的、统合性的作用。[25]

238

但这套模型留下了许多有待解决的重要问题。比如说，精神分裂症患者的主要病理到底是感知抑制机制的失效，还是下行预期效力的降低？从贝叶斯理论的角度无法区分这两种情况，因为我们已经多次强调，下行预测与上行感知的平衡状态在功能上更为重要。但二者在临床上显然极为不同，它们涉及神经系统实现某个状态的具体方法。此外，低层感知抑制机制的失效可能导致的后果之一，是高层预测的精度被“人为地”调增，这将有助于维持系统的行动能力，代价则是产生更多与能动性和控制有关的妄想。可见，建立在不确定性的制衡基础上的系统过于精密，难免遭受各种干扰，而这些干扰又未必能与特定行为的后果联系起来。

然而，深入研究改动或干扰这套制衡系统的具体方式将让我们有望使用单一的理论工具（行动导向的多层预测加工模型）和单一的桥接概念（对不确定性评估机制的干扰）解释种类繁多的现象，其中就包括大量“神经典型性”反应。我们也许正在进入（或至少已经可以展望）“计算精神病学”（Montague et al.，2012）的一个黄金时期：到那时，看似不同的症状将被解释为单一核心机制所受干扰的细微差异，这套核心机制涉及感知、情绪、推理和行动。根据预测加工模型，干扰的主要对象是（多种多样的）注意机制和有针对性的去注意过程。以各种方式凸显注意机制的影响也将在现有的多种疗法和干预手段之间架设桥梁，包括认知行为疗法、冥想，及调动患者自身期望以大幅改善疗效。

239

有了这套整合性的理论工具，我们还将有望（逐步、逐现象地）开始解决有意识经验的所谓“困难问题”（Chalmers，1996；Levine，1983；Nagel，1974）：在这个喧嚣陆离的大千世界，作为人类主体的感受为什么是这样的？（或者说，是哪样的？）这么说或许为时过早：但我们似乎正在取得一些进展。[26]这些进展大都体现为近年来一系列基于实证研究的猜测，它们涉及“内感觉推理”——大体而言，就是我们对自身内部状态的预测和调节。综合考虑这些因素，并将其与涉及知觉、行动和想象的预测加工模型相结合，就为我们提供了一个惊人熟悉的视角：一个生物体的视角。生物体对自身生理需要、身体状况和现实存在的感受为其认识结构化的、具有内在意义的世界并与其积极交互提供了支点。世界是由对生物体而言意义重大的行动的外部诱因和可能性定义的，它的呈现方式始终与生物体对其身体状况的理解相联系——这个多层结构或许正处在“有意识经验”概念的核心，我们对它既无比熟悉，又始终若即若离。

由此可见，世界是为行动量身定制的，由复杂的、多层次的内感觉、本体觉和外感觉预期模式构造，有针对性的注意和不确定性评估机制也会对其进行微调。在这样的世界里，意料之外的缺失在知觉显著性上堪比真实呈现的刺激（刺激的知觉显著性指的是：相对于最优多层预测而言，该刺激具有多高的“报道价值”），结构和机遇始终受外部情境和内部（身体）情境的影响。通过重新审视这个熟悉的世界，预测加工模型为理解能动性、经验和其他对人类而言至关重要的现象提供了独到的视角和极有前景的方向。

预测算法

Surfing Uncertainty 具身智能如何应对不确定性

第3部分

搭建预测支架

Surfing
Uncertainty

—

预测算法

具身智能
如何应对不确定性
—

8 懒惰的预测机器

243

Surfing
Uncertainty

8.1 表面张力

Errol Morris 于 1997 年执导了纪录片《又快又贱又失控》，其中就有一部分涉及（当时）还是一门新兴学科的“基于行为的机器人学”。这部纪录片的片名来源于 Rodney Brooks 和 Anita Flynn 于 1989 年发表的一篇知名论文[1]，文章总结了该领域许多新的工作原则。那个时代，人们在设计能够自主（或半自主）移动的机器人时遇到了不少困难，“基于行为的机器人学”则致力于解决这些困难。其最引人瞩目之处，莫过于彻底背离了许多关于适应性反应内在根源的根深蒂固的假设。特别是，Brooks 等人拒绝接受“符号主义的，倚重模型的”观点，根据这种观点，要表现出成功的行为模式，系统只能获得和部署大量以符号形式编码的、关于操作环境性质的知识。相反，Brooks 的机器人只需使用一系列简单的“策略和计谋”，就能（在其操作环境中）实现快速、鲁棒、计算成本低廉的在线反应。

244

Brooks 设计的机器人内部结构一般比较简单（这也许并不奇怪），它们无需应对复杂的、多维度的问题空间（相关讨论见 Pfeifer & Scheier,

1999，第7章）。但是，Brooks开创了一系列重要研究的先河，这些研究富有成果，它们旨在探索智能主体如何充分利用可资利用的机遇，这些机遇往往是由它们的身体形态、行动方式以及持续性的、可操纵的环境结构提供的（Clark，1997；Clark，2008；Pfeifer & Bongard，2008）。

这里有些问题。因为乍看上去，多层预测加工模型似乎在强调一些完全不同的东西，也就是随知识的积累不断发展的内部复杂性，而非在大脑、身体和世界之间具有浓厚机会主义色彩的精妙博弈。但这种印象很容易产生误导，因为预测加工理论首先是关于系统如何高效、自组织地获得适应性的。而且，获得适应性的方法可能包括——也确实经常包括复杂的行为和干预模式，它们涉及充分利用主体自己的身体及其所处的环境。以此观之，预测加工模型是一个全新的、强有力的工具，能让系统对高效问题解决策略的普遍适用性和强大效力实现组织化的（以及神经计算完备的）理解，而许多这样的策略业已得到具身心智相关研究的证实。更有意思的是，预测加工模型能将“又快又贱的”反应模式与需要付出更多资源和努力的手段结合在一起：这揭示出以上两种策略只是自组织动力学连续体的两极。连带地，预测加工理论包含并阐明了全谱系的具身反应，意识到这一点也有助于揭示某些常见质疑（涉及“暗室”假设）的根本缺陷，这些质疑针对的是“作为预测机器的大脑”这一总体愿景。

8.2 有效而懒惰

心智是具身的，而且位于环境之中。与此相关的研究有一个反复出现的主题，那便是“有效而懒惰”对心智而言有何意义。这个提法引自Aaron Sloman，但其整体思路至少可追溯至Herbert Simon（1956），他对经济而有效的策略或启发式进行了探索。这些解决问题的方案并不是（在绝对意义上）最优的，也不保证在所有条件下都有效，但在时间和加工资源都有限的情况下，就满足某个特定的需要而言，它们已经“足够好”。比如说，我们想要外出吃饭，恰好一个靠谱的朋友昨天推荐了附近一家餐馆，于是我们会径直前往，而不是将五英里范围内所有餐馆的菜单和评价都研究一遍。我们这么做是合理的，因为这个选择大概率“足够好”，而且能够节约宝贵的时间和精力，因为我们无需将额外的信息纳入考量。

具有适应性的有机体追求的是“满足”，而不是绝对意义上的最优。这就引出了关于“有限理性”的重要研究（Gigerenzer & Selton，2002；Gigerenzer et al.，1999），这些研究关注简单启发式出人意料的效力：它们可能会不时跑偏，但也能让我们做出极为迅速的判断，仅需消耗最少量的加工资源。[2]简单启发式在许多判断和反应中的作用毋庸置疑，一系列相关研究也充分证明刻板的问题设定和与此相关的偏见有时会让人类的推理过程产生扭曲（见 Tversky & Kahneman，1973；综合讨论见 Kahneman，2011）。但是，我们人类显然还擅长节奏更慢、更为细致的推理，并因此（至少在有限的时间内）更能避免一些错误。为解释这一现象，有研究者（见 Stanovich & West，2000）提出了“双系统”理论，主张存在两种彼此不同的认知模式，其一（“系统 1”）涉及快速、自动化的“习惯性”反应，其二（“系统 2”）则涉及缓慢、努力、深思熟虑的推理。我们将会看到，预测加工模型能够很好地适应这种理论，并支持单一的整合性加工机制下快速启发式策略的情境化应用。

8.3 生态平衡与棒球

“有效而懒惰”的内涵丰富，受启发式支配的快速推理策略只是其中的一部分。另一部分（也是我自己在这一领域多年来关注的核心，见 Clark，1997，2008）涉及以具有高生态学效益的方式使用感知，并将任务负荷在大脑、身体与世界间分配。比如说，正如 Sloman（2013）所指出的那样，在某些情况下，要通过一扇开着的门，最好的方法是依赖一套简单的“碰撞与转向”伺服控制机制。

又如双足行走任务。以本田公司双足机器人的旗舰型号 Asimo 为例，它的行走需要依靠一套非常精确、耗能很高的关节角度控制系统。与之相比，双足的生物会充分利用其整体肌肉骨骼系统和行走装置本身的质量分布和生物力学联轴，广泛地使用所谓“被动动力学”，也就是物质设备自身具有的运动学和组织结构（McGeer，1990）。一些常见的小玩偶就体现了这类被动动力学原理，它们结构简单，不搭载电源，但能顺着缓坡流畅地往下走。它们靠重力驱动，也没有控制系统，之所以能走，不是因为能计划或执行什么复杂的关节移动模式，而是因为它们本身的基本形态学特点（包括身体的形状、联动装置的分布和部件的重量，等等）。Collins 等人（2001，p. 608）因此形象地指出，双足行走是“长有两条腿的机构自然的运动方式，就像来回摆动是钟摆自然的运动方式那样”。

246

被动行走的结构（及由电机驱动的巧妙对应物，见 Collins et al.，2001）遵循 Pfeifer 和 Bongard 所说的“生态平衡原则”。这一原则指：

> 首先……在给定任务环境的情况下，主体感知、运动和神经系统的复杂程度需要彼此对应……其次……在形态学、材料、控制和环境之间应该存在某种平衡或任务分配。（Pfeifer & Bongard，2006，p. 123）

这一原则也反映了现代机器人学的一大主题：如何实现形态学（包括感官位置、身体形态的设计，甚至建造材料的选择）与控制的协同演化，以此在大脑、身体与环境间分配问题解决的负荷？机器人学因此重新发现了 J. J. Gibson 和“生态心理学”传统中的许多观点（见 Gibson，

1979；Turvey & Carello，1986；Warren，2006）。因此，William Warren 在评价一段摘自 Gibson（1979）的引文时如是说：

> 生物学将整个系统的规律性视作产生特定行为的原因，特别是，环境的结构和物理特点、身体的生物力学、关于主体—环境系统状态的感知信息以及任务要求都能约束行为表现。（Warren，2006，p. 358）

另一个“Gibson 式”的主题涉及感知在行动过程中的功能。根据熟悉的（更为经典的）理论，感知的作用是在系统需要解决问题时为其提供尽可能多的信息。我们在第 6 章就曾提到过这种“重建”性的观点。比如说，如果一个主体要制订计划，它就会扫描环境，针对待解决的问题，创建一个内部模型，描述环境中有哪些对象以及它们处于什么位置。如此，推理引擎就能抛开现实世界本身，对内部模型进行操作，以此制订计划并做出反应（或许在运行过程中时不时还会核查一番，以确保现实环境中并未发生什么变化）。相比之下，替代性的方案（见 Beer，2000，2003；Chemero，2009；Gibson，1979；Lee & Reddish，1981；Warren，2005）则将感知描述为一种通道，它能够有效地耦合主体和环境，这就尽可能地避免了将外来信号转换为同构于外部场景的持续性的内部模型的需要。

247

回顾一下第 6 章曾经提到的“外野手问题”。在棒球比赛中，一名外野手要接杀高飞球。如果我们认同关于知觉的“标准”见解，就得假设视觉系统的工作是转换球的速度和当前位置等信息，将其提供给一个单独的“推理系统”，以绘制球的飞行轨迹。然而，大自然并未费此周章，它似乎找到了一套更为简洁优雅的解决方案。这套解决方案最初是由 Chapman（1968）提出的：外野手要以一种能够让球在视野中以恒定速度运动的方式跑位。只要他自己的跑动抵消了球在视野中的加速度，就能及时而准确地抵达落点。这套方案被称为“视觉加速度抵消”（Optical

Acceleration Cancellation，OAC），它解释了为什么当研究者要求外野手先站定不动，判断好球的落点再开始跑位时，他们往往表现得特别糟糕：视觉加速度抵消只有在主体能够时刻调整自身运动方式的前提下才会见效。一些有趣的虚拟现实研究引入了一种在现实世界中不可能发生的情况：让球的飞行轨迹突然改变，结果也证明我们的确在依赖这种策略（见 Fink，Foo，& Warren，2009）。视觉加速度抵消堪称“又快又贱”的问题解决策略的典型。视觉信息流是“免费”提供给系统的，巧妙利用这些信息，外野手就不需要使用一个细节丰富的内部模型来计算球的飞行轨迹了。[3]

正如第 6 章所指出的（同见 Maturana，1980），这些策略暗示知觉耦合本身可能扮演了与我们传统的理解非常不同的角色。主体不会利用感知摄入足够量的信息，让它们挤过视觉通道的瓶颈到达推理系统，使其能够“抛开世界”，完全在内部解决问题。相反，感受器是开放性的通道，来自环境中的刺激能够借此对行为施加持续性的影响。相应的，感知过程就是通道的开启：当通道中的活动水平保持在特定范围内时，系统的整体性行为就会涌现。这样一来，正如 Randall Beer 所说，“关注点就从对环境的准确表征转到了与环境的持续交互，这是一种有效的对接，依靠身体实现，旨在让协调得适的行为模式保持稳定”（Beer，2000，p. 97）。

248

最后，具身主体还能在其所处环境中积极行动，由此生成一系列锁时的感知刺激，它们对认知和计算极有帮助。比如说（详细讨论见 Clark，2008），Fitzpatrick 等人（2003）就描述了积极的对象操纵行为（推动和触碰视野中的对象）如何帮助主体生成有关物体边界的信息（同见 Metta & Fitzpatrick，2003）。他们设计的“婴儿机器人”通过戳戳推推进行学习：借助运动检测技术，机器人能看见自己手部/前臂的运动，但当手部触碰到（以及推动）一个物体时，它检测到的运动对象的范围就会突然扩大。这一识别标志成本低廉，但足以让机器人从环境中挑选出对象。人类婴儿够取、摆弄、啃咬和摇晃各种物体的动作也创造了一连串锁时的多模态感知刺激。相关研究显示（Lungarella & Sporns, 2005）这些多模态传入信息有助于我们学习范畴、形成概念。关键在于，机器人或婴儿有能力通过感知运动的协调，与环境对接。这说明自发的运动是“对神经系统信息加工的某种补充”（Lungarella & Sporns, 2005, p. 25）：

> 主体的控制架构（即神经系统）关注和加工感知刺激流，最终产生行动，行动则回过头来指导感知信息的后续生成和选择。感知运动环路（正是通过这种方式）将行动的“信息组织”和神经系统的“信息加工”联系在一起。（Lungarella & Sporns, 2005, p. 25）

如何让问题解决的负荷在大脑、积极的身体和可操作的局部环境结构之间分配，是当前机器人学和人工智能研究的核心关注点之一。这种分配让有效而懒惰的大脑在工作量尽可能小的前提下仍能解决问题——或更确切地说，让具身的、位于环境之中的整个系统仍能解决问题。

8.4 具身加工流

249

有观点认为，加工过程包括一系列步骤，分别对应知觉、思维和行动。具身认知相关研究对此提出了质疑：首先被动摄入大量信息，再制订完备计划，最后据此生成一连串行动指令，这一过程常与我们真实的行为模式不符。相反，知觉、思维与行动总是交织、重叠，并逐渐融合为整体性的感知运动系统，帮助我们对接世界。

这种交织与融合的例子包括交互性视觉（Churchland et al., 1994）、动力场理论（Thelen et al., 2001），以及“指示线索”（Ballard et al., 1997）（相关综述见 Clark, 1997, 2008）。以 Ballard 等人的研究（1997）

为例，他们向被试提供图例，要求被试用彩色方块拼出一模一样的图形。这项任务使用鼠标在显示器上操作，被试只能从保留区域一次选中一个方块，将其拖拽到新工作区域的相应位置。在他们执行任务的过程中，眼动追踪仪会对其什么时候注视什么位置进行准确的监控。Ballard 等人发现，被试不会首先打量目标图形，确定下一步选择什么颜色的方块以及应该将它摆放到什么位置，而后实施这一“微计划”（在保留区域选中该方块并将其拖拽出来）。相反，被试会在整个过程中不断扫视原图——要比你想象的频繁得多。比如说，在挑选方块前和选中某个方块后，他们都会瞥一眼图例，这意味着每一次扫视都只会摄入少量的信息：要么是下一个方块的颜色，要么是它的位置，但不会两样兼得。即便重复扫视原图的同一位置，被试能保存下来的信息也极少。事实上，重复性的注视似乎是在提供“实时可用”的信息。[4]这说明被试能通过反复扫视目标图形使用 Ballard 等人所说的“最小记忆策略”解决问题：大脑会创建程序，尽量减少当前任务对工作记忆的占用，具体做法是利用眼动在必要时接收新的信息，将其摄入记忆进行实时处理。通过变更实验要求，Ballard 等人能够在不同版本的任务中系统性地调整生物记忆与积极具身提取策略的比例，他们据此断定“我们会以一种灵活的方式权衡眼动、头部运动和记忆负荷并做出相应取舍”（p. 732）。这是具身认知研究得出的又一重要结论，它已愈发广为人知，但仍极为重要。在 Ballard 等人的任务情境中，被试能够借助眼动，在合适的条件下，将外部世界本身作为存储信息的某种缓冲（更多此类策略见 Clark，2008；Wilson，2004）。

这一切都指向一个更具整合性的知觉、认知和行动模型。根据这个模型，知觉紧密联系于行动的可能性，并时刻受认知因素、情境因素和动力因素的影响。这也对应着 Pfeifer 等人曾经讨论的“信息流的自我构造”（2007）。行动提供“实时可用”的信息片段，这些信息又在一个持续的循环因果回路中对行动进行指导。如果我们以这种方式理解知觉，就会发现它无须产生一个细节丰富、行动中立的内部模型，等待“中央认知”系统以此推得恰当的行为反应。事实上，区分知觉、认知和行动非但无益于阐明真正的加工过程，反而会使其更令人费解。我们已经逐渐发现，在某种意义上，大脑并非（主要）致力于推理或深思熟虑，而是一个位于环境之中的行动控制机构。其核心组织原则并不是追求真理或最优，也不是演绎推理，而是利用世界实施“又快又贱”的行动。这一切都表明具身的、情境化的主体精于“柔性装配”：它们会构造、拆除和重建有助于利用一切可资利用之物的临时性整体，创建能够轻松跨越大脑、身体和环境的流动的问题解决体系。

8.5 朴素的、行动导向的预测机器

表面上，具身认知的研究结论似乎与预测驱动的加工理论南辕北辙。按照一些人的理解，预测驱动的加工是将证据（感知输入）、先验知识（产生预测的生成模型）以及对不确定性的评估（通过调整预测误差的精度权值）结合起来，产生一个关于世界真实状态的多尺度最佳猜测。但我们已经指出，这种理解可能造成微妙的误导。我们通过行动与世界对接，因此预测现实的全部意义便在于控制与选择合适的行动。只要主体致力于“猜测外部现实”，这种“猜测”就总会随时随地而变，以支持彼时彼处的行动和干预。在最基本的层面，这只是因为（基于预测的）整个加工体系唯一的存在意义，便是帮助动物实现其生存繁衍的目标，同时避免致命的意外事件。可以说，预测正是通过行动实现适应的。一旦我们开始思考预测对行动的产生和展开有何作用，就会产生一些完全不同的见解。

在讨论 Cisek 的可供性竞争假设（6.5）时，我们已经描绘了这些见解的雏形。根据该假设，加工过程充斥着激烈的“可供性竞争”，具体表

现为大脑不断计算各种行动不同概率的可能性。这种竞争处在一个知觉、计划和行动紧密交织的架构之中，实现各种功能的资源彼此高度重叠，而且使用同样的底层计算策略。预测加工模型会创建和调动 Cisek 和 Kalaska（2011）所说的“实践性”表征：这些表征是为了实现理想的在线控制而有针对性地定制的，并非对一个与行动无关的现实世界的细致反映。它们同时具有多种认知功能，包括支持对世界进行采样以检验假设，以及为更有效的行动控制本身提供信息。这样一来，神经加工过程在根本上就是行动导向的了：它们将世界表征为一个不断演化的矩阵，其中包含海量并行的、部分计算的行动和干预的可能性。可见，行动导向的预测加工理论几乎是点对点地回应了上一节中描绘的具身加工流。

然而，要实现完全的协调，我们还必须考虑最后一个要素，那便是通过最小化预测误差和调整精度权值，形塑大脑中神经连接的模式，对应不同的时间尺度，选择能可靠地产生目标行为的最简回路。如前文所述（见第 5 章），这也是预测加工过程的一大特点。我们将会看到，由此产生的神经回路巧妙地支持一系列简单、朴素、“感知耦合”的解决方案，对此 Gibson、Beer 和 Warren 等人都有论述。更妙的是，这些朴素的解决方案均隶属于一个流动的、可重置的内部体系，其中基于丰富知识的策略和“又快又贱”的手段只是同一把量尺上不同的刻度，反映了系统所调用的内外部资源的各种组合：这些组合取决于外部情境、当前需要、身体状态，以及对自身不确定性的持续评估。通过知觉—运动反应的循环因果架构，系统调用资源的过程本身也在持续地调整，以适应外部环境状态的不断变动。到头来，（我相信）一个行动导向的预测加工体系将有助于我们获得关于具身，以及借助情境化的行动充分利用现实世界的一系列重要见解。

252

8.6 策略的选择：竞争与混合

这一切如何影响实践？我们可以从一些文献资料入手，它们涉及决策，似乎和预测加工关系不大，实则并非如此。对决策过程的研究通常会区别“基于模型”的方法和“无模型”的方法（见 Dayan，2012；Dayan & Daw，2008；Wolpert，Doya，& Kawato，2003）。顾名思义，基于模型的方法需要依赖任务域的模型，这些模型包含不同的状态（现实情况）如何彼此关联的信息，使系统能对推定行动的价值做出原则性的评估（通常还需要给定某种成本函数）。使用这类方法涉及获取和部署关于任务域结构的丰富信息，这也对计算提出了很高的要求。相比之下，无模型的方法能够“通过试误直接习得行动的价值，无需建构清晰的环境状态模型，也不保留对状态转换概率的明确估计”（Gläscher et al.，2010，p. 585）。使用这类方法涉及执行预先计算的“策略”，这些策略将行动与奖励直接联系起来，它们通常会利用简单的线索和规则，同时支持（一般情况下）流畅而快捷的响应。

无模型的学习与自动控制选择和行动的“习惯”系统有关，它的神经基础包括中脑多巴胺系统，其影响投射至纹状体。基于模型的学习则更为密切地关联于（顶叶与额叶）皮质区域的神经活动（见 Gläscher et al.，2010）。相关研究认为，这些系统的学习受不同形式的预测误差信号驱动——无模型的方法对应于情感色彩相对浓厚的“奖励预测误差”（见 Hollerman & Schultz，1998；Montague et al.，1996；Schultz，1999；Schultz et al.，1997），基于模型的方法则对应于更为情感中立的“状态预测误差”（腹内侧前额叶皮质）。然而我们即将看到，这种相对粗略的区分正让位于更具综合性的观点（见 Daw et al.，2011；Gershman & Daw，2012）。

我们该如何设想预测加工模型与上述决策策略间的关系？一个有趣的方案是，系统会使用其搭载的信度（可靠性）评估机制，根据情境对策略进行选择。如果我们假设针对当前问题存在多套可资利用的神经资源，

253

而且这些神经资源间又彼此竞争的话，就需要引入某种仲裁机制。Daw 等人（2005）正是从这一见解出发，提出了所谓的“广义贝叶斯仲裁原则”：系统会评估当前状况下各“神经控制器”（比如说“基于模型”的控制器以及“无模型”的控制器）的相对不确定性，决定哪个控制器精度最高、最适于对行动和选择进行指导。在预测加工框架中，这一过程是通过精度评估和精度加权机制实现的，对此我们已经很熟悉了。每一套可用的神经资源都会计算一条行动路径，但只有最为可靠（在当前情况下不确定性最低）的资源才能确定行动和选择所需的高精度预测误差。换言之，系统会使用某种“元模型”（内含大量关于精度水平的期望）选择和调动那些最适于当前情况的资源，并于有必要时在不同的资源间进行切换。

但是，这套方案显然有些过于简化。对“基于模型”和“无模型”的方法的区分是直观的，反映了在理性和习惯之间，以及分析评价和情绪之间古老的二分法（这种粗暴的划分正在遭受越来越多的质疑）。但是，认为决策过程涉及并行的、功能独立的两套神经子系统的观点似乎难以经受时间的考验。比如说，一项新近的 fMRI 研究（Daw，Gershman，et al.，2011）表明，大脑中不存在彼此分离（功能上彼此孤立）的基于模型/无模型的学习系统，相反，我们应该设想一个“统一的计算架构”（p. 1204）：那些（通常被认为）分别对应基于模型/无模型的学习的脑区（分别是前额叶皮质和背外侧纹状体）其实都会实施无模型/基于模型的评价，且“其分配比例与使用何种策略决定行为选择相符”（p. 1209）。从预测加工的角度，我们可以认为“无模型”反应背后是由（上行）感知控制的加工，而“基于模型”的反应则涉及由（下行）

预测主导的作用。[5]系统通过调节预测误差的精度加权，依据情境信息平衡两种信源的影响，由此能够基于任务和环境的要求随意“混合”策略以供使用。

为验证“统一的计算架构”，Daw 和 Gershman 等人（2011）设计了一项决策研究，通过实验，表面上基于模型和无模型的策略对后续选择和行动的影响能够被清晰地区分开来。这是因为无模型的反应必然涉及回顾，也就是在特定的行动和获得奖励的过往经验间建立关联。因此，那些只会以无模型的方式做出反应的动物注定只能“活在过去”，它们会根据当前状况选择过去曾被强化的行为。相反，基于模型的系统（顾名思义）则使用某种外部（行动/决策）环境的内部替代品，对可能做出的反应进行评价——比如说，这些系统或许会调动心理模拟，决定某个行动计划是否较之其他方案更为适宜。因此，动物只要能够调动模型，就不致“受过往驱使”：它们将有能力“展望未来”，就像 Seligman 等人（2013）所说的那样。

多数动物的反应模式都有两种：它们会频繁地使用习惯网络，也能不时表现出真正的预见性。根据传统的观点，这些动物肯定拥有两套神经评价系统，分别利用不同形式的预测误差信号支持不同形式的学习和反应。Daw 等人使用顺序选择任务创造了一些条件，试图分别调动不同的神经评价系统，由此证明（在先前确定的不同脑区）确实分别存在基于模型的以及无模型的价值计算，且二者彼此独立。但事与愿违，他们在两大区域都发现了表面上无模型的反应和基于模型的反应，且不同形式的反应间存在高神经相关性。这个结果令人震惊，因为它表明即便是由纹状体计算的“奖励预测误差”也不仅仅反映了真正无模型系统的学习。相反，纹状体的活动“反映了无模型的评价和基于模型的评价的混合”（Daw et al.，2011，p. 1209），而且“即便是纹状体的奖励预测误差（Reward Prediction

Error，RPE），作为与无模型强化学习（Reinforcement Learning，RL）关联最为密切的信号，也同时反映了两种评价，其具体构成与在实验观察中特定类型的评价对行为选择的贡献相符”（Daw et al.，2011，p. 1210）。Daw等人（2011）指出，自上而下的信息可能控制了不同策略在相应行动/选择情境中的组合方式。他们猜测，基于模型的资源可能会对（更为迅速，在某些情境中也更为高效的）无模型反应实施某种训练或调节，这种混合学习路径可能也会推动不同神经评价系统的进一步整合。[6]

在更普遍的意义上，这些结果也表明，我们需要重新思考标准决策理论模型。越来越多的同类意见也与此遥相呼应（综述见 Gershman & Daw，2012）。标准决策理论模型主张，人们会分别表征“效用”和“概率”，它们在大脑中对应着或多或少彼此独立的神经子系统。但我们已经看到，决策过程的神经对应物其实是一个深度融合的架构，其中“知觉、行动和效用紧密地缠结成束，（涉及）知觉系统和动机系统更为丰富的动态交互集成”（Gershman & Daw，2012，p. 308）。本节提出的宏观框架有很强的实用意义：基于模型的策略可被用于训练系统的无模型反应。根据预测加工理论，这会产生一个多层架构：（浅层）无模型反应被嵌入在基于模型的（深层）完整体系之中。系统将由此获得显而易见的优势，因为基于模型的策略对情境极其敏感（见第5章），而无模型的（习惯性）策略（一旦部署）则相对固定，它们受先前成功行动的细节所局限。通过将这两种策略巧妙地统一到某个完整的体系之中，适应性的主体就能识别相应的情境，从而有针对性地选择无模型（习惯性）的反应。假如这种见解是正确的，“基于模型”的，以及“无模型”的评价和反应模式就只是同一连续体的两极，它们能根据当前任务的要求，以不同的方式混合或集成在一起。

255

8.7 准确性与复杂性的平衡

现在，我们要将上述见解置于一个更大的概率框架之中。Fitzgerald、Dolan 和 Friston 指出，“遵循贝叶斯最优原则的主体会同时致力于最大化其预测的准确性，同时最小化做出这些预测所需使用的模型的复杂性”。最大化准确性也就是要最大化模型对观测数据的预测力。相反，最小化复杂性则要求尽可能降低计算成本，但不可明显有损当前任务的表现。形式上，这一目标可以通过引入“复杂性惩罚因子”实现——复杂性惩罚因子有时也称为“奥卡姆因子”，其得名自 13 世纪哲学家 William of Occam（奥卡姆的威廉）：众所周知，他曾劝谕人们“如无必要，勿增实体”。‘总体模型证据’就是一个有用的复合量，它反映了在准确性和复杂性之间（因情境而异的）巧妙的权衡。Fitzgerald、Dolan 和 Friston 给出了一个特别的策略（涉及“贝叶斯模型平均”[7]），能够“有依据地（也就是说，依据前述‘总体模型证据’）为模型赋予权重，对其进行选择，而非仅考虑它们的准确性”（Fitzgerald et al.，2014，p. 7）。根据预测加工理论，系统能够借助预测误差的精度加权，根据任务要求和当前情境选择不同的模型，而突触修剪（见 3.9 和 9.3）则有助于在更长的时间尺度上降低复杂性。 256

这些都暗示我们应该重新考虑前述有关人类思维机制的建议（8.2），这个颇有人气的建议主张，人类的推理过程包含两大系统的运作，它们在功能上彼此独立：其一产生快速、自动化的“习惯”反应，其二则更为缓慢、努力、深思熟虑。相比于这种内部组织的二分法，真实的心智结构或许更具整合性：快速、习惯化、基于启发式的反应模式通常是默认的路径，与此同时，我们还拥有各种各样可资利用的策略。这些策略间的平衡是由可变精度加权机制决定的，换言之，它取决于各种形式的内源性与外源性注意（Carrasco，2011）。可见，人类和一些动物部署了多种多样的策略——它们或是复杂，或是朴素，或是居于二者之间。这些策略是由一个高度整合的神经资源网络定义的（对这个整合性空间的初步探索可见Pezzulo et al.，2013 以及 8.8）。

最后，即便在一个单一的、整合性的系统之中，不同策略彼此嵌套的复杂程度也是没有上限的。比如说，我们可能会使用某种又快又贱的启发式策略区别不同的情境，分辨哪些任务需要使用复杂的、基于模型的策略，哪些任务只需使用朴素的、无模型的策略进行推理。最为高效的策略就是能够最小化总体复杂性的（积极）推理。从这个新的角度来看，区别基于模型的反应和无模型的反应（实际上也就是区别系统 1 和系统 2，如果我们将其视为独立的系统而非同一系统的两种状态[8]）就显得很肤浅了。不同的策略、反应或系统只是一种表象、一种方便的标签，其实质是资源和影响的各种组合：系统视情境特点和任务需求具体选择哪一种策略，在基本逻辑上不存在本质的差别。

8.8 再谈棒球

我们回到先前描述的外野手问题。和面对其他任务时一样，（外野手）神经系统现有的积极预测和简单明了、快速加工的知觉线索共同作用于预测加工架构（假如预测加工理论是正确的），决定了不同预测误差信号精度加权的模式，由此创造出一个有效连接的瞬态网络（一个临时性的分布式回路，回顾第5章），并在该网络中设定了下行/上行影响方式间的平衡。但是，由于具体任务性质要求外野手迅速高效地做出反应，这就决定了在他必须选择的回路中，感知只能扮演非重建性的角色（见第 6 章和 8.3）。于是在跑位接杀高飞球的过程中，视觉感知的任务就是抵消球在视野中的加速度。相应地，系统需要为那些与此相关的预测误差赋予高权值，而（说白了）对那些与此无关的东西则无需太多地关注。

257

因此，合适的精度加权选定了一个预先习得的策略，它在解决当前问题时快速高效且成本低廉。受当前情境的影响，系统决定的精度加权模式在此完成了某种形式的集合选择或策略转换。[9]这是有条件的：它假设具有适应性的、可塑的系统通过更为缓慢的学习，能够先行确定神经连接的模式，而某些连接模式是它能够选用低成本策略的前提。要满足以上条件其实问题不大：一般来说，系统的内驱力足以推动它们实现这一目的，这种内驱力旨在最大限度地降低复杂性（在特定条件的约束下，我们无法将这一意图与“追求‘满足’”区分开来）。系统可以在许多时间尺度上尝试将预测误差最小化，以此实现所需的学习：这包括新手在练习场上慢慢磨练扎实的基本功，以及专业球员在比赛中迅速研判风向的变化和对方打者的击球风格。

最终结果相当复杂，但回报也是丰厚的：预测学习的基本过程持续不断地进行，为系统缓慢地安装了大量模型。这些模型包含精度期望，能让有效连接模式“动态地”建构与重构。系统得以根据当前情境以快速的、无需依赖大量知识的方式做出反应。这样一来，大脑既实现了“有效而懒惰”，又能使用基于模型的策略，也就不足为奇了。要领会这一点，我们只需意识到，给定行为的背后并非都是一些具有复杂因果结构的东西：许多模型或模型片段都是简单、易于计算的启发式（某种简化的“经验规则”）。这些低成本模型在许多情况下依赖于行动，它们会利用循环因果架构中（感知输入和行动反应间）的模式，为系统提供与任务相关的、“实时可用”的信息。

快速、自动、过度学习的行为尤其适合采用启发式的模型进行控制。这些能够支持目标行为的低成本程序性模型是由反映情境的精度分配加以选择并启用的。在许多情况下，低成本模型都有赖于我们自身信息流的自组织，如前所述，它们需要利用循环因果架构中（感知输入和行动反应间）的模式，为系统提供与任务相关的、“实时可用”的信息，OAC 即“视觉加速度抵消”就是一个很好的例子。

258

更为复杂的策略也涉及简化与近似，尽管它们在直观上更为“依赖模型”，不过我们已经知道，这只是同一连续体的另一极。以“直觉物理学”为例，它指的是人类主体有能力对普通物品的物理行为进行快速推理，包括发现一摞书或碟子不太稳当、可能随时倒塌，或是轻轻扫过某个物品可能导致它倒下来砸中另一个。Battaglia 等人（2013）对此展开了研究，他们指出，这种能力的基础或许是某种概率化的场景模拟（一个概率生成模型），它能够基于不完整的含噪信息做出快速判断。这种模拟无需命题规则，而是依赖“物体几何、运动和力动力学的定量方面和不确定性”（p. 18327）。Battaglia 等人据此创建并测试了一个模型，对其在不同心理物理任务中的预期表现进行了验证。重要的是，借助真实物体行为方式的近似，这个模型对物理世界的模拟能够兼顾鲁棒和速度。也就是说，它“用精确性和真实性换取速度、普遍性和做出足以满足日常活动所需的预测的能力”（Battaglia et al.，2013，p. 18328）。

“直觉物理学引擎”——不管你怎么称呼这类生成模型——会产生简化的概率模拟，虽然是“简化的”，但足以预测物理世界中不同事件的重要方面。在类似于图 8－1 所展示的一些场景中，一台“直觉物理学引擎”能够推得物体可能行为的重要事实——比如说，图 8－1c 的一堆锅碗瓢盆中哪个可能会先滑下来，以及这将造成哪些连锁反应。我们是如此倚重近似、惯于评估不确定性，因此对物理世界的推理难免出什么岔子，比如产生各种错觉（如图 8－1f 所示的稳定性错觉）。也就是说，我们的“日常近似”或许没法轻而易举地“领悟”让石塔保持稳定的精妙平衡结构。如果有模型能够做到这一点，在某些情况下它当然就更为精确了，不过这必然要付出时间上的代价（因此，它或许没法及时发现一摞碟子不太稳定，也就没法采取什么预防措施了）。

259

这类近似反映了 Gershman 和 Daw 所说的“对维系（一个）完整表征所涉及的成本（即额外计算）收益关系的‘元优化’”（2012，p. 307）。

Gershman 和 Daw（2012，p. 308）指出，神经系统会将知觉、行动和效用混在一起，对此最为深刻的见解是：适应性的压力要求大脑找到一种方式，合理地部署各种形式的表征和概率近似，“使其密度集中于高效用区域”。这样一来，大脑就找到了一种决定表征什么、何时表征以及如何表征的“元贝叶斯”方法。它将不会致力于实现简单粗暴的普遍优化，而是更偏向于在选择策略时适当地兼顾效力、可靠性和能量效率。换言之，这样的主体会使用简单高效，且足以解决问题的策略，这些策略在一个流动、可重置的内部体系中可实现即时的柔性组装。

图 8－1　能够唤起物理直觉的一些场景⊖

来源：Battaglia et al.，2013。

⊖ 一些日常场景、活动和艺术作品都能唤起强烈的物理直觉。(a) 一个杂乱的车间，其中包含许多细微的物理特征。(b) 关于图 8－1a 的基于对象的三维表征，能够支持基于模拟的物理推理。(c) 一叠小心码放的餐具，看起来随时可能倾覆。(d) 儿童通过搭积木练习物理推理。(e) “叠叠乐”（Jenga）能考验玩家的物理直觉。(f) 这种石塔的视觉冲击力源于我们强大的物理预期（作品由 Heiko Brinkmann 摆放及拍摄）。

现实情况高度复杂，且往往存在时间压力。因此，我们要与世界有效对接，就需要使用许多策略：从非常简单的启发式，到更为复杂的结构（它们由彼此交互的近似组成）。然而，这些看似多样化的策略或许只是参与构成了一个基于不确定性的认知生态系统——它们在这样一个生态系统中产生、消逝、相互影响。在预测加工框架中，实时变动的精度评估会对当前可用的策略进行选择，这些评估能改变有效连接的模式，让大量内部（及外部，见8.9）回路构成的不同网络在相应的情况下控制行动。[10]

260

8.9 延伸的预测之心

这一切都自然而然地指向“延伸认知”模型（Clark，2008；Clark & Chalmers，1998），其主张外在于生物体的结构和操作有时会成为相应主体认知路径不可或缺的成分。据我所知，预测加工框架中没有什么内容会实质性地改变先前阐述的、关于“延伸认知”可能性的观点，不论这些观点对延伸认知的态度是支持或反对。[11]但是，关于神经系统究竟会以何种方式对成功的认知活动做出贡献，预测加工理论确实提供了一个具体的、对延伸认知极其“友好”的建议。

我们可以这样思考：已知的外部（环境）操作能为前文描述的“基于元模型”的机制提供额外策略以供选择（外部操作本身部分地构成这些策略）。在这种情况下，认知系统选择那些能够利用特定外部资源的行动，与其选择不同神经资源的内部联合，其具体方式并无任何不同。比如说，在8.4中描述的方块拼图任务（Ballard et al.，1997）中，被试会采取各种行动，这些行动允许他们在拼图时“使用世界本身作为最好的世界模型”，为此，大脑需要做出相应的预测，并赋予其很高的精度，以此作为行动的基础。具体而言，大脑会据此将某时、某处、以某种方式可访问的信息评定为“相当可靠”且“高度显著”（与任务高度相关），这将决定被试执行任务（与外界交互）的具体行动。另一个例子是，我们能通过使用某些外在于生物体的设备（比如说笔记本计算机或智能手机）获得显著的、高精度的信息。在这种情况下，旨在降低预测误差的核心程序就会选择那些涉及使用外部资源的行动。要获取高质量的、高任务相关性的信息，我们是使用外部资源，还是移动自己的感受器和效应器，其实只是同一基本策略的不同具体表现罢了。我们的选择反映了大脑对于何时、何地能够获得可靠的、任务相关的信息的评估。因此，正如 Ballard 等人所指出的，拼图任务中被试会选择有利于最小化记忆负荷的策略，它们需要有机体的行动和外部环境彼此配合。这些策略再次突出了涵盖大脑、身体和世界的分布式资源网络的重要性。

为方便说明，可援引 Pezzulo、Rigoli 和 Chersi 的研究（2013）。他们的系统会使用一个“混合工具控制器”来决定如何选择行动：是基于一套简单的、预先计算的（缓存）值，还是通过运行某种心理模拟？后者会用更加灵活的、基于模型的方式评估特定行动方案的可取性。对于当前可用的信息，控制器会计算“信息的价值”。只有信息的价值足够高，系统才会选择更为“信息密集”的（同时也是更为昂贵的）基于模型的策略——在这些情况下，心理模拟会产生新的奖励期望，通过更新决定选择的信息价值指导当前的行动。这套机制我们先前已经讨论过了，它能实时决定系统是利用简单的、已缓存的路径，还是使用某种形式的心理模拟探索更为丰富的可能性。我们很容易想象这样一种情况：一个控制器会（基于过往经验）判断信息的价值，而它相信这些信息唯有通过操纵某种外部装置（比如一架算盘、一台 iPhone 或一个实体模型）才能获取。因此，预测加工的系统能直接采用简单的缓存策略、实施更为昂贵的心理模拟，也能将环境本身用作认知资源，具体的选择取决于任务和情境。

以此观之，在一个交互主导的预测加工体系中调用特定于任务的内部神经资源的联合，其实等价于调用特定于任务的神经—身体—环境资源的整体。延伸的（包括大脑、身体和世界的）问题解决体系的形成和分解遵循许多基本规则和原理（包括平衡效力与效率，以及持续进行的对不确定性的复杂评估），这和通过有效连接彼此关联的临时性内部集群一样。在两种情况下，系统都会从当前情境出发，基于对不确定性的评估选定一个临时性的问题解决体系（一种“临时性的特定于任务的设备”，见 Anderson，Richardson，& Chemero，2012）。这一过程也必然包括“局部神经子系统的瞬态集群”的涌现，我们在5.5中曾经描述过这个概念，不过现在它是具身的，而且嵌入环境之中。

这种临时性的体系是在一个辅助性的情境中产生和调动的，我们在前文中（8.4）将该情境称为“具身加工流”：知觉—运动路径会提供新的输入，因此调用新的瞬态资源集群。这种滚动循环十分生动地描绘了自然状态下的人类认知活动。在这个滚动的过程中，我们会以越来越多任意复杂的方式利用世界，通过将工作负荷从大脑卸载到（非神经系统的）身体、从机体卸载到（物理、社会以及技术性的）环境，扩展自己实际具备的认知能力。预测加工理论异常清晰地表明，在任何情况下（而非仅在那些涉及有针对性地使用相关工具或技术以延伸心智能力的情境中），我们的神经架构都服务于这样的滚动循环。随着循环的继续，分布式问题解决体系的柔性组装和重组不断进行。这一过程无需由什么“内心的小矮人”监督，相反，情境中高精度、高质量预测误差的不断降低决定了这些联合形成与分解的具体方式。因此，通过有机体的行动表达，显著的高精度预测误差将大脑、身体和世界的不同元素黏连起来，共同纳入了临时性的问题解决体系。

262

8.10 逃离暗室

预测误差最小化是许多适应性反应策略的底层机制。然而，有些反应似乎难以用这套逻辑来解释：它们关系到游戏活动、探索行为和对新鲜事物的探寻。一些研究者担心，最小化预测误差的认知指令天然地无法说明这些现象，反之，它会让动物追求某种（或许是致命的）“无为主义”，刻意减少认知，甚至倾向于取消所有活动！根据这种观点，预测驱动的倒霉有机体应该只会努力保持那些容易预测的状态，比如说，它们会在一个空空如也的暗室中忍饥挨饿地度过绝望的余生。这就是所谓的“暗室之谜”（Friston，Thornton，& Clark，2012）。

这种质疑亟须回应，因为完全的无为显然不合常理。在最基本的生物层面，它会威胁有机体的完整和生命的延续。而在更上位的“人类繁荣”层面，它无法解释游戏活动、探索行为和对新鲜事物和新异经验的有意探寻（见 Froese & Ikegami，2013）。而在每一种情况下，破解“暗室之谜”的关键都在于，要着重考虑预测误差最小化机制的演化和文化背景。

263

我们已经知道，基于预测误差的神经加工从属于一个强大的多尺度自组织体系。这种多尺度自组织不是凭空进行的，相反，它必然处于某种大背景下，这种背景包括演化赋予有机体的（神经和身体）形态与功能，以及（我们将要在第 9 章谈到的）同样处于不断变革中的缓慢累积的物质结构和文化实践——随人类学习和经验代代相传的社会技术遗产。

要具体说明这一点，首先要注意的是，外显、快速、短时间尺度上的预测误差最小化必须符合演化的、具身的、嵌入环境的主体的需求和规划。其实，这些主体的存在（见 Friston，2011b，2012c）本身就已经暗示它们结构性地内含了大量特定于物种的“期望”。这些生物会本能地寻求配偶、逃避饥渴，偶尔还会以各种方式探索环境（即便不为获取饮食），这有助于它们时刻准备好应对意外的环境变化、资源匮乏或新的竞争对手。因此，主体必然在这套复杂的、由物种定义的“期望”背景下致力于实时地最小化预测误差。

我们之所以要给“期望”一词打上引号是因为，以各种方式内含于结构的期望与在生活经验基础上获得的期望有很大的不同。我们天生就要用肺呼吸空气，相当于将以下“期望”结构化、具身化了：我们的生活环境不在水里，至少不会一直待在水下——这就与（比如说）章鱼不太一样。类似地，我们也内置了一些行为倾向，比如说炒菜时不慎挨上热锅，我们会条件反射地缩手，这类反射其实就反映了一种避免皮肤损伤的基本“期望”。如果我们这样理解“期望”，那么正如 Friston（2012c）所说，每一个具身的主体（即便是一个细菌）就都是其生存环境的某种“意外最小化模型”：

> 生物系统能够从环境波动（如化学诱剂浓度或感知信号强度的不断变化）中提取结构化的规律，将这些规律具身化，因此具有了某种形态或内部动力学。本质上，它们成为了其局部生存环境所含因果结构的模型，能够预测接下来会发生什么，并在预测意外失效时也能做出有效应对。（Friston，2012c，p. 2101）

特定物种拥有哪些感受器，以及它们在身体特定位置的布局，都能决定有机体可资利用的信息。这是另一个简单的例子：它选择和限制了最小化感知预测误差的时空范围（至少在夜视设备和其他类型的感官增强技术出现以前）。但感官其实还具有别的功能。作为演化的造物，我们会“期望”（注意双引号）维持温暖、饱足和健康，如果感到自身状态违背了这些根深蒂固的准则，就会产生预测误差，并因此驱动短期的适应性反应。因此这类主体（正常情况下）根本不会想藏到什么暗室中去，而特定于物种的“期望”十分牢靠，就连长期的生活经验（如凶年饥岁）也无法将其改变。

破解“暗室之谜”首先要采用一个更为宏观的（长时间尺度的）视角。长期地看，任何形式的适应和改变，只要能让有机体避免瓦解和紊乱，都有助于降低“意外”（见1.7），并在有机体与环境彼此交互时最小化“自由能”（见附录2）。经过漫长的演化，有机体因此具有了一整套内含于结构的“信念”或“期望”（继续注意双引号），它们对最小化预测误差的实时过程具有持续性的约束和影响。由这套“期望”定义的主体通常[12]对“藏身暗室”不会产生任何兴趣，正如Friston（2012c）所指出的，典型的、演化形成的动物（就像我们自己）会“期望”自己不要过多地流连于这类无益的环境。

但是，Friston的表述方式可能是有问题的——正因如此我才不厌其烦地用了那么些引号。这是因为按照他的说法，有机体最小化“意外”的方法似乎过于多元化了。比如说，正如在更为外显的、基于生成模型的下行概率预测与传入感知刺激间的相互匹配一样，他相信身体形态和神经解剖学的细节也是有机体用于最小化“意外”的手段。这么说，假如我的皮肤划了一道口子，然后愈合了，是否也是因为我拥有某种结构化的、具身化的“期望”（比如说，期望自己的表面应完好无损）？但只有接受这种不太自然的理解，我们才能说一条鱼的形态“具身化”了某些涉及海水流体力学的期望。[13]或许我们应该承认：在一些非常宽泛的意义上，鱼的“意外”水平确实部分取决于这类形态学因素。但我们的关注重点还是由神经系统编码的生成模型、这些模型所发出的一系列相互交织的预测，以及神经加工的非对称双向级联中预测和预测误差信号的迭代交流。因此，我坚持只有在使用引号标记的情况下，才能说各类基本的适应性状态和反应本身反映了有机体内置于结构的预测或期望。更恰当的说法应该是，伤口的痊愈（与保证我们生存和繁荣的一系列其他神经和身体机制一起）参与创设了一个场景，我们可以在这个场景中创建对世界的预测模型。预测误差的最小化只是波澜壮阔的生命蓝图所含无数过程之一，但（我认为）它有一个十分特别的作用，那便是能让我们这样的主体在知觉和行动中与一个结构化的、诸远因彼此交互的世界“相遇”——而不是（像植物或某些非常简单的生命形式那样）运行现成的程序以维持生命。

因此，至少出于当前的目的，我们最好将“特定于物种的期望”视作设定了某种场景，让（某些）动物能够（在某些时候）使用更为外显的预测误差最小化策略指导学习和反应。尽管如此，这种自组织的背景还是非常关键的：它对我们预测什么以及（更为关键的）不需要预测什么都将产生影响（这里的“预测”不包括内含于结构的期望）。这是因为基本的生物力学结构，如被动动力学和肌肉/筋腱的内在协同作用已经处理了那些无需借助预测加工架构加以研判的问题。唯有在这个大背景下实时计算预测误差，才能确保动物产生复杂、流畅的适应性行为。

8.11 游戏、创新和自组织不稳定性

“暗室之谜”还有一个衍生品，比原版更有挑战性一些。对此，Schwartenbeck 等人描述如下：

> 如果我们的主要目标是不管遭遇了什么事态或结果，都要将意外最小化，又怎么解释那些复杂的人类行为，比如寻求刺激、探险，以及艺术、音乐、诗歌和幽默等更加“高级”的理想？原则上，我们难道不应该更偏向于选择那些更好预测的非刺激性环境，因为那样从长远

来看更有利于最小化意外水平吗？我们难道不应该讨厌新异刺激吗？这结论听上去就难以置信。新异刺激有时的确令人厌烦，但通常情况正好相反。我们需要解释人们排斥单调环境，而且会积极探索追寻新异刺激的原因：这似乎很不符合自组织行为的基本指令。(Schwartenbeck et al., 2013, p. 2)

266

出于同样的考虑，Froese 与 Ikegami（2013）也认为最小化意外的方式包括“刻板化的自我刺激、紧张症式的逃避现实，以及自闭症式的远离人群”。他们担心的并不是人们会身陷暗室无法自拔——在考虑主体的基本结构以及与生俱来的“期望”之后，那种可能性已经排除了。相反，这里的问题是预测加工原理似乎无法解释人们探索新鲜事物的热情。也就是说，它无法说明“为什么我们会向往（某种程度的）新奇、复杂的状况”(Schwartenbeck et al., 2013)，即无法解释体量庞大的娱乐产业和丰富多样的艺术文化现象。

这是一个很复杂的问题，我不敢奢求能只用三言两语说清。但其解决方案可能包含某些由文化介导的（自举式）终身学习，通过这种学习，我们将获得一些全局性策略，因此愈发热爱探索与求新。所谓“全局性策略”，其本身也是一种行动选择原则，只不过十分宽泛——它们选择的往往是一整套行动而非单一的动作。要产生游戏与探索行为，只需采用一个最为简单的全局性策略：某个状态延续得越久，它对其评价就越低。如果世上的资源在时间和空间维度分布不均，这种策略就可能具有很强的适应性。

从动力学系统的角度分析这类策略是很能说明问题的。当活动在时空维度上展开，一些潜在的稳定状态（即动力学系统的“吸引子”）不断产生又不断消散，这通常是因主体内部状态和行动的不断变动所致。然而，一些系统具有打破稳定状态的倾向，它们会以各种方式主动引发不稳定性，造成了 Friston、Breakspear 和 Deco（2012）所说的“漫游或巡游（巡回）动力学”。这类系统似乎会“为了变化而变化”，或者“为了求新而求新”。

以发育机器人学的“都市传奇”为例。据说一个机器人被设定为要在某个玩具环境中将预测误差最小化。但在实现这个目标之后，它并没有停下来，而是开始一圈圈地打转，创造出一系列视觉刺激，再对它们进行预测和建模。我听说这个故事与 Meeden 等人（2009）的研究相关，是对实验中机器人一些有趣行为的渲染[14]。但它也不仅仅是个故事。一个真正倾向于破坏稳定状态的生物，发现自己身处高度受限的环境之中，的确有可能尽一切努力寻找新的视野。Lauwereyns（2012）就回顾了一项这样的发现[15]：

267

> 关在暗室之中、只受最少量刺激的人类被试会按键制造彩色光斑，而且他们偏爱变化最多、最难预测的模式序列。（Berlyne，1966，p. 32，摘自 Lauwereyns，2012，p. 28）

几年前，Kidd 等人对 7 月龄和 8 月龄的婴儿被试进行了一系列研究，测量他们对复杂程度各异的一连串事件的注意水平（刺激的复杂性得到了很好的控制）。实验发现了婴儿注意力分配的“金发女孩效应”（Goldilocks Effect），也就是说，婴儿对那些可预测程度居中的事件，即那些既非完全重复，亦非无规律可寻的刺激关注水平最高。研究者使用负对数概率衡量事件的复杂性，他们发现在复杂性极高或极低时，婴儿最有可能转移注意。Kidd 等人指出，这套注意逻辑的功效是“使得婴儿内隐地维持中等速率的信息摄取，避免在过于简单或过于复杂的事件上浪费认知资源”（Kidd et al.，2012，p. 1）。

作为积极的主体，我们偏好“新鲜程度正好”的情况，这种倾向很有可能是与生俱来的，因为这种情况最有利于我们以各种恰当的方式对传入信息进行自我建构，不断获取和调谐关于环境的生成模型。一般情况下，主体的生活环境是复杂多变的，如果有什么策略能驱使他们对外界进行探索，即便这种探索不会产生立竿见影的成效或带来可见的收益，长远来看也将很有意义。具备这种策略的主体会积极主动地扰动自身在时空维度上的既有轨迹，强制性地实施一定量的探索活动。[16]这种“漫游”（Friston，2010；Friston et al.，2009）开启了新的学习和发现之旅，因此具有很高的适应性价值。[17]

Schwartenbeck 等人（2013）更进一步指出，一些主体可能拥有这样的策略：它们会认为“接触多种新异状态的机会”本身就很有价值——因此，当前状态的价值部分地取决于它可能导向的其他状态的数量。人类创建的复杂领域，如艺术、文学和科学都是这种“高价值状态”的典型例子，它们支持并鼓励开放式的探索和求新。沉浸在此类“设计者环境”中的预测主体将学会对这种典型的、开放式的机会产生期望，并将因此积极主动地求新求变。可见在建构文化和社会环境的过程中，我们也在不断建构自己，鼓励各种形式的探索和求新，即便它们的普遍性已大不如前。在下一章，以及本书的最后一章里，我们还会谈到这种渐进式的文化自我搭建（cultural self-scaffolding），作为人类逃离暗室的终局。

268

8.12 又快又贱又灵活

世界变化多端、充满挑战，要求我们采用多种多样的应对策略，包括快速高效的知觉—行动耦合，以及更为缓慢、涉及更多努力的推理和心理模拟。我们必须应用知识储备预判并积极地形塑感知弹幕，以保持领先一步。因此，我们与世界的关联方式是在不断选择合适策略的过程中逐渐形成的。这些策略机制灵活，或使用神经系统，或依赖外在于神经系统的回路和活动；它们分布广泛，从“又快又贱”的到“又慢又准”的，从仰仗上行感知刺激的到依赖下行情境调制的，或居于二者之间，或表现为二者的混合；它们风格各异，这让我们有时相当保守，但只要获取信息和经验的价值高于成本和风险，我们也会对探索充满热情。也正是在这些策略的不断切换中，我们平衡着时间、能量和计算成本与可能的收益间的关系。

始终积极主动、保持有效的懒惰、偶尔探索和游戏——我们这样的动物天生如此。我们希望取得最大的成功，付出最少的代价，不论这些代价是智能意义上的，还是现实意义上的。在许多情况下，我们都要使用行动导向的策略实现目的。心智不会以被动的、描述性的方式表征世界，相反，它参与构成复杂的滚动循环：行动决定知觉，知觉选择行动。这一过程会在环境中产生各式结构、创造大量机遇，它们又都会被心智加以利用。

这样一来，我们就很好地消除了一些人的疑虑：预测加工架构无需过分依赖计算成本高昂、表征丰富的策略，而是有大量（更快、更贱、更具身的）替代方案或辅助手段。永远积极主动地预测的大脑其实非常懒惰：它孜孜不倦地追寻任何能让自己得到更多、付出更少的机遇。

9 人之所以为人

269

Surfing
Uncertainty

9.1 预测所处的位置

我们的神经架构存在的意义就是服务于具身的行动。这需要激发和维持一个复杂的循环因果流程，其中知觉和行动既决定彼此，又被彼此决定。这类循环因果流程推动了一系列结构上的耦合，让有机体始终在其生存能力所限定的范围内活动。这样一来，预测的大脑永远积极主动的形象便与具身心智和情境心智的观点优雅地吻合了。我们已经回顾了一系列证据，包括紧密联合知觉与行动的循环因果网络、充分利用身体和环境的低成本策略，以及知觉、决策和行动间持续不断的复杂缠结。然而，故事还不完整。接下来要探讨的，是社会与环境结构的嵌套网络将如何影响并受制于这些具身神经预测过程。

多时间尺度的自组织过程居于一切的核心。预测误差最小化为自组织提供了一种强大而可信的机制，这套机制能够产生彼此嵌套的动态组织，该动态组织具有高度的复杂性。对人类个体而言，这种复杂性还源于某种强有力的、适应性的社会文化“套封”——这是个真正的特例。在地球上的所有生物中，只有我们人类会用社会、语言和技术改造世界，而我们

270

借以做出预测的生成模型也反映了这些领域的规律。正因为大脑本身如此强大，能够在无监督的条件下实现自组织，我们的社会文化沉浸才这样有效。复杂的自组织神经动力学和社会/物质影响的不断扩大构成了两种基本的力量，唯有二者以多种复杂难测的方式彼此交互，心智才能从物质流中涌现出来。因此，永远积极主动地预测的大脑无法独立于合适的环境，物质、语言和社会文化为我们的心智搭建了强有力的支架。

9.2 重述：围绕预测误差的自组织

对有机体而言，预测误差提供了一个可计算的量，用于在多时间尺度上以多种方式驱动神经自组织。关于这条基本原则是怎样起作用的，前面的章节已经多次讨论过。但现在我们不妨停下脚步，欣赏一下它所造就的强大自组织。一个概率生成模型居于这一过程的核心，它会不断调整，以更好地预测感知刺激，这些刺激源源不断地冲刷着有机生命或人工智能实体。生成模型的调整构成了学习，使系统能够区别源于身体和环境的、彼此交互的诱因，不同诱因的影响通常具有不同的时空尺度。于是，我们就有了一套强大的机制，能够支持自组织的、接地的、结构化的学习。之所以说这种学习是“接地的”，是因为它揭示那些远因的唯一目的，就是将其用于预测感知信息的呈现（这种呈现同时反映了有机体自身的行动，及其对现实世界的干预）。学习能帮助系统认识相关结构，揭示那些具有不同时空尺度的诱因会以哪些复杂的模式互相依存。这一切构成了一块盛满预测程序的调色板，这些程序能以各种新颖的方式组合起来，以应对新的情况。

之所以说上面提到的系统是“自组织”的，是因为它们寻求的不是特定输入和输出间的映射。相反，它们必须发现级联规律的模式，这种模式必须能够最好地适应不断传入系统的感知信息（这些传入信息部分是由系统自身导致的)。这是一种解放，因为这类系统将提供一套基本的求知方法，而不受特定任务的限制（虽说人类活动各种可能的形式的确限制了系统需要适应的感知信息的呈现方式)。

271

这类系统也具有很高的情境敏感度，这是因为在任何区域、任一层级的系统性反应都可对应一套完整的下行（及横向）级联，它确定了与某种情境有关的信息。这种非线性动力学解释在复杂程度上还能更进一步，因为随着不断变化的精度评估对有效连接模式的实时调整，架构中的上下行影响本身也是可重置的。

通过围绕预测误差的自组织，这些架构能对环境中那些对有机体意义重大的特征实现多尺度的理解。这种理解的标志是，它们有能力借助知觉与行动的滚动循环，通过压制高精度的预测误差，实现与世界的有效交互。

9.3 效率和“上帝先验”

需要注意一点：即便高层模型成功地实现了感知预测误差的最小化，系统也不会因此而不再发生变化。正如我们在第 8 章提到的，驱动变化和学习的还有另一个因素，那就是效率（人们对这个因素往往不那么强调)。直观上，效率与冗余和过剩相反（见 Barlow，1961；Olshausen & Field，1996)。某个方案或策略为达成特定目标消耗的资源越少，它的效率就越高。而对一个生成模型来说，如果某些规律对系统选择行为十分重要，而系统依靠这个生成模型恰好能一直掌握这些规律，且这一过程只需消耗极少的能量或表征资源（比如说只要使用少量参数)，我们就可以说它是高效的。相反，一个系统如果使用了大量参数来支持某种解释或反应，也不能说它就能“更为准确”地为世界建模。相反，它可能只会提供一种对感知信息的“过度拟合”，因为传入刺激中有一些或许只是“噪音”，或是有意义信号的随机涨落。

第 8 章中提到的视觉加速度抵消程序就是一个很好的例子，这个模型结合了低复杂性（因其参数使用量很少）和高行为影响力。一般而言，提高效率的驱力只是系统最小化感知预测误差的总和这一整体指令的一部分而已。该整体指令将驱使系统寻找最为“朴素”，但又能保证其与感知信息有效交互的模型。正如我曾多次提到的那样，预测误差信号的基本功能与其说是帮助系统更新其关于世界状态的假设，不如说是引导系统与现实世界中密切关联于其当前需求和规划的那些方面实现流畅对接。[1]

272

在 Feldman（2013，p. 15）关于“上帝先验”的讨论中，这一切都被戏剧化了：Feldman 批判了一种误导性的观点，即“如果一架观测器遵循贝叶斯最优原则，那么只要它所拥有的先验能够完全匹配环境中客观存在的东西，就可以说它被正确地调谐了”。我们都能嗅出其中的问题：实际上，积极的主体对接世界的方式不是为感知刺激建模，而是努力寻找在其生存环境中采取合适行动的方案。为此，它们必须从噪音中分离出意义重大的信号，再有选择性地忽略这些信号的大部分内容。此外，“试图让自己的先验与关于世界真实状态的任意一组数量有限的观察值实现完美拟合是不现实的。因为不论多么可靠的观察值都无可避免地混杂了某些极不稳定的要素”（Feldman，2013，p. 25）。

单纯依靠在线预测学习不能保证系统高效而正确地分离信号和噪音。但没关系。因为即便缺乏持续性的数据驱动的学习，系统也有办法提高效率（降低复杂性）。其中一种办法就是对突触连接进行“修剪”，去除权重较低的，或是冗余的连接（我们曾在第 3 章猜想这一过程会在睡眠时进行）。这类程序的典型包括早期联结主义研究所采用的“骨架化”算法（Mozer & Smolensky，1990，相关讨论见 Clark，1993）[2]以及“睡眠—觉醒法”（Hinton et al.，1995，这个算法的名字十分形象），它们均可用于系统性地提质增效。突触修剪的主要好处之一是能够促进泛化，也就是说，它能让系统将其知识储备应用于一系列表面不同（但实质相似）的案例。而且作为提高效率、降低模型复杂性的合理机制，突触修剪也确实主要发生在外感觉系统受到抑制或被关闭之时（见 Gilestro，Tononi，& Cirelli，2009；Tononi & Cirelli，2006）。

9.4 混沌，以及自发皮质活动

突触修剪是一种帮助我们进一步理解世界的内源性方法。通过消除虚假的信息和联系，我们的模型和策略得以提质增效，这就避免了（至少是减轻了）“过度拟合”的现象，也就是说，系统不会再为追踪训练数据偶然的或无关紧要的特点而浪费宝贵的资源。以此观之，突触修剪是一种改良现有模型的手段。但我们通常会做的还不止这些，因为我们有能力以一种富于想象力的方式主动探索自己的心智空间。正如第 3 章中谈到的那样，能够使用多层神经预测指导学习、知觉和行动的生物已经具备了这种能力的雏形：它们都会进行某种想象，并基于这种想象“自上而下”地驱动自身的感知运动系统。这种能力便是心理模拟。心理模拟受生成模型所隐含的连锁性约束条件限制，能让我们充分利用自己已经掌握的生成模型，而突触修剪则从内部改良这些模型。

273

这听上去还是有些保守，好像我们获得了某种世界观之后，又注定要成为它的奴隶（概括地说就是这样）。在内源性认知探索方面，我们其实拥有一些更为彻底的手段，正如在 6.6 中解释自发皮质活动时谈到的那样。据相关解释（见 Berkes et al.，2011；同见 Sporns，2010 第 8 章），皮质的自发活动并非“只是神经系统中回荡的噪音”，相反，它反映了生物整体性的世界模型。而诱发活动（由外部刺激导致的神经活动）则是该模型应用于特定感知输入时的表现。

一系列研究（同见 Sadaghiani et al.，2010）都表明，生成模型是知觉与行动的基础，而自发皮质活动是特定生成模型的表达。根据这种解释，“持续的皮质活动模式源于一个内部模型，它反映了生存环境的因果动力学，源自历史经验的累积（并致力于预测未来的感知输入）”（Sadaghiani et al.，2010，p. 10）。如果我们将这种关于自发皮质活动的理论与前文（8. 11）中涉及自组织不稳定的观点结合起来，就会惊喜地发现生物完全可能使用更为彻底的方式探索其心智空间。

设想这种情况：我们所获得的世界模型是通过一种动态机制执行的，这种动态机制不太稳定，带有某种混沌的特性（见 Van Leeuwen，2008）。在这种条件下，模型本身（本质上是指导知觉和行动的结构化的神经活动集群）会不断“漫游”，探索其自身领域的边界。这种活动将决定我们对感知刺激的反应会有哪些微妙的差异，而且即便没有令人信服的感知刺激传入，它也不会停息。相反，持续的“漫游”将让我们不断以各种与刺激脱钩的方式探索现有模型的边界——可以想象，这种探索或许能让我们茅塞顿开，找到某些新的、更富想象力的（通常也是更为朴素的，见 9. 3）方法，对付那些一直占据注意的疑难问题。此外，Coste 等人的研究（2011）表明某些自发皮质活动与精度优化过程的波动有关。[3]这种波动或许有助于我们探索自己的“元模型”——它决定了我们在特定情境下如何评估信息的可靠性并据此调动相关模型。

我们如何产生新的观念和创造性的问题解决策略长久以来令人困惑不已，上面这些观点是否有可能（至少是部分地）揭示其中的奥秘？Sadaghiani 等人（2010）将他们自己的观点与同期的机器学习和机器人学相关研究（Namikawa & Tani，2010；Tsuda，2001）联系了起来。在这些研究中，新的行为形式确实主要来源于这种心智的“漫游”。规定这种“漫游”活动本身的，是系统中一些内隐的超先验，其内涵大概是：世事永恒流转，万物充满变数，系统不可意得志满、安于其认知现状。相反，我们必须坚持探索已有知识空间的边界，即便在缺乏新异信息或经验的情况下，也应时刻对自身的预测和期望（包括精度期望）进行微调。

Namikawa 等人（2011）扩展了这些主题，他们通过神经—机器人学模拟探索了复杂多层结构和自组织不稳定性（确定性混沌）之间的关系，使用一个具有多时间尺度动力学的生成模型产生了一系列行为。在这项模拟研究中（正如在与其关系密切的预测加工模型中那样）：

> 行动本身来源于一系列动作，这些动作符合对关节角度的本体觉预测（且）知觉和行动都在尝试最小化多层架构中的预测误差，而动作则在本体觉感知层面推动预测误差的最小化。(Namikawa et al., 2011, p. 4)

通过模拟，研究者发现，那些在更长的时间尺度上影响网络动力学（即在更高的层级上影响系统）的确定性混沌能让机器人在其行为原语间自发地转换（在其基本行动能力套系中自由尝试各种组合）。这是一种涌现性的组织形式，而且具有十分重要的功能。之所以说它是涌现性的，是因为要让混沌动力学集中在系统的高层，只要保证高层的时间常数远大于其他区域即可（数学方面的细节见 Namikawa et al., 2011, p. 3）。而之所以说这种混沌动力学的偏向隔离在功能上十分重要，是因为通过将自组织混沌的影响局限在网络的高层（将这些影响的时间尺度拉长），机器人就会在合理有效的范围之内探索可能的行动空间，同时不至于破坏基本行动能力套系中那些稳定的、可重复使用的成分。这样，它们就可以在不干扰网络的（低层）短时间尺度动力学的前提下自发转换行为原语以产生新的行动，并保证自身基本行为模式鲁棒，因此能“根据需求”稳定而重复地表现出来。

275

只有当一个系统的动力学具有这种多时间尺度分布，它才能“以同样的动态机制产生‘漫游’（涉及行为原语的自发转换）和重复性的、固定的意向行动”（Namikawa et al.，2011，p. 3）。相反，如果网络高层的时间尺度被缩短（“漫游”的频率提高至接近低层网络自发活动的水平），机器人的行为就会变得不稳定。研究者据此得出结论称，“要让系统通过排列组合产生新的行动序列，以及在物理环境中稳定地实施特定行动，就必须在不同层级设定不同的时间尺度……这种差异是必须的”（Namikawa et al.，2011，p. 9）。这项研究只是个开始，但它已经初步揭示了多时间尺度动力学的深层功能作用。这种动力学是多层预测加工的自然结果，它源于加工工作在一系列神经结构间的分配，而这些神经结构的反应模式在时间尺度上各不相同。[4]

9.5 设计者环境和文化实践

上面谈到的一系列改善模型、探索心理空间的机制并不专属于人类。许多哺乳动物或多或少地也能实施预测驱动的学习、想象、形式有限的模拟，并能巧妙利用多时间尺度动力学。Roepstorff（2013，p. 224）正确地指出，许多种类的生物和模型都具备预测加工理论最为基本的元素。所有种类的哺乳动物都拥有新皮质（包含皮质柱的分层结构，被视为实现预测加工最为关键的神经基础），尽管不同种类的动物新皮质的发达程度相差十分悬殊。而一些其他的物种也可能使用不同的结构实现预测加工（比如说，有研究者推测昆虫脑中的“蕈形体”就可支持用于预测的正向模型，见 Li & Strausfeld，1999，以及 Webb，2004 的讨论）。

276

那到底是什么让我们（至少在表面上）与其他生物截然不同？是什么让我们——而不是狗、黑猩猩或海豚——如此执着于远因，不仅关注食物、配偶、社会地位，还探索神经元、预测加工、希格斯玻色子和黑洞？

一种可能性是（Conway & Christiansen，2001），人类的神经系统经过长期的适应，已经发展出一套更为复杂、对情境更加敏感的多层学习架构，而这在所有生物中是独一份。只要预测加工框架让分布式系统充斥着情境相关的交互，这一基本操作原则就可能（借助新的路径和影响因素）产生新的行为和控制形式，它们与先前的行为和控制会有质的不同。这或许有助于解释为什么人类正如 Spivey（2007，p. 169）所描述的，对任意类型的时间相关信号所含的多层结构都异常敏感。

另一种与此相关的可能性无疑具有很强的互补性，它涉及专属于人类的一系列复杂特点，特别是我们能实现临时性的、基于共同协调的社会互动（Roepstorff，2013），创造人工制品与设计者环境。一些其他的物种或多或少也具备其中一些能力，但只有人类才在这方面拥有完整的能力套系。我们会使用一套柔性的、结构化的符号语言对这些活动进行管理（这种语言体系正是上一段中 Conway 和 Christiansen 想要解释的东西），而且有一种几乎是强迫式的参与共同文化实践的动力（Tomasello et al.，2005）。因此，我们可以反复地重新部署自己的核心认知技能，以适应多变的情境，也就是 Roepstorff 等人所说的“模式化的社会文化实践”。它涉及在复杂的实践和社会惯例中（Hutchins，1995，2014）使用象征性的文字（即“物质符号”，见 Clark，2006）。这些环境和实践活动包括数学计算、阅读[5]、写作、有组织的讨论，以及学校教育。此类设计者环境的更迭和调整构成了极其复杂的过程，Sterelny（2003）称之为“增量下游认知工程”（incremental downstream epistemic engineering），我们对此还缺乏足够的理解。

这类层叠式的、可传播的结构（设计者环境和实践活动）会对神经系统的预测驱动的学习造成哪些潜在的影响？预测驱动的学习让我们能够在多重时空尺度上接触世界的统计结构，心智只关注其中那些对我们有意义的方面，它们表现为行动的可能性，由训练数据反映。将设计者环境和文化实践纳入考量后，我们就会发现所谓的训练数据其实从属于一个不断发展的复杂网络，它包含各种各样的规律，这些规律则体现为符号与其他形式的社会文化支架之间的统计学关系，而我们自己就沉浸在这种社会文化支架之中。因此，我们自我建构了一种滚动的“认知龛位”，虽然依旧只能通过感官与世界接触，却能以此获得某些在深度和广度上远超其表面基础的生成模型。

要具体化整个作用流程，我们可以回顾一下：要产生新思想或形成新概念，预测加工系统就需要接触新异感知刺激，产生高权值的（显著）预测误差。如果系统已经掌握的模型之中没有一个能将这种高权值误差解释消除，它就会（一切顺利的话）部署新的模型，获得关于这些新异刺激的诱因具有何种形态和特性的知识。这个过程增强了系统的可塑性。但除此以外，我们人类还擅长有意地操纵自己所处的物理和社会环境，让环境本身提供新的、更富挑战的刺激模式，驱动新的学习过程。一个简单的例子是，在有些国家，人们为心算技巧的学习搭建了支架，他们会有意地使用专业化的工具，也就是算盘。与这种环境支架的对接会产生新的感知刺激经验，有助于安装关于大量复杂算术运算和数学关系的全新的高层模型（相关讨论见 Stigler et al.，1986）。重要的不是这个例子本身，而是其中蕴含的一般策略：我们会构造（以及反复地重构）自身所处的物理和社会环境，以此获得新的知识和技能（相关研究见 Goldstone，Landy，& Brunel，2011；Landy & Goldstone，2005，信息论角度的陈述见 Salge，Glackin，& Polani，2014）。大脑渴望成功的预测，在以具身行动应对新异感知刺激的过程中，它所收获的知识远远超出了生成模型在借助物理性的操纵重新调整前所能企及的范围。

这种调整和增强受惠于一系列与物质和社会文化相交、由符号介导的环路：包括（见 Clark，2003，2008）使用笔记本、画板、智能手机，也包括（见 Pickering & Garrod，2007）与其他个体的书面或口头交流。[6]这种环路能有效地支持一些新形式的多重入加工。它们首先摄入“一阶”认知产品（如对一幢新建成的紫色大楼的视觉经验），以公共符号对其进行“包装”（将其转化为书面或口头的符号序列“今天我看见了一幢崭新的紫色大楼”），然后将它传送到世界之中，因此，该符号序列就能作为一种新的具体的可经验物，通过感官重新进入我们或其他个体的认知系统，产生对一个书面句子或一句口语的知觉（Clark 2006，2008）。在统计学意义上，这些新的可经验物和其他这类语言形式的可经验物之间存在很有意义的关联。一旦某种观点或思想外部化了，它就会进入一个全新的高阶网络，其中含有一系列更为抽象的统计学相关关系。这些相关关系表现为词语能预测其他的词语、数学运算符能预期其他同类标记，诸如此类。

278

Landauer 和同事们关于“潜在语义分析”（Latent Semantic Analysis，LSA）的研究十分有趣，能让我们一瞥人类语言结构复杂的内部统计关联。这项研究显示，词语和它们所处的更大的情境结构（句子和语篇）间的（深层，而非一阶）统计关系包含了海量信息（见 Landauer & Dumais，1997；Landauer et al.，2007）。比如说，词语之间的某些深层统计关系有助于预测特定学科领域论文作品的评分分值。概括地说（因为潜在语义分析非常特殊，其使用限制十分严格），我们人类所处的符号化环境显然塞满了关于意义关系本身的信息。这些意义关系反映在我们使用符号的模式之中，因此也反映在符号呈现的模式之中。我们能够识别和利用它们，尽管在词语或符号与实践活动和（我们剩余的）感知世界之间还存在许多更为基本的关联。此外，有些意义关系适用于那些核心结构不可能具有任何简单感知特征的领域，如量子理论、高等数学、哲学、艺术和政治（仅举几例）。

这样，我们对世界最好的理解就具备了物质形态，并（以这种形式）

成为了可为大众所经验的对象，包括词语、句子和公式。一个附带的重要结果，是我们自己的思想和观念现在对我们自身和他人来说都是有意注意的潜在对象了。这就为一系列知识改进和检验技术——从最为简单的询问理由的对话，到更为复杂的检验、传播和科研工作中典型的同行评议创造了条件。借助所有可能的物质性公共载体如口语、书面文字、图表和音视频，我们（而不是其他动物）关于世界真实状态的最佳预测模型逐渐成为了稳定的、可重复检查的客体，能够接受公众的批评和系统化、多人次，甚至是多世代的测试和改进。因此，这些最杰出的世界模型支持累积的、公共分布式的推理，而不再仅仅是个体产生思想的方式了。强大的预测加工机制现在可致力于接收新型的、统计学内涵更为丰富的“设计者输入”，发现并提炼新的生成模型，这些模型依附于（并不时积极地创建）现实中那些越来越抽象的构造。最终，人类建造的（物质和社会文化）环境中产生了大量可传播的结构，它们训练、触发并反复改变预测性的大脑的活动。[7]

279

综上所述，人类建造的世界不仅可用于居住、工作和娱乐，它还带有一系列内涵丰富的统计结构。我们沉浸其中，创建并重建生成模型，这些生成模型影响着每个主体的知觉、行动和理性。我们构建了一系列设计者环境，如教育、结构化游戏、艺术和科学，这些设计者环境是为我们这样的生物量身定做的，源于我们一次又一次、一代又一代的精雕细琢。因此它们“了解”我们，就像我们了解它们一样。借助它们，我们反复地重构自己的模型。正是这种反复的重构，而非计算能力、记忆、行动甚至是学习算法成就了今天人类无比丰富的心灵。

9.6 白线

要进一步领会这种文化介导的重构，我们可以回顾一下第8章的主要精神：在一个要求苛刻、时间紧迫的世界里，预测的大脑并非注定只能始终采用昂贵的、倚重模型的策略。相反，我们可以采取实际行动，对环境进行建构，以降低复杂性。在这种情况下，预测加工过程能充分利用身体、世界和行动，并提供可用的低成本策略。比如外野手跑位接杀高飞球，飞行中的球“提出”了有待解决的问题，而它在视野中的运动特征则提供了低成本的解决方案。在这个例子里，要获取低成本的策略（或获悉可使用某种低成本策略），外野手不需要积极建构环境。但在其他情况下，“文化雪球”赋予我们以各种形式建构世界的能力，以此提示我们，或帮助我们获取可保证行动或认知成功的低成本路径。

280

举个最简单的例子：沿着蜿蜒的盘山公路的边缘，路政人员会划上白线。这种对环境的改变大大降低了驾驶员所面临的问题的复杂性：他们本来得想方设法将行车轨迹保持在车道中间，但现在只需（部分地）预测某些更为简单的视觉线索的变化（见 Land, 2001）。在这个例子里，我们建构的世界不仅更有利于预测，还能在合适的时机提示我们使用更简单的策略。而这些更简单的策略之所以可用，首先是因为我们以某种方式改造了世界。其他类似的例子包括超市公示商品的价格（Satz & Ferejohn, 1994）、球迷身穿主队的球衣，或人们佩戴自己所中意的亚文化风格的饰品。

因此，最小化预测误差作为皮质加工的核心操作，它全部的潜力唯有当我们沉浸在一系列社会文化设计者环境之中才能发挥出来（相关论述见 Roepstorff et al., 2010）。二者的组合体现了一种“神经建构主义”（Mareschal et al., 2007），根据这种观点：

> 大脑的架构……以及环境的统计学特征并非一成不变。相反，大脑中的连接受一系列过程的影响，这些过程受制于输入、经验和活动，它们塑造和构造了连接的模式和强度……连接的变化将改变我们与环

境的交互方式，从而影响我们未来所经验、所感知之物。（Sporns，2007，p. 179）

因此，关于人类的思维和理性为何如此特殊，最好的解释涉及 Hutchins（2014，p. 35）所描述的“大时空尺度的文化生态系统”：缓慢演变的、文化传播的实践塑造了人类的生活环境，而神经系统的预测误差最小化便在这种人工环境中进行。Hutchins 猜测，随着时空尺度的进一步放大，这些文化实践本身可能有助于推动系统中熵（意外水平）的最小化。这是一个文化意义上的分布式过程，行动和知觉只会以这个分布式过程的缓慢演变为背景协同工作，以减低预测误差。这个分布式过程催生了一系列实践和设计者环境，它们对人类思维和理性的发展（Smith & Gasser，2005）和呈现影响之深远，无论怎样强调都不过分。

281 当然，这种文化介导的过程也有缺点：它会产生成本，表现为各种形式的路径依赖（Arthur，1994）。所谓路径依赖，指的是后期的解决方案只能建立在前期方案的基础之上。一些基于次优路径的特质可能会在物质性的人工制品、制度、符号、测量工具和文化实践中被“冻结”起来，就像 QWERTY 键盘布局和 Betamax 视频格式那样，关于这些的讨论早已不稀奇了。但与其收益比起来，付出这点成本没什么关系：因为可能导致路径依赖的文化实践过程同样也能支持设计者环境缓慢的、延续多代的发展。借助这种累积式的发展，人类的心智实现了其他物种无法企及的飞跃。

9.7 为创新而创新

社会文化和技术的影响还不止于此。Heyes（2012）提出了一种可能性，即我们的文化学习能力本身也是一种文化创新，这种能力是通过社会交互获得的，而不是基本生物适应过程的直接产物：

> 文化学习的特殊性——这种特殊性使得文化学习特别能促进信息的社会传播——是通过社会交互的发展过程获取的。……它们由文化的演化塑造，同时推动了文化的演化。(Heyes, 2012, p. 2182)

借用 Heyes 自己的类比，文化学习不仅能磨出越来越多的“面粉”(关于世界的可传播的事实)，还能建造“磨坊”，也就是创建那些“能让我们从他人那里获得‘面粉’的心理过程”（Heyes, 2012, p. 2182）。

最典型的例子就是阅读和书写。这一对互相适配的文化实践历史实在太短，以至于我们很难用遗传适应过程解释其由来。众所周知，阅读实践会导致人类神经组织架构的广泛改变（Dehaene et al. , 2010; Paulesu et al. , 2000）。新的组织架构会以 Anderson（2010）所说的“神经复用”为基本原则，以这种方式调取预先存在的元素以供再利用：

> 学习阅读需要使用“旧的部分”，所谓“旧的部分”是指那些原本(在遗传和文化意义上）适用于对象识别和口语的计算过程和皮质区域。但唯有通过读写训练这一发展性的文化实践，我们才能将其改造成一个全新的系统，专门用于文化学习。(Heyes, 2012, p. 2182)

282

因此阅读就是一种典型的由文化传承的“磨坊”——它是文化演化的产物，又能推动文化演化本身。Heyes 列举了一些其他的例子，包括社会学习（通过观察其他主体的行为进行学习）和模仿。如果 Heyes 的观点是正确的，那么文化本身就会产生许多子机制，而这些子机制又为“文化雪球”提供了方向和动力，最终产生了我们所拥有的心智。

9.8 词语：操纵精度的工具

单词和短语扮演双重角色。它们是沟通的载体，但似乎也对我们发展和展示自己的思想和观念发挥了某种作用。后者有时被称为语言的“超交际维度”（见 Clark，1998；Dennett，1991；Jackendoff，1996），它看起来很神秘。一个主体能用语言表达（他坚信是自己所拥有的）思想，这能给他带来什么认知上的好处？很有可能，我们对这个问题的表述本身就出错了。这个过程可不仅仅是在“表达我们所拥有的思想”，事实上，表达必然对思想本身产生某些影响或造成某种改变。但这怎么可能呢？

单词或短语可能是从外界接收的、自发产生的或在对话中共建的，我们可以从预测加工的角度考虑一下它们对认知加工和问题解决可能产生的影响。不管是在哪种情况下，我们都创造了某种“人工传入刺激”，这些人工传入刺激尤其适用于改变或调整内部加工流程，而内部加工流程则决定了知觉、经验和行动。

Lupyan 和 Ward（2013）对这一观点进行了基本的研究。他们在实验中使用了所谓“连续闪现抑制”（Continuous Flash Suppression，CFS）技术[8]：向被试的一只眼睛呈现一幅稳定的图片，同时向其另一只眼呈现一系列图片的连续闪现，此时，被试那只注视稳定图片的眼睛的感知会受到抑制。这是双稳态知觉的又一个例子，类似于我们在第1章中曾经探讨过的双目竞争的情况。[9]Lupyan 和 Ward 发现，如果被试在某个实验序列前听到了与受抑制图片相关的单词（比如说受抑制图片是一匹斑马，而被试在序列开始前听到的单词是 zebra），那么连续闪现的图片就无法造成感知抑制。此外，听见正确的单词还有助于提升被试侦测特定对象的“击中”率并缩短其反应时。研究者的解释是，“当与语言标签相关的信息与传入（自下而上的）刺激相匹配时，语言自上而下地促进了知觉，将原本看不见的图像推入意识

283

之中”（Ward & Lupyan, 2013, p. 14196）。在这个实验中，语言增强源于外界提供的线索。但在一些不涉及外部提示的有意识识别任务中，人们也发现了相似的现象。Melloni 等人（2011，相关讨论可回顾3.6）指出，形成一个可报告的意识知觉所需的“起效时间”随被试是否拥有合适的期望而变化（相差可达100 毫秒），即便被试的期望是在执行任务的过程中自然而然地产生的，也能产生这种影响。这些研究提示我们，暴露在词语环境中可能改变或调整我们的积极预期，而这种预期有助于建构持续的经验。

这个结论似乎显而易见——词语当然会产生影响！这还用说吗？但越来越多的证据表明，由单词或短语诱发的期望尤其强大、专注和有针对性。Lupyan 和 Thompson-Schill（2012）发现听到单词“dog”比听到一声犬吠更能提高被试在相应辨别任务中的表现。另一些有趣的证据（见 Çukur et al. , 2013，以及 Kim & Kasstner, 2013 的讨论）则表明，基于范畴的注意（比如说在观看电影或视频时告知被试注意“人物”或“交通工具”）能临时性地改变神经集群的调谐，让神经元或神经元集合的范畴敏感性向指定的内容转移。

这种基于指导语的、皮质表征的临时性变化可由调整特定预测误差信号精度权值的一套机制来实现。这给了我们一些提示。结构化的语言有一个突出的功能，那就是能够十分灵活地指向我们自己的或我们对其他主体的理解的一些非常具体的方面，而且这一过程的加工成本非常低廉。在预测加工认知架构中，这种功能的实现方式是通过影响我们持续的精度评估，也就是我们为持续的神经活动的不同方面所分配的相对不确定性。近期 Yuval-Greenberg 和 Heeger 的研究（2013，p. 9365）表明，“连续闪现抑制的基本原理是调整神经反应的增益，其效果类似于降低目标的对比度”。调整这种增益的预测加工机制显然作用于预测误差的精度权值。我们可以猜测，语言就是一种得到了精心调试的方法，能在神经加工的不同层级人为地操纵预测误差的精度（并临时性地改变其影响）。这种对精度

284

的临时性的、有针对性的巧妙操纵能选择性地增强或抑制我们自己的，或其他个体的世界模型的任意方面。因此，我们能借助自发产生的（或在内心预演的）语言运用自己习得的生成模型，并开发其全部潜力。语言为我们提供了一种操纵自身预测误差精度权值的“人造辅助系统”（artificial second system），也是我们人为地调整自身的不确定性评估、灵活地使用知识储备的“妙招”（Dennett, 1991）。

可以认为，对语言使用者来说，词语能够廉价而灵活地创设“人工情境”（Lupyan & Clark，尚未出版）。从预测加工的角度来看，词语和词语序列能灵活调整系统所产生的下行信息，以及这些信息对各加工层级的影响水平（见图9-1）。这是可用于实现有针对性的自我操纵的强大工具，它极大地提高了我们的智能水平和各方面的（而非仅仅是与语言相关的）表现。[10]此外我们可以预期，这种工具对特定主体认知活动的整体影响将与其语言套系的微妙程度和范围成比例。

285

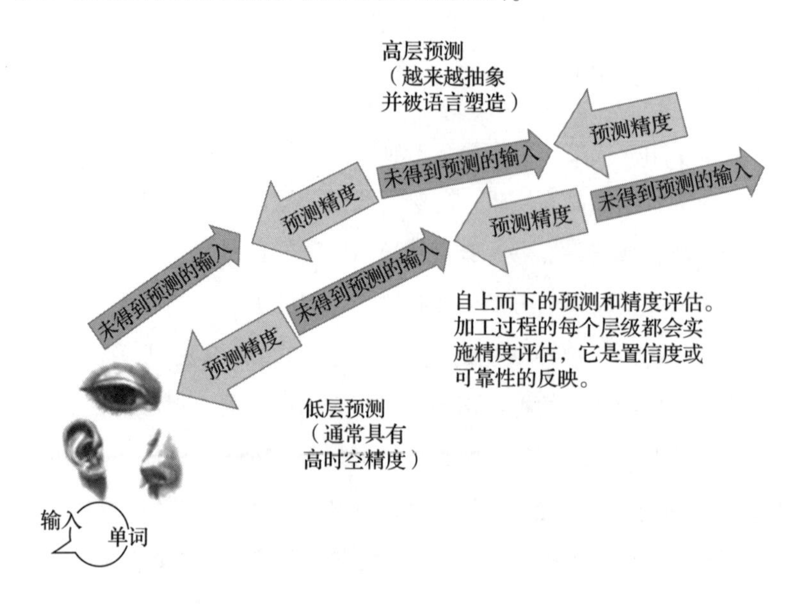

图9-1 附带语言信号输入的预测加工基本范式

来源：改编自 Lupyan & Clark，尚未出版。

这的确是一幅诱人的图景。但是，语言形式的公共编码如何与预测加工理论所主张的各种结构化、概率性的知识彼此交互，目前还不清楚。这种交互居于我们先前描述的文化建构过程的核心，也将是未来研究的重要课题。

9.9 预测他人

当社会性的环境中，方才勾勒的许多伎俩和妙招就构成了相互支持的混合体。我们会使用生成模型产生行动，而同一套生成模型通常也适用于对其他主体进行预测（回顾第 5 章）。但是，其他主体也提供了一种独一无二的“外部支架”，因为他们的行动和反应可用于降低我们的个人加工负荷。最后，其他主体本身也是和我们一样的预测者，这就为互利性的（有时也是破坏性的——回顾 2.9）“持续相互预测”创造了空间。

对话的共建就是一个很好的例子，Pickering 和 Garrod（2007，2013）讨论了这一过程的某些细节。他们指出，在对话过程中，各方都会使用自己的语言产生系统（也就是说，使用相关行为背后的生成模型）预测对方的表述，同时，为产生持续性的输出，他们也会将对方的表述作为外部支架使用。这里涉及的预测（正如预测加工模型所主张的那样）是概率性的，跨越多个不同的层级，从音韵到句法再到语义。随着对话的继续，多层、多重的预测及其相应概率会被源源不断地计算出来（同见 Cisek & Kalaska，2011；Spivey，2007）。典型的对话情境中，各方都在（尝试）匹配彼此的期望和行为，他们会明里复制或暗地模仿对方的遣词用句、语法语调、身体姿势乃至最微妙的眼神（相关语言和行为证据见 Pickering & Garrod，2004），而明里复制尤其有助于彼此预测和彼此理解，因为“如果 B 明显在模仿 A，那么 A 就可以依靠对自己过往表述的记忆来理解 B”

(Pickering & Garrod, 2007, p. 109)。最后,“预测和模仿能够共同解释为什么即便涉及不断的任务切换,且双方都需要决定什么时候说以及说什么,对话却依然很容易进行下去”(p. 109)。

当然,这种相互扶持不仅限于对话交流情境,相反,从团队运动到与爱人一起换床单,人类各种形式的合作与联动似乎都有这个特点(Sebanz & Knoblich, 2009)。人们还会主动限制自己的行为,让他人的预测更容易些。比如说,我们会刻意建立自己稳定的公众形象,鼓励他人与我们达成经济上或情感上的约定(Ross, 2004)。Colombo(尚未出版)指出,在更大的范围内,社会规范(通常是那些未落于纸面的日常社会行为“准则”,比如说用餐后要给侍者小费)就是一种通过建立结构或图式,让行为更好预测并降低相互不确定性的手段。Colombo 相信我们会将社会规范表征为概率分布,以此指导可预测的社会性行为,因而降低社会系统的熵值。因此,我们对自己行为的期望既是描述性的(descriptive),也是规定性的(prescriptive)。

个人叙事的认知功能也明显具有这种两重性(Hirsh et al., 2013)。所谓个人叙事,指的是我们就自己的生命历程和人生意义为自己和他人讲述的故事。这种叙事作为高层模型的元素,会参与决定我们的自我预测,影响我们未来的行动和选择。但个人叙事通常是与他人共建的,因此往往会将社会结构和社会期望反馈回来,使其在个人用于理解自己行为和选择的高层模型中得到反映。因此,个人叙事可视为降低相互不确定性的另一种手段。

Roepstorff 和 Frith(2004)发现许多类型的人类互动都涉及一种高层的“脚本共享”,也就是说,那些控制一个主体行动的高层过程也会在另一个主体的大脑中产生。他们仔细研究了被试在参与特定心理实验前如何充分理解实验情境,发现人类被试通常只需经过一轮口头指导,就能很好地理解(即便是相当复杂的)实验要求,在此过程中,高层级的理解可

287

借助指导语从主试直接传达给被试。Roepstorff 和 Frith 将这种情况称为“自上而上的控制”：主试高层级理解中的特定元素能够通过语言交流控制另一主体的反应模式。相比人类，猴子则需要经过漫长而艰苦的训练才能实现同样水平的理解。Roepstorff 和 Frith 在研究中使用了威斯康星卡片分类任务（Wisconsin Card Sorting Task）的简化版，该任务具有一定的难度。他们发现猴子要经过整整一年的操作性条件训练（见 Nakahara et al., 2002）才能作为合格的被试执行任务。在它们接受完训练后，Nakahara 发现在执行任务的过程中，猴子和人类被试的大脑中会发生解剖学意义上相似的活动。也就是说，猴子确实按计划习得了与人类被试相同的“认知定势”（对行动和决策的同一套指导原则）。但是，结果虽相似，背后的过程却显然极为不同。这是因为人类被试能通过“自上而上”的交流直接从主试获取脚本，而猴子只能通过具体的刺激和奖励将脚本自行重建出来。这种重建就发生在猴子根据先前的理解，对主试所给予的刺激和奖励做出反应的过程之中。（Roepstorff & Frith, 2004, p. 193）

猴子要实现脚本的同步，需要通过一个学习的过程再造主试的高层理解，这个学习过程完全是自下而上的。但人类被试则因为能够明智地使用语言，以及事先就任务的许多方面拥有共同的理解，得以避免经历这个艰难的过程。在那些已经拥有大量共识的人类个体之间，语言提供了一种廉价且实时可用的“自上而上”的行为控制手段。循环式语言交互将有助于创造 Hasson 等人（2012, p. 114）所说的“脑—脑耦合”系统，其中“一个大脑的知觉系统能与另一个大脑的运动系统相连”，这将支持各种新形式的联动，比如说要将一架沉重的钢琴搬上楼梯，工人们会通过喊口令的方式协调彼此的节奏。

语言还能让群体就复杂的表征空间展开共议，特别是提供了一种控制“路径依赖”型学习的方法（见 Clark, 1998）。教育和培训工作的结构化就以路径依赖为基本原理，也是其最常见的形式。这种结构化是必需的，因为某些观念只有在其他观念“到位”后才能被理解。有研究者（如288Elman, 1993）对这种“认知路径依赖”做出了很好的解释，把智力进步看作是在一个巨大而复杂的空间中进行计算搜索的过程。过往学习经验让系统倾向于尝试该空间中某些位置而非其他区域，因此合适的经验会让我们发现新规律的过程变得更加容易：过往学习充当了待探索选择空间的“过滤器”。我们一直探索的预测加工架构因其分层的特性而能够很好地支持复杂的路径依赖学习，从而使系统能在先前成就的基础上达成新的成就。然而与此同时，过往经验也会让我们很难（有时根本无法）发现特定的其他规律。可见，先验知识总是既有促进性，又有约束性的。

我们已经知道语言既能保存观念，又能让观念在不同个体间传递。但若主体能够实施路径依赖型学习，这一寻常的发现就有了新的意义：我们将领会观念的传递将怎样支持人们共同实施精妙的探索，并克服困难获取进步。如果 Joe 的经验让他产生了某个想法，该想法需要某个智力龛位才能得到完善，而这个龛位又恰好存在于 Mary 的大脑之中，Joe 的想法便可在他与 Mary 之间传递，从而实现全部的潜力。不同主体（或在不同时段的同一主体）构成了不同的“过滤器”，而这些“过滤器”聚在一起，就能以单一主体所无法依循的学习轨迹，获得单一主体所无法理解的发现。因此，在一个通过语言彼此联系的社群中，多种可用的智力龛位提供了一个令人惊叹的矩阵，包含大量群体层面的、多主体的智力活动路径。总之，交互的社会性主体将受益于彼此嵌套、自我强化、持续进行的循环式相互预测过程。只要一群预测性的主体构建了一个交互共享的社会，就会自然而然地产生这种联动性的相互扶持，它是人类互动所需的低成本计算策略的主要来源。可见，主体间的沟通将在可能的理解空间中开辟出新路，让彼此交流的主体构成网络，循无上限复杂的智力轨迹探索无上限广阔的领域，这是任何单一个体穷其一生都无法企及的伟大能力。

9.10 生成我们的世界

行动、文化学习、相互预测、巧妙使用语言和多种形式的社会—技术支架产生的综合影响是革命性的。正是预测性的大脑和这些相互支持的技巧和策略间神秘的化学反应让我们人类如此与众不同。我们所讲述的宏大故事十分直接地指向下面的观点：人类主体在一种极为真实的意义上帮助建构他们所模拟和居住的世界。这种建构十分类似于一个听上去很神秘的过程：生成世界（enacting a world），或至少类似于这个概念在 Varela 等人（1991）笔下的那个意思[11]。

289

Varela 等人这样写道：

> 对知觉的生成性研究主要关注的并不是知觉如何复原某个独立于知觉者的世界，而是确定感官和运动系统的共同原则或它们之间的有机联系，以解释知觉在依赖于知觉者的世界中如何引导行动。（Varela et al.，1991，p. 173）

Varela 等人指出，Merleau-Ponty（1945，1962）早已预言了这种知觉观：他曾在作品中强调，知觉本身在很大程度上是由人类的行动构造的。因此，虽然我们经常认为知觉提供信息、信息指导行动，但只要稍微扩大时间窗口，就显然也能认为行动选择刺激，提供给知觉加工。用 Merleau-Ponty 的话来说：

> 既然有机体接收到的所有刺激都必须以其先前运动为前提（这些运动最终使其感受器受到外部影响），我们就也可以说行为是所有刺激

的第一因。(Merleau-Ponty, 1945/1962, p. 13)

Merleau-Ponty 有一个令人吃惊的类比：积极的有机体就像一架键盘，它会不断四处移动，让自己的不同按键受外界一柄锤子的敲击，而“这柄锤子的动作本身是单调的”(p. 13)[12]。这一类比想要传递的意思是，由世界“输入”感知者的讯息在很大程度上是由感知者本身的性质和行动造就的：这些性质和行动是“感知者将自己呈递给世界的方式”(the way she offers herself to the world)。最终，根据 Varela 等人（1991, p. 174）的说法，“有机体和环境通过彼此规范和相互选择（被）捆绑在一起”。

Varela 等人将这种关系描述为“结构耦合”的一个例子。通过这种耦合，“物种提出并明确了自己的问题领域”（p. 198），并在这个意义上

290

“生成”或创造了（p. 205）自己的世界。在讨论中，Varela 等人还强调，结构耦合的历史可能导致物种选择所谓“非最优”的特征和行为方式：这里涉及“满足”(见 Simon, 1956, 以及第 8 章)，也就是接受那些“足够好”的方案，或选择那些“足够完整而能够存续”的结构（Varela et al., 1991, p. 196)。预测加工的主体具有所有这些“生成主义”的特征，它们会与现实世界意义重大的方面通过一个相互规范的过程捆绑在一起，习得、选择并维系一系列简化与近似，只要它们在历史记录中一贯支持具有生存适应性的交互。[13]

采样，是预测加工的主体“积极建构世界”最为简单的途径。在采样过程中，我们采取特定行动，包括移动身体和感受器，以接收符合预测的，特别是那些具有高信度、与当前任务高度相关的信息。在我看来，有机体的这种行为很像 Merleau-Ponty 所想象的“积极的键盘”——它们都会有选择性地移动自己的身体和感受器，试图发现符合预测的刺激。如果不同的有机体选择了不同的采样方式，它们积极建构并致力于反复证实的“世界”也会大不相同。Friston、Adams 和 Montague（2012, p. 22）曾指

出内隐和外显的模型会“自行创造数据”，他们也正是这个意思。

这样的过程会在不同的组织层面不断重复。因此，采样可不是我们人类面对自然环境时唯一能做的事。我们还会以各种强有力的、互动式的，且往往是累积性的方式建构环境（如前文所述），包括创造物质性的人工制品（如建设楼房、铺设道路）、形成文化习俗与制度，以及借助各种象征性、记数性的道具、辅助设备和支架进行交流。我们还设计了一些实践和制度帮助自己采样，以及更有效地利用人工环境——这方面的例子有体育训练、特定工具和软件的培训课程、速读学习，诸如此类。最后，我们建设的一些技术基础设施会为降低预测主体的任务负荷而自我改动，它们会从用户过往的行为和搜索记录中学习，以期在恰当的时机提供更准确的可选项。以上述所有方式，在所有相互作用的时空尺度上，我们建构世界并选择性地采样。世界（通过迭代的、统计灵敏的交互）为我们安装了一系列生成模型，而我们则依赖这些生成模型与世界交互。

291

在所有的情况下，生成模型的使命都是为任务所需的行动提供支持。为此，我们需要捕捉最简单的近似——也就是说（正如第 8 章中谈到的那样），需要充分考虑主体形态、物理行动和社会—技术环境对当前任务可能发挥的作用。可见，预测加工理论与那些强调朴素、满足的观点高度相符：简单而合乎需要的解决方案无处不在，它们需要充分利用大脑、身体和世界。这样一来，大脑、身体和部分自我建构的环境就构成了所谓“相互嵌入的系统”（Varela et al.，2001，p. 423）：它们为达成情境化的目标彼此协同。

9.11 表征：误入歧途？

我们留下了一个众所周知的棘手问题，预测加工理论和生成主义

（如果历史可资借鉴）似乎注定要在此产生分歧。这个问题涉及“内部表征”。对此，Varela 等人的立场很明确：生成主义者“不会再将认知视为基于表征的问题解决”（p. 205）。然而，预测加工架构十分倚重内部模型——它们或是复杂，或是朴素，或是居于二者之间——这些模型通过预测复杂的感知刺激控制行动。生成主义者担心，虽说预测加工理论很有前景，但在这个问题上它误入了歧途。为什么不干脆抛开内部模型或内部表征的提法，坚持“走正确的生成主义道路”？

平息这种争论需要长篇累牍的讨论，我在这里就不做尝试了。（谢天谢地！）[14]但是，预测加工理论和生成主义间的距离其实并不像反对者所认为的那样遥远。我们可以回顾一下，虽说预测加工架构十分倚重内部模型，也时常提及“表征”，但这里涉及的表征完全是概率性的、行动导向的：其基本功能（见第 5 章至第 8 章）是在感知运动滚动循环的情境中指导行动。这种表征旨在让系统与世界对接，而不是以某种行动中立的方式描绘世界。它们牢固地植根于有机体与环境的交互模式，这种模式提供了结构化的感知刺激，这些感知刺激会在成熟的概率生成模型中得到反映。生成模型能让我们以情境敏感的、更有效率的方式理解世界，而世界的实质是彼此竞争的一系列行动可供性。

292

Itay Shani 对这一点看得非常清楚。他写道：

感知系统本身并不关心真实性和准确性。它们关心的是自己所属的有机体的行动，以及如何维持这具有机体功能上的稳定。它们不会像理想化的科学观察员一样报告或记录，而是致力于帮助有机体应对多变的外部及内部（躯体）环境。（Shani，2006，p. 90）

如果预测加工理论是正确的，这也正是多层概率生成模型在指导知觉和行动的过程中所扮演的角色。[15]

行动导向的多层概率生成模型能为我们确定哪些状态？这些状态又包含什么内容？生成模型会发布预测，评估各种可识别的现实状态（包括主体本身的身体状态和其他主体的心智状态）。[16]但正如我们反复强调的，生成模型还要根据情境评估自身预测的信度（精度）。一些精度加权的评估会导致行动，行动对场景进行采样并形成知觉，后者再进一步选择行动。这构成了一个极其复杂的环路，涉及许多内部过程或状态：虽说它们对认知非常重要，却很难（或不可能）借助日常用语和词汇准确描述其内容。这是因为日常用语和词汇是为交流而“设计”的（虽然它们也支持各式认知自我刺激），而概率生成模型则力求让系统借助（由不确定性介导的）知觉和行动的滚动循环与世界交互。表征“不是一种重演（re-presentation），也非对世界特定对象的复制，而是……一种不完全的、抽象的编码，它能做出与世界有关的预测，并在与世界交互的基础上修正其预测”（Lauwereyns，2012，p. 74）。某个（生成模型的）状态在预测加工架构中层级越高，它在现实中对应的模式时空尺度就越大、恒定性也越强。因此，高层状态有助于我们留心特定个体、性质和事件，克服海量感知刺激实时变化的影响。与此同时，高层状态通过级联预测自上而下地影响知觉和行动，让它们彼此串接为持续的循环因果流程。可见，即便那些层级较高、较为抽象的生成模型也不会简单地描述世界的真实状态，相反，它们致力于让我们与环境中意义重大的方面对接，理解那些对重要交互影响深远的模式。

293

关于内部表征的争论似乎可以平息了：Varela 等人（1991）确实强烈反对生成主义诉诸“内部模型”，但他们所说的“内部模型”特指某种对“既有世界”的“行动中立”的掌握。他们坚称有机体和世界是由结构耦合的历史共同定义的：双方积极地彼此“拟合”，而非世界被动地由主体“镜映”。我相信预测加工理论与这种观点高度相符：多层生成模型能通过最小化预测误差，避免主体与环境的冲突（这种冲突可能是致命的），从而保证系统的完整和存续。这些分布式的内部模型来源于运行在多时间尺度上的自组织动力学，能让系统选择性地接收符合预测的刺激。因此，生成模型能（一如生成主义的观点）实现和维持结构耦合，以此满足系统需求，令其得以存续。

但预测加工理论抛开“表征”会怎么样？要是不涉及“多层概率生成模型”，故事还能讲得清吗？对任何事物一概而论都要十分小心，但就目前的情况来看，我确实觉得这不太可行。[17]毕竟，正是凭借这样的描述，我们才能理解这些循环式动力机制如何产生，以及它们为何能结出如此令人惊叹的硕果：这都是因为系统会通过自组织捕捉（部分系其自身创造的）传入信息的模式，这些模式明确了运行在多时空尺度上的、源自身体和环境的诱因。一旦移除这个指导性的观点，我们就只剩下涵盖大脑、身体和世界的复杂的动态循环本身了。在一定意义上，以这种方式描述事实当然不会有错，但它无法解释（无法让我们理解）一种能够支持感知、思维、想象和行动的有意义的结构领域是怎样产生出来的。

使用预测加工理论考察这种动态循环，许多问题就将迎刃而解。有了这套范式，我们就能理解单一认知架构如何支持知觉、想象和基于模拟的推理；这套架构怎样锁定知觉和行动的循环因果流程；概率驱动的学习如何在更长的时间尺度上挖掘彼此交互的环境和身体诱因，揭示由可供性构造的世界；以及为什么意料之外的缺失和直接呈现的刺激一样，能让我们产生如此鲜明的知觉。更令人振奋的是，预测加工范式通过整合机器学习、心理物理学、认知神经科学、计算神经科学以及（越来越多的）计算精神病学相关研究，实现了对这些前沿领域的适应与跟进，这或许将有助于搭建一门基础性、统合性的具身心智科学。

294

9.12 与世界相遇

正如本章开篇明义：我们的神经架构存在的意义就是支持具身的行动。这需要激发和维持一个复杂的循环因果流程，其中知觉和行动既决定彼此，又被彼此决定。这些流程推动了一系列结构上的耦合，让有机体始终在其生存能力所限定的范围内活动。我们已经看到，这一切都在多层预测模型的精心编排下进行，这些模型得到了很好的调谐，能够预测感知信号那些与当前任务关系重大的方面。

这种观点会过度强调表征，因而与世界脱节吗？显然不可能。预测加工架构是一套与行动挂钩的内部机制，致力于为具身的主体锁定其环境中的机遇。用动力学术语来说，积极主动的具身系统会围绕“预测误差”实现自组织（对有机体来说，“预测误差”是一个可计算的量）。正因如此，系统才能使用架构的不同层级和不同区域，在不同时空尺度理解不断变化的感知刺激。这种理解同时决定着知觉和行动，以此选择（生成）持续传入的信息流。在预测加工架构中，做出感知预测的生成模型正反映了一种多层级、多区域、多尺度的，对感知信号展开方式的身体与行动上的理解。要实现这种理解，我们就要在经验和行动中与结构化的、有意义的世界相遇。

人类心智是在一系列社会结构和文化实践中发展起来的，我们对世界的理解也因此更为丰富且与众不同。通过社会实践，预测性的大脑能以新的、革命性的方式利用其基本功能。因此，21 世纪认知科学研究的一项主要任务，就是理解文化、技术、行动和级联神经预测间的相互作用。

295

10 结论：预测的未来

Surfing
Uncertainty

> 要记住所有的模型都是错的，但更现实的问题是，它们要错到什么程度才会变得毫无用处。
>
> ——Box & Draper，1987

10.1 具身预测机器

预测加工理论对大脑的见解（在我看来）与具身心智和情境心智的精神十分契合。这种契合源于该理论对行动以及（行动和知觉的）循环因果流程的强调，揭示了知觉、理解、推理和想象的认知共现，并将具身心智的核心特征归纳为无休止的“漫游动力学”。在这个永远积极主动的自组织过程中，对相对不确定性的评估不断变化，导致各类神经子集群不断形成又不断分解。临时性的回路受身体和外在于身体的结构和资源所调用，也会调用这些结构和资源。这种神经系统、身体结构和外部资源的短暂联合（朴素而高效地）保证了适应性和有价值的行为。因此，预测的大脑不是“颅腔中”孤立的推理引擎，而是一台行动导向的对接机器，能让我们以一种不断滚动更新的方式把握那些与当前任务相关的机遇。

要形塑和维系这种滚动更新的理解，深层认知引擎就要不断产生下行

296

（及横向传播的）预测。这些深层认知引擎（多层概率生成模型）让我们在知觉和行动中与世界相遇，并基于自己的需要和目的对世界进行解析。辅以对自身预测误差的精度评估（其统计指标为逆方差），这套架构让我们得以驾驭感知不确定性。具备了这种能力的生物将擅长从噪音中提取信号，从持续“轰炸”其感知外围的能量“弹幕”中辨别出彼此交互的显著诱因。

知觉和行动表现为同一枚（计算）硬币的两面。它们在各个层级的预测误差最小化过程中串联为一个复杂的循环因果流程。具体表现为：系统通过多层级联判定当前感知刺激的身体和环境诱因，并以行动做出反应，行动进一步选择感知刺激，检验多层级联的假设并为其提供反馈信息。这种知觉与行动的共现能将活动方案的制定与认识现实世界的不懈努力结合在一起。因此，知觉和行动是以类似的方式同时建构的，彼此缠结得十分紧密。

预测加工系统是知识驱动的：它们十分倚重结构化、概率性的程序性知识，将其在复杂的多层生成模型中编码。但这种系统也有“又快又贱”的一面：它们会使用已有的程序性知识，针对当前任务和情境，选择成本最低、效率最高的策略。这些策略会充分利用行动、身体和环境中的结构，无需系统自行承担所有昂贵的计算工作。当系统将所有这些与其在漫长演化适应过程中逐渐积累起来的一系列策略和技巧结合使用，就能灵活而聪明地选择兼顾效力和效率的手段，满足任务和情境的需要。

至此，预测加工理论与具身认知和情境认知的契合就充分实现了：预测加工系统以知觉—行动循环为基础，偏好低成本、高效率的选项，会采取相应行动，借助任意复杂的外部资源最小化预测误差——这些资源是在知觉与行动的循环过程中收集的。

世界在很大程度上是由它所提供的行动可供性构造的，我们对世界的探索也必然在可供性的基础上进行：我们会不断整合内感觉和外感觉信息，识别环境中的诱因并据此采取相应行动。这就为经验、情绪和情感提供了一套内涵丰富的新解释，它不再区别对待认知和情绪，而是视其为同一推理机制的不同方面（至多如此）。内感觉、本体觉和外感觉信息在密集而持续的多层交换中相互协同，让形形色色的系统期望和自我构造的感知信息彼此交汇，经验则作为一种连续性的观念自交汇之处涌现出来。

297

关于“在知觉中与世界相遇”到底是什么意思，现在我们有了一些新的认识。[1]经验、期望、(系统评估的）不确定性和行动密切相连，绘制出某种感知运动轨迹，帮助我们理解世界。这种理解不是绝对意义上的：我们通过行动不断揭示（有时也不断创造）现实世界对自己意义重大的那些方面。因此，推动心智与世界拟合的力量并不是消极的“准确描述”，而是行动本身：行动选择刺激，我们加以反应。精度加权机制对这个过程的运行十分重要，它不仅能决定各层先验知识（即预测）的相对影响，还能控制构成瞬态加工集群的大尺度信息流：当我们从一项任务切换为另一项任务，或从一种情境转移到另一种情境中时，瞬态加工集群会不断形成和分解，以维持适应性。

围绕预测误差实现自组织、学习生成性的而非辨别性的（比如模式识别的）模型……这些方法让过去人工神经网络、机器人学、动力系统理论和经典认知科学研究许多未能实现的梦想都变得触手可及。系统能实现无监督学习，以多层架构对问题进行分解，掌握领域内的结构关系。此外，它们达成目标的方法严格地建立在感知运动经验的模式之上，这些模式会通过连续的、非语言形式的内部编码（概率密度函数和概率推理）对学习过程进行构造。系统会借助精度加权重构有效连接的模式，视情境和任务需要灵活使用简单或复杂的策略，尽可能充分（或节制）地利用身体和世界。

10.2 问题、困惑和陷阱

所有这些都在暗示一门基础性、统合性的具身心智科学。这正是本书致力于展示的全景。因此，我们一直在进行正面的、综合性的论述——至少在一个理论或一门科学的发展初期，这种做法是无可厚非的。但不可否认的是，我们仍需要解决很多问题、弥补相关不足、回避各种陷阱。在所有这些问题中，以下四个尤为重要，而且非常具有挑战性。

298

第一，我们亟须探索更多可用的近似和可能的表征形式。解决现实世界的复杂问题需要系统使用最优概率推理的近似物，神经集群有许多可用于表征概率的办法，也有许多实施概率推理的方式（见 Beck et al.，2012；Kwisthout & van Rooij，2013；Pouget，Beck，et al.，2013）。因此，需要通过更为深入的研究，进一步发现大脑实际部署了哪些近似。此外，大脑偏爱的近似会与其使用的表征产生交互，这将反映大脑所具备的领域知识，这些知识可有效缩小执行相关任务时的搜索范围。如果我们要测试相对抽象的理论模型（如预测加工模型）并将其转化为对人类认知的合理解释，则不论是通过模拟（Thornton，ms）、行为测量（Houlsby et al.，2013）还是对活体大脑进行研究（Bastos et al.，2012；Egner & Summerfield，2013；Iglesias，Mathys，et al.，2013；Penny，2012），都必须解决关于表征和近似的问题。

第二，我们必须考察多种不同的架构。基于概率生成模型的解决方案不胜枚举，本书仅专注于其中有代表性的一种：功能各异的神经集群分别编码误差和预测（表征），这些信号在多层级联中相向（或横向）传播，作为前馈和反馈彼此交互。此外，还有许多预测加工的可用架构，以及将上下行信息相互结合的可行办法。比如说，Hinton 等人有关深层信念网络的基础性研究（Hinton，Osindero，& Tey，2006；Hinton & Salakhutdinov，2006）虽然也强调概率生成模型，但与预测加工理论存在一些差异（见第1章注释13）；McClelland（2013）和Zorzi等人（2013）将深度无监督学习与情境效应的贝叶斯模型和一系列神经网络模型，如联结主义的交互激活模型结合起来考虑；Spratling（2010，2011，2014）提出了一个替代性的预测编码模型PC/BC，意指“预测编码/偏向竞争”（Predictive Coding/Biased Competition），该模型遵循预测编码的关键原则，但对预测和误差的流动做出了另一种设定，并使用一个不同的数学框架进行描述；299 Dura-Bernal和Wennekers等人（2011，2012）在Spratling的PC/BC基础上开发了一个变体，扩展了著名的对象识别前馈模型HMAX（Riesenhuber & Poggio，1999；Serre et al.，2007），这个架构能很好地模拟一系列自上而下的心理现象（比如说，它能知觉到主观轮廓），同时还保留了前馈式的方法在计算效率方面的许多优势；Wacongne等人（2012）的神经模型十分精细，该模型借助多层脉冲神经元网络再现了听觉皮质的预测编码；O’Reilly、Wyatte和Rohrlich（同见Kachergis et al.，2014）从神经计算角度详细解释预测学习，他们认为，架构中的同一层级既能做出预测，又能编码结果（分别对应加工过程的不同阶段），且系统对传入刺激的预期往往是不完全的；Phillips和Silverstein（2013）就情境敏感的增益控制提出的方案涉及范围更广、更为倚重计算；den Ouden、Kok和de Lange（2012）调查了大脑可能用于编码预测误差的许多方法，以及这些信号在不同脑区的不同功能作用；Pickering和Garrod（2013）使用相互预测机制和正向模型，从认知心理学角度详细解释语言的产生和理解；一系列机器人专家则致力于让系统借助感知运动与世界交互，并通过各种基于预测的学习程序发展出高级认知功能（如Tani，2007；Saegusa et al.，2008；Park et al.，2012；Pezzulo，2007；Mohan & Morasso，2011；Martius，Der，& Ay，2013）。

这些研究已取得了振奋人心的成就。但我们惟有充分探索基于预测和生成模型的可行架构和可用策略，才能就大脑和生物有机体的真实情况提出有针对性的实验问题：这些问题或许有朝一日将迫使我们选择其中一个模型（或更有可能是这些模型一个合乎逻辑的子集[2]），又或许会揭示这些模型在其共同基础方面存在深层次的缺陷乃至错误。只有到那时我们才能发现——就像 Box 和 Draper 以令人赞叹的淡然态度所指出的那样：这些模型到底错到什么程度，或它们到底有多少用处。

第三，我们需要确定这些解释是否适用于直观意义上的“高级”心智现象，如长期规划、认知控制、社会认知、有意识的经验[3]，以及使用语言的外显推理。关于这些，本书至少试探性地给出了一些提议：比如说，计划和社会认知源自基于生成模型的各式心理模拟；控制关联于情境敏感的门控路径；有意识的经验产生于内感觉和外感觉预测的精妙混合；使用语言的推理则受益于对精度权值的自我操纵。但这只是一些尝试。往好里说，预测加工理论在这些领域该如何应用仍然不太清楚。[相关讨论见 Fitzgerald，Dolan，& Friston，2014；Harrison，Bestmann，Rosa，et al.，2011；Hobson & Friston，2014；Hohwy，2013（第 9 章至第 12 章）；Jiang，Heller，& Egner，2014；King & Dehaene，2014；Limanowski & Blankenburg，2013；Moutoussis et al.，2014；Panichello，Cheung，& Bar，2012；Seth，2014] 而最大的挑战或许是：我们能否基于预测、贝叶斯推理、不确定性评估等基本认知加工过程，如愿地重建人类的动机、价值观和欲望？（见 Friston，Shiner，et al.，2012；Gershman & Daw 2012；Bach & Dolan 2012；Solway & Botvinick 2012；Schwartenbeck et al.，2014）

300

第四类问题是概念层面的，它们具有更强的战略意义。预测加工理论如此倚重多层生成模型和自上而下的预测，会不会将大脑“过度智能化”了？我们是不是又回到了过时的“笛卡尔主义”立场上，将心智类比为一个孤立的内部剧院，充满表征，却不知何故错失了身体和世界所提供的多种简化问题的机会？我得说，再没什么比这种想法更离谱了。我们已经看到预测驱动的学习和多层生成模型如何直接服务于知觉和行动，支持情境敏感的、快速而流畅的反应；我们已经指出大脑是一台行动导向的对接机器，擅长高效而“具身”地解决问题，充分利用身体和环境。大脑是一个复杂的节点，参与持续不断的双向作用：其中内部组织（神经系统）和外部因素（身体和环境）彼此影响，相互重构。这种彼此决定的内外交互可对应于不同的时空尺度，发生在预测性的主体有选择性地接收刺激，以及我们不断建构（及重建）社会和物质世界（同时为后者所建构）的过程之中。

可见，大脑积极主动、无止无休，与身体和世界紧密联系、相互交流。有了这样的大脑，我们才得以预测感知刺激，与一个充满意义、结构与可能性的世界相遇——为更好地指导行动，我们通过解析世界赋予其意义，利用过往经验塑造其结构，并借助预测未来揭示其无限丰富的前景。

附录1　浅谈贝叶斯推理

Surfing
Uncertainty

贝叶斯推理是我们根据新信息或新证据改变现有信念的最佳途径。以感知过程为例，我们能否形成关于某种假设（如：有只猫卧在地毯上）的信念，取决于该假设能否很好地预测感知数据（如：光信号对视网膜的作用，或更现实地说，是光信号由于我们对相关场景的主动探索而对视网膜产生的作用模式）。贝叶斯推理需要首先设定信念的某种先验状态，然后说明如何根据新的证据改变这种信念。它能让我们基于不断获取的证据，流畅而合理地更新自己的背景模型（信念的先验状态就源于背景模型）。

就我们当下的意图（这个意图确实非常具体）而言，无需过分关注贝叶斯推理的数学细节（不过，我推荐 Doya & Ishii, 2007 作为这方面的入门读物，一些非正式的内容可见 Bram, 2013 第 3 章，关于在人类认知领域应用贝叶斯推理的讨论见 Jacobs & Kruschke, 2010），只需认识它的重要影响：借助贝叶斯推理，我们能根据（1）或然率，即世界确实处于某种状态时我们接收到当前感知数据的可能性（也就是“给定某个假设时接收到当前数据的概率”，其表示该假设能在多大程度上预测当前数据）和（2）该假设的先验概率（在不考虑感知数据的情况下，有只猫卧在地毯上的可能性），调整传入刺激的影响。如果这些信息得到了恰当的分析，就能对给定感知证据时该假设调整后的概率（即后验概率）做出

302

正确的估计。[1]更妙的是，一旦你将自己的先验信念更新为后验信念，在下一次观测时它便又能作为先验信念使用了。

分析得当很重要。因为如果不考虑背景信息，准确评估新证据的影响也无从谈起。经典的例子包括根据一份准确测试的阳性结果估计受试者身患某种疾病的概率，或根据法医学证据（如 DNA 检测报告）评估被告有罪的可能性。在这两个例子里，不考虑相关证据的情况下某种状况（如受试者确实有病，或被告确实有罪）的先验概率对评估结果的影响都远超我们的直观想象。本质上，贝叶斯推理将先验知识（如基线概率）和 Kahneman（2011，p. 154）所说的“证据诊断性”相结合。所谓的“证据诊断性”，指的是特定证据倾向于支持某个假设（而非其他假设）的程度。这里面的含义就是——用宇宙学家 Carl Sagan 的话来说——“非同凡响的主张需要非同凡响的证明”。

本书讨论的“预测加工”模型所实施的，就是一个“理性地调整影响”的过程。这是通过匹配传入感知信号和下行概率预测实现的，下行预测的基础是系统所掌握的关于现实世界的知识，以及它对自身感知加工过程在不同情境下的可靠程度的评估。一种对贝叶斯定理的散文化重述能够清晰地揭示它与基于预测的知觉模型之间有何关系，该重述（见 Joyce，2008）如下：

以一组数据为条件的两个假设的概率之比等于其无条件（基线）概率之比乘以第一个假设在预测该组数据时优于第二个假设的程度。

你可能已经发现，真正意义上的贝叶斯推理有一个前提：你必须对无条件概率的情况（包括先验及其“统计背景条件”）了如指掌。这正是所谓“经验贝叶斯方法”（Robbins，1956）能够发挥作用的地方。多层架构能通过估计将预测所需的先验从数据中提炼出来，而特定层级的估计又能作为先验（背景信念）传递给下一层。在预测加工框架中，这种“经验先验”表现为各层级对其下层持续不断的限制。同时，系统能使用标准梯度下降算法，借助感知输入数据，不断调整各层间的限制。这种多层学习策略在大脑中似乎是可行的，因为皮质神经元的相互连接已提供了类似的多层架构（见 Bastos et al.，2012；Friston，2005；Lee & Mumford，2003）。

不过，我们还是要保持谨慎。大脑会实施某种形式的（类）贝叶斯推理，这一观点已越来越流行。但在最宽泛的意义上，这只是在说：给定感知证据时，大脑会使用某种生成模型（该模型包含了关于当前任务统计结构的背景知识）对世界的真实状态进行最好的猜测（计算“后验分布”）。但这种猜测不一定准确，因为大脑的推理未必最优。生成模型可能不完整、缺乏细节，或干脆就是错误的，这要么是因为训练数据有限或有失公允，要么是因为真实的分布太过复杂，无法学习，或至少无法使用可用的神经回路学习。正因如此，我们才被迫使用简化和近似。其中的寓意在于“所有最优推理都是贝叶斯推理，但并非所有贝叶斯推理都是最优推理”（Ma，2012，p. 513）。换言之，推理总有跑偏的可能性，我们需要小心处理（相关讨论见 Ma，2012）。

305

附录2　关于自由能的构想

Surfing
Uncertainty

自由能的概念源于统计物理学，后被一些关于机器学习的重要文献引用（包括 Hinton & von Camp, 1993；Hinton & Zemel, 1994；MacKay, 1995；Neal & Hinton, 1998）。关于自由能的构想指出（Friston, 2010），预测误差最小化策略本身其实反映了系统的一项基本任务，那便是在其与环境交互的过程中，必须最小化“热力学自由能的信息论同构物”。

所谓热力学自由能，是对可用于从事有效工作的能量的度量。引入认知/信息加工领域后，其指对世界的表征（建模）方式与其真实状态间的差异。这里要注意一点：“对世界的表征”并非暗指模型与世界间的拟合是被动的（即模型是一种“自然的镜映”，见 Rorty, 1979）。我们在本书中一再强调，判断一个模型是否理想，关键要看它能否让有机体借助知觉与行动的滚动循环与世界交互，始终在其生存能力所限定的范围内活动。这种交互越是成功，“信息论自由能”的水平就越低（这很直观，因为在

306

最理想的交互中，系统的大部分能量已经被用于从事“为世界建模”这一“有效工作”了）。预测误差记录了这种信息论自由能，它在数学上总是大于系统的“意外”水平（这里的“意外”是在亚个体层面计算的，指给定世界模型的前提下当前感知状态“难以置信”的程度。见 Tribus, 1961）。在这种信息论表述中，熵是“意外”的长期均值，降低信息论自

由能意味着改进世界模型以降低预测误差，从而降低“意外”水平（更好的模型能做出更好的预测）。其基本依据是：优秀的模型（根据定义）有助于我们更好地与世界对接，维系我们的结构和组织，让我们得以（在一个更长，但仍有限的时间范围内）对抗熵增即热力学第二定律。

“自由能原理”提出，“所有可变的量，只要作为系统的一部分，都会为最小化自由能而变化”（Friston & Stephan, 2007, p. 427）。需要注意的是，根据这种构想，“自由能原理”并不局限于皮质水平的信息加工，而是适用于系统的一切要素（从总体形态学到大脑的组织架构）。Friston（2009, 2010）借助一系列优美的数学表述指出，将这一原理应用于神经功能的各个要素，会产生有效的内在表征方案，并揭示出感知、推理、记忆、注意和行动间的关联背后最深刻的理论基础，正如本书致力于探索的那样。如果这套理论是正确的，那么形态学特点、行动倾向（包括积极构造环境龛位），以及整体神经架构就都是同一原理在不同时间尺度上的表现。

自由能原理本身就很有趣。它继承了那些认为感知和运动在计算上关系密切的观点，成为它们逻辑上的“最高版本”，并至少暗示了一个整体性的框架，似乎有助于理解生命与心智间的复杂关系——我们对此怀有愈发强烈的兴趣（见 Thompson, 2010）。本质上，自由能原理希望阐明在生物系统中实现自组织的可能性（见 Friston, 2009, p. 293，以及第 9 章的讨论）。

然而，对自由能原理及其在理解生命和心智方面潜在应用的全面评估，已经远远超出了本书应该讨论的范围。

307

注 释

Surfing
Uncertainty

引言

1 Hermann von Helmholtz（1860）认为感知包含概率推理。曾经师从 Helmholtz 的 James（1890）也相信感知涉及利用先验知识应对不完美或模棱两可的输入。这些见解为心理学的“综合分析”（analysis-by-synthesis）范式提供了支持（见 Gregory，1980；MacKay，1956；Neisser，1967；相关综述见 Yuille & Kersten，2006）。Helmholtz 的观点引领了一系列重要的计算机科学和神经科学研究（我们将会在第 1 章谈到)，并指导了开创性的机器学习工作：从早期联结主义的反向传播学习（McClelland et al.，1986；Rumelhart et al.，1986）发展到所谓的“Helmholz 机器”（Dayan et al.，1995；Dayan & Hinton，1996；Hinton & Zemel，1994）。（相关综述见 Brown & Brüne，2012；Bubic et al.，2010；Kveraga et al.，2007. 同见 Bar et al.，2006；Churchland et al.，1994；Gilbert & Sigman，2007；Grossberg，1980；Raichle，2010）

2 Barney 当时和 Dennett 在课程软件工作室工作，Dennett 于 1985 年在塔夫茨大学参与创建了这个工作室。项目顾问是塔夫茨大学地质学家 Bert Reuss。

308

3 引文摘自对Danny Scott的一段采访（《奔向世界底部》），刊载于《星期日泰晤士报杂志》（*Sunday Times Magazine*），2011年11月27日，第82页。

4 人们有时会用“心因性的”“非器质性的”“无法解释的”甚至是（用老话来说）“歇斯底里式的”描述这些病例。“功能性感知运动症状”这一术语来自Edwards et al.，2012。

第1章

1 相关例子包括Biederman，1987、Hubel & Wiesel，1965以及Marr，1982。

2 为尽可能地简化行文，我有时会将系统中的预测描述为“下行的”（也就是说，它们从更高层级的区域向感知外围传递）。这是正确的，但并不完整。它强调了以下事实：通常预测加工架构中的预测会从系统的每一层级出发，向更低一级传递。但许多预测性的信息也会在各层级内部横向传递。每当书中谈到“下行”的预测，想要表达的意思就是“下行及横向传递的”预测。感谢Bill Phillips，他建议我在一开始就说明这一点。

3 这个说法应归于机器学习的先驱Max Clowe，以及神经科学家Rodolfo Llinas和Ramesh Jain。但是，“受控的幻觉”这种说法容易给人一种印象，仿佛我们对现实世界的知觉理解脆弱，而且令人不安地间接。相反，在我看来（之后将具体讨论这一点）这种有关知觉的观点从细节上展示了知觉（或更确切地说，某种知觉—行动的环路）如何让我们与环境中那些显著的方面实现真正意义上的认知关联。因此，或许更为恰当的做法是将幻觉视为“非受控的知觉”（正如我将在第6章提出的主张）。

4 实践中，初始权值随机分布、其架构不针对特定问题的简单的反向传播网络往往学习得很慢，而且容易陷入所谓的“局部极小点”。

5 Chomsky 和 Fodor 等人都深受这种直觉的影响。Pinker（1997）亦然，只是程度较轻。

6 所谓的多层网络架构，是指在输入和输出之间有许多层级，它们由所谓的“隐藏单元”构成。这种架构所导致的困难见 Hinton，2007a。

7 这里呼应了 Husserl 和 Merleau-Ponty 的观点。相关讨论见 Van de Cruys & Wagemans，2011。

8 综合分析是一种加工策略，采用这种策略的大脑不会通过自下而上地累积低层线索，建构关于外部刺激诱因的当前模型。相反，对彼此交互的外部诱因，大脑有一套最佳的模型，它会利用该模型，尝试预测当前的感知刺激。（见 Chater & Manning，2006；Neisser，1967；Yuille & Kersten，2006）

309

9 相关解释见 Poeppel & Monahan，2011，可视为对基于预测的模型有力的支持。

10 Dempster 等人（1977）的最大期望（Expectation-Maximization，EM）算法中使用了“最大似然学习”机制，“睡眠—觉醒法”是这一机制的近似，且易于计算。

11 这里的论述涉及介绍部分与 SLICE 有关的思想实验，如果读者对此不太熟悉，建议回头再读一遍。

12 这一模型的运行过程可见 Hinton 的网站：

http://www.cs.toronto.edu/~hinton/digits.html。

13 这些差异主要涉及系统允许及不允许的信息传递机制的类型，以及学习和在线反应过程中上行及下行影响的使用/组合的具体方式。比如说，在 Hinton 的数字识别网络中，基于生成模型的预测在学习过程中扮演了关键角色。但该网络的学习所提供的是一种用于快速在线识别对象的更为简单（纯粹前馈）的策略。在后续章节（第 3 部分）中，我们会看到预测加工系统将如何流畅而灵活地适应这类简单的低成本策略。然而，所有这些方案的共同点在于，它们（至少在学习过程中）都强调在多层架构中使用生成模型。对 Hinton 等人有关“深度学习”系统的研究（它们通常更富工程色彩），相关介绍可见 Hinton，2007a；Salakhutdinov & Hinton，2009。

14 对这些不足之处的持续讨论，以及联结主义（包括后联结主义）替代方案的优势，见 Bermúdez，2005；Clark，1989，1997；Pfeifer & Bongard，2006。

15 见 Kveraga，Ghuman，& Bar，2007。

16 我们选择了一些相关的例子，见第 10 章。

17 据我所知，上述过程的基本原理仍被认为是正确的。一些更为复杂的细节可见 Nirenberg et al.，2010。

18 相关研究见 Alais & Blake，2005，综述见 Leopold & Logothetis，1999，对此现象，Schwartz et al.，2012 中有详细的介绍。

19 这类方法将目标数据集本身用作评估先验分布，可视作一种自举，它充分利用了多层模型所特有的统计独立性。

20 更进一步的讨论见 Hohwy，2013。

21 这个概念不同于 Pearl（1988）所说的“解释消除”，后者指的是：当我们确认了一个诱因，就不需要去考虑替代性的诱因了（如果假设 1 提高了其后验概率，假设 2 就会降低其后验概率，即便这两个假设在相关证据可用前彼此独立）。它也不是指从某种本体论中消除不必要的实体。这个概念只是在说，预测加工架构中预测良好的感知信号不具有“报道价值”，因为它们的含义已经在系统性的反应中得到了解释。感谢 Jakob Hohwy 指出这一点。

310

22 但要注意一点，前馈加工的高效是以多层生成机制本身为代价的：要实现这一机制，系统就必须具有一整套额外的连接，其构成双向级联中自上而下的部分。

23 由于选择性的锐化与抑制是一致的，要从经验上区别预测编码与 Gold 和 Shadlen 的“证据积累”解释（2001）就变得更为困难了（尽管并非不可能）。相关综述见 Smith & Ratcliff，2004。对二者的区分可见 Hesselmann et al.，2010。

24 也有一种可能：分离本质上是时间性的，也就是说，同一单元在加工过程的不同阶段分别编码预测和误差。但是，这需要解决一系列技术上的问题，而更为标准的解释（如 Friston 的主张）则不用。

25 一些研究者陆续设计了相关实验以期验证目标系统确实在运行贝叶斯推理，而非仅仅“似乎”在这样做（见 Maloney & Mamassian，2009；Maloney & Zhang，2010）。但这方面还需要更进一步的思考和探索（相关讨论见 Colombo & Seriès，2012）。

26 Potter 等人（2014）发现，要理解图像的概念主旨（比如说“微笑的夫妇”、“野餐”或“船舶码头”），最短的观看时间可压缩至 13

毫秒。在这么短的时间内，被试不可能建立起新的前馈—反馈环路(重入环路)。此外，这一结果不会因在被试观看图像前是否提前告知其目标标签（借此，被试在图像呈现前便已产生了特定下行期望）而受到影响。这意味着（正如 Barrett 和 Bar 所主张的那样）被试确实能借助超快速前馈扫描提取相应主旨。

27 这提示我们：一些实验条件在生态学意义上较为陌生，可能导致被试脱离惯常的、持续性的情境，因此，概括这些实验中的发现就需要非常小心。相关讨论见 Barrett & Bar，2009；Fabre-Thorpe，2011；Kveriga et al.，2007。

28 早期文献资料中已有关于这种效应的记载。它们最早可见于对感知习惯化现象的探讨，特别是在 Eugene Sokolov 对定向反射的开创性研究中。更多相关内容见第 3 章。

29 对这一研究的深入讨论见 de-Wit et al.，2010。

30 Spratling 和 Johnson（2006），以及 Engel 等人（2010）提出了可能的替代方案。

31 这一指标用特定神经区域血流量和血氧水平的变化标识该区域神经活动的相对强度（脑区激活水平）。其假设是：神经活动会产生代谢成本，并由这种信号所反映。研究者通常认为（见 Heeger & Ross，2002）BOLD 指标十分间接、依赖假设，而且与单个神经元的活动记录等资料相比，它显得更为“迟钝”。尽管如此，各类新式多元模式分析已经能够克服这种技术在早期研究中的一些局限性。

311

32 研究者指出，这可能是由于表征和误差检测在加工过程的代谢成本方面存在基本的差异，也可能是其他原因导致了 BOLD 信号更多地追踪某个区域的下行而非上行输入（见 Egner at al.，2010，

p. 16607)。

33 这些观点强调，大脑会主动引发与任务相关的信息以供“即时性”使用。相关例子见 Ballard，1991；Ballard et al.，1997；Churchland et al.，1994，相关讨论可见 Clark，1997，2008。我们会在第 4 章至第 9 章回到这些话题上来。

34 相关研究见 Raichle，2009；Raichle & Snyder，2007；Sporns，2010（第 8 章）；Smith，Vidaurre，et al.，2013。也可参阅第 8 ~ 9 章对自发神经活动的讨论。

35 这一体系，及其所假定的大脑的准备状态在生物学意义上很有说服力，能让我们巧妙地规避被动信息加工过程的许多瓶颈（见 Brooks，1991）。预测加工架构中下行流动的预测承担了大多数计算上的“负荷”，大脑因此得以持续不断地进行加工并仅对那些“有报道价值”的事物保持关注，它们是由显著的（高精度的，见第 2 章）预测误差信号所标识的。我们将在第 4 ~ 9 章讨论这些问题。

第 2 章

1 还有一个例子涉及移动，需要使用网页浏览器观看：
http://www.michaelbach.de/ot/cog-hiddenBird/index.html。

2 以此观之，可以认为构成“信念”的是一系列“概率密度函数”（Probability Density Functions，PDFs），它们描述了一些连续随机变量取特定值的相对可能性。随机变量会给特定的结果或状态分配数值，它可以是离散的（如果可能的取值位于不同的点），也可以是连续的（如果可能的取值遍布一个区间之内）。

3 这种对感知不确定性的灵活计算是预测加工和“Kalman 筛选”的共

同基础（见 Friston，2002；Grush，2004；Rao & Ballard，1999）。

4 回顾一下：在预测加工模型中，误差单元从同级表征单元以及更高一级的表征单元接收信号，而表征单元（有时也称“状态单元”）受同级误差单元以及较低一级的误差单元驱动。（见 Friston，2009，Box 3，p. 297）

5 增益水平的变动还有一个可能的原因，那就是所谓的“同步增益”（同步的突触前输入会改变突触后增益，见 Chawla，Lumer，& Friston，1999）。Friston（2012a）指出，近年来有研究者推测高频振荡（gamma 波）和低频振荡（beta 波）分别对应上行感知信息和下行预测的传递。这与有关浅层与深层锥体细胞功能作用的猜测相吻合。对这类有趣的动力学可能性的研究还处于起步阶段，见 Bastos et al.，2012；Friston，Bastos，et al.，2015；Buffalo et al.，2011，更宽泛的讨论见 Engel，Fries，& Singer，2001，另可见 Sedley & Cunningham，2013，p. 9。 312

6 Hohwy（2012）从 Helmholtz 关于生理光学的作品（1860）中摘录并翻译了一段，能很好地解释这种经验：

> 自然的、非受迫状态下的注意会不断游移，更新其指向。因此，一旦关于某个对象的兴趣消耗殆尽，而又知觉不到新的东西，注意就会违背我们的意愿，跑到别处去……如果我们希望一直关注特定对象，就得在其中不断找些新鲜感，特别是在还有其他强烈的感觉试图让注意力脱钩的时候。（Helmholtz，1860，p. 770；由 JH 译为英文）

7 同样，这种分配可能也具有误导性。不同信道的精度权值变化可能也有助于解释一系列现象，如变化视盲和非注意视盲。见 Hohwy（2012）。

8 这些情况其实也涉及另一类预测，它与情绪相关（在当前的例子里，分别对应好奇和恐惧），针对的是我们自身的生理状态，即内感觉。相关讨论见第 7 章。

9 这里主要讨论视觉，但同样的机制也适用于其他模态（比如说我们借助触觉探索熟悉物体的方法）。

10 这些解释都具有预测加工风格：这是其核心共性。尽管如此，它们还是在一些重要的方面彼此有所不同（特别是关于如何解释奖励和强化学习的作用）。相关讨论见 Friston，2011a 以及本书第 4 章。

11 因此，这并不是 Tatler 和 Hayhoe 等人（2011）所反对的那种基于“醒目性”的地图。

12 在这项模拟中，我们只能观察到胜出的假设对眼跳模式的直接影响。一个更为复杂的模型需要考虑到对精度的评估，也就是说，系统应该根据胜出的假设选择性地取样，探索场景中那些预期可靠性最高的（而非仅仅是最为特别的）部分。

13 比如说，过去的购买行为可能导致系统为我们推荐类似的商品，而这将导致新一轮的消费，并进一步调整系统的推荐模式。这样发展下去，我们的兴趣就被巩固了，关注点也变得更加狭窄。最终，我们成为了可预测性的受害者。相关讨论见 Clark，2003 第 7 章。

313

14 刺激的对比度确实可以用于操纵精度。一个实证的例子是，亮度对比度的变化能导致突触后增益的改变，在注意调制过程中也能观测到这种增益水平的变化。见 Brown et al.，2013。

15 类似的案例见 Friston，Adams，et al.，2012，p. 4。

16 我们需要更好地理解彼此交互的多种机制（各类较为缓慢的神经调质与神经同步间可能存在复杂的协同作用），并深入考察这些对预测误差（精度）加权的调节作用可能以何种方式、在哪些层级上产生影响。(见 Corlett et al., 2010；Friston & Kiebel, 2009；Friston, Bastos et al., 2015)。同样的观点见 Phillips & Silverstein (2013)；Phillips, Clark, & Silverstein (2015)。

17 有趣的是，这些研究者还能用该模型解释一种非药物干预手段，即“感觉剥夺”的效果。

18 Feldman 和 Friston（2010）指出，精度本身就好像是一种有限的资源那样，如果调高了某些预测误差的精度，就要调低另一些的。他们还指出（同引文 p. 11），有趣的是，“精度之所以好像一种有限的资源，是因为生成模型包含了一些先验信念，使得对数精度值会以情境敏感的方式在所有感觉通道间重新分配，但所有通道的精度是守恒的”。显然，这种“信念”不可能是外显的编码，而是内含在系统的基本结构之中。这也是一个重要的问题（关于生成模型外显地编码了什么，以及内隐地含有些什么），我们将在第 8 章进行论述。

第 3 章

1 同见 DeWolf & Eliasmith, 2011 的 3.2。有趣的是，即便最小化身体运动的幅度，比如使用显微外科手术的专门工具来实施签名，在这种非典型状况下，签名中关键的特征元素也会保留下来。一些有经验的显微外科医生在第一次尝试时就成功了，并且他们的签名具有与正常书写时相同的风格。(若非我们将其放大 40 倍，它们可能会与纸张的纤维缠在一起!）见 Allard & Starkes, 1991, p. 148。这证明我们极善于使用现有元素和知识培养新的熟练技巧。

2 Sokolov, 1960, 同见 Bindra, 1959；Pribram, 1980；Sachs, 1967。

3 见 Sutton et al., 1965; Polich, 2003, 2007。

4 这种层级或水平的提法在本质上是功能性的，我对其具体神经架构仍不持看法。但已有研究提出了一些猜测，见 Bastos et al., 2012。

314

5 当然，它们根据描述是认不出这些东西来的！

6 我不想具体说明都有哪些动物属于这一大类，但应该有一条很好的线索，那便是一种动物是否具有双向新皮质回路，或是否具有这种回路的功能类似物（这就更难确定了）。

7 "体素"是指"体积像素"。每个体素追踪一个限定的三维空间范围内的神经活动。单个 fMRI 体素对应的空间体积相当可观（通常达 27 立方毫米，在边长 3 毫米的立方体范围内）。

8 实际上，实验者的任务更为艰巨，因为原始的 fMRI 数据充其量只能提供底层神经活动本身的（由血流动力学反应建立的）粗略投影。

9 但我们不能忘记，每一个体素都覆盖了相当大体积的（约 27 立方毫米）神经组织。

10 感谢 Bill Phillips 提出了这一点意见（个人交流）。

11 我们可以进一步讨论"分隔主义"（disjunctivism），这一主张的大意是，真实的感知与幻觉绝不相同。不少研究者都在关注这种"分隔"的具体实现方式，一些构想可见 Haddock & Macpherson, 2008; Byrne & Logue, 2009。

12 本段压缩并略为简化了 Hobson（2001）和 Blackmore（2004）的观点。同见 Roberts, Robbins, & Weiskrantz, 1998; Siegel, 2003。

13 Hobson 和 Friston 指出，这种两阶段的过程正是 Hinton 等人所谓

"睡眠—觉醒法"的核心（见 Hinton et al.，1995 及本书第 1 章的相关论述）。

14 见第 2 章，更进一步的论述见第 5 章和第 8 章。

15 这种二阶的（"元记忆"式的）评估对我们解释那些"熟悉，但无法产生片段性回忆"的感受是不可或缺的。（比如说，不少人都曾有过这样的经验：看着某个人觉得眼熟，但完全想不起来何时何地与此人有过接触。）

16 具有预测加工风格的另一个有关记忆的解释见 Brigard，2012。其他策略见 Gershman，Moore，et al.，2012。

17 这种解释的另一个例子见 van Kesteren et al.，2012。

18 比如说，模型中的一些元素必须解释感知信号的微小变动，这些变动来自身体的活动，有助于确定我们审视某个场景时采用了什么视角。而其他的元素则追踪那些更为稳定的信息，如知觉到的对象的同一性或范畴。但居于适应性的智能反应模式核心的，是这些层级间的交互作用。这些交互作用受精度调整，通常是由各种动作或运动介导的（见第 2 部分）。

第 4 章

315

1 见 James，1890，vol. 2，p. 527.

2 对此，一些明显的反对意见可见 Anderson 和 Chemero（2013）、Chemero（2009）以及 Froese 和 Ikegami（2013）。一些更具统合性的观点可参阅 Clark（1997，2008）。

3 同见 Weiskrantz，Elliot，& Darlington，1971。他们介绍了一种非常迷人

的，被称为“标准胳肢仪”的东西，使用这种仪器可以很方便地对自己胳肢自己和其他人胳肢自己的效果进行实验对比。

4 见 Decety, 1996；Jeannerod, 1997；Wolpert, 1997；Wolpert, Ghahramani, & Jordan, 1995；Wolpert, Miall, & Kawato, 1998。

5 通过将标准化的理解吸收到更宽泛的预测加工框架之中，我们能对这种现象提出类似的（但更为简单，也更为综合性的）解释。根据这种解释，眼动时之所以不会觉得外部世界也在乱晃，是因为这时传入感知信息能被一个内部模型最好地预测，该模型的高层描绘了一个稳定的世界，我们可在运动中对其进行采样。

6 在更为完整的解释中，伴随自发行动的下行精度预期调低了报告这些行动的感知后果的预测误差的“音量”或增益。于是，我们临时性地停止了对许多由我们自己引发的感知觉扰动的关注（见 Brown et al., 2013，更进一步的讨论见本书第 7 章）。

7 这些成本函数主要处理身体动力学、系统噪声和所需结果的准确性。见 Todorov, 2004；Todorov & Jordan, 2002。

8 见 Adams, Shipp, & Friston, 2012；Brown et al., 2011；Friston, Samothrakis, & Montague, 2012。

9 对双方关系的详细描述见 Shipp et al., 2013。简要地说，运动皮质的下行投射与视觉皮质自上而下的或反馈的连接有着诸多共同点。比如，自皮质向脊髓的投射与皮质到皮质的下行投射一样都起源于粒下层，这些投射高度分化，而且都抵达 NMDA 受体表达细胞。（Shipp et al., 2013, p. 1）

10 Anscombe 原本想要区别的是欲望与信念，但她关于拟合方向的发现也适用于行动（Shea, 2013 很好地指出了这一点），因为行动可视作某种欲望在动作上的后果。

11 两种常见的成本是“噪音”和“努力”——流畅的行动似乎取决于能否将这些因素最小化。见 Harris & Wolpert, 1998; Faisal, Selen, & Wolpert, 2008; O'Sullivan, Burdet, & Diedrichsen, 2009。

12 回顾一下，“信念”这个概念的意义涵盖了生成模型的任何内容，只要它能用于指导知觉和行动。如前文所述，它们不一定是在个体水平上可访问的，而且经常被理解为一些概率密度函数，它们描述了某些连续随机变量取特定值的相对可能性。比如说，在行动选择的过程中，一个概率密度函数可能会以一种连续的方式指定由当前状态转换至某种后续状态的概率。

316

13 最终，积极的建构、选择性的采样和选择性的表征被结合在了一起。但需要待到本书第 3 部分，我们才能窥得这套逻辑的全貌。我们会看到认知主体和与有机体相关的周遭环境结构（包括社会环境、物理环境和技术环境）密切关联，在建构世界和受现实约束间保持微妙的平衡——只要这种平衡有助于生命的维系。这个观点与 Varela、Thompson 和 Rosch 在其经典著作《具身心智》（*The Embodied Mind*, 1991）中所表达的意见是一致的。

14 这个类比来自我最为热爱的哲学家 Willard van Orman Quine，他在评论一套过于“臃肿”的本体论时曾写道：“Wyman 设定的宇宙过于拥挤，在许多方面都不尽人意：它违背了一种美学直观——我们偏好如沙漠地形般的简洁有序。”（Quine, 1988, p. 4）

15 Gershman 和 Daw（2012）对这一总体策略提出了质疑。他们担心将成本和效用揉入期望之中，会让系统变得过于迟钝：它将很难看出意外事件（比如说赢下超级大乐透）中蕴含着什么价值。这一顾虑其实低估了对预测和期望而言可用的资源：具有适应性的主体应该期望自己能时不时地从意外和环境的变化中受益。这暗示我们，依赖成本/价值函数的策略和将其折叠在高层模型中的方法虽然在概念上看似彼此不同，但或许是“可互译的”。这是因为任何事物只要能表述为效用和价值，都能换一种方式表述为高层（即更为抽象且灵活的）期望。更多相关论述见第3部分。

16 见 Friston, 2011a；Mohan & Morasso, 2011。

17 相关讨论见 Friston, 2009, p. 295。

18 这一解释的“激进”色彩是相对于更为传统的观点而言的，根据后者，流畅而灵活的行为需要以多重彼此适配的正向和反向模型为基础。正如我们所见，一些替代性的方案（如 Feldman, 2009；Feldman & Levin, 2009）设定了均衡状态或参照点，以此作为核心组织原则，它们与基于本体觉预测的模型十分自然地彼此相符（更多相关讨论见 Friston, 2011a；Pickering & Clark, 2014；Shipp et al., 2013）。

317

19 认知发展机器人学（Cognitive Developmental Robotics, CDR）的大部分研究都采用更为经典的架构，重视正向/反向模型、输出副本，以及价值和奖励信号（一些例外可见 Mohan & Morasso, 2011；Mohan, Morasso, et al., 2013）。但是，这些实验仍然颇具启发性：它们说明基于预测误差的编码能以有助于模仿学习的方式构造动作和行为。

20 我认为，预测加工系统能够很好地满足这一要求，因为它既具有强大的学习能力，又强调感知和行动的完全统一。

21 在 Park 等人的研究中，这种早期学习是通过使用自组织“特征地图”实现的（Kohonen, 1989, 2001）。这与赫布式学习密切相关，但它还包含一个“遗忘期限”，以限制习得联想的可能爆发。另一种实现这种学习的方法使用改进的递归神经网络（即“带参数偏向的递归神经网络”，见 Tani et al. , 2004）。

22 智能开放平台动态拟人机器人——开放平台，由弗吉尼亚理工大学工程学院机器人和机械实验室开发。见：
http://www.romela.org/main/DARwIn_OP:_Open_Platform_Humanoid_Robot_for_Research_and_Education。

第5章

1 当然，系统也可能采取效率更低的策略，为其他主体构建全新的模型，这种情况常见于我们遭遇意外（如接触外星人）或身处陌生情境之中，也可能会发生在情境/预测机制本身出现故障之时（见 Pellicano & Burr, 2012 及 Friston, Lawson, & Frith, 2013 中的评论）。同见本书第 7 章。

2 见 McClelland & Rumelhart, 1981，其更新后的“多项交互激活”模型可见 Khaitan & McClelland, 2010；McClelland, Mirman, et al. , 2014。

3 这种联结主义与预测加工范式间存在深层关联，相关探讨见 McClelland, 2013；Zorzi et al. , 2013。

4 有一种替代性的方案既可保留预测加工模型的关键特性，又能实现一种功能层次结构。见 Spratling（2010, 2012）。

5 回顾一下，所谓“经验的先验”指的是在一个多层模型中与中间层级相关的概率密度或“信念”。

6 见 Aertsen et al. , 1987；Friston, 1995；Horwitz, 2003；Sporns, 2010。

7 Sporns（2010，p. 9）指出，结构连接能够保持稳定的时间“长达几秒至几分钟”，而有效连接可能在数百毫秒内发生改变。

318 8 对这些方法的介绍可见 Stephan，Harrison，et al.，2007；Sporns，2010。

9 因此，系统获取反映情境的、对可靠性和显著性的期望，与其获取关于外部世界或身体相关状况的知识的途径完全相同。对可靠性和显著性的评估本身取决于当前感知数据与生成模型如何交互，这也让“评估自身可靠性评估的可靠性”这一问题愈发棘手（相关讨论见 Hohwy，2013 第 5 章）。

10 我们可以使用各种形式的网络分析（相关综述见 Sporns，2002）揭示神经元和神经集群之间功能连接和有效连接的模式。同见 Colombo，2013。

11 以此观之，大脑是“不稳定的”，其包含“通过有效连接，以非线性方式耦合的功能特化区域的集合”（Friston & Price，2001，p. 277）。只不过，我相信 Friston 和 Price 所说的“功能特化区域”应替换为 Anderson（2014，pp. 52 – 53）所说的“功能分化区域”。

12 这种解释与一些类似的主张具有相同的核心机制（相关综述见 Arbib，Metta，et al.，2008，62.4 以及 Oztop et al.，2013）。HMOSAIC 理论（Wolpert et al.，2003）用同样的预测驱动的多层模型解释模仿行为，Wolpert 等人进一步指出，这种方法也可以解决行动理解和“意向提取”的问题。

13 为便于说明，我的遣词造句有时可能会给读者留下一种影响，仿佛我们对不同领域分别掌握了不同的生成模型。但是，在数学上更有可能的方案是对一个整体性的生成模型进行各种微调。Friston 等人的许多作品中都明确提及了这一点，如 Friston，2003。

14 这并不是说我们的躯体觉区域本身在观察其他个体的活动时是不活跃的。事实上，大量证据表明（相关综述见 Keysers et al.，2010）这些区域在被动观察时其实非常活跃，但（相关方面的）本体觉预测误差的前馈影响却被削弱了，也就是说，这些误差信号无法影响高层的躯体觉加工过程。Keysers 等人（2010）观察到了这种（低层活跃而高层不活跃）的特殊模式。同见 Friston，Mattout，et al.，2011，p. 156。

15 正如 Jakob Hohwy（个人交流）所说的那样，这既非运气使然，亦非什么特别的技巧，只是学习如何最好地评估精度以最小化预测误差的另一种附带表现而已。

16 关于这一话题资料繁多，相关综述以及对基本概念的重要调整可见 Vignemont & Fourneret，2004，同见 Hohwy，2007b。

319

17 见 Friston，2012b；Frith，2005；Ford & Mathalon，2012。

18 见 Barsalou，1999，2009；Grush，2004；Pezzulo，2008；Pezzulo et al.，2013，同见 Colder，2011；Hesslow，2002。

19 在这项研究中，被试时而将著名的人脸—瓶子两可图画看作一张人脸，时而将其看成一只花瓶，这种主观感受的变化与其纺锤状脸部区域（FFA）的刺激前自发活动的模式变化保持同步。但正如研究者所指出的那样，目前“尚不清楚执行该任务的过程中 FFA 信号活动的变化是否类似于其处于静息状态时的缓慢波动”。（Hesselmann et al.，2008，p. 10986）

20 某些睡眠阶段或特殊的练习（如冥想和吟诵）可能会导致例外

情况。

21 这种对自身不确定性的评估对近期大量计算神经科学研究具有重要作用。见 Daw, Niv, & Dayan, 2005; Dayan & Daw, 2008; Knill & Pouget, 2004; Yu & Dayan, 2005; Daw, Niv, & Dayan 2005; Dayan & Daw, 2008; Ma, 2012; van den Berg et al. , 2012; Yu & Dayan, 2005。

第6章

1 我们在第1章曾指出，Ramesh Jain、Rodolfo Llinas 和 Max Clowes 都曾有过“知觉是受控的幻觉”这一说法。Rick Grush 在其关于“表象仿真理论”的研究中也曾援引该观念（见 Grush, 2004）。

2 这是对预测加工理论的标准应用，替代性的应用方案可见 Spratling, 2008。

3 当然，我们不应忘记（回顾1.13）系统通过快速前馈揭示视觉场景概念主旨的惊人能力（Potter et al. , 2013）。

4 相关例子见6.9。

5 “可供性”这一概念应用甚广，阐释也多种多样。最先提出这一概念的 J. J. Gibson（1977, 1979）认为，可供性是关联于主体的、在远端环境中实施特定行动的可能性（尽管它不一定能被主体认识到）。关于这一概念的细致探讨可见 Chemero, 2009 第7章。

6 同见 Kemp et al. , 2007。

7 这里的“过程”层面对应于 Marr（1982）所描述的算法层面。

8 经典的批评意见来自 Fodor 和 Pylyshyn（1988），但更多的理论家则提出了类似的观点，如 Smolensky（1988），他在有关最优性理论与调和

320

语法的新近研究中（Smolensky & Legendre, 2006）也考虑了生成结构和统计学习。对此进一步的讨论可见 Christiansen & Chater, 2003。

9 关于多层贝叶斯方法这一诱人特性的精彩讨论可见 Tenenbaum et al., 2011。但我们必须保持谨慎，因为仅凭多种知识表征形式能在模型内共存这一事实，无法从细节上揭示在统一的问题解决过程中这些不同的知识表征形式如何有效地结合在一起。

10 相关综述见 Tenenbaum et al., 2011。对高层认知某些观点的重要批判意见可见 Marcus & Davis, 2013。

11 正如 Karl Friston（在一次个人交流中）所指出的那样。

12 比如说，一个系统可能在开始时内置了“感知输入分析器”（Carey, 2009），其功能是突出传入刺激的某些特征，以辅助学习。关于多层贝叶斯模型与这种简单倾向的结合能产生什么样的效果，见 Goodman et al.，尚未出版。

13 这一“行动导向”的范式广泛反映在发展心理学（Smith & Gasser, 2005; Thelen et al., 2001）、生态心理学（Chemero, 2009; Gibson, 1979; Turvey & Shaw, 1999）、动力系统理论（Beer, 2000）、认知哲学（Clark, 1997; Hurley, 1998; Wheeler, 2005）和机器人学（Pfeifer & Bongard, 2006）的相关研究之中。相关主题的搜集可见 Núñez & Freeman, 1999。

14 Wiese（2014）对这一问题进行了很好的讨论。

15 这种强大的（通常也是高度抽象的）超先验，是关于人类经验形态的更为宽泛的广义贝叶斯理论的重要成分。尽管如此，我们却不需要对这些超先验的形成和作用方式进行特别的解释。这是因为我们所构想的多层架构能够十分自然地容纳这些超先验——它们要么是天生的（考虑其鲜明的“康德色彩”），要么是借助经验（多层）贝叶斯方法后天获取的。

16 见 Ballard，1991；Churchland et al.，1994；Warren，2005；Anderson，2014，pp. 163–172。

17 Hohwy 等人（2008）曾指出：“谈及基本的知觉推理，像‘预测’和‘假设’这样的术语听上去十分‘理智主义’。但在其核心，系统信息加工的唯一目标便是最小化预测误差或自由能，而‘假设’和‘预测’的功能也确实能在一个不那么拟人化的架构中，借由相对简单的神经基础实现。”（Hohwy et al.，2008，pp. 688–690）

18 我们甚至可以否认恶魔的操纵对我们构成了真正意义上的“蒙蔽”，相反，它完全可能只提供了一种替代性的基础，让我们能够借此获取有关外部世界的真实的知识，而外部世界中也确实含有桌子、椅子、棒球比赛，诸如此类的事物。这种观点见 Chalmers，2005。

19 特别是，这些细节丰富的内部模型涉及符号编码，这些编码使用复杂的、类似于语言的知识结构描绘事物的状态。但预测加工理论并没有暗示这一点。

20 关于这种不合时宜的忧虑的另一个版本，见 Froese & Ikegami，2013。

21 感谢 Michael Rescorla 关于采用此术语的建议。

22 因此 Friston 指出“现实世界的结构就这样被致力于最小化预测误差的架构所“反映”了——这种反映并不局限于感知输入，而是分布在架构的所有层级”（Friston，2002，p. 238）。

23 之所以说“在较弱的意义上”，是因为无法保证采用这一策略的生物的思维将形成所谓“一般性约束”（Evans，1982）所必须的那种封闭集（包含各种理解的所有可能的组合）。

24 见 Moore，1903/1922；Harman，1990。

25 也就是说，我们可能在知觉层面被误导，尽管作为反思性的主体，我们的高层理解并没有出什么问题。而在一些更为严重的情况下（比如说妄想或幻觉），系统的各层都可能遭受误导。

26 例如，如果我们采用更广阔的生态视角，就会发现橡胶手模等错觉是我们作为适应性的生物系统所必须付出的代价，因为我们的一些部位可能生长、变化，或遭受各种形式的意外损害和/或增强。

27 对这一错觉现象的介绍（含配图）见：http://psychology.about.com/od/sensationandperception/ss/muller-lyer-illusion.htm。

28 一些先进的系统在实施这种套娃式的评估时能较一般模型深入一到两步。见 Daunizeau，den Ouden，et al.，2010a，b。

第7章

1 对一系列与元认知和预测误差有关的一般性问题的讨论见 Shea，2013。该讨论主要是围绕“奖励预测误差”展开的，但我相信其核心观点很好地适用于本书所讨论的感知预测误差。

2 这一构想最初来自 Frith 和 Friston（2012）。

3 近期相关研究综述请见 Schütz et al.，2011。

4 相关方程见 Adams et al.，2012，pp. 8－9。注意：这些方程首先确定了系统所接收的感知输入的生成过程（包括内部视网膜参照框架中关于靶标位置的外感觉输入，以及报告眼球角位移的本体觉输入)，而后确定了系统针对这些输入应用的生成模型。本书仅（非形式化地）探讨后者。

5 这里涉及一种可能导致某些混乱的双重否定。根据设定，标准的（神经典型性）状态涉及抑制（弱化）自生行动的感知效果。当这种抑制本身被弱化（或取消）时，同样的感知效果在经验上就更为真切了。它们在强度上等同于外因产生的同样事件（如力度匹配任务中的击打动作对手部造成的冲击)。但我们将会看到，这种变化不一定总是一件好事，因为它们可能导致主体产生一系列有关能动性或控制的错觉。

6 所有的被试都低估了自己施加的力度，但精神分裂症被试低估的程度大大降低了（见 Shergill et al.，2005)。

7 见 Adams et al.，2012，pp. 13－14；Feldman & Friston，2010；Seamans & Yang，2004；Braver et al.，1999。

8 英国漫画家 Heath Robinson 和美国漫画家 Rube Goldberg 的作品中，角色经常使用奇特而复杂的机器，以迂回曲折的方式实现简单的目的。比如说，他们会用链条、滑轮、杠杆和布谷鸟钟等部件的繁复组合为一片面包抹上黄油或在预定的时间沏一杯茶。

9 我们需要再次强调：所有这些例子的关键都在于为各层预测误差所分配的精度之间的平衡关系。高层精度的降低和低层精度的提高在功能上是没有区别的。但这并不是说二者间的差异就不重要：这种差异涉及因果关系的具体模式，在病因学和治疗方面具有重要的临床价值。

10 与一些老旧的称谓不同，“功能性感知运动症状”这一标签在许多患者看来都是可以接受的（见 Stone et al.，2002)。

11 当治疗师告知被催眠的患者他们的手部瘫痪了，“民间心理学期望”的影响就会体现出来——这种所谓的“癔症性瘫痪”症状将反映患者关于“手部”范围的常识观念，而非手部作为可移动单元的真正生理学划界（见 Boden，1970）。

12 如岛叶皮质（对应功能性疼痛症状）或运动前皮质或辅助运动区（对应功能性运动症状）。

13 这一框架如何应用于“幻肢痛”这一特殊情况，见 De Ridder，Vanneste，& Freeman，2012。

14 相关综述见 Benedetti，2013；Enck et al.，2013；Price et al.，2008。Buchel 等人还猜测（2014，pp. 1227 – 1229）服用阿片类药物在调节下行预测的准确性方面也可能发挥某种（更为直接和“机械的”）作用。Humphrey（2011）从演化的角度提出了一种与预测加工模型大体相符的解释。

15 建议读者访问 wrongplanet.com 论坛并搜索“hollow mask illusion”。许多自闭症被试一开始都声称自己不会产生这种错觉（他们不会将空心面具看作其凸面），但他们也能学会以更为“神经典型性”的方式去看它，而且一旦将其看成了凸面，就没法恢复原先的知觉了——这很像听“正弦波语音”时的神经典型性经验（见 2.2）。

16 已有越来越多的实证研究支持这一说法（见 Skewes et al.，2014）。

17 该术语用在这里或许并不合适，因为它可能导致与“超先验”技术概念的错误类比（见 Friston，Lawson，& Frith，2013）。

18 在探索所谓“存在感”时，尚不清楚经验的对象是某种模糊但积极的存在的感受，还是某种不存在感、不真实感或断开感的正常的缺失。这个问题虽然微妙，却很有启发性，Seth 等人的模型对此不持观点。他们想要研究的是因所谓“分离性精神障碍”（患者关于现实世界和自我的真实感往往会改变或丧失）而受损的任何感受，不管是存在感，还是缺失的不存在感。

19 有研究者认为本体觉属于外感觉，Seth 等人就持这种意见。本书不讨论术语的选择，但在读图 7－2 时最好记住这一点。

20 相关批评和一些更为复杂的情况见 Marshall & Zimbardo，1979；Maslach，1979；LeDoux，1995。

21 这与 Nick Humphrey 复杂而巧妙的研究（Humphrey，2006）相呼应。他认为感觉总是包含一些主动的东西，感知的过程就是不断尝试让主动的（预测性的）反应与输入信号彼此相符。

22 在文章的最后部分，Pezzulo 又添加了（我认为十分重要的）一点，他指出（2013，pp. 18）“内感觉信息参与了对‘刮风’、‘遭贼’和许多其他实体的表征”。也就是说，因外部事态而激活的内部状态总是会受到当前情境的影响，造成这种影响的客观因素和主观因素（如情绪和身体状况）经常是难以区分开来的。

23 另一个影响因素（Pezzulo，2013，p. 14）可能是，采信单一诱因（贼）能使高层模型比考虑两个彼此互不相关但同时发生的诱因时更为简单或“朴素”。更多相关讨论见第 8 章和第 9 章。

324

24 Barrett 和 Bar（2009）对此有过精彩的演绎。

25 与这种观点一致的是：刺激或干扰不同的神经集群，或选择性地影响紧张性（tonic）或时相性（phasic）多巴胺能反应，通常会对行为和经验产生非常不同的影响（见 Friston, Shiner, et al. 2012）。

26 当然，只有你对相关文献资料就“困难问题”的论述已有所怀疑，才会觉得这是一种进步。一些真正的笃信者会坚持说，即使采用了这种新奇的理论，我们也只能更好地解决一些熟悉的问题，如解释反应和判断的模式，而对经验本身注定无能为力。乐观主义者则相信，只要对“熟悉的问题”解释得足够充分，经验就自然不成其为问题了——循此方向，Dennett（2013）为我们开了一个好头，他所采用的方法也可归于广义贝叶斯框架。

第 8 章

1 论文完整标题是《又快又贱又失控：机器人对太阳系的入侵》。文章提出了将数以百计成本低廉的小型机器人送进太空的想法。见 Brooks & Flynn, 1989。

2 比如说，要判断两个城市哪个人口更多，我们通常会根据自己对哪个城市的名字更熟悉来做出选择。在许多情况下，这种“熟悉度比较”（或“识别启发式”）确实能够反映人口规模。相关综述见 Gigerenzer & Goldstein, 2011。

3 类似的解释也能说明狗是如何捕捉飞盘的。由于飞盘的飞行路线偶尔会有剧烈的波动，这是一项比接杀高飞球要求更高的任务。

4 为验证这一假设，Ballard 等人编制了一个程序，在被试看向别处时改变一个方块的颜色。他们发现，大多数这样的干预被试甚至都不会注意到，即使被改动的方块或位置他们先前已经看过多次，或者就是他们正在关注的对象。

5 感谢 Jakob Hohwy（在一次个人交流中）提出了这一观点。

6 具体实现机制或许可由改编的“Actor-Critic 算法”（即 AC 算法，见 Barto，1995；Barto et al. 1983）实现，其中无模型的“Actor”受基于模型的“Critic”训练（见 Daw et al.，2011，p. 1210）。

7 实质上，“贝叶斯模型平均”涉及为不同模型的预测计算加权平均。相比之下，“贝叶斯模型选择”涉及在多个模型中选择其一（见 Stephan et al.，2009）。读者可能会注意到，在本章的大部分内容中，我们的讨论都是从模型选择的角度展开的。尽管如此，在某些（高敏感度）条件下，系统也能通过模型平均直接进行模型选择。能够改变自身“模型比较敏感度”的主体会具有较高的灵活性，尽管目前尚不清楚它们会通过什么样的过程实现与行为/神经证据的最优拟合。更进一步的讨论见 Fitzgerald，Dolan，& Friston，2014。

325

8 近年来，Evans（2010）和 Stanovich（2011）所支持的“双系统”理论的弱化版，其实与更具整合性的预测加工解释是一致的。同见 Frankish，尚未出版。

9 这种影响已由一些简单的模拟研究证实，这些研究的模拟对象是在紧张性多巴胺能反应水平变化的情况下实施的提示够物行为。见 Friston，Shiner，et al.，2012。

10 这种简单而有效的方法，即控制有效的模型，使其能在更大的多层贝叶斯系统背景下发挥作用，并不是预测加工理论的专属。比如说，我们可以在所谓的“MOSAIC”框架下发现同样的方法（见 Haruno，Wolpert，& Kawato，2003）。一般情况下，系统只要能使用对其自身不确定性的评估调控在线反应，就能采用这种方法。

11 Clark，2008 全面总结了对延伸认知的支持意见，反对意见可参考 Adams

& Aizawa, 2008; Rupert, 2004, 2009。相关争论见 Menary, 2010。

12 除了在睡觉的时候！“暗室之谜”指的是，我们会蜷缩在一个与外部隔绝的昏暗空间中，没有食物、饮水和娱乐，直到生命的尽头——预测加工理论的批评者们设想的是其实是这种“可预测但致命”的情况。

13 Campbell, 1974 中就举了这个例子。

14 Lisa Meeden（在一次个人交流中）证实了这一点。她认为这个故事可能取材于一类学习机器人（Lee et al., 2009），它们的设计意图是发现可习得的（但仍未习得的）感知状态。其中一个这样的机器人（也叫“内驱控制器”）似乎有很重的“好奇心”，它并没有先去学习最简单的东西，而是好像要挑战自己一般同时学习简单的和困难的材料。这一点超出了实验者的预期：机器人的查看方式呈现出一种来回振荡的路径。Meeden 评论了这种神秘的行为，指出“我们可以将这样一台‘好奇的’学习机器放在一个相当简单的环境中足够久，看看会发生什么。这一定很有趣——它会开始通过各种运动方式的组合为自己创造新异经验吗？”更多关于机器人学和内部动机的资料见 Oudeyer et al., 2007。

15 原始研究可见 Jones, Wilkinson, & Braden, 1961。

16 与这种“探索研究/开发利用”权衡相关的更多资料见 Cohen, McClure, & Yu, 2007。 326

17 在感知方面，这种“自组织不稳定性”的另一种回报是：它有利于主体避免过度自信，因此总能为探索其他的可能性留出空间。

第9章

1 如前文所述（4.5），我并不是想要说明所有预测误差都能通过行动被消除。然而，事实似乎是，即便误差本身无法通过行动消除，最小化误差的例行程序仍然试图实现某种对世界的掌握，这种掌握（理解）让系统能够据此选择行动。因此，即使是在“纯粹感知”的过程中，显著而未得到解释的误差也会被用于产生知觉，这些知觉的根本意义就在于帮助我们选择行动。

2 这个程序（Mozer & Smolensky, 1990）会从训练好的网络中删除最不必要的隐藏单元，从而提高效率并增强泛化能力。类似地，在计算机绘图过程中，骨架化算法会从图像中删除最不必要的像素。相关讨论见 Clark, 1993。

3 感谢 Jakob Hohwy 让我关注到这项研究。

4 Namikawa 等人的研究牵涉到的神经结构包括前额叶皮质、辅助运动区和初级运动皮质（见 Namikawa et al., 2011, pp. 1 – 3）

5 Dehaene（2004）的“神经元复用”理论能很好地说明这些影响的效力和复杂性：它解释了神经机制、文化发展和这些文化发展对神经系统的影响之间复杂的相互作用，这种相互作用常在阅读和写作等关键认知领域表现出来（见9.7）。

6 关于所有这些离散的符号在预测性、概率性的情境中最初是如何出现的，一个有趣的猜测可见 König & Krüger, 2006。

7 见 Anderson, 2010; Griffiths & Gray, 2001; Dehaene et al., 2010; Hutchins, 2014; Oyama, 1999; Oyama et al., 2001; Sterelny, 2003; Stotz, 2010; Wheeler & Clark, 2008，相关综述可见 Ansari, 2011。

8 相关讨论见 Tsuchiya & Koch, 2005。

9 但是，是否听见相关的单词似乎无法干扰双目竞争现象，尽管使用其他（与图像匹配的）声音信号时能观测到相应的影响。见 Chen, Yeh, & Spence, 2012。

10 这将有助于解释为什么简单的、基于语言的测度（如词汇量）能很好地预测被试在非语言智力测试中的表现。见 Cunningham & Stanovich, 1997，同见 Baldo et al. , 2010。

11 关于生成主义的文献资料数量庞大，但观点并未完全统一。就我们的目的而言，仅需考虑 Varela 等人（1991）的经典陈述就足够了。Froese 和 Di Paolo（2011）、Noë（2004, 2010）和 Thompson（2010）对生成主义做了进一步的扩展和深化，对此读者可参阅 Stewart 等人主编的论文集（2010）。

327

12 这个想法有些误导性，因为它暗指外部世界只提供了大量无法区分的扰动（就像锤子单调的敲击那样）。但主体通过有选择性地接收生成模型所预测的不同刺激，积极地影响对现实世界的采样，这点似乎没错。因为生成模型需要适应和解释的对象仅限于主体对世界的采样而已，我们正是在这个极为现实的意义上（也就是说，必须维系自身结构的完整，如保证生存和存续，这是首要约束）建构或“生成”特定于个体或物种的世界。

13 我们可以在多个组织尺度上发现这个过程的变体，从个体一路下行到单个细胞的树突水平。Kiebel 和 Friston（2011）据此提出，细胞内的活动可视作最小化“自由能”的过程（见附录 2）。

14 我在其他作品中对这个问题做过篇幅较长的讨论（见 Clark, 1989,

1997, 2008, 2012)。与“表征说”的持续争论可见 Chemero, 2009; Hutto & Myin, 2013; Ramsey, 2007。相关讨论见 Gallagher, Hutto, Slaby, & Cole, 2013; Sprevak, 2010, 2013。

15 在更广泛的意义上，这也正是 Engel 等人（2013）所描述的“动态指令”扮演的角色——“动态指令”是一些行动倾向，植根于涌现性的集群，这些集群可能包括多种神经和身体结构。

16 关于知觉和感知运动的贝叶斯心理学认为这些预测可能对应哪些环境和身体状态，见 Körding & Wolpert, 2006; Rescorla, 2013（尚未出版）。

17 Orlandi（2013）对此做了有益的尝试，他的观点富有挑衅色彩，也因此争议颇多。Orlandi 认为视觉不是一种认知活动，不涉及内部表征（尽管它有时也会生成心理表征，但仅作为一种最终产品）。然而，这一理论的范围是有限的，因为它只针对在线的视知觉过程。

第 10 章

1 这种新的认识也会产生社会和政治方面的影响。预测加工理论认为，人类经验的核心是大量期望的聚集（它们大都是无意识的），因此我们必须重视自己（和我们的孩子们）正在接触一个怎样的现实。如果预测加工理论是正确的，那么我们的感知就可能会受到无意识期望的深刻影响，而这些期望必将受到过往经验统计学“棱镜”的折射。所以，如果（仅举最明显的例子）调谐这些期望的现实充满了性别或种族歧视，底层预测机制就将受到形塑，而正是这些预测积极地建构着我们未来的感知——我们将更容易采信受到污染的“证据”、做出不公正的反应，并因消极的自证预言而裹足不前。

328

2 一个这样的例子是多层动力学模型的集合（见 Friston, 2008）。

3 有意识的经验在这组中是一个异类，因为它很可能是动物认知的一个相当基本的特征。事实上，该观点源于近期的一些研究（我们已在第7章中回顾了它们），这些研究将有意识的经验联系于内感觉预测，即对自身生理状况的预测。

附录 1

1 给定数据（或感知证据）时某个假设的后验概率，与给定该假设时接收到这些数据的概率和该假设先验概率的乘积成比例。

329

参考文献

Surfing Uncertainty

Adams, F., & Aizawa, K. (2001). The bounds of cognition. *Philosophical Psychology*, 14(1), 43-64.

Adams, R. A., Perrinet, L. U., & Friston, K. (2012). Smooth pursuit and visual occlusion: Active inference and oculomotor control in schizophrenia. PLoS One, 7(10), e47502. doi: 10.1371/journal. pone. 0047502.

Adams, R. A., Shipp, S., & Friston, K. J. (2013). Predictions not commands: Active inference in the motor system. *Brain Struct. Funct.*, 218(3), 611-643.

Adams, R. A., Stephan, K. E., Brown, H. R., Frith, C. D., & Friston, K. J. (2013). The computational anatomy of psychosis. *Front. Psychiatry*, 30(4), 47. 1-26.

Addis, D. R., Wong, A., & Schacter, D. L. (2007). Remembering the past and imagining the future: Common and distinct neural substrates during event construction and elaboration. *Neuropsychologia*, 45, 1363-1377.

Addis, D. R., Wong, A., & Schacter, D. L. (2008). Age-related changes in the episodic simulation of future events. *Psychological Science*, 19, 33-41.

Aertsen, A., Bonhöffer, T., & Krüger, J. (1987). Coherent activity in neuronal populations: Analysis and interpretation. In E. R. Caianiello (Ed.), *Physics of cognitive processes* (pp. 1-3400-00). Singapore World Scientific Publishing.

Aertsen, A., and Preißl, H. (1991). Dynamics of activity and connectivity in physiological neuronal networks. In H. G. Schuster (Ed.), *Non linear dynamics and neuronal networks* (pp. 281-302). New York: VCH Publishers.

330

Alais, D., & Blake, R. (Eds.). (2005). *Binocular rivalry*. Cambridge, MA: MIT Press.

Alais, D., & Burr, D. (2004). The ventriloquist effect results from near-optimal bimodal integration. *Current Biology*, 14, 257-262.

Alink, A., Schwiedrzik, C. M., Kohler, A., Singer, W., & Muckli, L. (2010). Stimulus predictability reduces responses in primary visual cortex. *J. Neurosci.* , 30, 2960 – 2966.

Allard, F. , & Starkes, J. (1991). Motor skill experts in sports, dance and other domains. In K. Ericsson & J. Smith (Eds.), *Towards a general theory of expertise: Prospects and limits* (pp. 126 – 152). New York: Cambridge University Press.

Anchisi, D. , & Zanon, M. (2015). A Bayesian perspective on sensory and cognitive integration in pain perception and placebo analgesia. *Plos One*, 10, e0117270. doi:10. 1371/journal. pone. 0117270.

Andersen, R. A. , & Buneo, C. A. (2003). Sensorimotor integration in posterior parietal cortex. *Adv. Neurol.* , 93, 159 – 177.

Anderson, M. L. (2010). Neural reuse: A fundamental organizational principle of the brain. *Behavioral and Brain Sciences*, 33, 245 – 313.

Anderson, M. L. (2014). *After phrenology: Neural reuse and the interactive brain* Cambridge, MA: MIT Press.

Anderson, M. L. , & Chemero, A. (2013). The problem with brain GUTs: Conflation of different senses of 'prediction' threatens metaphysical disaster. *Behavioral and Brain Sciences*, 36(3), 204 – 205.

Anderson, M. L. , Richardson, M. , & Chemero, A. (2012). Eroding the boundaries of cognition: Implications of embodiment. *Topics in Cognitive Science*, 4(4), 717 – 730.

Ansari, D. (2011). Culture and education: New frontiers in brain plasticity. *Trends in Cognitive Sciences*, 16(2), 93 – 95.

Anscombe, G. E. M. (1957). *Intention*. Oxford: Basil Blackwell.

Arbib, M. , Metta, G. , & Van der Smagt, P. (2008). Neurorobotics: From vision to action. In B. Siciliano & K. Oussama (Eds.), *Handbook of robotics*. New York: Springer.

Arthur, B. (1994). *Increasing returns and path dependence in the economy*. Ann Arbor: University of Michigan Press.

Asada, M. , MacDorman, K. , Ishiguro, H. , & Kuniyoshi, Y. (2001). Cognitive developmental robotics as a new paradigm for the design of humanoid robots. *Robotics and Autonomous Systems*, 37, 185 – 193.

Asada, M. , MacDorman, K. , Ishiguro, H. , & Kuniyoshi, Y. (2009). Cognitive developmental robotics: A survey. *IEEE Trans. Autonomous Mental Development*, 1(1), 12 – 34.

Atlas, L. Y. , & Wager, T. D. (2012). How expectations shape pain. *Neuroscience Letters*, 520, 140 – 148. doi:10. 1016/j. neulet. 2012. 03. 039.

Avila, M. T. , Hong, L. E. , Moates, A. , Turano, K. A. , & Thaker, G. K. (2006). Role of anticipation in schizophrenia-related pursuit initiation deficits. *J. Neurophysiol.* , 95(2), 593 –

601.

331 Bach, D. R., & Dolan, R. J. (2012). Knowing how much you don't know: a neural organization of uncertainty estimates. *Nature Reviews Neuroscience*, 13 (8), 572 – 586. doi: 10. 1038/nrn3289.

Baess, P., Jacobsen, T., & Schroger, E. (2008). Suppression of the auditory N1 event-related potential component with unpredictable self-initiated tones: Evidence for internal forward models with dynamic stimulation. *Int. J. Psychophysiol.*, 70, 137 – 143.

Baldo, J. V., Bunge, S. A., Wilson, S. M., & Dronkers, N. F. (2010). Is relational reasoning dependent on language? A voxel-based lesion symptom mapping study. *Brain and Language*, 113(2), 59 – 64. doi:10.1016/j.bandl.2010.01.004.

Ballard, D. (1991). Animate vision. *Artificial Intelligence*, 48, 57 – 86.

Ballard, D. H., & Hayhoe, M. M. (2009). Modeling the role of task in the control of gaze. *Visual Cognition*, 17, 1185 – 1204.

Ballard, D., Hayhoe, M., Pook, P., & Rao, R. (1997). Deictic codes for the embodiment of cognition. *Behavioral and Brain Sciences*, 20, 4. 723 – 767.

Bar, M. (2004). Visual objects in context. *Nat. Rev. Neurosci.* 5, 617 – 629.

Bar, M. (2007). The proactive brain: Using analogies and associations to generate predictions. *Trends in Cognitive Sciences*, 11(7), 280 – 289.

Bar, M. (2009). The proactive brain: Memory for predictions. Theme issue: Predictions in the brain: Using our past to generate a future (M. Bar, Ed.). *Philosophical Transactions of the Royal Society B*, 364, 1235 – 1243.

Bar, M., Kassam, K. S., Ghuman, A. S., Boshyan, J., Schmidt, A. M., Dale, A. M., Hamalainen, M. S., Marinkovic, K., Schacter, D. L., Rosen, B. R., & Halgren, E. (2006). Top-down facilitation of visual recognition. *Proceedings of the National Academy of Science*, 103(2), 449 – 454.

Bargh, J. A. (2006). What have we been priming all these years? On the development, mechanisms, and ecology of nonconscious social behavior. *European Journal of Social Psychology*, 36, 147 – 168.

Bargh, J. A., Chen, M., & Burrows, L. (1996). Automaticity of social behavior: Direct effects of trait construct and stereotype activation on action. *Journal of Personality and Social Psychology*, 71, 230 – 244.

Barlow, H. B. (1961). The coding of sensory messages. In W. H. Thorpe & O. L. Zangwill (Eds.), *Current problems in animal behaviour* (pp. 330 – 360). Cambridge: Cambridge University Press.

Barnes, G. R., & Bennett, S. J. (2003). Human ocular pursuit during the transient disappearance of a visual target. *Journal of Neurophysiology*, 90(4), 2504 – 2520.

Barnes, G. R., & Bennett, S. J. (2004). Predictive smooth ocular pursuit during the transient disappearance of a visual target. *Journal of Neurophysiology*, 92(1), 578 – 590.

Barone, P., Batardiere, A., Knoblauch, K., & Kennedy, H. (2000). Laminar distribution of neurons in extrastriate areas projecting to visual areas V1 and V4 correlates with the hierarchical rank and indicates the operation of a distance rule. *J. Neurosci.*, 20, 3263 – 3281. pmid: 10777791.

Barrett, H. C., & Kurzban, R. (2006). Modularity in cognition: Framing the debate. *Psychological Review*, 113(3), 628 – 647. 332

Barrett, L. F., & Bar, M. (2009). See it with feeling: Affective predictions in the human brain. *Royal Society Phil. Trans. B*, 364, 1325 – 1334.

Barsalou, L. (1999). Perceptual symbol systems. *Behav. Brain Sci.*, 22, 577 – 660.

Barsalou, L. (2003). Abstraction in perceptual symbol systems. *Philosophical Transactions of the Royal Society of London: Biological Science*, 358, 1177 – 1187.

Barsalou, L. (2009). Simulation, situated conceptualization, and prediction. *Philosophical Transactions of the Royal Society of London: Biological Sciences*, 364, 1281 – 1289.

Barto, A., Sutton, R., & Anderson, C. (1983). Neuronlike adaptive elements that can solve difficult learning control problems. *IEEE Trans. Syst. Man Cybern.*, 13, 834 – 846.

Barto, A. G. (1995). Adaptive critics and the basal ganglia. In J. L. Davis, J. C. Houk, & D. G. Beiser (Eds.), *Models of information processing in the basal ganglia* (pp. 215 – 232). Cambridge, MA: MIT Press.

Bastian, A. (2006). Learning to predict the future: The cerebellum adapts feedforward movement control. *Current Opinion in Neurobiology*, 16(6), 645 – 649.

Bastos, A. M., Usrey, W. M., Adams, R. A., Mangun, G. R., Fries, P., & Friston, K. J. (2012). Canonical microcircuits for predictive coding. *Neuron*, 76, 695 – 711.

Bastos, A. M., Vezoli, J., Bosman, C. A., Schoffelen, J.-M., Oostenveld, R., Dowdall, J. R., De Weerd, P., Kennedy, H., and Fries, P. (2015). Visual areas exert feedforward and feedback influences through distinct frequency channels. *Neuron*, 1 – 12. doi:10.1016/j.neuron.2014.12.018.

Battaglia, P. W., Hamrick, J. B., & Tenenbaum, J. B. (2013). Simulation as an engine of physical scene understanding. *Proceedings of the National Academy of Sciences of the United States of America*, 110(45), 18327 – 18332. doi:10.1073/pnas.1306572110.

Becchio, C., et al. (2010). Perception of shadows in children with autism spectrum disorders.

PLoS One, 5, e10582. doi:10.1371/journal.pone.0010582.

Beck, D. M., & Kastner, S. (2005). Stimulus context modulates competition in human extrastriate cortex. *Nature Neuroscience*, 8, 1110 – 1116.

Beck, D. M., & Kastner, S. (2008). Top-down and bottom-up mechanisms in biasing competition in the human brain. *Vision Research*, 49, 1154 – 1165.

Beck, J. M., Ma, W. J., Pitkow, X., Latham, P. E., & Pouget, A. (2012, April 12). Not noisy, just wrong: The role of suboptimal inference in behavioral variability. *Neuron*, 74(1), 30 – 39. doi:10.1016/j.neuron.2012.03.016.

Beer, R. (2000). Dynamical approaches to cognitive science. *Trends in Cognitive Sciences*, 4 (3), 91 – 99.

Beer, R. (2003). The dynamics of active categorical perception in an evolved model agent. *Adaptive Behavior*, 11, 209 – 243.

Bell, C. C., Han, V., & Sawtell, N. B. (2008). Cerebellum-like structures and their implications for cerebellar function. *Annu. Rev. Neurosci.*, 31, 1 – 24.

333 Benedetti, F. (2013). Placebo and the new physiology of the doctor-patient relationship. *Physiol. Rev.*, 93, 1207 – 1246.

Bengio, Y. (2009). Learning deep architectures for AI. *Foundations and Trends in Machine Learning*, 2(1):, 1 – 127.

Bengio, Y., & Le Cun, Y. (2007). Scaling learning algorithms towards AI. In Bottou L., Chapelle O., DeCoste D. and Weston J. (Eds.), *Large scale kernel machines* (pp. 321 – 360). Cambridge, MA: MIT Press.

Berkes, P., Orban, G., Lengyel, M., & Fiser, J. (2011). Spontaneous cortical activity reveals hallmarks of an optimal internal model of the environment. *Science*, 331, 83 – 87.

Berlyne, D. (1966). Curiosity and exploration. *Science*, 153(3731), 25 – 33.

Bermúdez, J. (2005). *Philosophy of psychology: A contemporary introduction*. New York: Routledge.

Berniker, M., & Körding, K. P. (2008). Estimating the sources of motor errors for adaptation and generalization. *Nature Neuroscience*, 11, 1454 – 1461.

Betsch, B. Y., Einhäuser, W., Körding, K. P., & König, P. (2004). The world from a cat's perspective: Statistics of natural videos. *Biological Cybernetics*, 90, 41 – 50.

Biederman, I. (1987). Recognition-by-components: A theory of human image understanding. *Psychological Review*, 94, 115 – 147.

Bindra, D. (1959). Stimulus change, reactions to novelty, and response decrement.

Psychological Review, 66, 96 – 103.

Bingel, U., Wanigasekera, V., Wiech, K., Ni Mhuircheartaigh, R., Lee, M. C., Ploner, M., & Tracey, I. (2011). The effect of treatment expectation on drug efficacy: Imaging the analgesic benefit of the opioid remifentanil. Sci. Transl. Med., 3, 70ra14. 1 – 9 doi:10. 1126/scitranslmed. 3001244.

Bissom, T. (1991). Alien/Nation. *Omni.* (*Science fiction magazine*)

Blackmore, S. (2004). *Consciousness: An introduction.* New York: Oxford University Press.

Blakemore, S.-J., Frith, C. D., & Wolpert, D. W. (1999). Spatiotemporal prediction modulates the perception of self-produced stimuli. *Journal of Cognitive Neuroscience*, 11(5), 551 – 559.

Blakemore, S.-J., Wolpert, D. M., & Frith, C. D. (1998). Central cancellation of self-produced tickle sensation. *Nature Neuroscience*, 1(7), 635 – 640.

Blakemore S. J., Wolpert D., Frith C. (2000). Why can't you tickle yourself? *Neuroreport* 11, R11 – 16.

Blakemore, S.-J., Wolpert, D. M., & Frith, C. D. (2002). Abnormalities in the awareness of action. *Trends in Cognitive Sciences*, 6, 237 – 242.

Block, N., & Siegel, S. (2013). Attention and perceptual adaptation. *Behavioral and Brain Sciences*, 36(4), 205 – 206.

Boden, M. (1970). Intentionality and physical systems. *Philosophy of Science*, 37, 200 – 214.

Botvinick, M. (2004). Probing the neural basis of body ownership. *Science*, 305, 782 – 783. doi:10. 1126/science. 1101836.

Botvinick, M., & Cohen, J. (1998). Rubber hands 'feel' touch that eyes see. *Nature*, 391, 756. doi:10. 1038/35784.

334

Bowman, H., Filetti, M., Wyble, B., & Olivers, C. (2013). Attention is more than prediction precision. *Behav. Brain Sci.*, 36(3), 233 – 253.

Box, G. P., & Draper, N. R. (1987). *Empirical model-building and response surfaces.* NJ Wiley.

Boynton, G. M. (2005). Attention and visual perception. *Curr. Opin. Neurobiol.*, 15, 465 – 469. doi:10. 1016/j. conb. 2005. 06. 009.

Brainard, D. (2009). Bayesian approaches to color vision. In M. Gazzaniga (Ed.), *The visual neurosciences* (4th ed.). Cambridge, MA: MIT Press.

Bram, U. (2013). *Thinking statistically.* San Francisco: Capara Books.

Braver, T. S., Barch, D. M., & Cohen, J. D. (1999). Cognition and control in schizophrenia: A computational model of dopamine and prefrontal function. *Biological Psychiatry*, 46(3), 312 – 328.

Brayanov, J. B., & Smith, M. A. (2010). Bayesian and "anti-Bayesian" biases in sensory integration for action and perception in the size – weight illusion. *Journal of Neurophysiology*, 103(3), 1518 – 1531.

Brock, J. (2012, November 2). Alternative Bayesian accounts of autistic perception: Comment on Pellicano and Burr. *Trends in Cognitive Sciences*, 16(12), 573 – 574. doi:10.1016/j.tics.2012.10.005.

Brooks, R., & Flynn, A(1989). Fast, cheap, and out of control: A robot invasion of the solar system. *J. Brit. Interplanetary Soc.*, 42(10), 478 – 485.

Brown, E. C., & Brüne, M. (2012). The role of prediction in social neuroscience. *Front. Hum. Neurosci.*, 6, 147. doi:10.3389/fnhum.2012.00147.

Brown, H., Adams, R. A., Parees, I., Edwards, M., & Friston, K. (2013). Active inference, sensory attenuation and illusions. *Cogn. Process.* 14 (4), 411 – 427.

Brown, H., & Friston, K. (2012). Free-energy and illusions: The Cornsweet effect. *Frontiers in Psychology*, 3, 43. doi:10.3389/fpsyg.2012.00043.

Brown, H., Friston, K., & Bestmann, S. (2011). Active inference, attention, and motor preparation. *Frontiers in Psychology*, 2, 218. doi:10.3389/fpsyg.2011.00218.

Brown, R. J. (2004). Psychological mechanisms of medically unexplained symptoms: An integrative conceptual model. *Psychol. Bull.*, 130, 793 – 812.

Bubic, A., von Cramon, D. Y., & Schubotz, R. I. (2010). Prediction, cognition and the brain. *Front. Hum. Neurosci.*, 4, 25. doi:10.3389/fnhum.2010.00025.

Buchbinder, R., & Jolley, D. (2005). Effects of a media campaign on back beliefs is sustained 3 years after its cessation. *Spine*, 30, 1323 – 1330.

Büchel, C., Geuter, S., Sprenger, C., & Eippert, F., et al. (2014). Placebo analgesia: A predictive coding perspective. *Neuron*, 81(6), 1223 – 1239.

Buckingham, G., & Goodale, M. (2013). When the predictive brain gets it really wrong. *Behavioral and Brain Sciences*, 36(3), 208 – 209.

Buffalo, E. A., Fries, P., Landman, R., Buschman, T. J., & Desimone, R. (2011). Laminar differences in gamma and alpha coherence in the ventral stream. *Proceedings of the National Academy of Sciences of the United States of America*, 108(27), 11262 – 11267. doi.org/10.1073/pnas.1011284108.

335

Burge, J., Fowlkes, C., & Banks, M. (2010). Natural-scene statistics predict how the figure – ground cue of convexity affects human depth perception. *Journal of Neuroscience*, 30(21),

7269 – 7280. doi:10.1523/JNEUROSCI.5551-09.2010.

Burge, T. (2010). *Origins of objectivity*. New York: Oxford University Press.

Byrne, A., & Logue, H. (Eds.). (2009). *Disjunctivism: Contemporary readings*. Cambridge, MA: MIT Press.

Caligiore, D., Ferrauto, T., Parisi, D., Accornero, N., Capozza, M., & Baldassarre, G. (2008). Using motor babbling and Hebb rules for modeling the development of reaching with obstacles and grasping. In *CogSys2008—International Conference on Cognitive Systems* (E 1 – 8. Cambridge, MA: MIT Press.

Campbell, D. T. (1974). Evolutionary epistemology. In P. A. Schlipp (Ed.), *The philosophy of Karl Popper* (pp. 413 – 463). LaSalle, IL: Open Court.

Cardoso-Leite, P., Mamassian, P., Schütz-Bosbach, S., & Waszak, F. (2010). A new look at sensory attenuation: Action-effect anticipation affects sensitivity, not response bias. *Psychological Science*, 21, 1740 – 1745. doi:10.1177/0956797610389187.

Carey, S. (2009). *The origin of concepts*. New York: Oxford University Press.

Carrasco, M. (2011). Visual attention: The past 25 years. *Vision Res.*, 51(13), 1484 – 1525. doi:10.1016/j.visres.2011.04.012.

Carrasco, M., Ling, S., & Read, S. (2004). Attention alters appearance. *Nature Neuroscience*, 7, 308 – 313.

Carruthers, P. (2009). Invertebrate concepts confront the generality constraint (and win). In Robert W. Lurz (Ed.), *The philosophy of animal minds* (pp. 89 – 107). Cambridge: Cambridge University Press.

Castiello, U. (1999). Mechanisms of selection for the control of hand action. *Trends in Cognitive Sciences*, 3(7), 264 – 271.

Chadwick, P. K. (1993). The step ladder to the impossible: A first hand phenomenological account of a schizo-affective psychotic crisis. *Journal of Mental Health*, 2, 239 – 250.

Chalmers, D. (1996). *The conscious mind*. Oxford: Oxford University Press.

Chalmers, D. (2005). The matrix as metaphysics. In R. Grau (Ed.), *Philosophers explore the matrix*. New York: Oxford University Press.

Chapman, S. (1968). Catching a baseball. *American Journal of Physics*, 36, 868 – 870.

Chater, N., & Manning, C. (2006). Probabilistic models of language processing and acquisition. *Trends in Cognitive Sciences*, 10(7), 335 – 344.

Chawla, D., Friston, K., & Lumer, E. (1999). Zero-lag synchronous dynamics in triplets of interconnected cortical areas. *Neural Networks*, 14(6 – 7) 727 – 735.

Chemero, A. (2009). *Radical embodied cognitive science*. Cambridge, MA: MIT Press.

Chen, C. C., Henson, R. N., Stephan, K. E., Kilner, J. M., & Friston, K. J. (2009). Forward and backward connections in the brain: A DCM study of func-tional asymmetries. *Neuroimage*, 45(2), 453 –462.

336 Chen, Yi-Chuan, Su-Ling Yeh, & Spence, C. (2011). Crossmodal constraints on human perceptual awareness: Auditory semantic modulation of binocu-lar rivalry. *Frontiers in Psychology*, 2, 212. doi:10.3389/fpsyg.2011.00212.

Christiansen, M., & Chater, N. (2003). Constituency and recursion in language. In M. A. Arbib (Ed.), *The handbook of brain theory and neural networks*(pp. 267 –271). Cambridge, MA: MIT Press.

Churchland, P. M. (1989). *The neurocomputational perspective*. Cambridge, MA: MIT/ Bradford Books.

Churchland, P. M. (2012). *Plato's camera: How the physical brain captures a landscape of abstract universals*. Cambridge, MA: MIT Press.

Churchland, P. S. (2013). *Touching a nerve: The self as brain*. W. W. Norton . Churchland, P. S., Ramachandran, V., & Sejnowski, T. (1994). A critique of pure vision. In C. Koch & J. Davis (Eds.), *Large-scale neuronal theories of the brain*(pp. 23 –61). Cambridge, MA: MIT Press.

Cisek, P. (2007). Cortical mechanisms of action selection: The affordance competition hypothesis. *Philosophical Transactions of the Royal Society B*, 362, 1585 –1599.

Cisek, P., & Kalaska, J. F. (2005). Neural correlates of reaching decisions in dorsal premotor cortex: Specification of multiple direction choices and final selection of action. *Neuron*, 45 (5), 801 –814.

Cisek, P., & Kalaska, J. F. (2011). Neural mechanisms for interacting with a world full of action choices. *Annual Review of Neuroscience*, 33, 269 –298.

Clark, A. (1989). *Microcognition: Philosophy, cognitive science and parallel distributed processing*. Cambridge, MA: MIT Press/Bradford Books.

Clark, A. (1993). *Associative engines: Connectionism, concepts and representational change*. Cambridge, MA: MIT Press, Bradford Books.

Clark, A. (1997). *Being there: Putting brain, body and world together again*. Cambridge, MA: MIT Press.

Clark, A. (1998). Magic words: How language augments human computation. In P. Carruthers & J. Boucher (Eds.), *Language and thought: Interdisciplinary themes* (pp. 162 – 183). Cambridge: Cambridge University Press.

Clark, A. (2003). *Natural-born cyborgs: Minds, technologies, and the future of human intelligence. New York: Oxford University Press.*

Clark, A. (2006). Language, embodiment and the cognitive niche. *Trends in Cognitive Sciences*, 10(8), 370 - 374.

Clark, A. (2008). *Supersizing the mind: Action, embodiment, and cognitive extension* New York: Oxford University Press.

Clark, A. (2012). Dreaming the whole cat: Generative models, predictive processing, and the enactivist conception of perceptual experience. Mind, 121(483), 753 - 771. doi:10.1093/mind/fzs106.

Clark, A. (2013). Whatever next? Predictive brains, situated agents, and the future of cognitive science. *Behavioral and Brain Sciences*, 36(3), 181 - 204.

Clark, A. (2014). Perceiving as predicting. In M. Mohan, S. Biggs, & D. Stokes (Ed s.), *Perception and its modalities*. New York: Oxford University Press, 23 - 43.

Clark, A., & Chalmers, D. (1998). The extended mind. *Analysis*, 58(1), 7 - 19.

Cocchi, L., Zalesky, A., Fornito, A., & Mattingley, J. (2013). Dynamic cooperation and competition between brain systems during cognitive control. *Trends in Cognitive Sciences*, 17, 493 - 501.

Coe, B., Tomihara, K., Matsuzawa, M., & Hikosaka, O. (2002). Visual and anticipatory bias in three cortical eye fields of the monkey during an adaptive decision-making task. *J. Neurosci.*, 22(12), 5081 - 5090.

Cohen, J. D., McClure, S. M., & Yu, A. J. (2007). Should I stay or should I go? How the human brain manages the trade-off between exploitation and exploration. *Philosophical Transactions of the Royal Society London B: Biological Sciences*, 29(362), 933 - 942. doi:10.1098/rstb.2007.2098.

Colder, B. (2011). Emulation as an integrating principle for cognition. *Front. Hum. Neurosci.*, 5, 54. doi:10.3389/fnhum.2011.00054.

Cole, M. W., Anticevic, A., Repovs, G., and Barch, D. (2011). Variable global dysconnectivity and individual differences in schizophrenia. *Biological Psychiatry*, 70, 43 - 50.

Collins, S. H., Wisse, M., & Ruina, A. (2001). A 3-D passive dynamic walking robot with two legs and knees. *International Journal of Robotics Research*, 20(7), 607 - 615.

Colombetti, G. (2014). *The feeling body*. Cambridge, MA: MIT Press.

Colombetti, G., & Thompson, E. (2008). The feeling body: Towards an enactive approach to emotion. In W. F. Overton, U. Muller, & J. L. Newman (Eds.), *Developmental perspectives on embodiment and consciousness* (pp. 45 - 68). New York: Lawrence Erlbaum Assoc.

Colombo, M. (2013). Moving forward (and beyond) the modularity debate: A network perspective. *Philosophy of Science*, 80, 356 – 377.

Colombo, M. (in press). Explaining social norm compliance: A plea for neural representations. *Phenomenology and the Cognitive Sciences*.

Coltheart, M. (2007). Cognitive neuropsychiatry and delusional belief (The 33rd Sir Frederick Bartlett Lecture). *Quarterly Journal of Experimental Psychology*, 60(8), 1041 – 1062.

Conway, C., & Christiansen, M. (2001). Sequential learning in non-human primates. *Trends in Cognitive Sciences*, 5(12), 539 – 546.

Corlett, P. R., Frith, C. D., & Fletcher, P. C. (2009). From drugs to deprivation: A Bayesian framework for understanding models of psychosis. *Psychopharmacology (Berl)*, 206 (4), 515 – 530.

Corlett, P. R., Krystal, J. K., Taylor, J. R., & Fletcher, P. C. (2009). Why do delusions persist? *Front. Hum. Neurosci.*, 3, 12. doi:10.3389/neuro.09.012.2009.

Corlett, P. R., Taylor, J. R., Wang, X. J., Fletcher, P. C., & Krystal, J. H. (2010). Toward a neurobiology of delusions. *Progress in Neurobiology*, 92(3), 345 – 369.

Coste, C. P., Sadaghiani, S., Friston, K. J., & Kleinschmidt, A. (2011). Ongoing brain activity fluctuations directly account for intertrial and indirectly for intersubject variability in Stroop task performance. *Cereb. Cortex*, 21, 2612 – 2619.

Craig, A. D. (2002). How do you feel? Interoception: The sense of the physiological condition of the body. *Nat. Rev. Neurosci.*, 3, 655 – 666.

338

Craig, A. D. (2003). Interoception: The sense of the physiological condition of the body. *Curr. Opin. Neurobiol.*, 13, 500 – 505.

Craig, A. D. (2009). How do you feel—now? The anterior insula and human awareness. *Nat. Rev. Neurosci.*, 10, 59 – 70.

Crane, T. (2005). What is the problem of perception? *Synthesis Philosophica*, 40(2), 237 – 264.

Crick, F. (1984). Function of the thalamic reticular complex: The searchlight hypothesis. *Proceedings of the National Academy of Sciences of the United States of America*, 81, 4586 – 4590.

Critchley, H. D. (2005). Neural mechanisms of autonomic, affective, and cognitive integration. *Journal of Comparative Neurology*, 493(1), 154 – 166. doi:10.1002/cne.20749.

Critchley, H. D., & Harrison, N. A. (2013). Visceral influences on brain and behavior. *Neuron*, 77, 624 – 638.

Critchley, H. D., et al. (2004). Neural systems supporting interoceptive awareness. *Nat.*

Neurosci., 7, 189 – 195.

Crowe, S., Barot, J., Caldow, S., D'Aspromonte, J., Dell'Orso, J., Di Clemente, A., Hanson, K., Kellett, M., Makhlota, S., McIvor, B., McKenzie, L., Norman, R., Thiru, A., Twyerould, M., & Sapega, S. (2011). The effect of caffeine and stress on auditory hallucinations in a nonclinical sample. *Personality and Individual Difference*, 50(5), 626 – 630.

Cui, X., Jeter, C. B., Yang, D., Montague, P. R., and Eagleman, D. M. (2007). Vividness of mental imagery: Individual variability can be measured o b j e c t ive ly. *Vision Res.*, 47, 474 – 478.

C¸ukur, T., Nishimoto, S., Huth, A. G., & Gallant, J. L. (2013). Attention during natural vision warps semantic representation across the human brain. *Nature Neuroscience*, 16(6), 763 – 770. doi:10.1038/n n.3381.

Cunningham, A. E., & Stanovich, K. E. (1997). Early reading acquisition and its relation to reading experience and ability 10 years later. *Developmental Psychology*, 33(6), 934 – 945.

Damasio, A. (1999). *The feeling of what happens*. New York: Harcourt, Brace & Co.

Damasio, A. (2010). *Self comes to mind: Constructing the conscious brain*. Toronto Pantheon.

Damasio, A., & Damasio, H. (1994). Cortical systems for retrieval of concrete knowledge: The convergence zone framework. In C. Koch (Ed.), *Large-scale neuronal theories of the brain* (pp. 61 – 74). Cambridge, MA: MIT Press.

Daunizeau, J., Den Ouden, H., Pessiglione, M., Stephan, K., Kiebel, S., & Friston, K. (2010a). Observing the observer (I): Meta-Bayesian models of learning and decision-making. *PLoS One*, 5(12), e15554.

Daunizeau, J., Den Ouden, H., Pessiglione, M., Stephan, K., Kiebel, S., & Friston, K. (2010b). Observing the observer (II): Deciding when to decide. *PLoS One*, 5(12), e15555.

Davis, M. H., & Johnsrude, I. S. (2007). Hearing speech sounds: Top-down influ-ences on the interface between audition and speech perception. *Hearing Research*, 229(1 – 2), 132 – 147.

Daw, N., Niv, Y., & Dayan, P. (2005). Uncertainty-based competition between prefrontal l and dorsolateral striatal systems for behavioral control. *Nature Neuroscience*, 8(12), 1704 – 1711.

339

Daw, N. D., Gershman, S. J., Seymour, B., Dayan, P., & Dolan, R. J. (2011). Model-based influences on humans' choices and striatal prediction errors. *Neuron*, 69, 1204 – 1215.

Dayan, P. (1997). Recognition in hierarchical models. In F. Cucker & M. Shub (Eds.), *Foundations of computational mathematics* (pp. 79 – 87). Berlin, Germany: Springer.

Dayan, P. (2012). How to set the switches on this thing. *Curr. Opin. Neurobiol.*, 22, 1068 – 1074.

Dayan, P., & Daw, N. D. (2008). Decision theory, reinforcement learning, and the brain.

Cognitive, Affective & Behavioral Neuroscience, 8, 429 – 453.

Dayan, P., & Hinton, G. (1996). Varieties of Helmholtz machine. *Neural Networks*, 9, 1385 – 1403.

Dayan, P., Hinton, G. E., & Neal, R. M. (1995). The Helmholtz machine. *Neural Computation*, 7, 889 – 904.

De Brigard, F. (2012). Predictive memory and the surprising gap. *Frontiers in Psychology*, 3, 420. doi:10.3389/fpsyg.2012.00420.

De Ridder, D., Vanneste, S., & Freeman, W. (2012). The Bayesian brain: Phantom percepts resolve sensory uncertainty. *Neurosci. Biobehav. Rev.* http://dx.doi.org/10.1016/j.neubiorev.2012.04.001.

de Vignemont, F., & Fourneret, P. (2004). The sense of agency: A philosophical and empirical review of the Who system. *Consciousness and Cognition*, 13, 1 – 19.

de-Wit, L., Machilsen, B., & Putzeys, T. (2010). Predictive coding and the neural response to predictable stimuli. *J. Neurosci.*, 30, 8702 – 8703.

den Ouden, H. E. M., Daunizeau, J., Roiser, J., Friston, K., & Stephan, K. (2010). Striatal prediction error modulates cortical coupling. *J. Neurosci.*, 30, 3210 – 3219.

den Ouden, H. E. M., Kok, P. P., & de Lange, F. P. F. (2012). How prediction errors shape perception, attention, and motivation. *Front. Psychol.*, 3, 548. doi:10.3389/fpsyg.2012.00548.

Decety, J. (1996). Neural representation for action. *Rev. Neurosci.*, 7, 285 – 297.

Dehaene, S. (2004). Evolution of human cortical circuits for reading and arithmetic: The 'neuronal recycling' hypothesis. In S. Dehaene, J. Duhamel, M. Hauser, & G. Rizzolatti (Eds.), *From monkey brain to human brain* (p p. 133 – 158). Cambridge, MA: MIT Press.

Dehaene, S., Pegado, F., Braga, L., Ventura, P., Nunes G., Jobert, A., Dehaene-Lambertz, G., Kolinsky, R., Morais, J., & Cohen, L. (2010). How learning to read changes the cortical networks for vision and language. *Science*, 330(6009), 1359 – 1364. doi:10.1126/science.1194140.

Demiris, Y., & Meltzoff, A. (2008). The robot in the crib: A developmental analysis of imitation skills in infants and robots. *Infant and Child Development*, 17, 43 – 58.

340 Dempster, A. P., Laird, N. M., & Rubin, D. B. (1977). Maximum likelihood from incomplete data via the EM algorithm. *Journal of the Royal Statistical Society Series B*, 39, 1 – 38.

Deneve, S. (2008). Bayesian spiking neurons I: inference. *Neural Comput.*, 20, 91 – 117.

Dennett, D. (1982). Beyond belief. In A. Woodfield (Ed.), *Thought and object* (pp. 74 – 98). Oxford: Clarendon Press.

Dennett, D. (1991). *Consciousness explained.* Boston: Little Brown.

Dennett, D. (2013). Expecting ourselves to expect: The Bayesian brain as a projector. *Behavioral and Brain Sciences*, 36(3), 209-210.

Desantis, A., Hughes, G., & Waszak, F. (2012). Intentional binding is driven by the mere presence of an action and not by motor prediction. *PLoS One*, 7, e29557. doi:10.1371/journal.pone.0029557.

Desimone, R. (1996). Neural mechanisms for visual memory and their role in attention. *Proc. Natl. Acad. Sci. USA*, 93(24), 13494-13499.

Desimone, R., & Duncan, J. (1995). Neural mechanisms of selective visual attention. *Annu. Rev. Neurosci.*, 18, 193-222.

Dewey, J. (1896). The reflex arc concept in psychology. *Psychological Review*, 3, 357-370.

DeWolf, T., & Eliasmith, C. (2011). The neural optimal control hierarchy for motor control. *Journal of Neural Engineering*, 8(6), 21. doi:10.1088/1741-2560/8/6/065009.

DeYoe, E. A., & Van Essen, D. C. (1988). Concurrent processing streams in monkey visual cortex. *Trends in Neuroscience*, 11, 219-226.

Diana, R. A., Yonelinas, A. P., & Ranganath, C. (2007). Imaging recollection and familiarity in the medial temporal lobe: A three-component model. *Trends in Cognitive Sciences*, 11, 379-386.

Dima, D., Roiser, J., Dietrich, D., Bonnemann, C., Lanfermann, H., Emrich, H., & Dillo, W. (2009). Understanding why patients with schizophrenia do not perceive the hollow-mask illusion using dynamic causal modelling. *NeuroImage*, 46(4), 1180-1186.

Dolan, R. J. (2002). Emotion, cognition, and behavior. *Science*, 298, 1191-1194.

Dorris, M. C., & Glimcher, P. W. (2004). Activity in posterior parietal cortex is correlated with the relative subjective desirability of action. *Neuron*, 44(2), 365-378.

Doya, K., & Ishii, S. (2007). A probability primer. In K. Doya, S. Ishii, A. Pouget, & R. Rao (Eds.), *Bayesian brain: Probabilistic approaches to neural coding* (pp. 3-15). Cambridge, MA: MIT Press.

Doya, K., Ishii, S., Pouget, A., & Rao, R. (Eds.). (2007). *Bayesian brain: Probabilistic approaches to neural coding.* Cambridge, MA: MIT Press.

Dura-Bernal, S., Wennekers, T., & Denham, S. (2011). The role of feedback in a hierarchical model of object perception. *Advances in Experimental Medicine and Biology*, 718, 165-179. doi:10.1007/978-1-4614-0164-3_14.

Dura-Bernal, S., Wennekers, T., & Denham, S. (2012). Top-down feedback in an HMAX-

341 like cortical model of object perception based on hierarchical Bayesian networks and belief propagation. *PloS One*, 7(11), e48216. doi:10.1371/jou r nal. pone.0048216.

Edelman, G. (1987). *Neural Darwinism: The theory of neuronal group selection.* New York: Basic Books.

Edelman, G., & Mountcastle, V. (1978). *The mindful brain: Cortical organization and the group-selective theory of higher brain function.* Cambridge, MA: MIT Press.

Edwards, M. J., Adams, R. A., Brown, H., Pareés, I., & Friston, K. (2012). A Bayesian account of 'hysteria'. *Brain*, 135(Pt 11), 3495 – 3512.

Egner, T., Monti, J. M., & Summerfield, C. (2010). Expectation and surprise determine neural population responses in the ventral visual stream. *Journal of Neuroscience*, 30(49), 16601 – 16608.

Egner, T., & Summerfield, C. (2013). Grounding predictive coding models in empirical neuroscience research. *Behavioral and Brain Sciences*, 36, 210 – 211.

Ehrsson, H. H. (2007). The experimental induction of out-of-body experiences. *Science*, 317, 1048.

Einhäuser, W., Kruse, W., Hoffmann, K. P., & König, P. (2006). Differences of monkey and human overt attention under natural conditions. *Vision Res.*, 46, 1194 – 1209.

Eliasmith, C. (2005). A new perspective on representational problems. *Journal of Cognitive Science*, 6, 97 – 123.

Eliasmith, C. (2007). How to build a brain: From function to implementation. *Synthese*, 153 (3), 373 – 388.

Elman, J. L. (1993). Learning and development in neural networks: The importance of starting small. *Cognition*, 48, 71 – 99.

Enck, P., Bingel, U., Schedlowski, M., & Rief, W. (2013). The placebo response in medicine: Minimize, maximize or personalize? *Nat. Rev. Drug Discov.*, 12, 191 – 204.

Engel, A., Maye, A., Kurthen, M., & König, P. (2013). Where's the action? The pragmatic turn in cognitive science. *Trends in Cognitive Sciences*, 17(5), 202 – 209. doi:10.1016/j.tics.2013.03.006.

Engel, A. K., Fries, P., & Singer, W. (2001). Dynamic predictions: Oscillations and synchrony in top-down processing. *Nature Reviews*, 2, 704 – 716.

Ernst, M. O. (2010). Eye movements: Illusions in slow motion. *Current Biology*, 20 (8), R357 – R359.

Ernst, M. O., & Banks, M. S. (2002). Humans integrate visual and haptic information in a statistically optimal fashion. *Nature*, 415, 429 – 433.

Evans, G. (1982). *The varieties of reference*. Oxford: Oxford University Press.

Evans, J. St. B. T. (2010). *Thinking twice: Two minds in one brain*. Oxford: Oxford University Press.

Fabre-Thorpe, M. (2011). The characteristics and limits of rapid visual categorization. *Frontiers in Psychology*, 2(243). doi:10.3389/fpsyg.2011.00243.

Fadiga, L., Craighero, L., Buccino, G., & Rizzolatti, G. (2002). Speech listening specifically modulates the excitability of tongue muscles: A TMS study. *Eur. J. Neurosci.*, 15(2), 399-402.

Fair, D. (1979). Causation and the flow of energy. *Erkenntnis*, 14, 219-250.

Faisal, A. A., Selen, L. P. J., & Wolpert, D. M. (2008). Noise in the nervous system. *Nature Rev. Neurosci.*, 9, 292-303. doi:10.1038/nrn2258.

342

Fecteau, J. H., & Munoz, D. P. (2006). Salience, relevance, and firing: A priority map for target selection. *Trends in Cognitive Sciences*, 10, 382-390.

Feldman, A. G. (2009). New insights into action-perception coupling. *Experimental Brain Research*, 194(1), 39-58.

Feldman, A. G., & Levin, M. F. (2009). The equilibrium-point hypothesis—past, present and future. *Advances in Experimental Medicine and Biology*, 629, 699-726.

Feldman, H., & Friston, K. (2010). Attention, uncertainty, and free-energy. *Frontiers in Human Neuroscience*, 2(4), 215. doi:10.3389/f n hum.2010.00215.

Feldman, J. (2010). Cognitive science should be unified: Comment on Griffiths et al. and McClelland et al. *Trends in Cognitive Sciences*, 14(8), 341. doi:10.1016/j.tics.2010.05.008.

Feldman, J. (2013). Tuning your priors to the world. *Topics in Cognitive Science*, 5(1), 13-34. doi:10.1111/tops.12003.

Felleman, D. J., & Van Essen, D. C. (1991). Distributed hierarchical processing in primate cerebral cortex. *Cerebral Cortex*, 1, 1-47.

Fernandes, H. L., Stevenson, I. H., Phillips, A. N., Segraves, M. A., & Kording, K. P. (2014). Saliency and saccade encoding in the frontal eye field during natural scene search. *Cerebral Cortex*, 24(12), 3232-3245.

Fernyhough, C. (2012). *Pieces of light: The new science of memory*. London: Profile Books.

Ferrari, PF et al. (2003). Mirror neurons responding to the observation of ingestive and communicative mouth actions in the ventral premotor cortex. *European Journal of Neuroscience*, 17(8), 1703-1714.

Ferrari, R., Obelieniene, D., Russell, A. S., Darlington, P., Gervais, R., & Green, P. (2001). Symptom expectation after minor head injury: A comparative study between Canada and Lithuania. *Clin. Neurol. Neurosurg.*, 103, 184 – 190.

Fink, P. W., Foo, P. S., & Warren, W. H. (2009). Catching fly balls in virtual reality: A critical test of the outfielder problem. *Journal of Vision*, 9(13):14, 1 – 8.

FitzGerald, T., Dolan, R., & Friston, K. (2014). Model averaging, optimal inference, and habit formation. *Frontiers in Human Neuroscience*, 8, 1 – 11. doi:10.3389/fnhum.2014.00457.

Fitzhugh, R. (1958). A statistical analyzer for optic nerve messages. *Journal of General Physiology*, 41, 675 – 692.

Fitzpatrick, P., Metta, G., Natale, L., Rao, S., & Sandini, G. (2003). Learning about objects through action: Initial steps towards artificial cognition. *IEEE International Conference on Robotics and Automation (ICRA)*, 12 – 17 May, Taipei, Taiwan.

Flash, T., & Hogan, N. (1985). The coordination of arm movements: An experimentally confirmed mathematical model. *J. Neurosci.*, 5, 1688 – 1703.

343 Fletcher, P., & Frith, C. (2009). Perceiving is believing: A Bayesian approach to explaining the positive symptoms of schizophrenia. *Nature Reviews: Neuroscience*, 10, 48 – 58.

Fodor, J. (1983). *The modularity of mind.* Cambridge, MA: MIT Press.

Fodor, J. (1988). A Reply to Churchland's 'Perceptual plasticity and theoretical neutrality'. *Philosophy of Science*, 55, 188 – 198.

Fodor, J., & Pylyshyn, Z. (1988). Connectionism and cognitive architecture: A critical analysis. *Cognition*, 28(1 – 2), 3 – 71.

Fogassi, L., Ferrari, P. F., Gesierich, B., Rozzi, S., Chersi, F., & Rizzolatti, G. (2005). Parietal lobe: From action organization to intention understanding. *Science*, 308, 662 – 667. doi:10.1126/science.1106138.

Fogassi, L., Gallese, V., Fadiga, L., & Rizzolatti, G. (1998). Neurons responding to the sight of goal directed hand/arm actions in the parietal area PF (7b) of the macaque monkey. *Soc. Neurosci. Abstr.*, 24, 257.

Ford, J., & Mathalon, D. (2012). Anticipating the future: Automatic prediction failures in schizophrenia. *International Journal of Psychophysiology*, 83, 232 – 239.

Fornito, A., Zalesky, A., Pantelis, C., & Bullmore, E. T. (2012). Schizophrenia, neuroimaging and connectomics. *Neuroimage*, 62, 2296 – 2314.

Frankish, K. (in press). Dennett's dual-process theory of reasoning. In C. Muñoz-Suárez and F. De Brigard, F. (Eds.), *Content and consciousness revisited.* New York: Springer.

Franklin, D. W., & Wolpert, D. M. (2011). Computational mechanisms of sensorimotor *control. Neuron*, 72, 425 – 442.

Freeman, T. C. A., Champion, R. A., & Warren, P. A. (2010). A Bayesian model of perceived head-centred velocity during smooth pursuit eye movement. *Current Biology*, 20, 757 – 762.

Friston, K. (1995). Functional and effective connectivity in neuroimaging: A synthesis. *Hum. Brain Mapp.*, 2, 56 – 78.

Friston, K. (2002). Beyond phrenology: What can neuroimaging tell us about distributed circuitry? *Annu. Rev. Neurosci.*, 25, 221 – 250.

Friston, K. (2003). Learning and inference in the brain. *Neural Networks*, 16(9), 1325 – 1352.

Friston, K. (2005). A theory of cortical responses. *Philos. Trans. R. Soc. Lond. B Biol. Sci.*, 360(1456), 815 – 836.

Friston, K. (2008). Hierarchical models in the brain. *PLoS Computational Biology*, 4(11), e1000211.

Friston, K. (2009). The free-energy principle: A rough guide to the brain? *Trends in Cognitive Sciences*, 13, 293 – 301.

Friston, K. (2010). The free-energy principle: A unified brain theory? *Nat. Rev. Neurosci.*, 11 (2), 127 – 138.

Friston, K. (2011a). What is optimal about motor control? *Neuron*, 72, 488 – 498.

Friston, K. (2011b). Embodied inference: or 'I think therefore I am, if I am what I think'. In W. Tschacher & C. Bergomi (Eds.), *The implications of embodiment (cognition and communication)* (pp. 89 – 125). Exeter, UK: Imprint Academic.

Friston, K. (2011c). Functional and effective connectivity: A review. *Brain Connectivity*, 1 (1), 13 – 36. doi:10.1089/brain.2011.0008.

344

Friston, K. (2012a). Predictive coding, precision and synchrony. *Cognitive Neuroscience*, 3(3 – 4), 238 – 239.

Friston, K. (2012b). Prediction, perception and agency. *Int. J. Psychophysiol.*, 83, 248 – 252.

Friston, K. (2012c). A free energy principle for biological systems. *Entropy*, 14, 2100 – 2121. doi:10.3390/e14112100.

Friston, K. (2013). Active inference and free energy. *Behavioral and Brain Sciences*, 36(3), 212 – 213.

Friston, K., Adams, R., & Montague, R. (2012). What is value-accumulated reward or evidence? *Frontiers in Neurorobotics*, 6, 11. doi:10.3389/fnbot.2012.00011.

Friston, K., Adams, R. A., Perrinet, L., & Breakspear, M. (2012). Perceptions as hypotheses: Saccades as experiments. *Front. Psychol.*, 3, 151. doi:10.3389/fpsyg.2012.00151.

Friston, K., & Ao, P. (2012). Free-energy, value and attractors. *Computational and Mathematical Methods in Medicine*. Article ID 937860.

Friston, K. J., Bastos, A. M., Pinotsis, D., & Litvak, V. (2015). LFP and oscillations-what do they tell us? *Current Opinion in Neurobiology*, 31, 1-6. doi:10.1016/j.conb.2014.05.004.

Friston, K., Breakspear, M., & Deco, G. (2012). Perception and self-organized instability. *Front. Comput. Neurosci.*, 6, 44. doi:10.3389/fncom.2012.00044.

Friston, K., Daunizeau, J., & Kiebel, S. J. (2009, July 29). Reinforcement learning or active inference? *PLoS One*, 4(7), e6421.

Friston, K., Daunizeau, J., Kilner, J., & Kiebel, S. J. (2010). Action and behavior: A free-energy formulation. *Biol Cybern.*, 102(3), 227-260.

Friston, K., Harrison, L., & Penny, W. (2003). Dynamic causal modelling. *Neuroimage*, 19, 1273-1302.

Friston, K., & Kiebel, S. (2009). Cortical circuits for perceptual inference. *Neural Networks*, 22, 1093-1104.

Friston, K., Lawson, R., & Frith, C. D. (2013). On hyperpriors and hypopriors: Comment on Pellicano and Burr. *Trends in Cognitive. Sciences*, 17, 1. doi:10.1016/j.tics.2012.11.003.

Friston, K., Mattout, J., & Kilner, J. (2011). Action understanding and active inference. *Biol. Cybern.*, 104, 137-160.

Friston, K., & Penny, W. (2011). Post hoc Bayesian model selection. *Neuroimage*, 56(4), 2089-2099.

Friston, K., & Price, C. J. (2001). Dynamic representations and generative models of brain function. *Brain Res. Bull.*, 54(3), 275-285.

Friston, K., Samothrakis, S., & Montague, R. (2012). Active inference and agency: Optimal control without cost functions. *Biol. Cybern.*, 106(8-9), 523-541.

Friston, K., Shiner, T., FitzGerald, T., Galea, J. M., Adams, R., et al. (2012). Dopamine, affordance and active inference. *PLoS Comput. Biol.*, 8(1), e1002327. doi:10.1371/journal.pcbi.1002327.

345 Friston, K., & Stephan, K. (2007). Free energy and the brain. *Synthese*, 159(3), 417-458.

Friston, K., Thornton, C., & Clark, A. (2012). Free-energy minimization and the dark-room problem. *Frontiers in Psychology*, 3, 1-7. doi:10.3389/fpsyg.2012.00130.

Frith, C. (2005). The self in action: Lessons from delusions of control. *Consciousness and Cognition*, 14(4), 752 – 770.

Frith, C. (2007). *Making up the mind: How the brain creates our mental world.* Oxford: Blackwell.

Frith, C., & Friston, K. (2012). False perceptions and false beliefs: Understanding schizophrenia. In *Working Group on Neurosciences and the Human Person: New perspectives on human activities, the Pontifical Academy of Sciences*, 8 – 10 November 2012, Casina PioIV.

Frith, C., & Frith, U. (2012). Mechanisms of social cognition. *Annu. Rev. Psychol.*, 63, 287 – 313.

Frith, C., Perry, R., & Lumer, E. (1999). The neural correlates of conscious experience: An experimental framework. *Trends in Cognitive Sciences*, 3(3), 105 – 114.

Frith, U. (1989). *Autism: Explaining the enigma.* Oxford: Blackwell.

Frith, U. (2008). *Autism: A very short introduction.* New York: Oxford University Press.

Froese, T., & Di Paolo, E. A. (2011). The enactive approach: Theoretical sketches from cell to society. *Pragmatics and Cognition*, 19, 1 – 36.

Froese, T., & Ikegami, T. (2013). The brain is not an isolated 'black box' nor is its goal to become one. *Behavioral and Brain Sciences*, 36(3), 33 – 34.

Gallagher, S., Hutto, D., Slaby, J., & Cole, J. (2013). The brain as part of an enactive system. *Behavioral and Brain Sciences*, 36(4), 421 – 422.

Gallese, V., Fadiga, L., Fogassi, L., & Rizzolatti, G. (1996). Action recognition in the premotor cortex. *Brain*, 119, 593 – 609.

Gallese, V., Keysers, C., & Rizzolatti, G. (2004). A unifying view of the basis of social cognition. *Trends in Cognitive Sciences*, 8(9), 396 – 403.

Ganis, G., Thompson, W. L., & Kosslyn, S. M. (2004). Brain areas underlying visual mental imagery and visual perception: An fMRI study. *Brain Res. Cogn. Brain Res.*, 20, 226 – 241.

Garrod, S., & Pickering, M. (2004). Why is conversation so easy? *Trends in Cognitive Sciences*, 8(1), 8 – 11.

Gazzola, V., & Keysers, C. (2009). The observation and execution of actions share motor and somatosensory voxels in all tested subjects: Single-subject analyses of unsmoothed fMRI data. *Cerebral Cortex*, 19(6), 1239 – 1255.

Gendron, M., & Barrett, L. F. (2009). Reconstructing the past: A century of ideas about emotion in psychology. *Emot. Rev.*, 1, 316 – 339.

Gerrans, P. (2007). Mechanisms of madness: Evolutionary psychiatry without evolutionary psychology. *Biology and Philosophy*, 22, 35 – 56.

Gershman, S. J., & Daw, N. D. (2012). Perception, action and utility: The tangled skein. In M. Rabinovich, M., K. Friston, & P. Varona (Eds.), *Principles of brain dynamics: Global state interactions* (pp. 293 – 312). Cambridge, MA: MIT Press.

346 Gershman, S. J., Moore, C. D., Todd, M. T., Norman, K. N., & Sederberg, P. B. (2012). The successor representation and temporal context. *Neural Computation*, 24, 1 – 16.

Gibson, J. J. (1977). The theory of affordances. In R. Shaw & J. Bransford (Eds.), *Perceiving, acting, and knowing* (pp. 66 – 82). Hillsdale, NJ.

Gibson, J. J. (1979). *The ecological approach to visual perception.* Boston: Houghton-Mifflin.

Gigernzer, G. & Goldstein, D. (2011). The recognition heuristic: A decade of research. *Judgment and Decision Making* 6: 1: 100 – 121.

Gigerenzer, G., & Selten, R. (2002). *Bounded rationality.* Cambridge, MA: MIT Press.

Gigerenzer, G., Todd, P. M., & the ABC Research Group. (1999). *Simple heuristics that make us smart.* New York: Oxford University Press.

Gilbert, C., & Sigman, M. (2007). Brain states: Top-down influences in sensory processing. *Neuron*, 54(5), 677 – 696.

Gilbert, D., & Wilson, T. (2009, May 12). Why the brain talks to itself sources of error in emotional prediction. *Philosophical Transactions of the Royal Society of London, Series B, Biological Sciences*, 364(1521), 1335 – 1341. doi:10.1098/rstb.2008.0305.

Gilestro, G. F., Tononi, G., & Cirelli, C. (2009). Widespread changes in synaptic markers as a function of sleep and wakefulness in Drosophila. *Science*, 324(5923), 109 – 112.

Glascher, J., Daw, N. D., Dayan, P., & O'Doherty, J. P. (2010). States versus rewards: Dissociable neural prediction error signals underlying model-based and model-free reinforcement learning. *Neuron*, 66(4):585 – 95 doi:10.1016/j.neuron.2010.04.016.

Gold, J. N., & Shadlen, M. N. (2001). Neural computations that underlie decisions about sensory stimuli. *Trends in Cognitive Sciences*, 5:1: pp. 10 – 16.

Goldstone, R. L. (1994). Influences of categorization on perceptual discrimination. *Journal of Experimental Psychology: General*, 123, 178 – 200.

Goldstone, R. L., & Hendrickson, A. T. (2010). Categorical perception. *Interdisciplinary Reviews: Cognitive Science*, 1, 65 – 78.

Goldstone, R. L., Landy, D., & Brunel, L. (2011) Improving perception to make distant connections closer. *Frontiers in Psychology*, 2, 385. doi:10.3389/fpsyg.2011.00385.

Goldwater, S., Griffiths, T. L., & Johnson, M. (2009). A Bayesian framework for word segmentation: Exploring the effects of context. *Cognition*, 112, 21 – 54.

Goodman, N., Ullman, T., & Tenenbaum, J. (2011). Learning a theory of causality. *Psychological Review*. 118. 1: 110 – 119.

Gregory, R. (2001). The Medawar Lecture 2001: Knowledge for vision: Vision for knowledge. *Philosophical Transactions B*, 360. 1458: 1231 – 1251.

Gregory, R. (1980). Perceptions as hypotheses. *Phil. Trans. R. Soc. Lond.*, *Series B*, *Biological Sciences*, 290(1038), 181 – 197.

Griffiths, P. E., & Gray, R. D. (2001). Darwinism and developmental systems. In S. Oyama, P. E. Griffiths, & R. D. Gray (Eds.), *Cycles of contingency: Developmental systems and evolution* (pp. 195 – 218). Cambridge, MA: MIT Press.

347

Griffiths, T., Chater, N., Kemp, C., Perfors, A., & Tenenbaum, J. B. (2010). Probabilistic models of cognition: Exploring representations and inductive biases. *Trends in Cognitive Sciences*, 14(8), 357 – 364.

Griffiths, T. L., Sanborn, A. N., Canini, K. R., & Navarro, D. J. (2008). Categorization as nonparametric Bayesian density estimation. In M. Oaksford & N. Chater (Eds.), *The probabilistic mind: Prospects for rational models of cognition* 303-350. Oxford: Oxford University Press.

Grill-Spector, K., Henson, R., & Martin, A. (2006). Repetition and the brain: Neural models of stimulus-specific effects. *Trends in Cognitive Sciences*, 10(1), 14 – 23.

Grossberg, S. (1980). How does a brain build a cognitive code? *Psychological Review*, 87(1), 1 – 51.

Grush, R. (2004). The emulation theory of representation: Motor control, imagery, and perception. *Behavioral and Brain Sciences*, 27, 377 – 442.

Gu, X., et al. (2013). Anterior insular cortex and emotional awareness. *J. Comp. Neurol.*, 521, 3371 – 3388.

Haddock, A., & Macpherson, F. (Eds.). (2008). *Disjunctivism: Perception, action, and knowledge.* Oxford: Oxford University Press.

Happe, F., & Frith, U. (2006). The weak coherence account: Detail focused cognitive style in autism spectrum disorders. *J. Autism Dev. Disord.*, 36, 5 – 25.

Happe, F. G. (1996). Studying weak central coherence at low levels: Children with autism do not succumb to visual illusions. A research note. *J. Child Psychol. Psychiatry*, 37, 873 – 877.

Harman, G. (1990). The intrinsic quality of experience. In J. Tomberlin (Ed.), *Philosophical Perspectives* 4 (pp. 64 – 82). Atascadero, CA: Ridgeview Press.

Harmelech, T., & Malach, R. 2013 Neurocognitive biases and the patterns of spontaneous correlations in the human cortex. *Trends in Cognitive Sciences*, 17(12), 606 – 615.

Harris, C. M., & Wolpert, D. M. (1998). Signal-dependent noise determines motor planning. *Nature*, 394, 780 – 784. doi:10.1038/29528.

Harris, C. M., & Wolpert, D. M. (2006). The main sequence of saccades optimizes speed-accuracy trade-off. *Biological Cybernetics*, 95(1), 21 – 29.

Harrison, L., Bestmann, S., Rosa, M., Penny, W., & Green, G. (2011). Time scales of representation in the human brain: Weighing past information to predict future events. *Frontiers in Human Neuroscience*, 5, 37. doi:10.3389/fnhum.2011.00037.

Haruno, M., Wolpert, D. M., & Kawato, M. (2003). Hierarchical mosaic for movement generation. *International Congress Series*, 1250, 575 – 590.

Hassabis, D., Kumaran, D., Vann, S. D., & Maguire, E. A. (2007). Patients with hippocampal amnesia cannot imagine new experiences. *Proc. Natl Acad. Sci. USA*, 104, 1726 – 1731. doi:10.1073/pnas.0610561104.

348 Hassabis, D., & Maguire, E. A. (2009). The construction system of the brain. *Phil. Trans. R. Soc. B*, 364, 1263 – 1271. doi:10.1098/rstb.2008.0296.

Hasson, U., Ghazanfar, A. A., Galantucci, B., Garrod, S., & Keysers, C. (2012). Brain-to-brain coupling: A mechanism for creating and sharing a social world. *Trends in Cognitive Sciences*, 16(2), 114 – 121.

Hawkins, J., & Blakeslee, S. (2004). *On intelligence*. New York: Owl Books.

Haxby, J. V., Gobbini, M. I., Furey, M. L., Ishai, A., Schouten, J. L., & Pietrini, P. (2001). Distributed and overlapping representations of faces and objects in ventral temporal cortex. *Science*, 293, 2425 – 2430.

Hayhoe, M. M., Shrivastava, A., Mruczek, R., & Pelz, J. B. (2003). Visual memory and motor planning in a natural task. *Journal of Vision*, 3(1), 49 – 63.

Hebb, D. O. (1949). *The organization of behavior*. New York: Wiley & Sons.

Heeger, D., & Ress, D. (2002). What does fMRI tell us about neuronal activity? *Nature Reviews/Neuroscience*, 3, 142 – 151.

Helmholtz, H. (1860/1962). *Handbuch der physiologischen optik* (J. P. C. Southall, Ed., English trans., Vol. 3). New York: Dover.

Henson, R. (2003). Neuroimaging studies of priming. *Progress in Neurobiology*, 70, 53 – 81.

Henson, R., & Gagnepain, P. (2010). Predictive, interactive multiple memory systems. *Hippocampus*, 20(11), 1315 – 1326.

Herzfeld, D., & Shadmehr, R. (2014). Cerebellum estimates the sensory state of the body.

Trends in Cognitive Neurosciences, 18, 66 – 67.

Hesselmann, G., Kell, C., Eger, E., & Kleinschmidt, A. (2008). Spontaneous local variations in ongoing neural activity bias perceptual decisions. *Proceedings of the National Academy of Sciences*, 105(31), 10984 – 10989.

Hesselmann, G., Sadaghiani, S., Friston, K. J., & Kleinschmidt, A. (2010). Predictive coding or evidence accumulation? False inference and neuronal fluctuations. *PLoS One*, 5(3), e9926.

Hesslow, G. (2002). Conscious thought as simulation of behaviour and perception. *Trends in Cognitive Sciences*, 6(6), 242 – 247.

Heyes, C. (2001). Causes and consequences of imitation. *Trends in Cognitive Sciences*, 5, 253 – 261. doi:10.1016/S1364-6613(00)01661-2.

Heyes, C. (2005). Imitation by association. In S. Hurley & N. Chater (Eds.), *Perspectives on imitation: From mirror neurons to memes* (pp. 157 – 176). Cambridge, MA: MIT Press.

Heyes, C. (2010). Where do mirror neurons come from? *Neuroscience and Biobehavioral Reviews*, 34, 575 – 583.

Heyes, C. (2012). New thinking: The evolution of human cognition. *Phil. Trans. R. Soc. B* 367, 2091 – 2096.

Hilgetag, C., Burns, G., O'Neill, M., Scannell, J., & Young, M. (2000). Anatomical connectivity defines the organization of clusters of cortical areas in the macaque monkey and the cat. *Philos. Trans. R. Soc. Lond. B Biol. Sci.*, 355, 91 – 110. doi:10.1098/rstb.2000.0551; pmid: 10703046.

Hilgetag, C., O'Neill, M., & Young, M. (1996). Indeterminate organization of the visual system. *Science*, 271, 776 – 777. doi:10.1126/*science*.271.5250.776; pmid: 8628990.

349

Hinton, G. E. (1990). Mapping part-whole hierarchies into connectionist networks *Artificial Intelligence*, 46, 47 – 75.

Hinton, G. E. (2005). What kind of a graphical model is the brain? *International Joint Conference on Artificial Intelligence*, Edinburgh.

Hinton, G. E. (2007a). Learning multiple layers of representation. *Trends in Cognitive Sciences*, 11, 428 – 434.

Hinton, G. E. (2007b). To recognize shapes, first learn to generate images. In P. Cisek, T. Drew & J. Kalaska (Eds.), *Computational neuroscience: Theoretical insights into brain function* (pp. 535 – 548). Amsterdam: Elsevier.

Hinton, G. E., Dayan, P., Frey, B. J., & Neal, R. M. (1995). The wake-sleep algorithm for unsupervised neural networks. *Science*, 268, 1158 – 1160.

Hinton, G. E., & Ghahramani, Z. (1997). Generative models for discovering sparse distributed representations. *Philosophical Transactions Royal Society B*, 352, 1177 – 1190.

Hinton, G. E., & Nair, V. (2006). Inferring motor programs from images of handwritten digits. In Y. Weiss (Ed.), *Advances in neural information processing systems*, 18 (pp. 515 – 522). Cambridge, MA: MIT Press.

Hinton, G. E., Osindero, S., & Teh, Y. (2006). A fast learning algorithm for deep belief nets. *Neural Computation*, 18, 1527 – 1554.

Hinton, G. E., & Salakhutdinov, R. R. (2006). Reducing the dimensionality of data with neural networks. *Science*, 313(5786), 504 – 507.

Hinton, G. E., & von Camp, D. (1993). Keeping neural networks simple by minimizing the description length of weights. *Proceedings of COLT*-93, 5 – 13.

Hinton, G. E., & Zemel, R. S. (1994). Autoencoders, minimum description length and Helmholtz free energy. In J. Cowan, G. Tesauro, & J. Alspector (Ed s.), *Advances in neural information processing systems*, 6. San Mateo, CA: Morgan Kaufmann.

Hipp, J. F., Engel, A. K., & Siegel, M. (2011). Oscillatory synchronization in large-scale cortical networks predicts perception. *Neuron*, 69, 387 – 396.

Hirschberg, L. (2003). Drawn to narrative. *New York Times Magazine*, November 9.

Hobson, J., & Friston, K. (2012). Waking and dreaming consciousness: Neurobiological and functional considerations. *Prog. Neurobiol.*, 98(1), 82 – 98.

Hobson, J., & Friston, K. (2014). Consciousness, dreams, and inference. *Journal of Consciousness Studies*, 21(1 – 2), 6 – 32.

Hobson, J. A. (2001). *The dream drugstore: Chemically altered states of consciousness.* Cambridge, MA: MIT Press.

Hochstein, S., & Ahissar, M. (2002). View from the top: Hierarchies and reverse hierarchies in the visual system. *Neuron*, 36(5), 791 – 804.

Hohwy, J. (2007a). Functional integration and the mind. *Synthese*, 159(3), 315 – 328.

Hohwy, J. (2007b). The sense of self in the phenomenology of agency and perception. *Psyche*, 13(1) 1-20 (Susanna Siegel, Ed.).

Hohwy, J. (2012). Attention and conscious perception in the hypothesis testing brain. *Frontiers in Psychology*, 3, 96. doi:10.3389/fpsyg.2012.00096. 2012.

Hohwy, J. (2013). *The predictive mind.* New York: Oxford University Press.

Hohwy, J. (2014). The self-evidencing brain. *Noûs*. 1 – 27 doi: 10.1111/nous.12062.

350

Hohwy, J., Roepstorff, A., & Friston, K. (2008). Predictive coding explains binocular rivalry: An epistemological review. *Cognition*, 108(3), 687-701.

Holle, H., et al. (2012). Neural basis of contagious itch and why some people are more prone to it. *Proc. Natl. Acad. Sci. USA*, 109, 19816-19821.

Hollerman, J. R., & Schultz, W. (1998). Dopamine neurons report an error in the temporal prediction of reward during learning. *Nat. Neurosci.*, 1, 304-309.

Hong, L. E., Avila, M. T., & Thaker, G. K. (2005). Response to unexpected target changes during sustained visual tracking in schizophrenic patients. *Exp. Brain Res.*, 165, 125-131. PubMed: 15883805.

Hong, L. E., Turano, K. A., O'Neill, J., Hao, L. I. W., McMahon, R. P., Elliott, A., & Thaker, G. K. (2008). Refining the predictive pursuit endophenotype in schizophrenia. *Biol. Psychiatry*, 63, 458-464. PubMed: 17662963.

Horwitz, B. (2003). The elusive concept of brain connectivity. *Neuroimage*, 19, 466-470.

Hoshi, E., & Tanji, J. (2007). Distinctions between dorsal and ventral premotor areas: Anatomical connectivity and functional properties. *Curr. Opin. Neurobiol.*, 17(2), 234-242.

Hosoya, T., Baccus, S. A., & Meister, M. (2005). Dynamic predictive coding by the retina. *Nature*, 436(7), 71-77.

Houlsby, N. M. T., Huszár, F., Ghassemi, M. M., Orbán, G., Wolpert, D. M., & Lengyel, M. (2013). Cognitive tomography reveals complex, task-independent mental representations. *Curr. Biol.*, 23, 2169-2175.

Howe, C. Q., & Purves, D. (2005). The Müller-Lyer illusion explained by the sta-tistics of image-source relationships. *Proceedings of the National Academy of Sciences of the United States of America*, 102(4), 1234-1239. doi:10.1073/pnas.0409314102.

Huang, Y., & Rao, R. (2011). Predictive coding. *Wiley Interdisciplinary Reviews: Cognitive Science*, 2, 580-593.

Hubel, D. H., & Wiesel, T. N. (1965). Receptive fields and functional architecture in two nonstriate visual areas (18 and 19) of the cat. *Journal of Neurophysiology*, 28, 229-289.

Hughes, H. C., Darcey, T. M., Barkan, H. I., Williamson, P. D., Roberts, D. W., & Aslin, C. H. (2001). Responses of human auditory association cortex to the omission of an expected acoustic event. *Neuroimage*, 13, 1073-1089.

Humphrey, N. (2000). How to solve the mind-body problem. *Journal of Consciousness Studies*, 7, 5-20.

Humphrey, N. (2006). *Seeing red: A study in consciousness.* Cambridge, MA: Harvard University Press.

Humphrey, N. (2011). *Soul dust: The magic of consciousness.* Princeton, NJ: Princeton University Press.

Humphreys, G. W., & Riddoch, J. M. (2000). One more cup of coffee for the road: Object-action assemblies, response blocking and response capture after frontal lobe damage. *Exp. Brain Res.*, 133, 81 – 93.

351 Hupé, J. M., James, A. C., Payne, B. R., Lomber, S. G., Girard, P., & Bullier, J. (1998). Cortical feedback improves discrimination between figure and background by V1, V2 and V3 neurons. *Nature*, 394, 784 – 787.

Hurley, S. (1998). *Consciousness in action.* Cambridge, MA: Harvard University Press.

Hutchins, E. (1995). *Cognition in the wild.* Cambridge, MA: MIT Press.

Hutchins, E. (2014). The cultural ecosystem of human cognition. *Philosophical Psychology*, 27 (1), 34 – 49.

Hutto, D. D., & Myin, E. (2013). *Radicalizing enactivism: Basic minds without content.*

Iacoboni, M. (2009). Imitation, empathy, and mirror neurons. *Annu. Rev. Psychol.*, 60, 653 – 670.

Iacoboni, M., Molnar-Szakacs, I., Gallese, V., Buccino, G., Mazziotta, J. C., & Rizzolatti, G. (2005). Grasping the intentions of others with one's own mirror neuron system. *PLoS Biology*, 3, e79.

Iacoboni, M., Woods, R. P., Brass, M., Bekkering, H., Mazziotta, J. C., & Rizzolatti, G. (1999). Cortical mechanisms of human imitation. *Science*, 286(5449), 2526 – 2528.

Iglesias, S., Mathys, C., Brodersen, K. H., Kasper, L., Piccirelli, M., den Ouden, H. E., & Stephan, K. E. (2013). Hierarchical prediction errors in midbrain and basal forebrain during sensory learning. *Neuron*, 80(2), 519 – 530. doi:10.1016/j.neuron.2013.09.009.

Ingvar, D. H. (1985). 'Memory of the future': An essay on the temporal organization of conscious awareness. *Human Neurobiology*, 4, 127 – 136.

Ito, M., & Gilbert, C. D. (1999). Attention modulates contextual influences in the primary visual cortex of alert monkeys. *Neuron*, 22, 593 – 604.

Jackendoff, R. (1996). How language helps us think. *Pragmatics and Cognition*, 4(1), 1 – 34.

Jackson, F. (1977). *Perception: A representative theory.* Cambridge: Cambridge University Press.

Jacob, B., Hirsh, R., Mar, A., & Peterson, J. B. (2013). Personal narratives as the highest level of cognitive integration. *Behavioral and Brain Sciences*, 36, 216 – 217. doi:10.1017/S0140525X12002269.

Jacob, P. , & Jeannerod, M. (2003). *Ways of seeing: The scope and limits of visual cognition.* Oxford: Oxford University Press.

Jacobs, R. A. , & Kruschke, J. K. (2010). Bayesian learning theory applied to human cognition. *Wiley Interdisciplinary Reviews: Cognitive Science*, 2, 8 – 21. doi:10.1002/wcs.80.

Jacoby, L. L. , & Dallas, M. (1981). On the relationship between autobiographical memory and perceptual learning. *J. Exp. Psychol. Gen.* , 110, 306 – 340.

James, W. (1890/1950). *The principles of psychology*, Vols. I, II. Cambridge, MA: Harvard University Press.

Jeannerod, M. (1997). *The cognitive neuroscience of action.* Cambridge, MA: Blackwell.

Jeannerod, M. (2006). *Motor cognition: What actions tell the Self.* Oxford: Oxford University Press.

352

Jehee, J. F. M. , & Ballard, D. H. (2009). Predictive feedback can account for biphasic responses in the lateral geniculate nucleus. *PLoS Comput. Biol.* , 5(5), e1000373.

Jiang, J. , Heller, K. , & Egner, T. (2014). Bayesian modeling of flexible cognitive control. *Neuroscience and Biobehavioral Reviews*, 46, 30 – 34.

Johnson, J. D. , McDuff, S. G. R. , Rugg, M. D. , & Norman, K. A. (2009). Recollection, familiarity, and cortical reinstatement: A multivoxel pattern analysis. *Neuron*, 63, 697 – 708.

Johnson-Laird, P. N. (1988). *The computer and the mind: An introduction to cognitive science.* Cambridge, MA: Harvard University Press.

Jones, A. , Wilkinson, H. J. , & Braden, I. (1961). Information deprivation as a motivational variable. *Journal of Experimental Psychology*, 62, 310 – 311.

Joseph, R. M. , et al. (2009). Why is visual search superior in autism spectrum disorder? *Dev. Sci.* , 12, 1083 – 1096.

Joutsiniemi, S. L. , & Hari, R. (1989) Omissions of auditory stimuli may activate frontal cortex. *Eur. J. Neurosci.* , 1, 524 – 528.

Jovancevic, J. , Sullivan, B. , & Hayhoe, M. (2006). Control of attention and gaze in complex environments. *Journal of Vision*, 6(12):9, 1431 – 1450. http://www.journalofvision.org/content/6/12/9, doi:10.1167/6.12.9.

Jovancevic-Misic, J. , & Hayhoe, M. (2009). Adaptive gaze control in natural environments. *Journal of Neuroscience*, 29, 6234 – 6238.

Joyce, J. (2008). Bayes' Theorem. *Stanford Encyclopedia of Philosophy* (2008).

Kachergis, G. , Wyatte, D. , O'Reilly, R. C. , de Kleijn, R. , & Hommel, B. (2014). A continuous time neural model for sequential action. Phil. Trans. R. Soc. B 369: 20130623.

Kahneman, D. (2011). *Thinking fast and slow*. London: Allen Lane.

Kahneman, D., & Tversky, A. (1972). Subjective probability: A judgment of representativeness. *Cognitive Psychology* 3(3), 430 - 454. doi: 10.1016/0010-0285(72)90016-3

Kahneman, D., Krueger, A. B., Schkade, D., Schwarz, N., & Stone, A. A. (2006). Would you be happier if you were richer? A focusing illusion. *Science*, 312, 1908 - 1910.

Kaipa, K. N., Bongard, J. C., & Meltzoff, A. N. (2010). Self discovery enables robot social cognition: Are you my teacher? *Neural Networks*, 23, 1113 - 1124.

Kamitani, Y., & Tong, F. (2005). Decoding the visual and subjective contents of the human brain. *Nat. Neurosci.*, 8, 679 - 685.

Kanwisher, N. G., McDermott, J., & Chun, M. M. (1997). The fusiform face area: A module in human extrastriate cortex specialized for face perception. *Journal of Neuroscience*, 17, 4302 - 4311.

Kaplan, E. (2004). The M, P and K pathways of the primate visual system. In J. S. Werner & L. M. Chalupa (Eds.), *The visual neurosciences* (pp. 481 - 493). Cambridge, MA: MIT Press.

353

Kawato, M. (1999). Internal models for motor control and trajectory planning. *Current Opinion in Neurobiology*, 9, 718 - 727.

Kawato, M., Hayakama, H., & Inui, T. (1993). A forward-inverse optics model of reciprocal connections between visual cortical areas. *Network*, 4, 415 - 422.

Kay, K. N., Naselaris, T., Prenger, R. J., & Gallant, J. L. (2008). Identifying natural images from human brain activity. *Nature*, 452, 352 - 355.

Keele, S. W. (1968). Movement control in skilled motor performance. *Psychol. Bull.*, 70, 387 - 403. doi:10.1037/ h0026739.

Kemp, C., Perfors, A., & Tenenbaum, J. B. (2007). Learning overhypotheses with hierarchical Bayesian models. *Developmental Science*, 10(3), 307 - 321.

Keysers, C., Kaas, J. H., & Gazzola, V. (2010). Somatosensation in social perception. *Nature Reviews Neuroscience*, 11(6), 417 - 428.

Khaitan, P., & McClelland, J. L. (2010). Matching exact posterior probabilities in the Multinomial Interactive Activation Model. In S. Ohlsson & R. Catrambone (Eds.), *Proceedings of the* 32*nd Annual Meeting of the Cognitive Science Society* (p. 623). Austin, TX: Cognitive Science Society.

Kidd, C., Piantadosi, S., & Aslin, R. (2012). The Goldilocks effect: Human infants allocate attention to visual sequences that are neither too simple nor too complex. *PLoS One*, 7(5), e36399. doi:10.1371/journal.pone.0036399.

Kiebel, S. J., & Friston K. J. (2011) Free energy and dendritic self-organization. *Frontiers in Systems Neurosci.* 5(80), 1 – 13.

Kiebel, S. J., Daunizeau, J., & Friston, K. J. (2009). Perception and hierarchical dynamics. Front. *Neuroinform.*, 3, 20.

Kiebel, S. J., Garrido, M. I., Moran, R., Chen, C., & Friston, K. J. (2009). Dynamic causal modeling for EEG and MEG. *Human Brain Mapping*, 30(6), 1866 – 1876.

Kilner, J. M., Friston, K. J., & Frith, C. D. (2007). Predictive coding: An account of the mirror neuron system. *Cogn. Process.*, 8, 159 – 166.

Kim, J. G., & Kastner, S. (2013). Attention flexibility alters tuning for object categories. Trends in *Cognitive Sciences*, 17(8), 368 – 370.

King, J., & Dehaene, S. (2014). A model of subjective report and objective discrimination as categorical decisions in a vast representational space. *Phil. Trans. R. Soc. B*, 369.

Kirmayer, L. J., & Taillefer, S. (1997). Somatoform disorders. In S. M. Turner & M. Hersen (Eds.), *Adult psychopathology and diagnosis* (3rd edn.) (pp. 333 – 383). New York: Wiley.

Kluzik, J., Diedrichsen, J., Shadmehr, R., & Bastian, A. J. (2008). Reach adaptation: What determines whether we learn an internal model of the tool or adapt the model of our arm? *J. Neurophysiol.*, 100, 1455 – 1464.

Knill, D., & Pouget, A. (2004). The Bayesian brain: The role of uncertainty in neural coding and computation. *Trends in Neurosciences*, 27(12), 712 – 719.

Koch, C., & Poggio, T. (1999). Predicting the visual world: Silence is golden. *Nature Neuroscience*, 2(1), 79 – 87.

Koch, C., & Ullman, S. (1985). Shifts in selective visual attention: Towards the underlying neural circuitry. *Human Neurobiology*, 4, 219 – 227.

Kohonen, T. (1989). *Self-organization and associative memory*. Berlin: Springer-Verlag. 354

Kohonen, T. (2001). *Self-organizing maps* (3rd, extended edn.). Berlin: Springer.

Kok, P., Brouwer, G. J., van Gerven, M. A. J., & de Lange, F. P. (2013). Prior expectations bias sensory representations in visual cortex. *Journal of Neuroscience*. 33(41): 16275 – 16284; doi: 10.1523/JNEUROSCI.0742-13.2013.

Kok, P., Jehee, J. F. M., & de Lange, F. P. (2012). Less is more: Expectation sharpens representations in the primary visual cortex. *Neuron*, 75, 265 – 270.

Kolossa, A., Fingscheidt, T., Wessel, K., & Kopp, B. (2013). A model-based approach to trial-by-trial P300 amplitude fluctuations. *Frontiers in Human Neuroscience*, 6(359), 1 - 18. doi:10.3389/fnhum.2012.00359.

Kolossa, A., Kopp, B., & Fingscheidt, T. (2015). A computational analysis of the neural bases of Bayesian inference. *NeuroImage*, 106, 222 - 237. doi:10.1016/j.neuroimage.2014.11.007.

König, P., & Krüger, N. (2006). Symbols as self-emergent entities in an optimization process of feature extraction and predictions. *Biological Cybernetics*, 94(4), 325 - 334.

König, P., Wilming, N., Kaspar, K., Nagel, S. K., & Onat, S. (2013). Predictions in the light of your own action repertoire as a general computational principle. *Behavioral and Brain Sciences*, 36, 219 - 220.

Körding, K., & Wolpert, D. (2006). Bayesian decision theory in sensorimotor control. *Trends in Cognitive Sciences*, 10(7), 319 - 326. doi:10.1016/j.tics.2006.05.003.

Körding, K. P., Tenenbaum, J. B., & Shadmehr, R. (2007). The dynamics of memory as a consequence of optimal adaptation to a changing body. *Nature Neuroscience*, 10, 779 - 786.

Kosslyn, S. M., Thompson, W. L., Kim, I. J., & Alpert, N. M. (1995). Topographical representations of mental images in primary visual cortex. *Nature*, 378, 496 - 498.

Koster-Hale, J., & Saxe, R. (2013). Theory of mind: A neural prediction problem. *Neuron*, 79(5), 836 - 848.

Kriegstein, K., & Giraud, A. (2006). Implicit multisensory associations influence voice recognition. *PLoS Biology*, 4(10), e326.

Kuo, A. D. (2005). An optimal state estimation model of sensory integration in human postural balance. *J. Neural Eng.*, 2, S235 - S249.

Kveraga, K., Ghuman, A., & Bar, M. (2007). Top-down predictions in the cognitive brain. *Brain and Cognition*, 65, 145 - 168.

Kwisthout, J., & van Rooij, I. (2013). Bridging the gap between theory and practice of approximate Bayesian inference. *Cognitive Systems Research*, 24, 2 - 8.

Laeng, B., & Sulutvedt, U. (2014). The eye pupil adjusts to imaginary light. *Psychol. Sci.*, 1, 188 - 197. doi:10.1177/0956797613503556. Epub 2013 Nov 27.

Land, M. (2001). Does steering a car involve perception of the velocity flow field? In J. M. Zanker & J. Zeil (Eds.), *Motion vision: Computational, neural, and ecological constraints* (pp. 227 - 235). Berlin: Springer Verlag.

355 Land, M. F., & McLeod, P. (2000). From eye movements to actions: How batsmen hit the ball. *Nature Neuroscience*, 3, 1340 - 1345.

Land, M. F., Mennie, N., & Rusted, J. (1999). The roles of vision and eye movements in the control of activities of daily living. *Perception*, 28, 1311 – 1328.

Land, M. F., & Tatler, B. W. (2009). *Looking and acting: Vision and eye movements in natural behaviour*. Oxford: Oxford University Press.

Landauer, T. K., & Dumais, S. T. (1997). A solution to Plato's problem: The Latent Semantic Analysis theory of the acquisition, induction, and representation of knowledge. *Psychological Review*, 104, 211 – 240.

Landauer, T. K., Foltz, P. W., & Laham, D. (1998). Introduction to Latent Semantic Analysis. *Discourse Processes*, 25, 259 – 284.

Landauer, T. K., McNamara, D. S., Dennis, S., & W. Kintsch (Eds.). (2007). *Handbook of latent semantic analysis*. Mahwah, NJ: Lawrence Erlbaum Associates.

Landy, D., & Goldstone, R. L. (2005). How we learn about things we don't already understand. *Journal of Experimental and Theoretical Artificial Intelligence*, 17, 343 – 369. doi: 0.1080/09528130500283832.

Lange, C. G. (1885). Om *sindsbevaegelser: Et psyko-fysiologisk studie.* Copenhagen: Jacob Lunds.

Langner, R., Kellermann, T., Boers, F., Sturm, W., Willmes, K., & Eickhoff, S. B. (2011). Modality-specific perceptual expectations selectively modulate baseline activity in auditory, somatosensory, and visual cortices. *Cerebral Cortex*, 21(12), 2850 – 2862.

Lauwereyns, J. (2012). *Brain and the gaze*: On the active boundaries of vision. Cambridge, MA: MIT Press.

LeDoux, J. E. (1995). Emotion: Clues from the brain. *Annual Review of Psychology*46, 209 – 235.

Lee, D., & Reddish, P. (1981). Plummeting gannets: A paradigm of ecological optics. *Nature*, 293, 293 – 294.

Lee, M. (2010). Emergent and structured cognition in Bayesian models: Comment on Griffiths et al. and McClelland et al. *Trends in Cognitive Sciences*, 14(8), 345 – 346.

Lee, R., Walker, R., Meeden, L., & Marshall, J. (2009). Category-based intrinsic motivation. In *Proceedings of the Ninth International Conference on Epigenetic Robotics*. Retrieved from http://www.cs.swarthmore.edu/~meeden/papers/meeden.epirob09.pdf.

Lee, S. H., Blake, R., & Heeger, D. J. (2005). Traveling waves of activity in primary visual cortex during binocular rivalry. *Nature Neuroscience*, 8(1), 22 – 23.

Lee, T. S., & Mumford, D. (2003). Hierarchical Bayesian inference in the visual cortex.

Journal of Optical Society of America, *A*, 20(7), 1434 – 1448.

Lenggenhager, B., et al. (2007). Video ergo sum: Manipulating bodily self consciousness. *Science*, 317(5841), 1096 – 1099.

Leopold, D., & Logothetis, N. (1999). Multistable phenomena: Changing views in perception. *Trends in Cognitive Sciences*, 3, 254 – 264.

356 Levine, J. (1983). Materialism and qualia: The explanatory gap. Pacific *Philosophical Quarterly*, 64, 354 – 361.

Levy, D. L., Sereno, A. B., Gooding, D. C., & O'Driscoll, G. A. (2010). Eye tracking dysfunction in schizophrenia: Characterization and pathophysiology. *Current Topics in Behavioral Neuroscience*, 4, 311 – 347.

Li, Y., & Strausfeld, N. J. (1999). Multimodal efferent and recurrent neurons in the medial lobes of cockroach mushroom bodies. *J. Comp. Neurol.*, 409, 603 – 625.

Limanowski, J., & Blankenburg, F. (2013). Minimal self-models and the free energy principle. *Frontiers in Human Neuroscience*, 7, 547. doi:10.3389/fnhum.2013.00547.

Littman, M. L., Majercik, S. M., and Pitassi, T. (2001). Stochastic boolean satisfiability. *J. Autom. Reason.* 27, 251 – 296.

Lotze, H. (1852). *Medicinische Psychologie oder Physiologie der Seele.* Leipzig, Germany: Weidmannsche Buchhandlung.

Lovero, K. L., et al. (2009). Anterior insular cortex anticipates impending stimulus significance. *Neuroimage*, 45, 976 – 983.

Lowe, R., & Ziemke, T. (2011). The feeling of action tendencies: On the emotional regulation of goal-directed behavior. *Frontiers in Psychology*, 2, 346. doi:10.3389/fpsyg.2011.00346.

Lungarella, M., & Sporns, O. (2005). Information self-structuring: Key principles for learning and development. *Proceedings* 2005 *IEEE Intern. Conf. Development and Learning*, 25 – 30.

Lupyan, G. (2012a). Linguistically modulated perception and cognition: The label feedback hypothesis. *Frontiers in Cognition*, 3, 54. doi:10.3389/fpsyg.2012.00054.

Lupyan, G. (2012b). What do words do? Towards a theory of language-augmented thought. In B. H. Ross (Ed.), *The psychology of learning and motivation*, 57 (pp. 255 – 297). New York: Academic Press.

Lupyan, G. (in press). Cognitive penetrability of perception in the age of prediction: Predictive systems are penetrable systems. *Review of Philosophy and Psychology*.

Lupyan, G., & Bergen, B. (in press). How language programs the mind. *Topics in Cognitive Science*.

Lupyan, G. , & Clark, A. (in press). Words and the world: Predictive coding and the language-perception-cognition interface. *Current Directions in Psychological Science*.

Lupyan, G. , & Thompson-Schill, S. L. (2012). The evocative power of words: Activation of concepts by verbal and nonverbal means. *Journal of Experimental Psychology-General*, 141 (1), 170 – 186. doi:10. 1037/a0024904.

Lupyan, G. , & Ward, E. J. (2013). Language can boost otherwise unseen objects into visual awareness. *Proceedings of the National Academy of Sciences*, 110(35), 14196 – 14201. doi: 10. 1073/pnas. 1303312110.

Ma, W. Ji (2012). Organizing probabilistic models of perception. *Trends in Cognitive Sciences*, 16(10), 511 – 518.

MacKay, D. (1956). The epistemological problem for automata. In C. E. Shannon & J. McCarthy (Eds.), *Automata studies* (pp. 235 – 251). Princeton, NJ: Princeton University Press.

357

MacKay, D. J. C. (1995). Free-energy minimization algorithm for decoding and cryptoanalysis. *Electron Lett.*, 31, 445 – 447.

Maher, B. (1988). Anomalous experience and delusional thinking: The logic of explanations. In T. F. Oltmanns & B. A. Maher (Eds.), *Delusional beliefs* (pp. 15 – 33). Chichester: Wiley.

Maslach, C (1979). Negative emotional biasing of unexplained arousal. *Journal of Personality and Social Psychology* 37: 953 – 969. doi:10. 1037/0022-3514. 37. 6. 953.

Maloney, L. T. , & Mamassian, P. (2009). Bayesian decision theory as a model of visual perception: Testing Bayesian transfer. *Visual Neuroscience*, 26, 147 – 155.

Mamassian, P. , Landy, M. , & Maloney, L. (2002). Bayesian modeling of visual perception. In R. Rao, B. Olshausen, & M. Lewicki (Eds.), *Probabilistic models of the brain* 13-36 Cambridge, MA: MIT Press.

Mansinghka, V. K. , Kemp, C. , Tenenbaum, J. B. , & Griffiths, T. L. (2006). Structured priors for structure learning. In *Proceedings of the 22nd Conference on Uncertainty in Artificial Intelligence* (UAI) 324 – 331 Arlington, VA: AUAI Press.

Marcus, G. , & Davis, E. (2013). How robust are probabilistic models of higher-level cognition? *Psychol. Sci.*, 24(12), 2351 – 2360. doi:10. 1177/0956797613495418.

Mareschal, D. , Johnson, M. , Sirois, S. , Spratling, M. , Thomas, M. , & Westermann, G. (2007). *Neuroconstructivism—I: How the brain constructs cognition.* Oxford, Oxford University Press.

Markov, N. T. , Ercsey-Ravasz, M. , Van Essen, D. C. , Knoblauch, K. , Toroczkai, Z. , & Kennedy, H. (2013). Cortical high-density counterstream architectures. *Science*, 342

(6158). doi:10.1126/science.1238406.

Markov, N. T., Vezoli, J., Chameau, P., Falchier, A., Quilodran, R., Huissoud, C., Lamy, C., Misery, P., Giroud, P., Ullman, S., Barone, P., Dehay, C., Knoblauch, K., & Kennedy, H. (2014). Anatomy of hierarchy: Feedforward and feedback pathways in macaque visual cortex. *J. Comp. Neurol.*, 522(1): 225 – 259.

Marshall, G. D.; Zimbardo, P. G. (1979). Affective consequences of inadequately explained physiological arousal. *Journal of Personality and Social Psychology*37: 970 – 988. doi:10.1037/0022-3514.37.6.970.

Marr, D. (1982). *Vision: A computational approach. San Francisco*, CA: Freeman & Co.

Martius, G., Der, R., & Ay, N. (2013). Information driven self-organization of complex robotic behaviors. *PLoS One*, 8(5), e63400.

Matarić, M. (1990). Navigating with a rat brain: A neurobiologically-inspired model for robot spatial representation. In J.-A. Meyer & S. Wilson (Eds.), *Proceedings*, *From Animals to Animats: First International Conference on Simulation of Adaptive Behavior* (*SAB*-90) (pp. 169 – 175). Cambridge, MA: MIT Press.

Matarić, M. (1992). Integration of representation into goal-driven behavior-based robots. *IEEE Transactions on Robotics and Automation*, 8(3), 304 – 312.

358 Maturana, H. (1980). Biology of cognition. In H. Maturana, R. Humberto, & F. Varela, Autopoiesis and cognition (pp. 2 – 62). Dordrecht: Reidel.

Maturana, H., & Varela, F. (1980). *Autopoiesis and cognition: The realization of the living.* Boston, MA: Reidel.

Maxwell, J. P., Masters, R. S., & Poolton, J. M. (2006). Performance breakdown in sport: The roles of reinvestment and verbal knowledge. *Res. Q. Exerc. Sport*, 77(2), 271 – 276.

McBeath, M., Shaffer, D., & Kaiser, M. (1995). How baseball outfielders determine where to run to catch fly balls. *Science*, 268, 569 – 573.

McClelland, J. L. (2013). Integrating probabilistic models of perception and interactive neural networks: A historical and tutorial review. *Frontiers in Psychology*, 4, 503.

McClelland, J. L., Mirman, D., Bolger, D. J., & Khaitan, P. (2014). Interactive activation and mutual constraint satisfaction in perception and cognition. *Cognitive Science*, 6, 1139 – 1189. doi:10.1111/cogs.

McClelland, J. L., & Rumelhart, D. (1981). An interactive activation model of context effects in letter perception: Part 1. An account of basic findings. *Psychological Review*, 88, 375 – 407.

McClelland, J. L., Rumelhart, D., & the PDP Research Group (1986). *Parallel distributed processing* (Vol. II). Cambridge, MA: MIT Press.

McGeer, T. (1990). Passive dynamic walking. *International Journal of Robotics Research*, 9(2), 68–82.

Melloni, L., Schwiedrzik, C. M., Muller, N., Rodriguez, E., & Singer, W. (2011). Expectations change the signatures and timing of electrophysiological correlates of perceptual awareness. *Journal of Neuroscience*, 31(4), 1386–1396.

Meltzoff, A. N. (2007a). 'Like me': A foundation for social cognition. *Developmental Science*, 10(1), 126–134.

Meltzoff, A. N. (2007b). The 'like me' framework for recognizing and becoming an intentional agent. *Acta Psychologica*, 124(1), 26–43.

Meltzoff, A. N., & Moore, M. K. (1997). Explaining facial imitation: A theoretical model. *Early Development and Parenting*, 6, 179–192.

Menary, R. (Ed.). (2010). *The extended mind.* Cambridge, MA: MIT Press.

Merckelbach, H., & van de Ven, V. (2001). Another White Christmas: Fantasy proneness and reports of 'hallucinatory experiences' in undergraduate students. *Journal of Behaviour Therapy and Experimental Psychiatry*, 32, 137–144.

Merleau-Ponty, M. (1945/1962). *The phenomenology of perception.* Trans. Colin Smith. London: Routledge and Kegan Paul.

Mesulam, M. (1998). From sensation to cognition, *Brain*, 121(6), 1013–1052.

Metta, G., & Fitzpatrick, P. (2003). Early integration of vision and manipulation. *Adaptive Behavior*, 11(2), 109–128.

Miller, G. A., Galanter, E., & Pribram, K. H. (1960). *Plans and the structure of behavior.* New York: Holt, Rinehart and Winston, Inc.

Miller, L. K. (1999). The savant syndrome: Intellectual impairment and exceptional skill. *Psychol. Bull.*, 125, 31–46.

Millikan, R. G. (1996). Pushmi-pullyu representations. In J. Tomberlin (Ed.), *Philosophical perspectives*, 9 (pp. 185–200). Atascadero CA: Ridgeview Publishing.

359

Milner, D., & Goodale, M. (1995). *The visual brain in action.* Oxford: Oxford University Press. Milner, D., & Goodale, M. (2006). *The visual brain in action* (2nd ed.). Oxford: Oxford University Press.

Miyawaki, Y., Uchida, H., Yamashita, O., Sato, M. A., Morito, Y., Tanabe, H. C., Sadato, N., & Kamitani, Y. (2008). Visual image reconstruction from human brain activity using a combination of multiscale local image decoders. *Neuron*, 60(5), 915–929. doi:10.1016/j.neuron.2008.11.004.

Mnih, A., & Hinton, G. E. (2007). Three new graphical models for statistical language modelling. *International Conference on Machine Learning*, Corvallis, Oregon. Available at: http://www.cs.toronto.edu/~hinton/papers.html#2007.

Mohan, V., & Morasso, P. (2011). Passive motion paradigm: An alternative to optimal control. *Frontiers in Neurorobotics*, 5, 4. doi:10.3389/fnbot.2011.00004.

Mohan, V., Morasso, P., Sandini, G., & Kasderidis, S. (2013). Inference through embodied simulation in cognitive robots. *Cognitive Computation*, 5(3), 355-382.

Møller, P., & Husby, R. (2000). The initial prodrome in schizophrenia: Searching for naturalistic core dimensions of experience and behavior. *Schizophrenia Bulletin*, 26, 217-232.

Montague, P. R., Dayan, P., & Sejnowski, T. J. (1996). A framework for mesencephalic dopamine systems based on predictive Hebbian learning. *J. Neurosci.*, 16, 1936-1947.

Montague, P. R., Dolan, R. J., Friston, K., & Dayan, P. (2012). Computational psychiatry. *Trends in Cognitive Sciences*, 16(1), 72-80. doi:10.1016/j.tics.2011.11.018.

Moore, G. E. (1903/1922). The refutation of idealism. Reprinted in G. E. Moore, Philosophical studies. London: Routledge & Kegan Paul, 1922. Moore, G. E. (1913/1922). The status of sense-data. *Proceedings of the Aristotelian Society*, 1913. Reprinted in G. E. Moore, *Philosophical studies*. London: Routledge & Kegan Paul, 1922.

Morrot, G., Brochet, F., & Dubourdieu, D. (2001). The color of odors. *Brain and Language*, 79, 309-320.

Mottron, L., et al. (2006). Enhanced perceptual functioning in autism: An update, and eight principles of autistic perception. *J. Autism Dev. Disord.*, 36, 27-43.

Moutoussis, M., Trujillo-Barreto, N., El-Deredy, W., Dolan, R. J., & Friston, K. (2014). A formal model of interpersonal inference. *Frontiers in Human Neuroscience*, 8, 160. doi:10.3389/fnhum.2014.00160.

Mozer, M. C., & Smolensky, P. (1990). Skeletonization: A technique for trimming the fat from a network via relevance assessment. In D. S. Touretzky & M. Kaufmann (Eds.), *Advances in neural information processing*, 1 (pp. 177-185). San Mateo, CA: Morgan Kaufmann.

Muckli, L. (2010). What are we missing here? Brain imaging evidence for higher cognitive functions in primary visual cortex v1. *Int. J. Imaging Syst. Techno.* (*IJIST*), 20, 131-139.

360

Muckli, L., Kohler, A., Kriegeskorte, N., & Singer, W. (2005). Primary visual cortex activity along the apparent-motion trace reflects illusory perception. *PLoSBio*, 13, e265.

Mumford, D. (1992). On the computational architecture of the neocortex. II. The role of cortico-cortical loops. *Biol. Cybern.*, 66, 241-251.

Mumford, D. (1994). Neuronal architectures for pattern-theoretic problems. In C. Koch & J. Davis (Eds.), *Large-scale theories of the cortex* (pp. 125 – 152). Cambridge, MA: MIT Press.

Murray, S. O., Boyaci, H., & Kersten, D. (2006). The representation of perceived angular size in human primary visual cortex. *Nature Reviews: Neuroscience*, 9, 429 – 434.

Murray, S. O., Kersten, D., Olshausen, B. A., Schrater, P., & Woods, D. L. (2002). Shape perception reduces activity in human primary visual cortex. *Proc. Natl. Acad. Sci. USA*, 99(23), 15164 – 15169.

Murray, S. O., Schrater, P., & Kersten, D. (2004). Perceptual grouping and the interactions between visual cortical areas. *Neural Networks*, 17(5 – 6), 695 – 705.

Musmann, H. (1979). Predictive image coding. In W. K. Pratt (Ed.), *Image transmission techniques* 73-112 New York: Academic Press.

Nagel, T. (1974). What is it like to be a bat? *Philosophical Review*, 83, 435 – 456. Nakahara, K., Hayashi, T., Konishi, S., & Miyashita, Y. (2002). Functional MRI of macaque monkeys performing a cognitive set-shifting task. *Science*, 295, 1532 – 1536.

Namikawa, J., Nishimoto, R., & Tani, J. (2011) A neurodynamic account of spontaneous behaviour. PLoS *Comput. Biol.*, 7(10), e1002221.

Namikawa, J., & Tani, J. (2010). Learning to imitate stochastic time series in a compositional way by chaos. *Neural Netw.*, 23, 625 – 638.

Naselaris, T., Prenger, R. J., Kay, K. N., Oliver, M., & Gallant, J. L. (2009). Bayesian reconstruction of natural images from human brain activity. *Neuron*, 63(6), 902 – 915.

Navalpakkam, V., & Itti, L. (2005). Modeling the influence of task on attention. *Vision Research*, 45, 205 – 231.

Neal, R. M., & Hinton, G. (1998). A view of the EM algorithm that justifies incremental, sparse, and other variants. In M. I. Jordan (Ed.), *Learning in Graphical Models* (pp. 355 – 368). Dordrecht: Kluwer.

Neisser, U. (1967). *Cognitive psychology.* New York: Appleton-Century-Crofts. Newell, A., & Simon, H. A. (1972). *Human problem solving.* Englewood Cliffs, NJ: Prentice-Hall.

Nirenberg, S., Bomash, I., Pillow, J. W., & Victor, J. D. (2010). Heterogeneous Response Dynamics in Retinal Ganglion Cells: The Interplay of Predictive Coding and Adaptation. *Journal of Neurophysiology*, 103(6), 3184 – 3194. doi:10.1152/jn.00878.2009.

Nkam, I., Bocca, M. L., Denise, P., Paoletti, X., Dollfus, S., Levillain, D., & Thibaut, F. (2010). Impaired smooth pursuit in schizophrenia results from prediction impairment only. *Biological Psychiatry*, 67(10), 992 – 997.

361 Noë, A. (2004). *Action in perception.* Cambridge, MA: MIT Press.

Noë, A. (2010). *Out of our heads: Why you are not your brain, and other lessons from the biology of consciousness.* New York: Farrar, Straus & Giroux.

Norman, K. A., Polyn, S. M., Detre, G. J., & Haxby, J. V. (2006). Beyond mind-reading: Multivoxel pattern analysis of fMRI data. *Trends in Cognitive Sciences*, 10, 424 – 430.

Núñez, R., & Freeman, W. J. (Eds.). (1999). *Reclaiming cognition: The primacy of action, intention and emotion.* Bowling Green, OH: Imprint Academic; NY: Houghton-Mifflin.

O'Connor, D. H., Fukui, M. M., Pinsk, M. A., & Kastner, S. (2002). Attention modulates responses in the human lateral geniculate nucleus. *Nature Neurosci.*, 5, 1203 – 1209.

O'Craven, K. M., Rosen, B. R., Kwong, K. K., Treisman, A., & Savoy, R. L. (1997). Voluntary attention modulates fMRI activity in human MT-MST. *Neuron*, 18, 591 – 598.

O'Regan, J. K., & Noë, A. (2001). A sensorimotor approach to vision and visual consciousness. *Behavioral and Brain Sciences*, 24(5), 883 – 975.

O'Reilly, R. C., Wyatte, D., & Rohrlich, J. (ms). Learning through time in the thalamocortical loops. Preprint avail at: http://arxiv. org/abs/1407.3432.

O'Sullivan, I., Burdet, E., & Diedrichsen, J. (2009). Dissociating variability and effort as determinants of coordination. PLoS *Comput Biol.*, 5, e1000345. doi:10.1371/jour nal. pcbi. 1000345.

Ogata, T., Yokoya, R., Tani, J., Komatani, K., & Okuno, H. G. (2009). Prediction and imitation of other's motions by reusing own forward-inverse model in robots. ICRA'09. *IEEE International Conference on Robotics and Automation*, 4144 – 4149.

Okuda, J., et al. (2003). Thinking of the future and past: The roles of the frontal pole and the medial temporal lobes. *Neuroimage*, 19, 1369 – 1380. doi :10.1016/S1053-8119(03)00179-4.

Olshausen, B. A., & Field, D. J. (1996). Emergence of simple-cell receptive field properties by learning a sparse code for natural images. Nature, 381, 607 – 609. Orlandi, N. (2013). *The innocent eye: Why vision is not a cognitive process.* New York: Oxford University Press.

Oudeyer, P.-Y., Kaplan, F., & Hafner, V. (2007). Intrinsic motivation systems for autonomous mental development. *IEEE Transactions on Evolutionary Computation*, 11(2), 265 – 286.

Oyama, S. (1999). *Evolution's eye: Biology, culture and developmental systems.* Durham, NC: Duke University Press.

Oyama, S., Griffiths, P. E., & Gray, R. D. (Eds.). (2001). *Cycles of contingency: Developmental systems and evolution.* Cambridge, MA: MIT Press.

Oztop, E. , Kawato, M. , & Arbib, M. A. (2013). Mirror neurons: Functions, mechanisms and models. *Neuroscience Letters*, 540, 43 – 55.

Panichello, M. , Cheung, O. , & Bar, M. (2012). Predictive feedback and conscious visual experience. *Frontiers in Psychology*, 3, 620. doi:10.3389/fpsyg.2012.00620.

Pariser, E. (2011). *The filter bubble: What the internet is hiding from you.* New York: Penguin Press.

362

Park, H. J. , & Friston, K. (2013). Structural and functional brain networks: From connections to cognition. *Science*, 342, 579 – 588.

Park, J. C. , Lim, J. H. , Choi, H. , & Kim, D. S. (2012). Predictive coding strategies for developmental neurorobotics. *Front Psychol.* , 7(3), 134. doi:10.3389/fpsyg.2012.00134.

Parr, W. V. , White, K. G. , & Heatherbell, D. (2003). The nose knows: Influence of colour on perception of wine aroma. *Journal of Wine Research*, 14, 79 – 101.

Pascual-Leone, A. , & Hamilton, R. (2001). The metamodal organization of the brain. *Progress in Brain Research*, 134, 427 – 445.

Paton, B. , Skewes, J. , Frith, C. , & Hohwy, J. (2013). Skull-bound perception and precision optimization through culture. *Behavioral and Brain Sciences*, 36(3), p. 222.

Paulesu, E. , McCrory, E. , Fazio, F. , Menoncello, L. , Brunswick, N. , Cappa, S. F. , et al. (2000). A cultural effect on brain function. *Nat. Neurosci.* , 3(1), 91 – 96.

Pearle, J (1988) *Probabilistic Reasoning in Intelligent Systems*, Morgan-KaufmannPeelen, M. V. M. , & Kastner, S. S. (2011). A neural basis for real-world visual search in human occipitotemporal cortex. *Proc. Natl. Acad. Sci.* USA, 108, 12125 – 12130.

Pellicano, E. , & Burr, D. (2012). When the world becomes too real: A Bayesian explanation of autistic perception. *Trends in Cognitive Sciences*, 16, 504 – 510. doi:10.1016/j.tics.2012.08.009.

Penny, W. (2012). Bayesian models of brain and behaviour. *ISRN Biomathematics*, 1 – 19. doi:10.5402/2012/785791.

Perfors, A. , Tenenbaum, J. B. , & Regier, T. (2006). Poverty of the stimulus? A rational approach. In *Proceedings of the* 28*th Annual Conference of the Cognitive Science Society* 663-668 Mahwah, NJ: Lawrence Erlbaum Assoc.

Pezzulo, G. (2007). Anticipation and future-oriented capabilities in natural and artificial cognition. In 50 *Years of AI*, *Festschrift*, *LNAI*, Berlin: Springer pp. 258 – 271.

Pezzulo, G. (2008). Coordinating with the future: The anticipatory nature of representation. *Minds and Machines*, 18, 179 – 225.

Pezzulo, G. (2012). An active inference view of cognitive control. *Frontiers in Theoretical and Philosophical Psychology*. 3: 478 – 479. doi: 10.3389/fpsyg.2012.00478.

Pezzulo, G. (2013). Why do you fear the Bogeyman? An embodied predictive coding model of perceptual inference. *Cognitive, Affective, and Behavioral Neuroscience*, 14(3), 902 – 911.

363 Pezzulo, G., Barsalou, L., Cangelosi, A., Fischer, M., McRae, K., & Spivey, M. (2013). Computational grounded cognition: A new alliance between grounded cognition and computational modeling. *Front. Psychology*, 3, 612. doi:10.3389/fpsyg.2012.00612.

Pezzulo, G., Rigoli, F., & Chersi F. (2013). The mixed instrumental controller: Using value of information to combine habitual choice and mental simulation. *Frontiers in Psychology*, 4, 92. doi:10.3389/fpsyg.2013.00092.

Pfeifer, R., & Bongard, J. (2006). *How the body shapes the way we think: A new view of intelligence.* Cambridge, MA: MIT Press.

Pfeifer, R., Lungarella, M., Sporns, O., & Kuniyoshi, Y. (2007). On the information theoretic implications of embodiment: Principles and methods. In *Lecture Notes in Computer Science (LNCS)*, 4850 (pp. 76 – 86). Berlin: Heidelberg: Springer.

Pfeifer, R., & Scheier, C. (1999). *Understanding intelligence*. Cambridge, MA: MIT Press.

Philippides, A., Husbands, P., & O'Shea, M. (2000). Four-dimensional neuronal signaling by nitric oxide: A computational analysis. *J. Neurosci.*, 20, 1199 – 1207.

Philippides, A., Husbands, P., Smith, T., & O'Shea, M. (2005). Flexible couplings: Diffusing neuromodulators and adaptive robotics. *Artificial Life*, 11, 139 – 160.

Phillips, M. L., et al. (2001). Depersonalization disorder: Thinking without feeling. *Psychiatry Res.*, 108, 145 – 160.

Phillips W. A. & Singer W. (1997) In search of common foundations for cortical computation. *Behavioral and Brain Sciences* 20, 657 – 722.

Phillips, W., Clark, A., & Silverstein, S. M. (2015). On the functions, mechanisms, and malfunctions of intracortical contextual modulation. *Neuroscience and Biobehavioral Reviews* 52, 1 – 20.

Phillips, W., & Silverstein, S. (2013). The coherent organization of mental life depends on mechanisms for context-sensitive gain-control that are impaired in schizophrenia. *Frontiers in Psychology*, 4, 307. doi:10.3389/fpsyg.2013.00307.

Piaget, J. (1952). *The origins of intelligence in children.* New York: I. U. Press, Ed. Pickering, M. J., & Clark, A. (2014). Getting ahead: Forward models and their place in cognitive architecture. *Trends in Cognitive Sciences*, 18(9), 451 – 456.

Pickering, M. J., & Garrod, S. (2007). Do people use language production to make predictions during comprehension? *Trends in Cognitive Sciences*, 11(3), 105 – 110.

Pickering, M. J., & Garrod, S. (2013). An integrated theory of language production and comprehension. *Behavioral and Brain Sciences*, 36(04), 329 – 347.

Pinker, S. (1997). *How the mind works.* London: Allen Lane.

Plaisted, K. (2001). Reduced generalization in autism: An alternative to weak central coherence. In J. Burack et al. (Eds.), *The development of autism: Perspectives from theory and research* (pp. 149 – 169). NJ Erlbaum.

Plaisted, K., et al. (1998a). Enhanced visual search for a conjunctive target in autism: A research note. *J. Child Psychol. Psychiatry*, 39, 777 – 783.

Plaisted, K., et al. (1998b). Enhanced discrimination of novel, highly similar stimuli by adults with autism during a perceptual learning task. *J. Child Psychol. Psychiatry*, 39, 765 – 775.

Ploner, M., & Tracey, I. (2011). The effect of treatment expectation on drug efficacy: Imaging the analgesic benefit of the opioid remifentanil. *Sci. Transl. Med.*, 3, 70ra14.

364

Poeppel, D., & Monahan, P. J. (2011). Feedforward and feedback in speech perception: Revisiting analysis by synthesis. *Language and Cognitive Processes*, 26(7), 935 – 951.

Polich, J. (2003). Overview of P3a and P3b. In J. Polich (Ed.), *Detection of change: Event-related potential and fMRI findings* (pp. 83 – 98). Boston: Kluwer Academic Press.

Polich, J. (2007). Updating P300: An integrative theory of P3a and P3b. Clinical *Neurophysiology*, 118(10), 2128 – 2148.

Popper, K. (1963). *Conjectures and refutations: The growth of scientific knowledge.* London: Routledge.

Posner, M. (1980). Orienting of attention. *Quarterly Journal of Experimental Psychology*, 32 (1), 3 – 25.

Potter, M. C., Wyble, B., Hagmann, C. E., & Mccourt, E. S. (2013). Detecting meaning in RSVP at 13 ms per picture. *Attention, Perception, & Psychophysics*, 1 – 10.

Pouget, A., Beck, J., Ma, Wei J., & Latham, P. (2013). Probabilistic brains: Knowns and unknowns. *Nature Neuroscience*, 16(9), 1170 – 1178. doi:10.1038/n n.3495.

Pouget, A., Dayan, P., & Zemel, R. (2003). Inference and computation with population codes. *Annual Review of Neuroscience*, 26, 381 – 410.

Powell, K. D., & Goldberg, M. E. (2000). Response of neurons in the lateral intraparietal area to a distractor flashed during the delay period of a memory-guided saccade. *J. Neurophysiol.*, 84(1), 301 – 310.

Press, C., Richardson, D., & Bird, G. (2010). Intact imitation of emotional facial actions in autism spectrum conditions. *Neuropsychologia*, 48, 3291–3297.

Press, C. M., Heyes, C. M., & Kilner, J. M (2011). Learning to understand others' actions. *Biology Letters*, 7(3), 457–460. doi:10.1098/rsbl.2010.0850.

Pribram, K. H. (1980). The orienting reaction: Key to brain representational mechanisms. In H. D. Kimme (Ed.), *The orienting reflex in humans* (pp. 3–20). Hillsdale, NJ: Lawrence Erlbaum Assoc.

Price, C. J., & Devlin, J. T. (2011). The interactive account of ventral occipito-temporal contributions to reading. *Trends in Cognitive Neuroscience*, 15(6), 246–253.

Price, D. D., Finniss, D. G., & Benedetti, F. (2008). A comprehensive review of the placebo effect: Recent advances and current thought. *Annu. Rev. Psychol.*, 59, 565–590.

Prinz, J. (2004). Gut reactions. New York: Oxford University Press.

Prinz, J. (2005). A neurofunctional theory of consciousness. In A. Brook & K. Akins (Eds.), *Cognition and the brain: Philosophy and neuroscience movement*(pp. 381–396). Cambridge: Cambridge University Press.

Purves, D., Shimpi, A., & Lotto, R. B. (1999). An empirical explanation of the Cornsweet effect. *Journal of Neuroscience*, 19(19), 8542–8551.

365 Pylyshyn, Z. (1999). Is vision continuous with cognition? The case for cognitive impenetrability of visual perception. *Behavioral and Brain Sciences*, 22(3), 341–365.

Quine, W. V. O. (1988). On what there is. *In From a Logical Point of View: Nine Logico-Philosophical Essays* (pp. 1–20). Cambridge, MA: Harvard University Press.

Raichle M. E. (2009). A brief history of human brain mapping. *Trends Neurosci.* 32:118–126.

Raichle, M. E. (2010). Two views of brain function. *Trends in Cognitive Sciences*, 14(4), 180–190.

Raichle, M. E., MacLeod, A. M., Snyder, A. Z., Powers, W. J., Gusnard, D. A., & Shulman, G. L. (2001). A default mode of brain function. *Proc. Natl. Acad. Sci.* USA, 98, 676–682.

Raichle, M. E., & Snyder, A. Z. (2007). A default mode of brain function: A brief history of an evolving idea. *Neuroimage*, 37, 1083–1090.

Raij, T., McEvoy, L., Mäkelä, J. P., & Hari, R. (1997). Human auditory cortex is activated by omissions of auditory stimuli. *Brain Res.*, 745, 134–143.

Ramachandran, V. S., & Blakeslee, S. (1998). *Phantoms in the brain: Probing the mysteries of the human mind.* New York: Morrow & Co.

Ramsey, W. M. (2007). *Representation reconsidered.* Cambridge: Cambridge University.

Rao, R., & Ballard, D. (1999). Predictive coding in the visual cortex: A functional interpretation of some extra-classical receptive-field effects. *Nature Neuroscience*, 2(1), 79.

Rao, R., & Sejnowski, T. (2002). Predictive coding, cortical feedback, and spike-timing dependent cortical plasticity. In Rao, R. P. N., Olshausen, B. and Lewicki, M. (Eds.), *Probabilistic Models of the Brain* (pp. 297-316). Cambridge, MA: MIT Press.

Rao, R., Shon, A., & Meltzoff, A. (2007). A Bayesian model of imitation in infants and robots. In C. L. Nehaniv & K. Dautenhahn (Eds.), *Imitation and social learning in robots, humans, and animals: Behavioural, social and communicative dimensions* (pp. 217-247). New York: Cambridge University Press.

Reddy, L., Tsuchiya, N., & Serre, T. (2010). Reading the mind's eye: Decoding category information during mental imagery. *NeuroImage*, 50(2), 818-825.

Reich, L., Szwed, M., Cohen, L., & Amedi, A. (2011). A ventral stream reading center independent of visual experience. *Current Biology*, 21, 363-368.

Remez, R. E., & Rubin, P. E. (1984). On the perception of intonation from sinusoidal sentences. *Perception & Psychophysics*, 35, 429-440.

Remez, R. E., Rubin, P. E., Pisoni, D. B., & Carrell, T. D. (1981). Speech perception without traditional speech cues. *Science*, 212, 947-949.

Rescorla, M. (2013). Bayesian perceptual psychology. In M. Matthen (Ed.), *Oxford Handbook of the Philosophy of Perception.* Oxford University Press, NY.

Rescorla, M. (in press). Bayesian sensorimotor psychology. *Mind and Language*.

Reynolds, J. H., Chelazzi, L., & Desimone, R. (1999). Competitive mechanisms subserve attention in macaque areas V2 and V4. *Journal of Neuroscience*, 19, 1736-1753.

366

Rieke, F., Warland, D., de Ruyter van Steveninck, R., & Bialek, W. (1997). *Spikes: Exploring the neural code.* Cambridge, MA: MIT Press.

Riesenhuber, M., & Poggio, T. (1999). Hierarchical models of object recognition in cortex. *Nat. Neurosci.*, 2, 1019-1025.

Rizzolatti, G., Fadiga, L., Fogassi, L., & Gallese, V. (1996). Premotor cortex and the recognition of motor actions. Brain Res. *Cogn. Brain Res.*, 3, 131-141.

Rizzolatti, G., Fogassi, L., & Gallese, V. (2001). Neurophysiological mechanisms underlying the understanding and imitation of action. *Nat. Rev. Neurosci.*, 2, 661-670.

Rizzolatti, G., & Sinigaglia, C. (2007). Mirror neurons and motor intentionality. *Functional Neurology*, 22(4), 205-210.

Rizzolatti, G., et al. (1988). Functional organization of inferior area 6 in the macaque monkey: II. Area F5 and the control of distal movements. *Exp. Brain Res.*, 71, 491 – 507.

Robbins, H. (1956). An empirical Bayes approach to statistics. *Proceedings of the Third Berkeley Symposium on Mathematical Statistics and Probability*, Vol. 1: *Contributions to the Theory of Statistics*, 157 – 163.

Robbins, J. M., & Kirmayer, L. J. (1991). Cognitive and social factors in somatisation. In L. J. Kirmayer & J. M. Robbins (Eds.), *Current concepts of somatisation: Research and clinical perspectives* (pp. 107 – 141). Washington, DC: American Psychiatric Press.

Roberts, A., Robbins, T., & Weiskrantz, L. (1998). *The prefrontal cortex: Executive and cognitive functions*. New York: Oxford University Press.

Rock, I. (1997). *Indirect perception*. Cambridge, MA: MIT Press.

Roepstorff, A. (2013). Interactively human: Sharing time, constructing materiality. *Behavioral and Brain Sciences*, 36, 224 – 225. doi:10.1017/S0140525X12002427.

Roepstorff, A., & Frith, C. (2004). What's at the top in the top-down control of action? Script-sharing and 'top-top' control of action in cognitive experiments. *Psychological Research*, 68(2 – 3), 189 – 198. doi:10.1007/s00426003-0155-4.

Roepstorff, A, Niewöhner, J, & Beck, S. (2010). Enculturating brains through patterned practices. *Neural Networks*, 23, 1051 – 1059.

Romo, R., Hernandez, A., & Zainos, A. (2004). Neuronal correlates of a perceptual decision in ventral premotor cortex. *Neuron*, 41(1), 165 – 173.

Rorty, R. (1979). *Philosophy and the mirror of nature.* Princeton, NJ: Princeton University Press.

Ross, D. (2004). Meta-linguistic signalling for coordination amongst social agents. *Language Sciences*, 26, 621 – 642.

Roth, M., Synofzik, M., & Lindner, A. (2013). The cerebellum optimizes perceptual predictions about external sensory events. *Current Biology*, 23(10), 930 – 935. doi:10.1016/j.cub.2013.04.027.

Rothkopf, C. A., Ballard, D. H., & Hayhoe, M. M. (2007). Task and context determine where you look. *Journal of Vision*, 7(14):16, 1 – 20.

367 Rumelhart, D., McClelland, J., & the PDP Research Group (1986). *Parallel Distributed Processing* (Vol. 1). Cambridge, MA: MIT Press.

Rumelhart, D. E., Hinton, G. E., & Williams, R. J. (1986a). Learning internal representations by error propagation. In D. E. Rumelhart, J. L. McClelland, & the PDP

Research Group (Eds.), *Parallel distributed processing: Explorations in the microstructure of cognition*, Vol. 1: *Foundations* (pp. 318–362). Cambridge, MA: MIT Press.

Rumelhart, D. E., Hinton, G. E., & Williams, R. J. (1986b). Learning representations by back-propagating errors. *Nature*, 323, 533–536.

Rupert, R. (2004). Challenges to the hypothesis of extended cognition. *Journal of Philosophy*, 101(8), 389–428.

Rupert, R. (2009). *Cognitive systems and the extended mind.* New York: Oxford University Press.

Sachs, E. (1967). Dissociation of learning in rats and its similarities to dissociative states in man. In J. Zubin & H. Hunt (Eds.), *Comparative psychopathology: Animal and human* (pp. 249–304). New York: Grune and Stratton.

Sadaghiani, S., Hesselmann, G., Friston, K. J., & Kleinschmidt, A. (2010). The relation of ongoing brain activity, evoked neural responses, and cognition. *Frontiers in Systems Neuroscience*, 4, 20.

Saegusa, R., Sakka, S., Metta, G., & Sandini, G. (2008). Sensory prediction learning: How to model the self and environment. 12th IMEKO TC1-TC7 *Joint Symposium on Man Science and Measurement* (IMEKO2008), Annecy, France, 269–275.

Salakhutdinov, R., & Hinton, G. (2009). Deep Boltzmann machines. *Proceedings of the 12th International Conference on Artificial Intelligence and Statistics* (AISTATS), 5, 448–455.

Salakhutdinov, R. R., Mnih, A., & Hinton, G. E. (2007). Restricted Boltzmann machines for collaborative filtering. *International Conference on Machine Learning*, Corvallis, Oregon. Available at: http://www.cs.toronto.edu/~hinton/papers.html#2007.

Salge, C., Glackin, C., & Polani, D. (2014). Changing the environment based on empowerment as intrinsic motivation. *Entropy*, 16(5), 2789–2819. doi: 10.3390/e16052789.

Satz, D., & Ferejohn, J. (1994). Rational choice and social theory source. *Journal of Philosophy*, 91(2), 71–87.

Sawtell, N. B., Williams, A., & Bell, C. C. (2005). From sparks to spikes: Information processing in the electrosensory systems of fish. *Current Opinion in Neurobiology*, 15, 437–443.

Schachter, S., & Singer, J. (1962). Cognitive, social, and physiological determinants of emotional state. *Psychological Review*, 69, 379–399.

Schacter, D. L., & Addis, D. R. (2007a). The ghosts of past and future. *Nature*, 445, 27. doi:10.1038/445027a.

Schacter, D. L., & Addis, D. R. (2007b). The cognitive neuroscience of constructive memory: Remembering the past and imagining the future. *Philosophical Transactions of the Royal Society of London, Series B*, 362, 773 – 786.

368 Schacter, D. L., Addis, D. R., & Buckner, R. L. (2007). The prospective brain: Remembering the past to imagine the future. *Nature Reviews Neuroscience*, 8, 657 – 661.

Schenk, L. A., Sprenger, C., Geuter, S., & Büchel, C. (2014). Expectation requires treatment to boost pain relief: An fMRI study. *Pain*, 155, 150 – 157.

Schenk, T., & McIntosh, R. D. (2010). Do we have independent visual streams for perception and action? *Cognitive Neuroscience*, 1(1), 52 – 62. doi:10.1080/17588920903388950. ISSN 1758-8928.

Scholl, B. (2005). Innateness and (Bayesian) visual perception: Reconciling nativism and development. In P. Carruthers, S. Laurence & S. Stich (Eds.), *The innate mind: Structure and contents* (pp. 34 – 52). New York: Oxford University Press.

Schultz, W. (1999). The reward signal of midbrain dopamine neurons. *Physiology*, 14(6), 249 – 255.

Schultz, W., Dayan, P., & Montague, P. R. (1997). A neural substrate of prediction and reward. *Science*, 275, 1593 – 1599.

Schütz, A. C., Braun, D. I., & Gegenfurtner, K. (2011). Eye movements and perception: A selective review. *Journal of Vision*, 11(5), 1 – 30. doi:10.1167/11.5.9.

Schwartenbeck, P., Fitzgerald, T., Dolan, R. J., & Friston, K. (2013). Exploration, novelty, surprise, and free energy minimization. *Frontiers in Psychology*, 4, 710. doi:10.3389/fpsyg.2013.00710.

Schwartenbeck, P., FitzGerald, T. H. B., Mathys, C., Dolan, R., & Friston, K. (2014). The dopaminergic midbrain encodes the expected certainty about desired outcomes. *Cerebral Cortex*, bhu159. doi: 10.1093/cercor/bhu159

Schwartz, J., Grimault, N., Hupé, J., Moore, B., & Pressnitzer, D. (2012). Introduction: Multistability in perception: Binding sensory modalities, an overview. *Phil. Trans. R. Soc. B.*, 367, 896 – 905. doi:10.1098/rstb.2011.0254.

Seamans, J. K., & Yang, C. R. (2004). The principal features and mechanisms of dopamine modulation in the prefrontal cortex. *Prog. Neurobiol.*, 74(1), 1 – 58.

Sebanz, N., & Knoblich, G. (2009). Prediction in joint action: What, when, and where. *Topics in Cognitive Science*, 1, 353 – 367.

Sedley, W., & Cunningham, M. (2013). Do cortical gamma oscillations promote or suppress perception? An under-asked question with an over-assumed answer. *Frontiers in Human Neuroscience*, 7, 595.

Selen, L. P. J., Shadlen, M. N., & Wolpert, D. M. (2012). Deliberation in the motor system: Reflex gains track evolving evidence leading to a decision. *Journal of Neuroscience*, 32(7), 2276-2286.

Seligman, M., Railton, P., Baumeister, R., & Sripada, C. (2013). Navigating into the future or driven by the past. *Perspectives on Psychological Science*, 8, 119-141.

Serre, T., Oliva, A., & Poggio, T. (2007). A feedforward architecture accounts for rapid categorization. *Proc. Natl. Acad. Sci. USA*, 104(15), 6424-6429.

Seth, A. K. (2013). Interoceptive inference, emotion, and the embodied self. Trends in *Cognitive Sciences*, 17(11), 565-573. doi:10.1016/j.tics.2013.09.007.

Seth, A. K. (2014). A predictive processing theory of sensorimotor contingencies: Explaining the puzzle of perceptual presence and its absence in synaesthesia. *Cogn. Neurosci.*, 5(2), 97-118. doi:10.1080/17588928.2013.877880.

369

Seth, A. K., Suzuki, K., & Critchley, H. D. (2011). An interoceptive predictive coding model of conscious presence. *Frontiers in Psychology*, 2, 395. doi:10.3389/fpsyg.2011.00395.

Seymour, B., et al. (2004). Temporal difference models describe higher order learning in humans. *Nature*, 429, 664-667.

Sforza, A., et al. (2010). My face in yours: Visuo-tactile facial stimulation influences sense of identity. Soc. *Neurosci.*, 5, 148-162.

Shaffer, D. M., Krauchunas, S. M., Eddy, M., & McBeath, M. K. (2004). How dogs navigate to catch Frisbees. *Psychological Science*, 15, 437-441.

Shafir, E., & Tversky, A. (1995). Decision making. In E. E. Smith & D. N. Osherson (Eds.), *Thinking: An invitation to cognitive science* (pp. 77-100). Cambridge, MA: MIT Press.

Shah, A., & Frith, U. (1983). An islet of ability in autistic children: A research note. *J. Child Psychol. Psychiatry*, 24, 613-620.

Shams, L., Ma, W. J., & Beierholm, U. (2005). Sound-induced flash illusion as an optimal percept. *Neuroreport*, 16(10), 1107-1110.

Shani, I. (2006). Intentional directedness. *Cybernetics & Human Knowing*, 13, 87-110.

Shankar, M. U., Levitan, C., & Spence, C. (2010). Grape expectations: The role of cognitive influences in color-flavor interactions. *Consciousness & Cognition*, 19, 380-390.

Shea, N. (2013). Perception versus action: The computations may be the same but the direction of fit differs. *Behavioral and Brain Sciences*, 36(3), 228-229.

Shergill, S., Bays, P. M., Frith, C. D., & Wolpert, D. M. (2003). Two eyes for an eye: The neuroscience of force escalation. *Science*, 301(5630), 187.

Shergill, S. , Samson, G. , Bays, P. M. , Frith, C. D. , & Wolpert, D. M. (2005). Evidence for sensory prediction deficits in schizophrenia. *American Journal of Psychiatry*, 162(12), 2384 – 2386.

Sherman, S. M. , & Guillery, R. W. (1998). On the actions that one nerve cell can have on another: Distinguishing 'drivers' from 'modulators'. *Proc. Natl. Acad. Sci. USA*, 95, 7121 – 7126.

Shi, Yun Q. , & Sun, H. (1999). *Image and video compression for multimedia engineering: Fundamentals, algorithms, and standards.* Boca Raton CRC Press.

Shipp, S. (2005). The importance of being agranular: A comparative account of visual and motor cortex. *Phil. Trans.* R. Soc. *B*, 360, 797 – 814. doi:10. 1098/rstb. 2005. 1630.

Shipp, S. , Adams, R. A. , & Friston, K. J. (2013). Reflections on agranular architecture: Predictive coding in the motor cortex. *Trends Neurosci.* , 36, 706 – 716. doi:10. 1016/j. tins. 2013. 09. 004.

Siegel, J. (2003). Why we sleep. *Scientific American*, November, pp. 92 – 97.

Siegel, S. (2006). Direct realism and perceptual consciousness. *Philosophy and Phenomenological Research*, 73(2), 379 – 409.

370 Siegel, S. (2012). Cognitive penetrability and perceptual justification. *Nous*, 46(2), 201 – 222.

Sierra, M. , & David, A. S. (2011). Depersonalization: A selective impairment of self-awareness. *Conscious. Cogn.* , 20, 99 – 108.

Simon, H. A. (1956). Rational choice and the structure of the environment. *Psychological Review*, 63(2), 129 – 138.

Skewes, J. C. , Jegindø, E. -M. , & Gebauer, L. (2014). Perceptual inference and autistic traits. Autism [Epub ahead of print]. 10. 1177/1362361313519872.

Sloman, A. (2013). What else can brains do? *Behavioral and Brain Sciences*, 36, 230 – 231. doi:10. 1017/S0140525X12002439.

Smith, A. D. (2002). *The problem of perception* Cambridge, MA: Harvard University Press.

Smith, F. , & Muckli, L. (2010). Nonstimulated early visual areas carry information about surrounding context. *Proceedings of the National Academy of Science (PNAS)*, 107(46), 20099 – 20103.

Smith, L. , & Gasser, M. (2005). The development of embodied cognition: Six lesson from babies. *Artificial Life*, 11(1), 13 – 30.

Smith, P. L. , & Ratcliff, R. (2004). Psychology and neurobiology of simple decisions. *Trends in Neuroscience*, 27, 161 – 168.

Smith, S. M., Vidaurre, D., Beckmann, C. F, Glasser, M. F., Jenkinson, M., Miller, K. L., Nichols, T., Robinson, E., Salimi-Khorshidi, G., Woolrich M. W., Ugurbil, K. & Van Essen D. C. (2013). Functional connectomics from resting-state fMRI. *Trends in Cognitive Sciences*. 17(12), 666-682.

Smolensky, P. (1988). On the proper treatment of connectionism. *Behavioral and Brain Sciences*, 11, 1 – 23.

Smolensky, P., & Legendre, G. (2006). *The harmonic mind: From neural computation to optimality-theoretic grammar*, Vol. 1: *Cognitive architecture*, *Vol.* 2: *Linguistic and philosophical implications*. Cambridge, MA: MIT Press.

Sokolov, E. N. (1960). Neuronal models and the orienting reflex. In M. A. B. Brazier (Ed.), *The central nervous system and behavior* (pp. 187 – 276). New York: Josiah Macy, Jr. Foundation.

Solway, A., & Botvinick, M. M. (2012). Goal-directed decision making as probabilistic inference: A computational framework and potential neural correlates. *Psychological Review*, 119(1), 120 – 154. doi: 10.1037/a0026435.

Sommer, M. A., & Wurtz, R. H. (2006). Influence of thalamus on spatial visual processing in frontal cortex. Nature, 444, 374 – 377.

Sommer, M. A., & Wurtz, R. H. (2008). Brain circuits for the internal monitoring of movements. *Annual Review of Neuroscience*, 31, 317 – 338.

Spelke, E. S. (1990). Principles of object perception. *Cognitive Science*, 14, 29 – 56. Spence, C., & Shankar, M. U. (2010). The influence of auditory cues on the perception of, and responses to, food and drink. *Journal of Sensory Studies*, 25, 406 – 430.

Sperry, R. (1950). Neural basis of the spontaneous optokinetic response produced by visual inversion. *J. Comp. Physiol. Psychol.*, 43(6), 482 – 489.

Spivey, M. J. (2007). *The continuity of mind*. New York: Oxford University Press.

Spivey, M. J., Grosjean, M., & Knoblich, G. (2005). Continuous attraction toward phonological competitors. *Proceedings of the National Academy of Sciences*, 102, 10393 – 10398.

Spivey, M. J., Richardson, D., & Dale, R. (2008). Movements of eye and hand in language and cognition. In E. Morsella & J. Bargh (Eds.), *The psychology of action* (pp. 225 – 249). New York: Oxford University Press.

Spivey, M., Richardson, D., & Fitneva, S. (2005). Thinking outside the brain: Spatial indices to linguistic and visual information. In J. Henderson & F. Ferreira (Eds.), *The interface of vision language and action* (pp. 161 – 190). New York: Psychology Press.

371

Sporns, O. (2002). Network analysis, complexity and brain function. *Complexity*, 8, 56 – 60.

Sporns, O. (2007). What neuro-robotic models can teach us about neural and cognitive development. In D. Mareschal, S. Sirois, G. Westermann, & M. H. Johnson (Eds.), *Neuroconstructivism: Perspectives and prospects*, Vol. 2 (pp. 179 – 204). Oxford: Oxford University Press.

Sporns, O. (2010). *Networks of the brain.* Cambridge, MA: MIT Press.

Sprague, N., Ballard, D. H., & Robinson, A. (2007). Modeling embodied visual behaviors. *ACM Transactions on Applied Perception*, 4, 11.

Spratling, M. (2008). Predictive coding as a model of biased competition in visual attention. *Vision Research*, 48(12), 1391 – 1408.

Spratling, M. (2010). Predictive coding as a model of response properties in cortical area V1. *Journal of Neuroscience*, 30(9), 3531 – 3543.

Spratling, M. (2012). Unsupervised learning of generative and discriminative weights encoding elementary image components in a predictive coding model of cortical function. *Neural Computation*, 24(1), 60 – 103.

Spratling, M. (2013). Distinguishing theory from implementation in predictive coding accounts of brain function [commentary on Clark]. *Behavioral and Brain Sciences*, 36(3), 231 – 232.

Spratling, M. (2014). A single functional model of drivers and modulators in cortex. *Journal of Computational Neuroscience*, 36(1), 97 – 118.

Spratling, M., & Johnson, M. (2006). A feedback model of perceptual learning and categorization. *Visual Cognition*, 13(2), 129 – 165.

Sprevak, M. (2010). Computation, individuation, and the received view on representation. *Studies in History and Philosophy of Science*, 41, 260 – 270.

Sprevak, M. (2013). Fictionalism about neural representations. *The Monist*, 96, 539 – 560.

Stafford, T., & Webb, M. (2005). Mind hacks. CA: O'Reilly Media.

Stanovich, K. E. (2011). *Rationality and the reflective mind.* New York: Oxford University Press.

Stanovich, K. E., & West, R. F. (2000). Individual differences in reasoning: Implications for the rationality debate. *Behavioral and Brain Sciences*, 23, 645 – 665.

Stein, J. F. (1992). The representation of egocentric space in the posterior parietal cortex. *Behav. Brain Sci.*, 15, 691 – 700.

372

Stephan, K. E., Harrison, L. M., Kiebel, S. J., David, O., Penny, W. D., & Friston, K. J. (2007). Dynamic causal models of neural system dynamics: Current state and future extensions. *J. Biosci.*, 32, 129 - 144.

Stephan, K. E., Kasper, L., Harrison, L. M., Daunizeau, J., den Ouden, H. E., Breakspear, M., & Friston, K. J. (2008). Nonlinear dynamic causal models for fMRI. *Neuroimage*, 42, 649 - 662.

Stephan, K. E., Penny, W. D., Daunizeau, J., Moran, R. J., and Friston, K. J. (2009). Bayesianmodelselectionforgroupstudies. *Neuroimage* 46, 1004 - 1017. doi: 10. 1016/j. neuroimage. 2009. 03. 025.

Sterelny, K. (2003). *Thought in a hostile world: The evolution of human cognition.* Oxford: Blackwell.

Stewart, J., Gapenne, O., & Di Paolo, E. A. (Eds.). (2010). *Enaction: Towards a new paradigm for cognitive science.* Cambridge, MA: MIT Press.

Stigler, J., Chalip, L., & Miller, F. (1986). Consequences of skill: The case of abacus training in Taiwan. *American Journal of Education*, 94(4), 447 - 479.

Stokes, M., Thompson, R., Cusack, R., & Duncan, J. (2009). Top - down activation of shape specific population codes in visual cortex during mental imagery. *J. Neurosci.*, 29, 1565 - 1572.

Stone, J., Warlow, C., Carson, A., & Sharpe, M. (2005). Eliot Slater's myth of the non-existence of hysteria. *J. R. Soc. Med.*, 98, 547 - 548.

Stone, J., Warlow, C., & Sharpe, M. (2012a). Functional weakness: Clues to mechanism from the nature of onset. *J. Neurol. Neurosurg. Psychiatry*, 83, 67 - 69.

Stone, J., Wojcik, W., Durrance, D., Carson, A., Lewis, S., MacKenzie, L., et al. (2002). What should we say to patients with symptoms unexplained by disease? The 'number needed to offend'. BMJ, 325, 1449 - 1450.

Stotz, K. (2010). Human nature and cognitive-developmental niche construction. *Phenomenology and the Cognitive Sciences*, 9(4), 483 - 501.

Suddendorf, T., & Corballis, M. C. (1997). Mental time travel and the evolution of the human mind. *Genet. Soc. Gen. Psychol. Monogr.* 123, 133 - 167.

Suddendorf, T., & Corballis, M. C. (2007). The evolution of foresight: What is mental time travel and is it unique to humans? *Behav. Brain Sci.*, 30, 299 - 331.

Summerfield, C., Trittschuh, E. H., Monti, J. M., Mesulam, M. M., & Egner, T. (2008). Neural repetition suppression reflects fulfilled perceptual expectations. *Nature Neuroscience*, 11(9), 1004 - 1006.

Sutton, S., Braren, M., Zubin, J., & John, E. R. (1965). Evoked-potential correlates of stimulus uncertainty. *Science*, 150, 1187 - 1188.

Suzuki, K., et al. (2013). Multisensory integration across interoceptive and exteroceptive domains modulates self-experience in the rubber-hand illusion. *Neuropsychologia*. http://dx.doi.org/10.1016/j.neuropsychologia.2013.08.01420.

Szpunar, K. K. (2010). Episodic future thought: An emerging concept. *Perspect. Psychol. Sci.*, 5, 142 – 162. doi:10.1177/1745691610362350.

373 Szpunar, K. K., Watson, J. M., & McDermott, K. B. (2007). Neural substrates of envisioning the future. *Proc. Natl Acad. Sci. USA*, 104, 642 – 647. doi:10.1073/pnas.0610082104.

Tani, J. (2007). On the interactions between top-down anticipation and bottom-up regression. *Frontiers in Neurorobotics*, 1, 2. doi:10.3389/neuro.12.002.2007.

Tani, J., Ito, M., & Sugita, Y. (2004). Self-organization of distributedly represented multiple behavior schemata in a mirror system: Reviews of robot experiments using RNNPB. *Neural Networks*, 17(8), 1273 – 1289.

Tatler, B. W., Hayhoe, M. M., Land, M. F., & Ballard, D. H. (2011). Eye guidance in natural vision: Reinterpreting salience. *Journal of Vision*, 11(5):5, 1 – 23.

Tenenbaum, J. B., Kemp, C., Griffiths, T. L., & Goodman, N. D. (2011). How to grow a mind: Statistics, structure, and abstraction. *Science*, 331(6022), 1279 – 1285.

Teufel, C, Fletcher, P, & Davis, G (2010). Seeing other minds: Attributed mental states influence perception. *Trends in Cognitive Sciences*, 14(2010), 376 – 382.

Thaker, G. K., Avila, M. T., Hong, L. E., Medoff, D. R., Ross, D. E., Adami, H. M. (2003). A model of smooth pursuit eye movement deficit associated with the schizophrenia phenotype. *Psychophysiology*, 40, 277 – 284. PubMed: 12820868.

Thaker, G. K., Ross, D. E., Buchanan, R. W., Adami, H. M., & Medoff, D. R. (1999). Smooth pursuit eye movements to extraretinal motion signals: Deficits in patients with schizophrenia. *Psychiatry Res.*, 88, 209 – 219. PubMed: 10622341.

Thelen, E., Schöner, G., Scheier, C., & Smith, L. (2001). The dynamics of embodiment: A field theory of infant perseverative reaching. *Behavioral and Brain Sciences*, 24, 1 – 33.

Thelen, E., & Smith, L. (1994). *A dynamic systems approach to the development of cognition and action.* Cambridge, MA: MIT Press.

Thevarajah, D., Mikulic, A., & Dorris, M. C. (2009). Role of the superior colliculus in choosing mixed-strategy saccades. *J. Neurosci.*, 29(7), 1998 – 2008.

Thompson, E. (2010). *Mind in life: Biology, phenomenology, and the sciences of mind.* Cambridge, MA: Harvard University Press.

Thornton, C. (ms). Experiments in sparse-coded predictive processing.

Todorov, E. (2004). Optimality principles in sensorimotor control. *Nat. Neurosci.*, 7, 907 – 915.

Todorov, E. (2008). Parallels between sensory and motor information processing. In M. Gazzaniga (Ed.), *The cognitive neurosciences* (4th ed.) (pp. 613 – 624). Cambridge, MA: MIT Press.

Todorov, E. (2009). Efficient computation of optimal actions. *Proc. Natl. Acad. Sci. USA*, 106, 11478 – 11483.

Todorov, E., & Jordan, M. I. (2002). Optimal feedback control as a theory of motor coordination. *Nature Neuroscience*, 5, 1226 – 1235.

Todorovic, A., van Ede, F., Maris, E., & de Lange, F. P. (2011). Prior expectation mediates neural adaptation to repeated sounds in the auditory cortex: An MEG Study. *J. Neurosci.*, 31, 9118 – 9123.

374

Tomasello, M., Carpenter, M., Call, J., Behne, T., & Moll, H. (2005). Understanding and sharing intentions: The ontogeny and phylogeny of cultural cognition. *Behavioral & Brain Sciences*, 28(5), 675 – 691.

Tononi, G., & Cirelli, C. (2006). Sleep function and synaptic homeostasis. *Sleep Medicine Reviews*, 10(1), 49 – 62.

Torralba, A., Oliva, A., Castelhano, M. S., & Henderson, J. M. (2006). Contextual guidance of eye movements and attention in real-world scenes: The role of global features in object search. *Psychological Review*, 113, 766 – 786.

Toussaint, M. (2009). Probabilistic inference as a model of planned behavior. *Künstliche Intelligenz*, 3(9), 23 – 29.

Tracey, I. (2010). Getting the pain you expect: Mechanisms of placebo, nocebo and reappraisal effects in humans. *Nat. Med.*, 16, 1277 – 1283.

Treue, S. (2001). Neural correlates of attention in primate visual cortex. *Trends Neurosci.*, 24, 295 – 300. doi:10.1016/ S0166-2236(00)01814-2.

Tribus, M. (1961). *Thermodynamics and thermostatics: An introduction to energy, information and states of matter, with engineering applications.* New York: D. Van Nostrand.

Tsuchiya, N., & Koch, C. (2005). Continuous flash suppression reduces negative afterimages. *Nature Neuroscience*, 8(8), 1096 – 1101. doi:10.1038/n n1500.

Tsuda, I. (2001). The plausibility of a chaotic brain theory. *Behavioral and Brain Sciences*, 24 (5), 829 – 840.

Tulving, E. (1983). Elements of episodic memory. New York: Oxford University Press. Tulving, E., & Gazzaniga, M. S. (1995). Organization of memory: Quo vadis? In M. Gazzaniga (Ed.),

The cognitive neurosciences (pp. 839 – 847). Cambridge, MA: MIT Press.

Turvey, M., & Carello, C. (1986). The ecological approach to perceiving-acting: A pictorial essay. *Acta Psychologica*, 63, 133 – 155.

Turvey, M. T., & Shaw, R. E. (1999). Ecological foundations of cognition: I. Symmetry and specificity of animal-environment systems. *Journal of Consciousness Studies*, 6, 85 – 110.

Tversky, A., & Kahneman, D. (1973). Availability: A heuristic for judging frequency and probability. *Cognitive Psychology*, 5, 207 – 232.

Ungerleider, L. G., & Mishkin, M. (1982). Two cortical visual systems. In D. J. Ingle, M. A. Goodale, & R. J. W. Mansfield (Eds.), *Analysis of visual behavior* (pp. 549 – 586). Cambridge, MA: MIT Press.

Uno, Y., Kawato, M., & Suzuki, R. (1989). Formation and control of optimal trajectory in human multijoint arm movement. *Biological Cybernetics*, 61, 89 – 101.

Van de Cruys, S., de-Wit, L., Evers, K., Boets, B., & Wagemans, J. (2013). Weak priors versus overfitting of predictions in autism: Reply to Pellicano and Burr (TICS, 2012). *I-Perception*, 4(2), 95 – 97. doi:10.1068/i0580ic.

Van de Cruys, S., & Wagemans, J. (2011). Putting reward in art: A tentative prediction error account of visual art. *i-Perception*, special issue on Art & Perception, 2(9), 1035 – 1062.

375 Van den Berg, R., Keshvari, S., & Ma, W. J. (2012). Probabilistic computation in perception under variability in encoding precision. *PLoS One*, 7(6), e40216.

Van den Heuvel, M. P., & Sporns, O. (2011). Rich-club organization of the human connectome. *J. Neurosci.*, 31, 15775 – 15786.

Van Essen, D. C., Anderson, C. H., & Olshausen, B. A. (1994). Dynamic routing strategies in sensory, motor, and cognitive processing. In C. Koch & J. Davis (Eds.), *Large scale neuronal theories of the brain* (pp. 271 – 299). Cambridge, MA: MIT Press.

van Gerven, M. A. J., de Lange, F. P., & Heskes, T. (2010). Neural decoding with hierarchical generative models. *Neural Comput.*, 22(12), 3127 – 3142.

van Kesteren, M. T., Ruiter, D. J., Fernandez, G., & Henson, R. N. (2012). How schema and novelty augment memory formation. *Trends in Neurosciences*, 35, 211 – 219. doi:10.1016/j.tins.2012.02.001.

van Leeuwen, C. (2008). Chaos breeds autonomy: Connectionist design between bias and babysitting. *Cognitive Processing*, 9, 83 – 92.

Varela, F., Thompson, E., & Rosch, E. (1991). *The embodied mind*. Cambridge, MA: MIT Press.

Vilares, I., & Körding, K. (2011). Bayesian models: The structure of the world, uncertainty, behavior, and the brain. *Annals of the New York Acad. Sci.*, 1224, 22 - 39.

Von Holst, E. (1954). Relations between the central nervous system and the peripheral organs. *British Journal of Animal Behaviour*, 2(3), 89 - 94.

Voss, M., Ingram, J. N., Wolpert, D. M., & Haggard, P. (2008). Mere expectation to move causes attenuation of sensory signals. *PLoS One*, 3(8), e2866.

Wacongne, C., Changeux, J.-P., & Dehaene, S. (2012). A neuronal model of predictive coding accounting for the mismatch negativity. *Journal of Neuroscience*, 32(11), 3665 - 3678.

Wacongne, C., Labyt, E., van Wassenhove, V., Bekinschtein, T., Naccache, L., & Dehaene, S. (2011). Evidence for a hierarchy of predictions and prediction errors in human cortex. *Proc. Natl. Acad. Sci. USA*, 108, 20754 - 20759.

Warren, W. (2006). The dynamics of action and perception. *Psychological Review*113(2), 358 - 389.

Webb, B. (2004). Neural mechanisms for prediction: Do insects have forward models? *Trends in Neurosciences*, 27(5), 1 - 11.

Weber, C., Wermter, S., & Elshaw, M. (2006). A hybrid generative and predictive model of the motor cortex. Neural Networks, 19, 339 - 353.

Weiskrantz, L., Elliot, J., & Darlington, C. (1971). Preliminary observations of tickling oneself. *Nature*, 230(5296), 598 - 599.

Weiss, Y., Simoncelli, E. P., & Adelson, E. H. (2002). Motion illusions as optimal percepts. *Nature Neuroscience*, 5(6), 598 - 604.

Wheeler, M. (2005). *Reconstructing the cognitive world.* Cambridge, MA: MIT Press.

Wheeler, M., & Clark, A. (2008). Culture, embodiment and genes: Unravelling the triple helix. *Philosophical Transactions of the Royal Society B*, 363(1509), 3563 - 3575.

Wheeler, M. E., Petersen, S. E., & Buckner, R. L. (2000). Memory's echo: Vivid remembering reactivates sensory-specific cortex. *Proc. Natl. Acad. Sci. USA*, 97, 11125 - 11129.

Wiese, W. (2014). Review of Jakob Hohwy: The Predictive Mind. *Minds and Machines*, 24 (2), 233 - 237.

376

Wilson, R. A. (2004). *Boundaries of the mind: The individual in the fragile sciences—cognition.* Cambridge: Cambridge University Press.

Wolpert, D. M. (1997). Computational approaches to motor control. Trends in *Cognitive Science*, 1, 209 - 216.

Wolpert, D. M., Doya, K., & Kawato, M. (2003). A unifying computational framework for motor control and social interaction. *Philosophical Transactions of the Royal Society*, 358, 593 – 602.

Wolpert, D. M., & Flanagan, J. R. (2001). Motor prediction. *Current Biology*, 18, R729 – R732.

Wolpert, D. M., Ghahramani, Z., & Jordan, M. I. (1995). An internal model for sensorimotor integration. *Science*, 269, 1880 – 1882.

Wolpert, D. M., & Kawato, M. (1998). Multiple paired forward and inverse models for motor control. *Neural Networks*, 11(7 – 8), 1317 – 1329.

Wolpert, D. M., Miall, C. M., & Kawato, M. (1998). Internal models in the cerebellum. *Trends in Cognitive Sciences*, 2(9), 338 – 347.

Wurtz, R. H., McAlonan, K., Cavanaugh, J., & Berman, R. A. (2011). Thalamic pathways for active vision. *Trends in Cognitive Sciences*, 15, 177 – 184.

Yabe, H., Tervaniemi, M., Reinikainen, K., & Naatanen, R. (1997). Temporal window of integration revealed by MMN to sound omission. *Neuroreport*, 8, 1971 – 1974.

Yamashita, Y., & Tani, J. (2008). Emergence of functional hierarchy in a multiple timescale neural network model: A humanoid robot experiment. *PLoS Computational Biology*, 4(11), e1000220.

Yu, A. J. (2007). Adaptive behavior: Humans act as Bayesian learners. Current *Biology*, 17, R977 – R980.

Yu, A. J., & Dayan, P. (2005). Uncertainty, neuromodulation, and attention. *Neuron*, 46, 681 – 692.

Yuille, A, & Kersten, D (2006). Vision as Bayesian inference: Analysis by synthesis? Trends in *Cognitive Science*, 10(7), 301 – 308.

Yuval-Greenberg, S., & Heeger, D. J. (2013). Continuous flash suppression modulates cortical activity in early visual cortex. *Journal of Neuroscience*, 33(23), 9635 – 9643.

Zhu, Q., & Bingham, G. P. (2011). Human readiness to throw: The size-weight illusion is not an illusion when picking the best objects to throw. *Evolution and Human Behavior*, 32 (4), 288 – 293.

Ziv, I., Djaldetti, R., Zoldan, Y., Avraham, M., & Melamed, E. (1998). Diagnosis of 'nonorganic' limb paresis by a novel objective motor assessment: The quantitative Hoover's test. *J. Neurol.*, 245, 797 – 802.

Zorzi, M., Testolin, A., & Stoianov, I. (2013). Modeling language and cognition with deep unsupervised learning: A tutorial overview. *Front. Psychol.*, 4, 515. doi: 10.3389/fpsyg.2013.00515.

索　引（原书页码）

Surfing
Uncertainty